U0233836

MRPP 全军军事科研计划项目课题
MILITARY RESEARCH PLAN PROJECT

网络空间安全战略问题研究

Research on Cyber Space Security Strategy

翟贤军　杨燕南　李大光◎著

人民出版社

国际互联网（Internet）是 20 世纪人类最伟大的发明，以互联网承载的新技术融合为典型特征的第四次工业革命正在到来，其所蕴含的能量正在深刻影响着所有人员、界别和行业，给人类带来了空前的机遇和挑战。

互联网拥有改变一切的力量，它正在默默地、强行地联结一切，它的魔力才刚刚露出冰山一角，就给世界带来了巨大的甚至是天翻地覆的变化。诞生于美国的国际互联网在虚拟的网络空间打造了一个网络社会，为人类营造一个全新的社会生活空间。自从网络技术问世以来，先是用在军事及教育和科研部门，后来迅速向政治、经济、社会、科技和文化等各个领域渗透。几乎在一夜之间，网络就把人类从工业时代带进了信息时代。其速度之快，出乎人们的预料。网络已成为继人类生存的陆海空天物理空间之后的第二生存空间，直接对现实物理空间产生重要的制约作用，其战略地位远在领土、领海、领空和太空之上，给人类社会带来了历史性的变革，极大地推动了社会发展，影响着世界历史发展进程。在短短几十年里，网络已彻底改变社会的面貌和人们的生产、生活方式。网络空间已成为人类活动不可缺少的公共、主权和私人空间。随着信息成为国家发展的重要战略资源，国家间围绕着信息的获取、使用和控制的斗争愈演愈烈，网络安全成为维护国家安全和社会稳定的重要组成部分。

进入 21 世纪，信息技术革命的日新月异，网络应用技术的层出不穷，深刻地改变着世界的面貌，网络空间不再仅仅是一种生成和传播信息的媒介，而且深入到了人类社会的各个领域并开始扮演主导角色。随着网络技术的发展和网络全球化的实现，网络正在以其特有的空间和方式，迅速而有力地改变着我们的价值观念、思维方式和话语系统，改变着我们的生活方式和工作方式，甚至改变着人类所感知的物质世界和精神世界。因此，在当今网络时代和网络世界，就像农业社会和工业社会人类与大自然的关系一样，网络是人们须臾不可离开的。当前，网络已全面渗入全球发展进程之中，其影响逐渐从经济社会领域扩展至政治、外交、安全等领域，网络安全在国家安全中的地位不断上升。随着网络安全以及网络作战思想的演进，网络安全不仅向传统安全领域，也向非传统安全领域的方向渗入，使网络战争成为网络安全关注的焦点内容。如今，作为信息化战争中的新形态，网络战争已被誉为"第六代战争"，网络主权、网络边疆、网络国防等概念广为相关学术界研究和探讨，并逐渐被世人所接受。因此，本书的研究既有非常现实的应用价值，又有十分重要的学术价值。

人类发展的历史证明，人类活动的空间延伸到哪里，利益的角逐便跟进到哪里。互联网开拓了国际政治行为体互动的新空间、新方式、新手段，对国际政治、经济、文化、外交、军事等领域产生了广泛而深刻的影响。当今世界，信息网络技术创新日新月异，以数字化、网络化、智能化为特征的信息化浪潮蓬勃兴起，全球信息网络化进入全面渗透、跨界融合、加速创新、引领发展的新阶段。谁在信息网络化上占据制高点，谁就能够掌握先机、赢得优势、赢得安全、赢得未来。虚拟世界对现实世界的影响日益增大，对互联网的控制与主导日益引起各国际行为体的关注。如今，网络空间继自然物理空间之后成为人类的生产、生活和竞争高度依赖的"第二生存空间"，网络空间安全已成为各国高度关注的重要领域。因此，无论是立足当前还是着眼未来，世界各国都把网络安全视为国家安全的一项重要内容，纳入国防建设的范畴。尤其是一些网络大国特别是强国，为了谋求网络空间的战略利益，抢占网络空间战略制高点的步伐明显加快，加紧推进本国网络军事力量建设。

有鉴于此，党的十八大以来，党中央、国务院高度重视网络安全和信息化工作，并于2014年2月27日成立了中央网络安全和信息化领导小组。这些都充分体现了中国最高层全面深化改革、加强顶层设计的意志，显示出保障网络安全、维护国家利益、推动信息化发展的决心。习近平总书记在中央网络安全和信息化领导小组第一次会议上提出了"没有网络安全就没有国家安全，没有信息化就没有现代化"的重大论断，强调要从国际国内大势出发，制定实施网络安全和信息化发展战略、宏观规划和重大政策，总体布局，统筹各方，创新发展，努力把我国建设成为网络强国。这传递了一个很重要的信息：信息安全已成为国家战略的一个重要组成部分。习近平的重要讲话将网络安全提升到国家战略问题的高度上来，为我们研究网络安全、维护国家网络安全、建设网络强国指明了方向。

在过去的20多年里，中国互联网经历了从无到有、从小到大的发展历程。目前中国网民已经有7.31亿，中国已成为名副其实的网络大国，正一步步从大到强，迈向网络强国。基于维护国家网络安全、打造网络强国这一理念，本书对网络空间安全战略问题进行了研究。全书从网络空间安全的基本概念入手，以战略视角研究了网络安全与国家安全的关系，在此基础上深入研究了网络安全与政治安全、经济安全、社会安全和军事安全的关系，进而深入研究了世界各国的网络空间安全战略，当今世界的网络军备竞赛、网络战争已经在全球展开。最后，从加强网络空间的国家主权、网络边疆和网络国防三个方面提出了全面推进网络强国建设的战略构想。

作　者
2018 年 5 月 20 日

目　录
CONTENTS

绪　　论

伴随信息革命的飞速发展，互联网、通信网、计算机系统、自动化控制系统、数字设备及其承载的应用、服务和数据等组成的网络空间，正在全面改变人们的生产生活方式，深刻影响人类社会的历史发展进程。加强网络空间安全战略问题研究，对于提高国家网络空间安全具有重要的现实意义和深远的历史意义。

一、网络、网络空间与赛博空间

概念是研究问题、制定政策的逻辑起点。因此，本研究首先是从网络、网络空间与赛博空间的基本概念入手。网络与网络空间是信息时代出现的新的空间维域概念，是与传统有形空间所不同的新质空间。在研究网络空间安全问题之前，有必要厘清相关概念，这是深入研究网络空间安全问题的前提和基础。

（一）网络概述

网络是构成网络空间的物质基础，网络空间是网络联通而形成的电磁空间，并由此推进人类社会进入网络世界。如今，网络空间已经成为国家需要维护的新维域，网络空间安全已经成为国家安全的重大关切。

1. 网络概念

网络是由节点和连线构成，表示诸多对象及其相互联系。在数学上，网络是一种图，一般认为专指加权图。网络除了数学定义外，还有具体的物理含义，即网络是从某种相同类型的实际问题中抽象出来的模型。网络具有多点性、联结性、交互性和快速性。

此书研究的网络主要是针对计算机网络。在计算机领域中，网络就是用物理链路将各个孤立的工作站或主机相连在一起，组成数据链路。它构成了信息传输、接收、共享的虚拟平台，通过这个平台把各个点、面、体的信息联系到一起，从而达到资源共享和通信的目的。可见，凡将地理位置不同，并具有独立功能的多个计算机系统通过通信设备和线路连接起来，且以功能完善的网络软件（网络协议、信息交换方式及网络操作系统等）实现网络资源共享的系统，均可称为计算机网络，简称网络。网络是网络技术与相关应用模式的总称，而这种网络技术与相关应用模式是不断发展变化与进步的。可见，网络是人类发展史中最重要的发明，它加快了科技和人类社会的发展。

从技术的角度给网络下定义，所谓网络，是指将相关信息设备经由一定方式的软、硬件连接达到信息分享、资源共享的目的。这些信息设备最主要的是由硬件和软件两部分构成的电子计算机。硬件就是我们所说的设备，通常包括中央处理器、主存储器、输入输出设备及其控制器等；软件是指控制和管理网络运行的程序系统以及在网络中装载和应用的各种计算机程序。网络空间中人与人的互动是通过一定的软件进行的，也就是说互动模式是由计算机软件设定的规则决定的。

2. 国际互联网

国际互联网（Internetwork，简称 Internet），亦称互联网或因特网。它是全球最大的计算机网络。所谓国际互联网，是指由一些使用公用语言互相通信的计算机连接而成的网络，即广域网、局域网及单机按照一定的通信协议组成的国际计算机网络。它集中了各个国家、各个领域的各种信息资源，供网络社会主体共享。利用国际互联网的商业活动也由一个假想的概念发展成为一个可以为人类带来年近兆亿美元的产业。

随着计算机技术的迅速发展，在计算机上处理的业务也由基于单机的数学运算、文件处理，基于简单连接的内部网络的内部业务处理、办公自动化等发展到基于复杂的内部网（Intranet）、企业外部网（Extranet）、全球互联网（Internet）的企业级计算机处理系统和世界范围内的信息共享和业务处理。在系统处理能力提高的同时，系统的连接能力也在不断提高。1946年，世界第一台计算机"ENIAC"在美国诞生。时隔 23 年之后，全球第一个网络"阿帕网"又在美国诞生。1969 年，美国国防部研究计划署在规制协定下将美国西南部的加利福尼亚大学洛杉矶分校（UCLA）、斯坦福大学研究学院（Stanford Research Institute）、加利福尼亚大学（UCSB）和犹他州大学（University of Utah）的 4 台主要的计算机连接起来，为美军构建起一个阿帕网（ARPA）。这个协定由剑桥大学的 BBN 和 MA 执行，于 1969年 12 月开始联机。因此，当初的 ARPA 网只连接 4 台主机，从军事要求上是置于美国国防部高级机密的保护之下。早期的计算机网络（高级研究规划局网络、军事网络）是从最初的电子数据处理发展成为如今我们所熟知的互联网。

互联网发端于冷战时期美国应对苏联核威慑的军事指挥和控制系统，兴起于 20 世纪 90 年代美国推动的互联网商业应用。可见，互联网是全球性的网络，是一种公用信息的载体，这种大众传媒的传播速度比以往的任何一种通信媒体都要快。这种将计算机网络互相联接在一起的方法可称作"网络互联"，在这基础上发展出覆盖全世界的全球性互联网络称"互联网"，即"互相连接一起的网络"。如今，互联网越来越深刻地改变着人们的学习、工作以及生活方式，甚至影响着整个社会进程。现代文明对物质基础（传输层）

的电子依赖，海量的数据信息（存储、传送和处理）的利用，以及由此产生的关键基础设施功能（金融、卫生、公共事业、政权等），形成今天的互联网环境。如今基于互联网的网络空间连接着世界几乎每一个角落、运行着亿万个应用，成为世界经济社会运行的基础平台，成为大国博弈和争夺国际事务主导权的重要领域，也成为高价值的攻击目标和各国的防御重点。

3. 网络的功能作用

随着信息技术的发展和计算机网络在世界范围内的广泛应用，国家政治、经济、文化、军事等受网络的影响日益增强，网络在推进人类社会发展中的功能作用越来越大。

一是信息传播的新渠道。网络技术的发展，突破了时空限制，拓展了传播范围，创新了传播手段，引发了传播格局的根本性变革。网络已成为人们获取信息、学习交流的新渠道，成为人类知识传播的新载体。

二是生产生活的新空间。当今世界，网络深度融入人们的学习、生活、工作等方方面面，网络教育、创业、医疗、购物、金融等日益普及，越来越多的人通过网络交流思想、成就事业、实现梦想。

三是经济发展的新引擎。互联网日益成为创新驱动发展的先导力量，信息技术在国民经济各行业广泛应用，推动传统产业改造升级，催生了新技术、新业态、新产业、新模式，促进了经济结构调整和经济发展方式转变，为经济社会发展注入了新的动力。

四是文化繁荣的新载体。网络促进了文化交流和知识普及，释放了文化发展活力，推动了文化创新创造，丰富了人们的精神文化生活，已经成为传播文化的新途径、提供公共文化服务的新手段。网络文化已成为文化建设的重要组成部分。

五是社会治理的新平台。网络在推进国家治理体系和治理能力现代化方面的作用日益凸显，电子政务应用走向深入，政府信息公开共享，推动了政府决策科学化、民主化、法治化，畅通了公民参与社会治理的渠道，成为保障公民知情权、参与权、表达权、监督权的重要途径。

六是交流合作的新纽带。信息化与全球化交织发展，促进了信息、资金、技术、人才等要素的全球流动，增进了不同文明间的交流融合。网络让世界变成了地球村，国际社会越来越成为你中有我、我中有你的命运共同体。

七是国家主权的新疆域。网络空间已经成为与陆地、海洋、天空、太空同等重要的人类活动新领域，国家主权拓展延伸到网络空间，网络空间主权成为国家主权的重要组成部分。尊重网络空间主权，维护网络安全，谋求共治，实现共赢，正在成为国际社会共识。

（二）网络空间概述

网络空间是随着网络而出现的一个新的空间维域，具有与传统的物理空间所不同的概念内涵和基本特性，成为拥有重要战略利益的利益空间。

1. 网络空间概念

网络空间是由网络构成的新质空间，是一种网络电磁空间。如今，对网络空间的定义较多。根据联合国国际电信联盟（ITU）的定义，网络空间是指："由以下所有或部分要素创建或组成的物理或非物理的领域，这些要素包括计算机、计算机系统、网络及其软件支持、计算机数据、内容数据、流量数据以及用户。"[①]相比较而言，联合国对网络空间的定义最为全面，涵盖了用户、物理和逻辑三个层面的构成要素，更具技术性和科学性。

根据 2011 年版《中国人民解放军军语》中的解释，网络空间是指："融合于物理域、信息域、认知域和社会域，以互联互通的信息技术基础设施网络为平台，通过无线电、有线电信道传信号、信息、控制实体行为的信息活

---

① "ITU Toolkit for Cybercrime Legislation", p. 12, http://www.itu.int/cybersecurity.

动空间。"①它包括互联网、电信网络、计算机系统以及关键行业的嵌入式处理器和控制器等。网络空间是一个人造的新空间，是与陆海空天相互交融、同等重要、对人类活动产生革命性影响的第五维空间。网络空间的出现与发展，是人类社会发展进程中的一件大事，其对人类活动的冲击和影响不亚于核武器诞生所带来的效应。

综合归纳各家对网络空间的定义，所谓网络空间，是指一种相互依赖的信息基础设施网络构成的信息交换域，它由国际互联网、通信网、计算机系统、自动化控制系统、数字设备及其承载的应用、服务和数据等系统组成，以及关键行业的嵌入式处理器和控制器等构成的一个互联互通的数字信息处理环境。这一独特的载体将国家的公共网络、关键基础设施网络和国防专用网络有机地整合到了一条"信息高速公路"上，并提供了现代生活与安全保障的各种便捷服务。网络空间不同于海、陆、空、外太空之类的物理空间，它是基于信息技术而形成的一种虚拟空间。网络空间形成后，与国家安全产生了密切的联系从而衍生出各种新安全现象与议题，主要包括三个板块：国家网络基础设施与网络化的基础设施的安全、国家安全议题在网络空间的延伸和演变以及国家围绕网络安全的国际竞争与协调。

网络空间是在计算机上运行的，它需要计算机基础设施和通信线路来实现。然而计算机内所包含什么样的信息才是其真正的意义所在，并且以此作为网络空间价值的衡量标准。因此，网络空间具有如下两个重要特点：一是信息以电子形式存在；二是计算机能对这些信息进行处理（如存储、搜索、索引、加工等）。如今，网络空间已成为由计算机及计算机网络构成的数字社会的代名词。从理论上讲，它是所有可利用的电子信息、信息交换以及信息用户的统称。对特定的军事行动来说，它是指针对特定对象的可利用信息。

---

① 全军军事术语管理委员会、军事科学院：《中国人民解放军军语》，军事科学出版社 2011 年版，第 288 页。

需要指出的是，俄罗斯官方文件很少使用"网络空间""网络安全"等概念，其中出现较多的是"信息空间""信息安全"等。俄罗斯认为，"信息空间"是有关信息形成、传递、运用、保护的领域，主要包括信息基础设施、信息系统、互联网网站、通信网络、信息技术，以及相应社会关系的调节机制等。简而言之，俄罗斯将"信息空间"做了三个层面的划分：物理层面（硬件）、应用层面（软件）、人文层面（制度）。与此同时，俄罗斯通常将"网络空间"理解为：互联网的通信网站、其他远程通信网站、保障这些网站发挥功能的技术设施，以及通过这些网站激发人类积极性的方法的总和。很显然，俄罗斯认为，"网络空间"概念小于"信息空间"，只涉及物理层面和应用层面的问题。

2. 网络空间基本特性

网络空间的技术性、数字性、虚拟性及广延性决定了其是一个异常复杂的国家安全新疆域，因此发生在其间的特性也表现出与传统物理空间所不同的一系列崭新特征。

一是网络空间是一个技术空间。网络空间不是自然空间，而是技术空间，是现代信息技术发展的必然产物，因此，技术性是网络空间的第一个特征。现代信息技术是指借助以微电子学为基础的计算机技术和电信技术结合而形成的手段，对声音的、图像的、文字的、数字的和各种传感信号的信息进行获取、加工处理、存储、传播和使用的能动技术，其典型领域是计算机技术和通信技术。计算机和通信技术的结合导致计算机网络的诞生。可见，这个技术空间是建立在现代信息技术之上的空间，离开了现代信息技术的支撑则就无所谓的网络空间，也就没有现代的信息社会和网络时代长期以来，以美国为代表的西方发达国家，通过技术优势对全球网络空间核心资源、标准、组织等实施控制，持续强化其既有的技术优势，并将之转化为巨大的商业优势、政治优势乃至军事优势。美国表面是借网络安全遏制潜在敌人网络攻击的威胁，其根本目的则是要保持美国在军事领域的绝对领先优势，以攫取网络空间最大的战略利益。

二是网络空间是一个真实存在的数字空间。网络空间被视为人类生存的第二生存空间，它的出现改变了人类的社会结构。信息技术由计算机到网络的发展，实现了计算机从运算工具到信息传播媒体的演变，演变的必然结果是网络空间的产生。网络空间是一个具有实在性的数字空间，一个新的社会公共领域。传统上，人们将以原子方式存在的、以地理疆界为划分标准的生存空间，称为物理空间，也有人称之为现实世界。网络空间是一个摆脱了物理性存在的人类社会，一个数字化的、超现实的世界。网络空间通过数字与数字之间的关系展现人与人之间的关系，它拥有自己的向度和规则。在这个世界中，社会主体所拥有的是一种与肉体"分离"的意识。在现实世界中，我们的意识运作是以活生生的身体存在为基础的，这种存在会受各种物理条件的制约；而由于网络空间是一个非物理性和非线性的世界，意识运作的方式也就不一样。不过，现实世界是人的生活世界，而网络空间则是超越物理世界的另一个生活世界，它与肉体游离开来，给人们提供一个逃离现实的渠道，它甚至可以营造一个理想的沟通情境，或是一个可以让个人编织非常个人化梦想的情境。网络空间是由不同的个人组成，并且网络空间中，社群和个体之间，或个体之间的关系仍然是"一种权力关系"。这些关系虽然发生在网络空间中，但是其中的利益和责任都要归结到活生生的个体，从这个意义上说，网络空间和物理空间都属于社会公共领域，并且二者存在共生关系。

三是网络空间是一个虚拟空间。虚拟性是网络空间的一个重要特征，但这个虚拟空间并不是虚拟的世界。网络空间是现实世界的延伸，也是现实世界的数字化体现。在物理空间中，事物是以原子方式存在的，而在网络空间中却表现为比特方式。网络空间的事物归根结底是数据的表象，数据的外在形式表现为文字、数字、声音、图形、图像等，构成了网络空间中幻化的万事万物。这是网络空间区别于物理空间的最大特征。网络空间之所以是虚拟的，主要是因为它并不存在于具体的物理实体中，而是存在于通信技术的光和电子的传输过程中。从这个意义上讲，网络空间又称为虚拟空间。但是网络空间并非虚幻，虽然它可视的只是显示在屏幕上的基本信息，但它客观真实地存在于物理空间之外，与物理空间一样可以被感知。人们能在虚拟社会创造前所未闻的人类社会，这里有政治、经济、军事、科技、文化、艺术、音乐和一切现实社会的东西，甚至创造出自然界中根本不存在的壮丽景观。人们可以超越国界、民族、宗教，建造人类最大的社会共同体。现实社会也开始承认虚拟社会是现实社会的重要组成部分，认为虚拟生活同样值得尊敬。虚拟社会与现实社会对接，边界开始模糊，相互影响。在现实世界中，人们相对而言不方便进行伪装，但网络空间却更加有利于匿名通信、匿名交流，甚至可以讲，虚拟是网络空间天生具有的特性之一。

四是网络空间是一个广延开放的空间。网络空间不是一个封闭空间，而是一个广延开放的空间。而且网络本身是越开放越大，其价值就越高。物理空间是一个由地理疆界划分的现实空间，在物理空间中，国家法律适用的区域是以国界为标准确定的。由于计算机网络的虚拟性特点，国界和地域的概念在网络空间中不复存在。网络空间中的电子信息的传递速度和成本几乎与物理位置无关，地理位置已经不是网络空间中的重要因素。在网络空间中划分区域的标准是地址和与之对应的域名，地域疆界已不复存在。域名由文字、字母、数字、圆点及其他特殊符号组成，采用层次结构设置。根据不同的后缀，域名存在着类别的差别，但在同一等级水平内的域名必须唯一。网络空间的广延开放性带来一个两难问题，这就是既有防范网络攻击的难题，也有维护网络开放、安全、自由的矛盾。从解决安全问题角度来说，越小越封闭是越好解决，然而网络安全事件一定是发生在开放环境下，不是发生在封闭环境下的，因此难以跟踪，难以溯源，这给解决问题带来极大挑战。

五是网络空间成为新兴"控制域"。网络空间已成为当今时代人类社会发展不可或缺的神经中枢和基础支撑。随着计算机技术、传感器技术的飞速发展及网络和网格技术的突破，网络空间已成为一个新兴的真实存在的客观领域。"该领域以使用电磁能量的电子设备、网络，以及网络化软硬件系统为物理载体，以信息和对信息的控制力为主要内容，通过对数据的存储、修改和交换，实现对物理系统的操控。"[①] 由此可见，网络空间是一个国家的新兴"控制域"，成为国家第五维边疆。它对各个行业和领域运转的控制就如人的神经系统对人的行为的控制一样有效。网络空间是一个技术与社会高度一体化的巨系统，传统的地缘政治学说、危机管理模式和军事行动理论，均难以完全适用于网络空间，迫切需要用新思维、新方法和新技术来应对网络空间安全挑战。

3. 网络空间成为利益博弈新空间

20 世纪末，互联网开始全面渗透到国家政治及金融、能源、通信、军事等各个领域，成为现代国家运转的核心，至今几乎所有的公共服务领域都将网络化作为未来的发展方向。然而，互联网有着"双刃剑"特质，一旦出现网络漏洞，不仅国家安全受到威胁，还将致使关系国计民生的国家重要信息系统失灵乃至瘫痪。因此，网络空间拥有重大战略利益，已经成为博弈国家利益的新空间。

国家利益在网络空间空前拓展，维护网络空间利益已经成为国家战略。在信息时代，网络空间已经渗透到政治、经济、军事、文化、社会生活等各个领域，世界各国的政治、经济、文化、社会生活对网络的依存度越来越大，各种业务处理基本实现网络化，世界各国尤其是发达的社会运转已经与网络密不可分。社会政治事件和信息可以通过互联网实时传输到整个世界，并迅速形成全球舆论，这使一国的内政动向不可避免地会受到外部无形

---

① 吴巍：《赛博空间与通信网络安全问题研究》，《中国电子科学研究院学报》2011 年第 5 期，第 474 页。

的压力，使政府的行为和决策受到一定的牵制和约束，进而演变成网络政治战。此外，互联网作为全球性、开放性的交流平台，不仅为不同意识形态扩展影响和权力提供了广阔场域，而且也为不同意识形态之间展开竞争和攻击提供了便利。因此，争夺网络空间利益日趋激烈。美国麦肯锡全球研究所于2013年5月发布了《颠覆性技术：有望改变人类生活、商务和全球经济的前沿技术》研究报告，预测移动互联网、云计算、物联网等12项技术将在2025年前对全球经济产生颠覆性影响，并将创造出14万亿美元至33万亿美元的经济效益。各国经济发展、科技创新以及社会价值观塑造将对网络空间产生越来越强的依赖，国家利益正以前所未有的速度在网络空间扩展。因此，如今网络空间业已成为主权国家在领土、领海、领空和太空之外的"第五空间"，成为主权国家赖以正常运转的"神经系统"。美国未来学家托夫勒曾预言，谁掌握了信息、控制了网络，谁将拥有整个世界。因此，控制网络就成为美国巩固霸权地位的新选择。现在的网络战争早已超过"把某某网站黑掉"的层面，而是发展成为通过互联网摧毁他国通信、电力、金融、作战指挥等关键系统的战争力量和战斗阵地。因此，以美国为首的网络发达国家已经将维护网络空间利益上升到国家战略的高度。

这是在社会领域发生的情况，在军事领域网络攻击更是令人担忧。原本发生在现实世界的战争，必然会向网络世界蔓延和迁移，网络攻击损失重大，互联网甚至成为决定战争胜败的主战场。网络攻击不受国界、武器和人员的限制，如何防范网络攻击已成为世界各国不得不认真对待的重大战略问题。21世纪的现代战争形式，已经发生了巨大变化，军事战争不再是常规战争，而是出现了许多意识形态战，以证券、股票、利率等为工具的金融战……这些新的战争，越来越多地把厮杀的战场摆到互联网上。互联网是未来各种类型战争的战场，网上任何一个空间、角落，都可能成为没有硝烟的战场，网络攻击随时都可能发生。例如，美国国防部计算机系统在2006年遭到黑客袭击次数总和就达到21124次，平均每次抵御攻击耗资150万美元。为对付黑客，美国国防部每年要付出 300 多亿美元的代价，比当年制造原子弹的曼哈顿工程花费还要多。在这之前的 2005 年 3 月，美国国防部公布的《国防战略报告》已明确将网络空间和陆海空天和电磁定义为同等重要的、需要美国维持决定性优势的六大空间。实际上，这个由不停运动着的 0 和 1 组成的庞大的数字河流已经成了美军瞄准的又一块"新大陆"。

（三）赛博空间概述

赛博空间（Cyberspace）是加拿大作家威廉·吉布森（William Gibson）1984 年在其科幻小说《神经漫游者》（Neuromancer）中创造的一个词语，意指计算机信息系统与人的神经系统相连接产生出的一种虚拟空间。①

1. 赛博空间溯源

20 世纪 90 年代，学术界对 Cyberspace 概念进行了不断的探讨，当时形成的看法是，Cyberspace 基本与互联网同义。进入 21 世纪后，赛博空间逐渐得到美国政府和军方的广泛重视，并随着对其认识的不断深入而多次对其定义进行修订。

2003 年 2 月，布什政府公布《保护赛博空间国家战略》，将赛博空间定义为："由成千上万互联的计算机、服务器、路由器、转换器、光纤组成，并使美国的关键基础设施能够工作的网络，其正常运行对美国经济和国家安全至关重要。"2006 年 12 月，美国参联会发布《赛博空间行动国家军事战略》，指出："赛博空间是指利用电子学和电磁频谱，经由网络化系统和相关物理基础设施进行数据存储、处理和交换的域。"2008 年 3 月，美国空军发布《美空军赛博空间战略司令部战略构想》指出："赛博空间是一个物理域，该域通过网络系统和相关的物理性基础设施，使用电子和电磁频谱来存储、

---

① William Gibson, *Neuromancer*, New York: Ace Books, 1984, p.69.

修改或交换数据。赛博空间主要由电磁频谱、电子系统以及网络化基础设施三部分组成。"由此可见,对赛博空间的认识经历了从传统的网络空间概念到一种涵盖所有电磁频谱的物理领域的过程。

2. 赛博空间含义

从结构上看,Cyberspace 由 cyber 和 space 两个词构成。cyber 在希腊语里的意思是"舵手""驾驶者",在现代被运用于自动控制、信息通信和计算机技术领域中,将它与 space("空间")联系起来,其基本含义是指由计算机和现代通信技术所创造的、与真实的现实空间不同的网际空间或虚拟空间。网际空间或虚拟空间是由图像、声音、文字、符码等所构成的一个巨大的"人造世界",它由遍布全世界的计算机和通信网络所创造与支撑。对 Cyberspace 的翻译,目前似乎大家最接受"网络空间"这种翻译,但综合该术语的定义、范畴、作战方式等来看,Cyberspace 不完全等同于网络空间(Network Space),至少不仅仅是网络空间。这种空间的范畴已经远远超出了传统意义上的"网络",而且还包含了一些传统意义上"网络"中所不能包含的元素;另外,如果翻译为网络空间,还会影响其他一些相关术语的翻译。例如,Cyber War 不等于网络战,Cyber Operation 不等同于网络行动等。目前,还有专家将 Cyberspace 翻译为"控域"(利用信息进行控制的领域)或"际域"(泛化的大网)。可见,还是将 Cyberspace 音译为"赛博空间"更好。这一方面不受其内涵发展的影响,另一方面也体现了国际化的趋势。

从对赛博空间的定义可以看出,赛博空间已从单纯的计算机网络扩展到无形的电磁频谱,是处于电磁环境中的一种物理领域。美国前任空军参谋长迈克尔·莫斯利曾开玩笑说,赛博空间囊括了从"直流电到可见光波"的一切东西。综上所述,赛博空间并不等同于计算机网络或因特网,它还包括使用各种电磁能量(红外波、雷达波、微波、伽马射线等)的所有物理系统。因此，在赛博空间中的战斗并非创造虚拟效果或在某种虚拟现实中攻击敌人，而是包括了物理作战，将产生非常真实的作战效果。赛博空间内的战斗，可以是持久或短暂的、动能或非动能的、致命或非致命的，既可以使敌方人员死亡或受伤，也可以通过非致命方式直接阻止敌方的军事行动。同时赛博空间的作战行动直接影响了敌方指挥系统对部队的指挥控制甚至火力攻击的能力。

3. 赛博空间主要特点

美军的 Cyberspace 之所以被人意译为"控域"，就是因为网络空间不是一个孤立存在的新型空间，它对传统物理空间的控制和影响作用十分明显。因此，在未来战争中，制网权的重要性已经大大超过了传统的制陆权、制海权、制空权和制天权等。根据《美国国防部军事词汇辞典》，赛博空间是信息环境内的全球领域，它由独立的信息技术基础设施网络组成，包括因特网、电信网、计算机系统以及嵌入式处理器和控制器；赛博空间作战是赛博能力的运用，其主要目的是在赛博空间内或通过赛博空间实现军事目标或军事效果。这类行动包括支持全球信息栅格运行和防御的计算机网络行动和行为。

值得注意的是，美国空军关于赛博空间的定义具有作战领域观点上的重大意义。从战略理论观点来讲，对称之为"处女地"的赛博空间发出警告是合适的。正如有关人士说的，"如果你对一幢房屋投掷一枚炸弹，我们可以十分清楚地了解其直接与间接损害有多大。如果你进入并瘫痪某个地方特别是涉及国家安全的服务器，我们就很难清楚可能的后果"。[①] 由于赛博空间与电磁频谱和网络化系统密切相关，这决定了赛博空间具有一些与陆海空天

---

① 李耐和：《赛博空间与赛博对抗》，《网络战研究会会议论文集（2010）》，http://wenku. baidu.com/view/2d9b9684bceb19e8b8f6ba55.html。

领域所不同的特点，主要包括以下几个方面：

一是技术创新性。赛博空间是唯一能够动态配置基础设施和设备操作要求的领域，将随着技术的创新而发展，从而产生新的能力和操作概念，便于作战效果在整个赛博空间作战中的应用。

二是不稳定性。赛博空间是不断变化的，某些目标仅在短暂时间内存在，这对进攻和防御作战是一项挑战。敌方可在毫无预兆的情况下，将先前易受攻击的目标进行替换或采取新的防御措施，这将降低己方的赛博空间作战效果。同时，对己方赛博空间基础设施的调整或改变也可能会暴露或带来新的薄弱环节。

三是无界性。由于电磁频谱缺乏地理界限和自然界限，这使得赛博空间作战几乎能够在任何地方发生，可以超越通常规定的组织和地理界限，可以跨越陆海空天全领域作战。

四是高速性。信息在赛博空间内的移动速度接近光速。作战速度是战斗力的一种来源，充分利用这种近光速的高质量信息移动速度，就会产生倍增的作战效力和速率。赛博空间能够提供快速决策、指导作战和实现预期作战效果的能力。此外，提高制定政策和决策的速度将有可能产生更大的赛博空间作战能力。

二、网络空间安全及其安全战略

信息技术的广泛应用和网络空间的兴起发展，极大促进了经济社会繁荣进步，同时也带来了新的安全风险和挑战。网络空间安全事关人类共同利益，事关世界和平与发展，事关各国国家安全。

（一）网络空间安全

网络空间安全（亦称网络安全）问题源于网络空间的迅速成长及其对社会各领域的全面渗透，网络空间不断增长的财富价值、世界经济社会运行与网络空间的相互依赖、网络空间整体安全的防护需求是网络安全问题产生的主要根源。

1. 网络空间安全概念

分析网络空间安全，首先面临的问题就是如何界定这个概念。为此，首先要了解作为网络安全上位概念的信息安全。而国家总体安全观视域下的信息安全，是指国家范围内的信息数据、信息基础设施、信息软件系统、网络、信息人才、公共信息秩序和国家信息等不受来自国内外各种形式威胁的状态，是国家安全的有机组成部分。可以说，没有信息安全，国家安全就无从谈起。

由于研究领域、观察角度和追求目标的不同，对于网络空间安全的含义会有不同理解。国际电信联盟曾推荐了一个工作定义："网络空间安全是用以保护网络环境和机构及用户资产的各种工具、政策、安全理念、安全保障、指导原则、风险管理方式、行动、培训、最佳做法、保证和技术的总和。"[1] 这一表述侧重技术和管理需求，其目标主体是网络空间整体环境，包括各类信息基础设施、机构及用户资产。甚至有国外专家认为，网络空间安全是"21世纪的最新、最独特的国家安全问题"，"网络安全没有国际或公共的边界，也不容易监管或技术修复"。网络安全是一门涉及计算机科学、网络技术、通信技术、密码技术、信息安全技术、应用数学、数论、信息论

---

[1] Telecommunication Standardization Sector of ITU, Recommendation X. 1205: Overview of Cybersecurity, Data Networks, Open System Communications and Security/Telecommunication Security, Apr. 2008, p. 2, available at: http://www.itu.int/rec/T-REC-X. 1205-200804-I.

等多种学科的综合性学科。

刘万凤在《电脑知识与技术》2016年第35期发表的"新常态下网络空间安全的几点思考"一文中认为："传统的网络空间安全指的是网络系统的硬件、软件及其中的数据不受到偶然的或者恶意的破坏、泄露和更改。这往往更强调的是信息本身的安全属性，认为信息主要包括信息的秘密性、信息的完整性和信息的可用性。但在信息论中，则更强调信息不能脱离它的载体而孤立存在。因此，可以将网络空间安全划分为以下几个层次：①设备的安全；②数据的安全；③内容的安全；④行为的安全。其中，第二个层次数据的安全也就是传统的网络空间安全。"①2015年6月，国务院学位委员会和教育部批准增设网络空间安全为一级学科。网络空间安全的主要特性为：保密性、完整性、可用性、可控性、可审查性。

网络空间安全的核心内容就是网络上的信息安全，它涉及的领域很广。包括以下含义：网络运行系统安全；网络上系统信息的安全；网络上信息传播的安全，即信息传播后果的安全；网络上信息内容的安全。网络环境的可信性、安全与稳定，网络活动的合法、有序与可控，成为国家安全的关注对象。防止源于网络空间的安全威胁或通过网络空间发起的攻击，影响经济、政治、军事等其他领域的稳定，也成为国家安全的重要关注。因此，各国政府运用各种国家资源，维护有利于经济发展繁荣、社会政治稳定和军事国防安全的网络环境，防止国内和跨国网络活动对国家安全造成威胁，便构成了国家网络空间安全的主要内容。2015年7月1日，十二届全国人大常委会第十五次会议表决通过了新的《国家安全法》，其中第二十五条首次比较系统、全面、完整地界定了国家安全框架下的网络安全，指出："国家建设网络与信息安全保障体系，提升网络与信息安全保护能力……防范、制止和依法惩治网络攻击、网络入侵、网络窃密、散布违法有害信息等网络违法犯罪

---

① 刘万凤：《新常态下网络空间安全的几点思考》，《电脑知识与技术》2016年第35期。

行为，维护国家网络空间主权、安全和发展利益。"

由此可见，所谓网络空间安全，是指国家的网络环境的可信性、安全与稳定，网络活动的合法、有序与可控的状态，即国家运用各种国家资源，维护有利于经济发展繁荣、社会政治稳定和国防安全的网络环境，防止国内和跨国网络活动对国家安全造成威胁。网络空间安全是一门涉及计算机科学、网络技术、通信技术、密码技术、信息安全技术、应用数学等相关自然科学与技术的综合性学科。安全防范是一个持续不断的过程，涉及技术、管理、人员、社会意识等多方面因素。维护网络空间安全就是保护网络基础设施、保障安全通信以及对网络攻击所采取的措施。随着信息技术的发展和计算机网络在世界范围内的广泛应用，国家政治、经济、文化、军事等受网络的影响日益增强，给国家安全也带来了新的威胁。

作为国家安全的重要组成部分，网络空间安全对国际政治、经济、军事等方面的影响日益突出，迫切需要对其进行全面而系统化的研究。然而，网络空间安全是一个覆盖面很广的综合性学科，涉及的研究领域非常多。

2. 网络空间安全问题日益凸显

随着计算机技术的飞速发展，信息网络已经成为社会发展的重要保证。有很多是敏感信息，甚至是国家机密。所以难免会吸引来自世界各地的各种人为攻击（例如信息泄漏、信息窃取、数据篡改、数据删添、计算机病毒等）。同时，网络实体还要经受诸如水灾、火灾、地震、电磁辐射等方面的考验。因此，网络空间安全的重要性源于网络空间不断增长的技术、经济、社会和政治价值。

从历史演进看，网络安全成为一项重要议题进入国家的安全议程，始于1991年的海湾战争。这场冲突被美国的军事战略家们看作现代战争的一个重要分水岭。战争的进程表明，强大的军事力量不再是战场获胜的唯一法宝，更重要的是具备赢得信息战和确保信息主导权的能力。1993年，美国兰德公司的两位研究员约翰·阿奎拉（John Arquilla）和戴维·龙菲尔德（David Ronfeldt）在一份研究报告中首先警告称"网络战即将到来"。一时间，有关计算机、国家安全和网络空间的争论甚嚣尘上，网络战争成了最热门的流行语。虽然这一时期的争论多少带有些幻想的色彩，但却实实在在地引发了社会和决策者们对网络安全问题的关注。

网络安全进入国家安全议程的转折点是 2007 年，2007 年 4 月 27 日至 5 月 18 日，爱沙尼亚遭到大规模不明来源的网络攻击，整个国家的经济和社会秩序完全瘫痪。这是首次出现的针对整个国家发动的网络攻击。事件的起因是爱沙尼亚政府将一座缅怀苏联军队死难将士的纪念碑从首都塔林的市中心迁移到一处军人公墓。这激起了俄罗斯民族主义者的不满和持续 21 天的网络攻击。爱沙尼亚虽然是一个小国，但信息化程度很高，银行业、税收、身份证管理、选举以及警察部门都依靠互联网运转，因而网络攻击给爱沙尼亚造成了严重的经济损失，尤其是银行业和为公共部门提供服务的公司。爱沙尼亚所遭受的这次网络攻击，加深了各国对网络空间威胁的认知，清楚地知道了网络攻击和获取机密信息将成为未来国家间冲突的新范式。

2008 年 7 月，格鲁吉亚同样遭受了一次大规模的网络攻击。7 月 20 日前后，大量标有"win+love+in+Russia"字样的数据包突然涌向格鲁吉亚政府网站并使其完全瘫痪，总统萨卡什维利的照片被换成了希特勒，总统府网站整整瘫痪了 24 小时。此次网络攻击的手段仍然是 DDoS，与爱沙尼亚案例相同。不同的是，此次网络攻击是与俄罗斯进攻格鲁吉亚整体军事行动同步出现的。8 月 8 日，当俄军对格鲁吉亚的军事行动开始之后，针对格鲁吉亚的网络攻击也开始了，包括媒体、通信和交通运输系统在内的格鲁吉亚官方网站全部瘫痪。这直接影响到了格鲁吉亚的战争动员与支援能力。

2010 年 9 月，伊朗核设施遭受了代号为"震网（Stuxnet）"的蠕虫病毒攻击，再次引起国际社会对网络安全的关注。这次网络攻击，导致伊朗布什尔核电站数名员工的个人电脑感染了一种复杂的 Stuxnet 蠕虫病毒，这种病毒可以将计算机储存的数据传输到伊朗境外的 IP 地址。伊朗全国有多达 3 万台电脑 IP 地址被这种蠕虫病毒感染，核电站的计算机系统受到 Stuxnet 蠕虫病毒的攻击。当年 11 月 30 日，伊朗总统内贾德证实位于布什尔和纳坦兹的伊朗核设施浓缩铀离心机被病毒破坏，数千台离心机因技术故障"停工"。事实表明，这是一场针对伊朗的电子网络战。

"震网"事件发生后，国际社会和公众对于网络空间安全威胁的认知顿时敏感起来，显著提升了对网络空间安全的警惕和关注。网袭事件表明，网络战不仅可以独立发生，而且可能与其他军事对抗行为一起出现；网络攻击的目标不单是军事系统，而且包括实体经济的操作系统。信息化时代，网络空间的先发制人已经出现，网络战的潘多拉盒子已经开启。美国前国防部长帕内塔甚至警告说，美国面临着遭遇"网络珍珠港"袭击的危险。约瑟夫·奈则认为，我们刚刚开始看到网络战的样子。与国家行为体相比，非国家行为体更有可能发动网络攻击。现在是各个国家坐下来探讨如何防范网络威胁、维持世界和平的时候了。

自 2010 年开始至 2015 年的五年时间里，与互联网以及全球网络空间相关的议题迅速崛起，并逐渐从相对边缘的区域次第渗入到国际舞台的核心区域，成为国家安全关注的重点内容：2010 年维基解密网站与美国国防部、国务院展开了信息公开与国家安全的博弈，谷歌公司则试图挑战中国对互联网的主权管理；2011 年西亚北非局势发生动荡，奥巴马政府出台《网络空间国际战略》；2013 年中情局前雇员爱德华·斯诺登（Edward Snowden）披露的"棱镜门"事件；2014 年美国修改国家安全局存储数据的构想浮出水面，突然宣布"放弃"对互联网名称与数字地址分配机构（ICANN）的"管理"，更是直接将网络空间与不同行为体之间的关系推上了风口浪尖。网络空间博弈越来越激烈，网络空间安全越来越成为国家安全关注的焦点。

3. 网络空间存在着安全漏洞

网络空间之所以易受攻击，是因为网络系统具有开放、快速、分散、互联、虚拟、脆弱等特点。网络用户可以自由访问任何网站，几乎不受时间和空间的限制。信息传输速度极快，病毒等有害信息可在网上迅速扩散和放大。网络基础设施和终端设备数量众多，分布地域广阔。各种信息系统互联互通，用户身份和位置真假难辨，构成了一个庞大而复杂的虚拟环境。此外，网络软件和协议存在许多技术漏洞，为攻击者提供了可乘之机。这些特点都给网络空间的管控造成了巨大困难。

从网络技术来看，网络空间存在各种技术漏洞和风险。网络安全由于不同的环境和应用而产生了不同的类型，来自网络空间的安全问题主要表现在如下几方面：一是网络运行系统安全。运行系统安全即保证信息处理和传输系统的安全。它侧重于保证系统正常运行。避免因为系统的崩溃和损坏而对系统存储、处理和传输的消息造成破坏和损失。避免由于电磁泄翻，产生信息泄露，干扰他人或受他人干扰。二是信息传播安全。网络上信息传播安全，是信息在网络中传输所面临的安全隐患，即信息传播过程中可能会被中途截取、篡改、销毁和信息过滤等。它侧重于防止和控制由非法、有害的信息进行传播所产生的后果，避免公用网络上大量自由传输的信息失控。三是物理安全。物理安全指的是计算机硬件被损，如被盗、遭雷击、自然灾害、静电损坏、电磁泄漏等原因造成的硬件丢失和损坏，导致硬件中存储的软件和数据丢失和损坏。四是逻辑安全。逻辑安全指的是通过各种技术达到计算机的安全保护，包括用户口令鉴别，用户存取权限控制，数据存取权限、方式控制，安全审计，计算机病毒防治，数据加密等。防止黑客攻击一般都是通过保障逻辑安全来实现的。逻辑安全涉及的方式多种多样，不同情况采用不同的方式去保证。五是网络上信息内容的安全。它侧重于保护信息的保密性、真实性和完整性。避免攻击者利用系统的安全漏洞进行窃听、冒充、诈骗等有损于合法用户的行为。其本质是保护用户的利益和隐私。

4. 网络空间生成新质战斗力

随着计算机网络在军事领域应用的普及，美国著名军事预测学家詹姆斯·亚当斯在其所著《下一场世界战争》中预言：在未来的战争中，计算机本身就是武器，前线无处不在，夺取作战空间控制权的不是炮弹和子弹，而是计算机网络里流动的"比特"和字节。实际上，这个由不停运动着的 0 和 1 组成的庞大的数字河流，如今已经成了网络新军纵横驰骋的新战场。

网络空间已经成为提升军队作战能力的"倍增器"，如同制海权、制空权、制天权一样，争夺网络空间控制权已逐渐演变成为美军维持军事霸权的重要组成部分。美国国防部在 2011 年《网络空间行动战略》中把网络明确列为继海、陆、空、天之后的"第五战场"，表示将对严重网络攻击行为采取军事行动。2009 年以来，美国成立网络战司令部，发展网络战部队，研发网络战武器装备，启动"国家网络靶场"项目。美国还开展了"网络风暴"（国土安全部主导）和"寂静的地平线"（中央情报局主导）等网络战演习。据防务专家评估，目前美军已研制出 2000 种以上的网络病毒武器，网络战部队达 9 万人之众，网络战专家就有 5000 人左右。就在"棱镜门"曝光后，美军参谋长联席会议主席邓普西表示，为强化美国对网络攻击的防御能力，计划把网络战司令部在今后 4 年扩编 4000 人，为此将投入 230 亿美元。

网络空间成为维护国家利益的重要平台。今天的网络空间已不再是一般的虚拟世界，而是现实世界的延伸与补充，网络战也不再是一般的概念战、口水战，而是实实在在的战争。事实上，美国已将网络攻防能力不断用于实战。除前文提到的美国利用"震网"病毒攻击伊朗核电站建设关键设施外，2009 年 6 月，美国还利用推特、YouTube 等网络工具干预伊朗大选，一度造成伊朗局势动荡；在 2011 年西亚北非政治动荡中，美国还借助推特、脸谱等网络工具煽风点火、推波助澜。另外，在"智慧地球""数字城市"等信息化口号下，美国一些公司近些年已全面渗透到一些发展中国家的电信、金融、石油、物流等关键网络基础设施，掌控这些国家的经济神经中枢，对其经济安全构成威胁。对发展中国家而言，对信息网络领域强国的过分依赖几乎等于被对手扼住了咽喉，国防安全受到直接威胁。例如，伊拉克战争中，美国在伊拉克绕道约旦进口的打印机中嵌入后门程序，在战时通过远程激发病毒直接导致伊拉克军队的防空系统瘫痪。

现代信息化战争，与其说是武器的较量，不如说是信息实力的较量，信息安全已经成为各国国防安全的重要保证。近年来，有实力的大国纷纷成立网络战司令部、组建或扩充网络战部队，构建网络战相关法律支撑体系，研制甚至实际运用网络战武器，增强网络空间作战能力，积极应对网络空间可能出现的各种安全事件。美国国防部将网络空间视为继陆地、海洋、空中和太空之后的第五维战场，并成立了专职的网络战司令部以协调行动。美国与欧盟已将网络攻防提升到国家安全层级的军事演练，日本、韩国、印度、以色列等国更是广泛地从民间吸纳人才进入网络作战部队中，中国台湾更是在2015 年 3 月 17 日正式挂牌成立了"网安处"，甚至就连资源匮乏的朝鲜也在网络战的投入上不惜血本。

总之，在网络时代一个不可否认的事实就是，在未来的战争形态中，网络战已经成为一种频繁使用的重要作战样式，网络空间已经成为现代军队生成战斗力的一个新质空间。

（二）网络空间安全战略

随着网络在全球迅猛发展和普及，互联网在推动世界经济、政治、文化和社会发展的同时，网络信息已不同程度地渗透到国家的政治、经济、军事、社会、文化等各个领域，因而就产生了网络空间的安全问题。涉及安全问题要从整体上筹划全局的方略，这就是一个战略问题，也即网络空间安全战略。

1. 网络空间安全战略概念

"战略"一词最早来源于军事概念，著名军事理论家克劳塞维茨在《战争论》一书中将"战略"定义为"为达到战争目的而对战斗的运用，战略须为军事行动规定一个适应战争目的的目标"。战略应该具备五个基本要素：战略目标、战略方针、战略手段、战略力量和战略措施，这五个方面相辅相成、缺一不可。我国著名的军事家孙武的《孙子兵法》是目前公认的最早对战略进行全局谋划的巨著。

网络空间安全战略是加强网络治理的顶层设计和全局统筹，是国家安全战略的重要组成部分，是一个国家在特定历史条件下运用政治、经济、军事、文化等各种资源，应对网络空间威胁、维护国家网络空间安全利益的总体构想。关于国家网络空间安全战略，目前国内外学术界、各国政府相关部门尚没有统一、权威的定义。但综合上述有关战略及安全战略的概述、定义，可以概括地说：网络空间安全战略，是指一个国家为确保网络空间不被干扰、破坏，国家涉密网络信息不被窃取，对如何综合运用科技、司法、政治、军事、经济等国家资源所做的总体构想与全面规划。也就是国家运用各种国家资源，维护有利于经济发展繁荣、社会政治稳定和国防安全的网络环境，防止国内和跨国网络活动对国家安全造成威胁的方略。

2. 网络空间安全战略构建

网络安全，从根本上来说是网络信息的安全，网络信息安全所包括的内容非常多，现阶段公用通信网络尽管看似非常发达，对人们的生活也产生了积极的作用，但是其中却存在着很多的安全漏洞以及安全威胁。从广义上来说，只要是对网络信息的完整性和保密性或者是可控性造成威胁的都可以将其作为网络空间安全所研究的范围。为了维护网络空间安全，根据网络空间安全范畴的内涵外延，构建网络空间安全主要应该把握以下内容。

一是网络空间安全战略目标的设立。在实施网络安全战略时，首先需要做的是设立好准确合理的网络安全战略目标，其战略目标是非常重要的，能够促进国家网络安全建设工作的顺利开展，网络安全建设目标也充分地反映出现在国家对网络安全建设所提出的需求，基于此，国家网络安全战略目标的主要内容分为以下几点：首先，需要建立起完善合理的安全保障体系；其次，进一步提升国家网络安全管理能力和控制能力，保证网络安全管理工作的有效运行；此外，促进国家网络安全的健康发展，最终对国家经济建设与发展产生良好的促进作用。

二是重视网络空间安全战略顶层设计。经历过"棱镜门"事件以后，各国对网络安全保护工作的重视程度越来越高，纷纷成立了关于网络安全的工作机构，通过这些举措能够看出各国网络安全建设工作正在稳步发展，已经上升到了国家战略层面。在对国家网络安全进行建设时，为了将国家对网络安全领导机构的作用发挥到最大程度，带动网络安全建设工作的发展，就应该将眼光放得更长更远，以发展的眼光看待问题，对国家的网络空间安全运行协调管理，对其做统筹优化，同时还需要完善网络安全组织管理体系和结构。除此之外，国家与信息安全相关的部门等要明确自己的责任所在，整合优化现在所拥有的管理资源，优化利用管理资源，对网络信息安全管理机制进行完善。为了保证国家网络安全战略目标的顺利实现，需要准确地制定出国家的安全战略目标和道路，对于建设工作中的重点内容需要引起更高的重视。

三是积极推动网络安全空间的国际合作。各国的网络安全技术发展程度不平衡，与网络发达国家相比，发展中国家仍然处于落后的状态，所以必须寻求与发达国家的合作，吸收其成功的经验，加强与发达国家的交流与合作，从而促进本国的网络安全技术的发展。比如说，可以学习西方发达国家的安全技术以及安全法律法规的建设等，完善本国的网络安全运行机制。除此之外，加强国家间的交流与合作对于经济全球化也有带动作用，可促进国家层面的网络安全机制的建立。通过国家间的合作与交流，联合国方面也能够建立起各国都能够接受的规则和要求，这样能进一步抑制国际上的网络犯罪，促进网络安全的建设。到现在为止，尽管国际公约中对网络安全犯罪已经有了明确的规定，而且划分到了刑事犯罪的范畴之内，但是并没有非常具体的犯罪处罚，所以存在很多的网络入侵行为，对网络造成恶意破坏，因此在进行国际合作的过程当中，可以通过联合国的作用进一步解决这些问题。

四是进一步推进网络空间安全标准化建设。在进行网络空间安全建设的过程中必须重视安全标准的设定，这是非常重要的，设定好合理的安全标准将能够进一步提高网络空间安全建设工作的效率，安全标准建设可以为建设工作的开展奠定良好的基础。在实施安全战略时必须有与之对应的安全标准，系统的完善和技术的研究等方面都离不开安全标准的设定。由于发展的不平衡，尽管许多发展中国家已经付出了很大的努力，为了进一步保证工作的有效进行，网络安全建设已经有了很好的安全标准体系作支撑，但是与西方发达国家相比仍然存在着很大的差距，所以在网络空间安全建设方面还比较落后。与发达国家相比，发展中国家相关的网络空间安全标准设立仍然存在着差距，在以后的发展过程中还需要不断地完善与改进。

五是完善优化网络空间安全的组织管理体系。在对网络空间安全进行管理和建设时，必须完善网络空间安全建设的组织管理体系。为了提高安全管理工作的效率和质量，组织管理部门应该进行协调和统筹，高层管理者之间需要不断交流和沟通，形成统一的明确的管理决策，最终交给其下属部门进行具体实施，高层管理者需要对其下属部门的工作人员有充分的了解，根据管理工作的实际运转情况对每个工作人员的具体工作进行适当的调整。网络空间安全建设工作有明确的规定和标准要求，所以应该保证其实施进度，因此可以成立相关的安全领导管理小组对安全战略的实施情况进行明确的规划和安排。

六是加强网络空间安全建设专业人才培养。不可忽视的是，在对网络空间安全进行管理的时候必须重视专业技术人才所发挥的重要作用，专业技术人才的支持能够促进网络空间安全战略工作的实施和有效开展。所以，首先需要做的就是通过层层选拔，选择出具备网络空间安全建设技术能力的专业人才，为其创造机会，让他们学习与网络空间安全建设紧密相关的技术，让他们为国家网络空间安全建设管理工作奉献自己的力量。其次，及时发现高素质人才并对其进行专业培养与教育。比如说可以与教育部门加强合作，这样就可以在高校中设置一些有关的专业课程，为人才培养奠定良好的基础。为了更好地选拔出优秀的人才，可以选择重点高校的学生，对其进行专业的培养和教育，并选择专业学习成绩较好的学生，在校期间就对其进行不断的专业教育，等他们结束学校的学习之后就可以直接参与网络空间安全建设工作，而且以这种方式培养出来的人才肯定具有较高的素质和能力，完全能够胜任工作。

3. 各国纷纷制定网络空间安全战略

为了努力实现多层次的网络空间安全，国家必须克服一些基本挑战。这些挑战是全球性的并直接影响到国家网络空间安全政策。在这样一个迷雾重重的网络空间环境里，政府或私人部门通过多种策略来应对这个巨大的挑战——新的立法、推动国际标准制定、提高公众意识和加强监测。为了维护网络空间安全，国家需要一种多层次的网络安全策略去威慑、预防、检测、防御不受正常的法律和文化限制的来自攻击者的网络威胁。

网络空间的安全性和可靠性开始成为世界各国共同关注的焦点。随着

"冷战"的结束，国际安全环境发生了深刻的变化，国家安全观念也发生了巨大变化。各国的安全意识日益从政治、经济、军事等传统领域逐步扩大到文化、社会、科技、气候变化、信息等非传统领域。由于计算机网络安全不仅影响了网络稳定运行和用户的正常使用，还有可能造成重大的经济损失，威胁到国家安全。因此，世界各国纷纷制定国家网络安全战略。2011 年，美、英、法、德、日等国着眼未来发展纷纷出台了新的网络空间战略计划，旨在未雨绸缪，发展网络尖端科技，建设网络空间作战力量。这一年，国际上有专家将其称为"网络信息时代新的国际元年"。如今，各大国都认识到今后发生世界大战的可能性微乎其微。因此，谋划安全战略，纷纷从"战时战略"向"平时战略"过渡。"适度威慑"理论作为"平时战略"的核心，因其"不战而屈人之兵"的效果而格外受到各国青睐。网络空间安全战略作为"平时战略"的重要形式之一，其"信息威慑"作用在当今信息社会往往会起到事半功倍的效果，2010 年以来，中东许多国家发生的"茉莉花革命"就是对美国成功实施网络空间安全战略的最好注脚。

当然，网络空间安全战略亦可应用于战时。网络战是网络空间安全战略在战时的重要表现形式。它通过软、硬两种杀伤方式达到预定的战略、战术目标。在软杀伤力方面，通过植入敌方计算机网络系统特种病毒、木马，瘫痪其指挥系统、重要设施，使对方丧失部分防御、反击能力的战例已屡见报端。美国国防部于 2011 年 7 月 5 日发布的《网络电磁空间行动战略》更是首先强调把网络电磁空间作为与陆海空天相并列的"作战域"，因而引起国际社会高度关注，外电评论为"具有里程碑意义的重要事件"，网电空间博弈急剧升温。2007 年 9 月 6 日，以色列的 F-15 战斗机轻松突破了叙利亚先进的防空系统，并成功摧毁了叙方可疑核设施，凭借的就是事先发动网络战瘫痪了其防空体系。网络战硬杀伤力的主要载体是电磁脉冲弹、冲击波武器、激光反卫星武器、动能拦截弹和高功率微波武器等，这些武器可对敌方网络的物理载体实施毁灭性破灭。

三、网络空间安全研究的时代价值

网络空间安全对维护国家安全、社会稳定、经济发展和夺取未来战争胜利，具有重要的现实意义。面对网络空间的威胁与挑战，重视网络空间安全、加强网络空间斗争，既是我们推进国防和军队建设科学发展、加快转变战斗力生成模式必须高度关注的重大战略问题，也是应对意识形态领域严峻挑战、永葆我军性质宗旨和本色的重大现实课题。

（一）网络空间已成为国家安全的重要领域

网络空间是一个人造的新空间，是与陆海空天相互交融、同等重要，对人类活动产生革命性影响的第五维空间。网络空间的出现与发展，是人类社会发展进程中的一件大事，其对人类活动的冲击和影响不亚于核武器诞生所带来的效应。

一是网络空间安全关乎一个国家的总体战略优势，已成为影响国家安全的全新疆域。综观当今世界，各主要国家围绕网络空间的发展权、主导权和控制权，展开了新一轮的战略角逐。哪个国家在这场网络空间的竞争中占得先机、抢得主动，就能在国际战略格局演变过程中谋取战略机遇，赢得战略优势。美国相继出台网络空间国家战略、军事战略和国际战略，把网络空间安全视为 21 世纪面临的最严重安全威胁，强调"美国的繁荣和安全依赖于网络空间"，声称要像拥有核优势那样，拥有对信息技术和网络空间的完全控制，试图利用科技进步的成果主导世界。英、法、德、日等国将网络空间安全提升至国家战略层面，强调"集体防御"，加紧构建网络空间新格局。

二是网络空间为增进军事效能提供了强大助力，已成为信息化条件下的全新战场。一方面，网络空间与传统的作战空间和有形的物理空间有机结合，相互作用影响，扩大了战场空间，模糊了平战界限，催生崭新形态的网络战争。网络已成为军队作战效能的"倍增器"。另一方面，网络空间本身也成为一种新型的作战领域，网络空间内的攻防作战作为一种新的作战样式，在战争中的地位和作用越来越突出。如今的互联网正在改变世界密码，充斥着观念冲突、利益矛盾甚至血拼战争，一场场发生在互联网上的控制战、意识形态战、文化战、民意战、反恐战、情报战、数据战、媒体战、金融战、舆论战、公关战等真实作战新样式，纷纷充斥在网络空间。未来信息化战争不仅是有形战场的生死较量，也是无形战场的综合博弈。网络空间对抗将拉开战争序幕并贯穿战争全过程，是融合政治、外交、经济、军事和舆论斗争的特殊战场，制网权将成为支撑制海权、制空权和制信息权的核心制权。

三是网络空间是社会政治领域斗争的重要渠道，已成为维护国家利益和社会稳定的全新舞台。网络传播的开放性、便捷性和隐匿性，使得思想文化渗透和外部势力插手更为容易。近年来，全球网络安全热点频出，网络空间的较量已成为国家、集团甚至一些组织、个人达成政治军事目的的重要手段。当前，美国正在全球主导一场利用网络颠覆主权国家政权的意识形态斗争，宣称任何国家和组织都不能随意封堵网络，目的是强行推行西方价值观，颠覆敌对国家政权。中东、北非政局动荡进一步表明，网络已成为主要推手和重要工具，一旦被敌对势力控制利用，就会成为反动舆论的"放大器"、勾结串联的"传声筒"和恶性事件的"催化剂"，对国家政权巩固和社会安全稳定构成严重威胁。

四是网络空间已经成为各国意识形态对抗的重要战场，成为维护本国价值观念的重要舞台。由于网络的隐蔽性、快捷性和难以追踪，网络可以轻易跨越传统的国家边界，轻易地对某国重要部门的网站发动攻击，却很难去追踪威胁的来源，这给国家安全带来了极大的威胁。因此，美国声称要像拥有核优势那样拥有对网络空间的控制权，奥巴马政府把扩大网络空间优势作为巩固美国"全球领导地位"的重要举措。在美国的带动刺激下，俄、英、法、印、日、德、韩等国纷纷跟进，将网络空间安全提升至国家战略层面，全面推进相关制度创设、力量创建和技术创新，试图在塑造全球网络空间新格局进程中抢占有利位置。放眼未来，网络空间国际战略竞争影响深远，堪比19世纪的海洋竞争、20世纪50年代的核竞争和20世纪80年代的太空空间竞争，这种竞争将在很大程度上决定21世纪国际战略力量的消长和大国的兴衰。

（二）我国网络空间安全面临严峻挑战

从国家安全层面来看，如今的信息领域、网络空间的斗争已经到了白热化程度，特别是"斯诺登事件"给我们敲响了网络安全的警钟。目前，我国网络空间安全面临的形势十分严峻，美国等西方大国把我国作为网络空间的主要战略对手，在战略上对我国进行打压、围堵、遏制；在行动上对我国进行渗透、颠覆、破坏；在军事上对我国进行牵制、威慑、攻击；在技术上对我国实施控制、封锁、阻挠，严重威胁我国网络空间安全和发展利益。

第一，网络空间战略博弈日趋激烈，国家战略环境面临复杂挑战。美国等西方大国全力谋求网络空间霸权，推动大国战略博弈从陆海空天向网络空间延伸，给我国战略环境安全带来重大挑战。2011年5月，美国高调发布《网络空间国际战略报告》，奥巴马总统在亲自作序的前言中将该报告定义为"美国第一次针对网络空间制订的全盘计划"，宣布"网络攻击就是战争"，表示如果网络攻击威胁到美国国家安全，将不惜动用军事力量。正如《华尔街日报》所说，美军的网络战略是"如果你关掉我们的电网，我们也许会向你们（重工业区）的烟囱投下导弹"。[①] 这一文件凸显了美国抢占网络空间主导地位、巩固网络霸权的战略意图。与此同时，美国把联盟理念引入网络空间，与"志同道合国家"合作，加强现有军事联盟或建立新的伙

---

① 李大光：《美军网络战概念"升级"的背后》，《解放军报》2011年6月16日。

伴关系，应对潜在网络威胁、强化集体安全，特别强调来自中国的"网络威胁"，其在网络安全领域联手对我国围堵的动向不容忽视。

第二，网络空间开辟作战新领域，军事斗争准备面临新的课题。美军认为"绝对的军事优势来自于对新空间的主导"，正在大力发展"先发制人"的网络空间作战能力。美军已列装基于密码破译、利用漏洞、设置后门、无线注入、暴力攻击和欺骗扰乱等六大类作战武器，涵盖了突破、渗透、监视、扰乱、阻塞、致瘫等全部作战能力，特别针对我军内部网络和信息系统，发展网络战武器装备，增大了我军事斗争准备的难度。近年来，美军非常重视网络空间作战演练，将其视为检验作战理论、锻炼作战队伍、提高实战能力的关键。一方面在联合演习中设置网络空间作战科目，演练与其他作战样式的协同；另一方面举行单一的网络攻防演习，演练各种网络攻防技术和战术。

第三，中国面临的境外网络攻击和威胁越发严重，已成为网络攻击最大的受害国。中国虽然是已经拥有 7.72 亿网民的网络大国，但网络空间核心技术与关键资源的自主可控能力不强，网络攻击、信息窃取、病毒传播等事件呈多发态势。中国的网络规模和用户规模不断增加，现已跃居世界第一位，而随着网络应用新技术的发展，中国面临的境外网络攻击和安全威胁也越发严重。2014 年 2 月，中国成立了中央网络安全和信息化领导小组，形成了网络安全工作统筹领导、有效推进的新局面。在领导小组首次会议上，习近平主席提出了建设网络强国的宏伟目标。因此，无论是立足当前还是着眼未来，面对网络空间新的威胁与挑战，都应把"网防"视为国防的一项重要内容，纳入国防建设的范畴。

第四，网络核心技术受制于人，我国发展利益拓展面临诸多困难。网络信息技术的发展，推动着网络空间形态的不断演变，对人类生产、生活和安全的影响越来越广泛深入，技术已经成为一个重大战略问题。美国是国际互联网的中心和中转地，全球 80% 的国际通信流量要经过美国，支撑全球互联网运转的 13 台根服务器，其中有 10 台设在美国，掌握着国际互联网的最终控制权，具有随时在网上抹杀其他国家的能力。美国声称在网络和信息领域"掌握了销售主导权，就等于掌握了打开门户秘密之门的钥匙"。我国网络空间的基础设施核心部件严重依赖进口，安全难以自主可控，是我们面临的重大安全隐患。

（三）积极推进维护网络空间安全能力建设

如今，西方发达国家在网络空间安全上占据绝对优势，他们确立霸主，制定规则，谋求优势来控制世界，给我国的网络空间安全带来了严峻的挑战。只有充分认清当前网络空间安全现状，以更宽阔的世界眼光和战略眼光审视战争形态的深刻变化，才能跟上时代步伐，以时不我待的紧迫感推进网络空间安全能力建设，在战略博弈中赢得战略主动。

第一，制定网络空间国家安全战略，做好网络空间安全的统筹规划和顶层设计。作为国际竞争新的制高点，围绕网络空间的争夺，就是国家和民族未来的争夺，也是军队未来战争胜负的争夺，必须将其作为重大而现实的战略任务，深刻认清网络安全问题对我国实现国家发展、维护政权安全、推进国防建设和保持社会稳定的重大战略意义，制定网络空间发展战略、安全战略和军事战略。网络安全工作涉及信息化建设的各个环节，包括法律、管理、技术、人才、意识等各个方面，与各部门、各地方都密切相关，是一个复杂的系统工程。网络中的一个环节、一个局部、一台计算机出问题，都有可能迅速地扩展到整个系统和网络，影响全局。这就要求我们十分注重统筹规划、全面防护，从各个层面、各个环节上加强综合性的信息安全保障工作。

第二，围绕形成新型战斗力，加强网络空间作战力量建设。深刻认识网络和信息在战斗力生成中的主导和倍增作用，把网络空间作战力量作为新型作战力量，纳入联合作战体系，作为军队改革的重要内容，进一步优化结构、调整编制，加强总部战略级、战区军兵种战役级网络空间作战部队建设，统筹网络侦攻防控力量结构规模和相关手段建设，以工程化建设思路加以推进，并适时组建改建相关部队。要在进一步完善信息基础网络建设等硬件设施的同时，着眼构建侦攻防控相结合的网络战力量体系，协调推进网络侦察、网络攻防和舆情监控力量的建设发展，从基础设施、装备技术、部队训练等各方面，加大建设投入和指导力度。

第三，依靠科技创新丰富拓展网络空间斗争手段，不断提升网络空间作战核心能力。开展网络空间斗争，必须以先进的技术手段作支撑。只有掌握核心关键技术，才能赢得主动。要坚持把技术创新作为战略基点，加强新一代网络技术发展和应用，突破制约信息化建设的核心关键技术。要准确把握信息化战争的特点，加强密码技术的应用，建设可靠的网络体系；加强全光网络技术研究，建立安全的信息传输通道；大力发展主动防御技术，实现"御敌于国门之外"；大力发展具有自主知识产权的信息技术，大力推进国产关键软硬件研发，从根本上提高我军网络信息安全的自主可控水平。

中国作为国际影响越来越大的国家，正不可避免地面临着来自网络空间的安全威胁。加强中国"网络国防"的最佳途径，是提高网络对抗能力。当务之急就是要树立"网络国防"观念、建立"网络国防"机制、强化"网络国防"力量，大力推进中国"网络国防"建设，全面提高军队保卫"网络边疆"的能力。中国始终是网络空间的建设者、维护者和贡献者，致力于与国际社会携手共建和平、安全、开放、合作的网络空间。中国愿为创造更加繁荣美好的网络空间做出更大贡献。

第一章　网络安全与国家安全

网络信息资源作为极其重要的生产要素，有力地推动着全球经济和社会发展。与此同时，网络空间安全的重要性与日俱增。随着信息技术的发展和计算机网络在世界范围内的广泛应用，国家政治、经济、文化、军事等受网络的影响日益增强，给国家安全带来了新威胁。网络空间安全与国家安全息息相关。

一、网络正在深刻变革人类社会

互联网是 20 世纪人类文明的辉煌成果。大多数普通人谈及互联网，以及随互联网发展而形成的网络空间时，第一印象通常不是国家安全，而是网络带来的生活便利。随着人类向信息化时代的迈进，国际互联网不断发展完善，网络已渗透到人类社会的各个领域，不断改变着人们的生产、生活方式，改变着人类文明理念和思维方式。可以说，网络正在深刻地改变着当今人类社会。

（一）互联网正在改变当今世界面貌

进入 21 世纪以来，互联网已经渗透到社会生产生活各个方面，深刻影响着国际政治、经济、文化、社会、军事等领域的发展，深刻改变着当今世界面貌，加速着人类文明进步的步伐，开启了一个崭新的时代。

1. 互联网的发展正在改变着世界

1991 年 8 月 6 日，伯纳斯·李（Tim Berners-Lee）在 alt.hypertext 新闻组贴出一份关于 World Wide Web 的简单摘要。这个日子随即载入史册，标志着 Web 页面在互联网上首次登场。他提出所有人都可以免费使用 WWW 的概念，此后 WWW 以惊人的速度发展。如今，没有人知道它究竟有多大。现在，公开出版的网页有 500 多亿，但网页实际数量可能比被搜索引擎编入索引的 500 亿还要多 400 至 750 倍，每分钟又有数十万计的页面加入。国际互联网从出现至今，大致可分为三个发展阶段：

第一阶段是社会化应用前的实验阶段（1969—1994 年）。正如未来学家所说："生活本来是平静的，后来计算机想要相互对话，情况就大变了。"1946 年，世界上第一台计算机问世，当时它只是作为弹道轨道计算的工具。随着计算机数量日趋增多，并通过线路、服务器、路由器等连接起来，网络开始形成，并于 23 年后的 1969 年在美国防务系统诞生阿帕网，网络降临人间。1969 年，美国国防计划署建立了作为军用实验网络的阿帕网，起初只有 4 台主机相互对话；2 年以后，已有 19 个节点、30 个网站联了进来；4 年以后，也就是 1973 年，阿帕网上的节点又增加一倍，达到了 40 个。阿帕网迅速膨胀，很快构建起一个把不同局域网和广域网连接起来的互联网，这就是因特网的雏形，而因特网的真正发展是 20 世纪 80 年代末的事情。1983 年 1 月 1 日，美国国防部正式将 TCP/IP 作为阿帕网的网络协议，并正式命名为 "Internet"。1987 年，与因特网相连的主机数只有 1 万台，1989 年主机数突破 10 万台，1992 年主机数突破 100 万台。1991 年，瑞士高能物理研究实验室程序设计员伯纳斯·李开发出 WWW 技术（万维网），采用超文本格式（hypertext）把分布在网上的文件链接在一起，Web 页面首次登场。在这一阶段，互联网由政府出资建设，用户免费使用，网络规模小、速率低，主要应用于文件传输和电子邮件，操作比较复杂，用户只局限在科研或者专业人员。到了 20 世纪 90 年代后半期，互联网得到了异常迅速的发展，已逐步把全球联结成了一个巨大的国际互联网络。网络以迅猛发展之势，在"网"住人们生活的同时，也渗透到世界军事的各个角落，并推进现代战争迅速向信息化转型。

第二阶段是社会化应用的初始阶段（1995—2000 年）。美国科学基金会（NSF）1991 年通过一个计划，从 1994 年开始允许商用网络运营商通过竞标方式将各自的主干网互联起来，形成一个新的主干网来取代 NSFNET。1994 年，美国允许商业资本介入，互联网从实验室进入面向社会的商用时期。1995 年 4 月 30 日，NSFNET 主干网正式停止使用，NSF 把 NSFNET 经营权转交给美国 3 家最大的私营电信公司（Sprint、MCI 和 ANS），全面商业化的互联网主干网形成，互联网进入了商业应用时期。1996 年，全球 1200 万台主机接入互联网，建立 50 万个 WWW 站点。1999 年 2 月 22 日，第一家网上银行在美国印第安纳正式营业。这一阶段，互联网以网络的扩张、用户的增加和大批网站的出现为主，主要应用于浏览网页和收发电子邮件等。互联网的潜在商业价值被普遍看好，吸引了各方投资。由于商用初期未能迅速找到有效的盈利模式，过度的投机行为最终导致 20 世纪末全球性"网络泡沫"的出现与破灭。

第三阶段是普及应用的社会化发展阶段（2001 年至今）。进入 21 世纪，以信息技术为核心的科技革命，推动着网络空间全面拓展，贯穿于陆海空天各个领域，让整个"地球村"高速运行在瞬息万变的网络电磁世界之中，网络空间与人类社会愈来愈休戚相关。随着网络泡沫破灭，互联网发展进入相对平稳的阶段。宽带、无线移动通信等技术发展，为互联网应用的丰富和拓展创造了条件。在网络规模和用户数量持续增加的同时，互联网开始向更深层次的应用领域扩张。电子商务、电子政务、远程教育等网络应用日渐成熟，互联网逐渐渗透到金融、商贸、公共服务、社会管理、新闻出版、广播影视等方面。以博客、播客等为代表的第二代万维网（Web2.0）使每个普通网民都可以成为互联网内容的提供者，激发了公众的参与热情，网络内容日益繁荣。根据相关数据预测，2017 年全球近 47% 的人口每个月至少使用一次互联网，年增幅 6.1%。预计 2019 年全球互联网普及率将超过 50%，届时全球将有 38.2 亿网民，占总人口的 50.6%。如今，互联网已经成为推动经济发展和社会进步的全球性重要信息基础设施。在这个阶段，原先互联网高速发展所掩盖的商业模式问题、安全问题、监管问题等不安全、不稳定的隐患，也随着互联网的社会化而更加凸显。比如，日益增长的针对 DNS 系统的攻击及黑客行为，域名与知识产权的冲突，域名与隐私权保护，域名持有人的权利保护等。不仅互联网自身的发展面临着挑战，互联网对政治、经济、文化、生活的负面影响受也到了普遍关注。

2. 互联网引发社会深刻变革

技术变革是社会变革的决定性力量。互联网引发的不仅是一场突飞猛进的信息革命，更是一场前所未有的深刻社会变革。自从网络技术问世以来，网络先是用在军事及教育和科研部门，后来迅速向政治、经济、社会和文化等各个领域渗透。几乎在一夜之间，网络就把人类从工业时代带进了信息时代。其速度之快，出乎人们的预料。

互联网是现实社会的延伸，是一种新的社会基础结构，是一种新的生活方式，是一种新的社会理念。现代社会对信息的依赖程度越来越高，信息除了关系到一个国家的政治、经济等方面外，还直接影响到普通民众的日常生活，对民众的心理和意志影响重大。在短短的时间内，互联网就使人们的生活方式发生了巨大变革，为我们提供了新的社会生活方式，网上语言影响着人们的日常语言，网上娱乐影响着人们的休闲方式，网上交流影响着人们的交往方式，网上信息影响着人们的思想观念。有人把互联网称为继报纸、广播、电视之后的"第四媒体"，但它绝非三大传统媒体在信息高速公路上的简单翻版，目前来看已经超过传统的大众传媒成为全球最大的媒体。互联网的影响甚至可以和蒸汽机的发明相比拟，将使以制造业为中心的工业社会转化为以信息产业为中心的信息社会。

互联网成了自由的平台、思想的乐园，给各国社会生活、工作、经济发展带来了无穷魅力和巨大利益，在思想、政治、经济、军事、文化等各个方面深刻影响着人类社会，推动着社会各领域的变革。随着人们认识的不断深化、不断拓展，网络空间的内涵、外延还会不断发展，并引发人类社会变革向深层次发展。变革是互联网永远的主题，人类社会正在因互联网而引发社会大变革。比尔·盖茨在《数字神经系统》中讲道："只有变化才是不变的。"互联网引发的不仅是一场突飞猛进的信息革命，更是一场前所未有的深刻社会变革。从奥巴马利用微博赢得公众支持当选美国总统，美国依托推特（Twitter）、脸谱（Facebook）助推"阿拉伯之春"，到一些国家领导人开微博，并上网倾听网民呼声，吸收网民意见建议……互联网深刻影响着各国的政治环境；从网络交易、网银支付的日益普及，到国际电子商务的迅猛增长，互联网正改变着世界经济的运作模式；电子邮件以及 QQ、MSN 等即时通信的普及应用，前所未有地改变了人们的社会交往方式。互联网正悄悄改变社会发展进程，引领未来变革，产生新的政治模式、文化模式、经济模式、思维模式、商业模式、营销模式等等。面对变化，社会变革已经成为网络变革的重要内容。互联网技术正呈现裂变式发展态势，互联网发展迎来前所未有的变革时代。

互联网与政治、经济、社会、文化、军事等方面互为借助，相互作用，成为加速世界变革的利器。互联网日益成为各种社会思潮、利益诉求的集散地，成为群众参政议政的重要平台，网民已成社会舆论的主导力量。网络战争是信息社会依托于网络空间而进行对抗和冲突的一种崭新形式，其目的在于"夺取或保持信息优势或制信息权"，从而为己方的军事、政治、经济、文化、科技等各个领域的利益服务。

3. 互联网的发展改变着中国

中国的互联网建设虽然起步较晚，但发展很快。1994 年 3 月，中国正式加入国际互联网；4 月 20 日，中国用 64kb/s 专线正式接入互联网；5 月，中国科学院高能物理研究所设立中国第一个万维网服务器；国家智能计算机研究开发中心开通曙光 BBS 站，这是中国大陆第一个 BBS 站。1995 年 5 月，张树新创立中国第一家互联网服务供应商瀛海威，中国普通民众开始进入互联网络。中国电信开始筹建中国公用计算机互联网（CHINANET）全国骨干网，1996 年 1 月正式开通提供服务，标志着中国互联网进入社会化应用阶段。1999 年 9 月，中国招商银行率先在国内启动"一网通"网上银行服务。2000 年 4—7 月，中国三大门户网站搜狐、新浪、网易成功在纳斯达克上市。

经过十多年的发展，中国互联网已经形成规模，互联网应用走向多元化。进入 21 世纪后，中国互联网蓬勃发展，全面进入互联网时代。根据 2018 年 1 月 31 日中国互联网信息中心（CNNIC）发布第 41 次《中国互联网络发展状况统计报告》统计显示，截至 2017 年 12 月，我国网民规模达 7.72 亿，普及率达到 55.8%，超过全球平均水平（51.7%）4.1 个百分点，超过亚洲平均水平（46.7%）9.1 个百分点。全年共计新增网民 4074 万人，增长率为 5.6%，我国网民继续保持平稳增长。互联网商业模式不断创新、线上线下服务融合加速以及公共服务线上化步伐加快，成为网民规模增长推动力。截至 2017 年 12 月，我国手机网民规模达 7.53 亿，网民中使用手机上网的网民比例也提高 3.2 个百分点，达 28.2%。以手机为中心的智能设备，成为"万物互联"的基础，互联网、智能家电促进"住行"体验升级，构筑个性化、智能化应用场景。移动互联网服务场景不断丰富、移动终端规模加速提升、移动数据量持续扩大，为移动互联网产业创造更多价值挖掘空间。①

我国移动互联网发展进入全民时代。当代中国已经进入了"微时代""移动互联时代""信息网络化时代""自媒体时代""新媒体时代"。据相关数据显示，世界范围内仅 Apple 一家在 2015 年出货 iPhone 达 2.26 亿部，移动终端的普及带动了整个移动互联产业链的发展，其中包括智能硬件、软件、云、大数据等等。据了解，亚洲是移动互联网最活跃的地区，净使用率约为 18%。在移动互联网获取信息的比例占个人信息量的 81%，超过 50% 的手机端用户都会用到浏览器阅读相关内容；而在中国，腾讯公司的 QQ 和微信用户更是不容小觑，其中光微信月活跃用户就达 5.4 亿，覆盖国家达 200 多个！信息为王的时代，移动互联提供了绝佳渠道连接了人与人之间的信息交流、收集、传递和分享，使其成为生活中不可缺少的一部分。

（二）网络改变着人类社会生产图景

以计算机为主的信息技术发展的重要成果是实现了网络互联。随着信息化和经济全球化的发展和相互促进，互联网深深地融入了人类社会生活的方方面面，互联网的迅猛发展为人们创造了与地球空间相对应的信息空间，将人类社会引领进入数字化时代，深刻地改变了人类生产图景。

1. 网络正在改变人们的生产方式

如今，互联网与我们的生产越来越密切相关。就互联网对产业发展的影响而言，主要体现为以互联网为代表的信息技术与传统产业渗透交融，成为传统产业变革的引领性力量，并不断催生新产业新业态。互联网具有通用性、交互性、开放性和共享性等基本属性，依托便捷优势、扁平优势、规模

---

① 中国互联网络信息中心：《中国互联网络发展状况统计报告》，http://www.cac.gov.CN/2018-01/31/c.1122346138.htm。

优势、集聚优势和普惠优势，加速与各产业融合，在平台和大数据的支持下，线上线下的分工合作更加紧密，一部分传统业态和商业模式逐步消失，新的业态和商业模式快速兴起。

从 2G、3G 到现在的 4G、5G 网络，以及物联网技术的发展，为传统经济注入新能量，"互联网+"成为新的发展模式和方向。"互联网+"代表一种新的经济形态，即充分发挥互联网在生产要素配置中的优化和集成作用，将互联网的创新成果深度融合于经济社会各领域之中，提升实体经济的创新力和生产力，形成更广泛的以互联网为基础设施和实现工具的经济发展新形态。"互联网+"行动计划将重点促进以云计算、物联网、大数据为代表的新一代信息技术与现代制造业、生产性服务业等的融合创新，发展壮大新兴业态，打造新的产业增长点，为大众创业、万众创新提供环境，为产业智能化提供支撑，增强新的经济发展动力，促进国民经济提质增效升级。通俗来说，"互联网+"就是"互联网+各个传统行业"，但这并不是简单的两者相加，而是利用信息通信技术以及互联网平台，让互联网与传统行业进行深度融合，创造新的发展生态。

"互联网+工业"是传统制造业企业采用移动互联网、云计算、大数据、物联网等信息通信技术，改造原有产品及研发生产方式，与"工业互联网""工业 4.0"的内涵一致。"移动互联网+工业"是借助移动互联网技术，传统制造厂商可以在汽车、家电、配饰等工业产品上增加网络软硬件模块，实现用户远程操控、数据自动采集分析等功能，极大地改善了工业产品的使用体验。"云计算+工业"是基于云计算技术，一些互联网企业打造了统一的智能产品软件服务平台，为不同厂商生产的智能硬件设备提供统一的软件服务和技术支持，优化用户的使用体验，并实现各产品的互联互通，产生协同价值。"物联网+工业"是运用物联网技术，工业企业可以将机器等生产设施接入互联网，构建网络化物理设备系统（CPS），进而使各生产设备能够自动交换信息、触发动作和实施控制。物联网技术有助于加快生产制造实时数据信息的感知、传送和分析，加快生产资源的优化配置。"网络众包 +工业"是在互联网的帮助下，企业通过自建或借助现有的"众包"平台，可以发布研发创意需求，广泛收集客户和外部人员的想法与智慧，大大扩展了创意来源。

农业看起来离互联网最远，但"互联网 + 农业"的潜力却是巨大的。农业是传统的基础产业，亟须用数字技术提升农业生产效率，通过信息技术对地块的土壤、肥力、气候等进行大数据分析，然后据此提供种植、施肥相关的解决方案，大大提升农业生产效率。此外，农业信息的互联网化将有助于需求市场的对接，互联网时代的新农民不仅可以利用互联网获取先进的技术信息，也可以通过大数据掌握最新的农产品价格走势，从而决定农业生产重点。与此同时，农业电商将推动农业现代化进程，通过互联网交易平台减少农产品买卖中间环节，增加农民收益。面对万亿元以上的农资市场以及近七亿的农村用户人口，农业电商面临巨大的市场空间。此外，"互联网 + 医疗""互联网 + 交通""互联网 + 公共服务""互联网 + 教育"等新兴领域也呈现方兴未艾之势，随着"互联网 +"战略的深入实施，互联网必将与更多传统行业进一步融合，合奏出互联网经济发展的最强音。

2. 互联网引发全面深刻的产业变革

大力推进互联网对传统产业的渗透和改造，加快经济发展方式转变，积极培育新的经济增长点，促进新旧动能转换，进而培育和形成更高级形态的互联网经济，不断提高经济发展的质量和水平，在互联网引发的经济社会大变革中实现跨越式发展。互联网革命是人类发展史上历次科技革命的发展和延续，但其作用范围远远超过前几次科技革命。

互联网推动制造业业态发生重大变化，使之呈现智能化、信息化、柔性化、即时传输、流程再造和全过程服务化等主要特征。互联网促进了新一代国际贸易业态，即 e 国际贸易的形成和发展。目前，主要国际贸易形式仍为一般贸易、加工贸易、小额边境贸易和采购贸易，但 e 国际贸易的增速将大大高于这四种贸易形式的增速，很可能成为一种主要国际贸易形式。农业业态也将发生重大变化。"互联网 + 农业"、订单农业的出现和发展，将使食品安全成为农业业态变革的重要方向。农产品生产流通全过程信息的透明化和可追溯体系的建立，将使农业业态特别是安全食品生产方式发生革命性变化。此外，未来大数据的存储、交易、生产和分析，将使数据成为最具价值的资源。直接交易数据成为一种趋势，并将形成规模巨大的市场。

互联网思维重点在于用户思维、大数据思维、跨界思维、媒体思维、平台思维、创新思维、迭代思维、流量思维等。其最终目的是尽可能抓住用户、提升用户体验、打破行业边界、汲取他人经验、提高宣传能力、提升创新效率，加强品牌管理、形成数据决策、建立生态系统、实现共赢局面。真正的互联网思维是对传统企业价值链的重新审视，互联网思维已经绝不仅仅是停留在营销环节，而是涉及企业经营的方方面面。

从全球来看，加快互联网发展、抢占发展先机已成为世界各国发展战略部署的重点。美国、德国、日本和欧盟通过制定具有战略性、前瞻性、系统性的互联网与大数据发展战略、计划和政策等，促进互联网与大数据对传统产业的渗透、改造和重构，加快产业升级的步伐。

（三）网络正在改变人类社会生态环境

互联网发展的总趋势将更加迅猛，势不可当，并向全方位渗透。网络规模将进一步扩大，网络资源将进一步丰富，新技术将层出不穷，新应用将更加广泛，并正在改变人类社会生态环境。

1. 网络正在改变人们的生活方式

网络极大地改变了人类社会的物质生产生活方式。互联网进入人们的私人生活和公共生活领域，使人们的生活方式出现了崭新的形式。四通八达的高速电子网海量数据能够向人们提供可以想象得出的任何服务。电子邮件、电子付款、特别新闻节目、统计资料检索、居家购物、视频点播、可视会议等服务，网上大学、网上图书馆、网上会诊等都已成为现实。

"互联网＋服务商"崛起。"互联网＋"的兴起会衍生一大批在政府与企业之间的第三方服务企业，即"互联网＋服务商"。他们本身不会从事"互联网＋传统企业的生产、制造及运营"工作，但是会帮助线上及线下双方的协作，从事的是做双方的对接工作，盈利方式则是双方对接成功后的服务费用及各种增值服务费用。这些增值服务包罗万象，包括培训、招聘、资源寻找、方案设计、设备引进、车间改造等。初期的"互联网＋服务商"是单体经营，后期则会发展成为复合体，不排除后期会发展成为纯互联网模式的平台型企业。第三方服务涉及的领域有大数据、云系统、电商平台、O2O服务商、CRM等软件服务商、智能设备商、机器人、3D打印等。

网络不但极大地改变了人类社会的物质生活方式，而且极大地改变了人们的精神生活方式。一个个由因特网创造的神话正在向全世界展示着它独特的魅力。网络为人类提供了人际交往的虚拟空间，催生了与真实的现实生活异质的虚拟网上生活，改变了人的生存状态。匿名性使得人们在网络空间可以随心所欲地扮演与现实生活中迥然不同的新角色，传统规范的约束力几乎减弱到无。网络传播在给人类生活带来巨大便利的同时，其负面影响也日益显著：舆论导向模糊，侵权行为频繁发生，虚假新闻和色情信息泛滥，信息的超地域、超国界流动使得东西方伦理观遭遇空前的交流和冲撞。网络主体身份虚拟引发道德危机，网络人际关系淡漠，文化快餐化、同质化加速以及网络犯罪猖獗。

同时，网络新媒体对传统媒体的舆论影响力形成冲击。网络空间成为人们获取信息、发表意见、交流看法的首选平台，过去由传统媒体垄断的发布权和解释权被稀释。微博、微信等社交媒体的迅猛发展让这场争夺眼球的竞争更加白热化。如今新形势下的媒体生态，已经发生了根本的变化。媒体的正面宣传、权威报道，常常遭遇网络公共空间各种相左的"报料""内幕""真相"的冲击，由此形成了两个舆论场，即以传统媒体为代表的官方舆论场和以网络舆论为代表的民间舆论场（或称新媒体舆论场）。这两个舆论场并非完全对立，也有大量重合、互通的地方。网上众多发布者抢夺着媒体报道的注意力资源，媒体报道也是网络公众讨论的重要消息源。传统媒体在维持内容优势的同时，也越来越多地向网络延伸，注重运用社交媒体的新形式新技术，增强与网民公众的互动，以适应网络传播的竞争节奏。

2. 人类进入"e社会"时代

如今，互联网已经成为一种强大力量，对整个社会的发展以及整个社会产生着强大影响力。无论衣食住行，还是学习娱乐甚至交友恋爱，都能在互联网上毫不费力地得到满意选择。在美国有4/5的家庭上网，绝大多数人习惯网上消费，连买件衬衣等简单的事情也要先上网查查。对这些我们已经习以为常，互联网出现之后人类生活进入一个新时代，即"e社会"时代。

从互联网出现以后，特别是电子商务和电子金融出现以后，人类社会的各个组成部分：个人、家庭、社区、企业、银行、行政机关、教育机构等，以遍布全球的网络为基础，超越时间与空间的限制，打破国家、地区以及文化不同的障碍，实现了彼此之间的互联互通，平等、安全、准确地进行信息交流，使传统的社会转型为电子的社会，转型为"e社会"。

21世纪，互联网已经成为基本的生活环境。人们开始用"e-"构词法来描述和交流未来生活的情境。信息家电、自由软件、网易、eBay、亚马逊书店等成为人们注意力聚集的中心；满街涌动的公共汽车背上是大幅网站广告，人们的生活随之发生着翻天覆地的变化，地球正在变为"e-"化的世界。现实社会生活中，互联网就像粮食和水一样成为人们的生活必需品。如今中国网民人数超过美国的网民人数跃居世界第一。短短十几年时间，互联网从一个令普通人充满好奇的新鲜事物，成为一种家喻户晓的数字化社会生活方式。智研咨询发布的《2017—2022 年中国互联网市场分析预测及发展趋势研究报告》显示，在发达国家和地区，大多数手机网民将使用智能手机上网。超过 98％的北美网民和 97％的西欧网民使用智能手机上网。英国家庭主妇们是网络生力军，平均每日花 47％的休息时间在网上。2017 年，超过 3/5 的拉丁美洲网民经常使用智能手机访问网络。到 2021 年，这个指数将超过 72％。

"e 社会"传播也带来全球文化变迁。网络空间日益成为影响国家发展的基础性、关键性、战略性新兴领域。"只需点击一下鼠标"的习惯改变了人们的生活方式。从 1993 年《纽约客》那幅著名的戏谑漫画——"互联网时代，没人知道你是一条狗"，到 2006 年《时代》将网民（You）评为年度人物——"是你，主宰了信息时代"。如今，人们从购物到旅行、从投资到理财，都离不开互联网。2016 年在美国，通信活动如电邮（几乎有 91％）和即时聊天 / 文字信息（86％）是主要的上网活动。到了 2018 年，全球的零售电子商务销售额预计会达到接近 2.5 万亿美元。生活在这种"e 社会"传播下，全球文化也发生了变迁。如今，"e 社会"传播具有传播信息的自由性、开放性、复杂性，传播主体的隐匿性、平等性、多层性，传播对象的大众性、年轻性、知识性，传播符号的集合性、视觉性、能指性，传播媒介的快捷性、虚拟性、多媒性，传播过程的时效性、个性化、互动性。在"e 社会"传播中，这些基本特征构成了影响全球文化变迁的要素。全球文化变迁的表现形态和发展趋势，都和"e 社会"传播的诸多要素及其特征紧密相连。

快捷、丰富、自由、开放、多元、互动的视听新媒介，突破了时空、感官、传授之间的限制，重塑着人们捕捉、接收、反馈信息的方式和习惯，更是对人们的思想观念、情感世界、思维方式、意志品格、行为习惯乃至世界观、人生观和价值观都潜移默化产生着深远的影响。"e 社会"传播下全球文化变迁不可避免地出现全球文化的"拟像"式呈现、全球文化的多元化表达、全球文化的价值观碰撞和全球文化的领导权争夺这四种表现形态。

二、网络安全与国家安全息息相关

互联网自诞生以来，深刻影响着人类社会的方方面面，除带给人们以经济、便捷与高效之外，也不时展示出其负面威力。网络犯罪、毒害信息、黑客活动等频频登上报头刊尾，可以说互联网空间危机四伏。如何管好、用好网络空间，业已成为各国共同面临的重大课题。

（一）网络安全严重挑战国家安全

网络安全形势日益严峻，国家政治、经济、文化、社会、国防安全及公民在网络空间的合法权益面临严峻风险与挑战。

一是网络渗透危害政治安全。国际上争夺和控制网络空间战略资源、抢占规则制定权和战略制高点、谋求战略主动权的竞争日趋激烈。政治稳定是国家发展、人民幸福的基本前提。利用网络干涉他国内政、攻击他国政治制度、煽动社会动乱、颠覆他国政权，以及大规模网络监控、网络窃密等活动严重危害了国家政治安全和用户信息安全。从 2011 年起，奥巴马政府制定了秘密计划"影子网络"，为"茉莉花革命"中部分关闭互联网的国家中的激进分子提供独立开设的网络与国外联系。2013 年曝光的"棱镜门"事件中，斯诺登揭露的是美国长期利用网络优势对全球主要国家实施攻击、窃密的现实，为各国敲响了信息安全的警钟。

二是网络攻击威胁经济安全。网络和信息系统已经成为关键基础设施乃至整个经济社会的神经中枢，遭受攻击破坏、发生重大安全事件，将导致能源、交通、通信、金融等基础设施瘫痪，造成灾难性后果，严重危害国家经济安全和公共利益。2005 年 6 月，美国最大信用卡公司之一的万事达公司众多用户的银行资料被黑客窃取，酿成美国最大规模信用卡用户信息泄密案。

三是网络攻击威胁军事安全。个别国家强化网络威慑战略，加剧网络空间军备竞赛，世界和平受到新的挑战。主要表现为从网络空间对军事目标实施攻击，或者实施网络恐怖主义，直接挑起网络战争，这已经成为军事安全防范的重要目标。2006 年 5 月，美国退伍军人事务部发生失窃事件，窃贼将存有 2000 多万名退伍军人个人资料的电脑硬盘偷走，对美国武装部队的安全构成了潜在威胁。2011 年，美国佛罗里达州的警察应急系统被黑客侵入，使紧急警务和消防部队无所适从，受到严重损失。2013 年 6 月，土耳其总理办公室网站等政府网站遭叙利亚网军入侵。黑客信手涂鸦后公布了约 90 个用户的电子邮件和明文密码，他们还相继窃取了英国广播公司、《卫报》及美国洋葱新闻账号，发布了数条假消息。[①] 目前，那些影响到国家、社会利益，为达一定目的、有组织、蓄意实施的破坏性网络攻击行动对国家军事安全威胁程度最高。

四是网络有害信息侵蚀文化安全。网络上各种思想文化相互激荡、交锋，优秀传统文化和主流价值观面临冲击。网络谣言、颓废文化和淫秽、暴力、迷信等违背社会主义核心价值观的有害信息侵蚀青少年身心健康，败坏社会风气，误导价值取向，危害文化安全。网上道德失范、诚信缺失现象频发，网络文明程度亟待提高。

五是网络恐怖破坏社会安全。恐怖主义、分裂主义、极端主义等势力利用网络煽动、策划、组织和实施暴力恐怖活动，直接威胁人民生命财产安全、社会秩序。计算机病毒、木马等在网络空间传播蔓延，网络欺诈、黑客攻击、侵犯知识产权、滥用个人信息等不法行为大量存在，一些组织肆意窃取用户信息、交易数据、位置信息以及企业商业秘密，严重损害国家、企业

---

① 土耳其总理办公室网站遭入侵部分数据泄露，http://changweibo.chinabyte.com/2014-06-06。

和个人利益，影响社会和谐稳定。

网络空间机遇和挑战并存。必须积极利用、科学发展、依法管理，坚决维护网络安全，最大限度利用网络空间发展潜力，更好惠及世界人民，造福全人类，坚定维护世界和平。

（二）网络空间安全危机四伏

网络空间是一个开放的空间，这一空间虽然是虚拟的，但却充满危机。虚拟世界是现实世界的延伸，虚拟世界的蝴蝶抖动几下翅膀，同样会传导到现实世界，引发真实的风暴。在这个无边际的世界中，既有欣欣向荣的景致，也有荒芜的废墟；既有许多健康有益的内容，也有不少低俗有害的东西；既有精神食粮，也有文化垃圾。随着信息技术的不断创新、信息网络的广泛普及，网络空间已经深刻影响到国家的政治、经济、科技、军事和文化等各个领域的安全，并使得国家安全形势发生了深刻变化。

1.虚拟空间已经变成现实威胁

早在 1969 年，当"阿帕网"这一当今国际互联网的雏形刚刚研制成功时，项目负责人史蒂夫·卢凯西克就曾敏锐地指出："今天的创新在未来会给世界带来什么，那或许将是一幅令人惊恐的图景。"[①] 他的预言也许有些过于悲观，但如今的互联网却真真切切地把世界搅动了起来，虚拟空间已经变成现实威胁。

从维护国家安全的视角而言，网络空间的风云变幻必将波及自然空间、社会空间及认知空间等。政治博弈、军事对抗、金融较量及文化冲突，持有利益诉求的各种主体都试图在网络空间赢得或延续自己在现实世界的权力优

---

① [美]迈克尔·贝尔菲奥尔：《疯狂科学家大本营》，黄晓庆等译，科学出版社 2012 年版，第 117 页。

势。众所周知，自然空间的军事作战只有在战场上才能进行，打击的重点是敌战斗部队和物质力量。而网络空间的战略较量则不同，它没有固定的模式和渠道，也没有固定的区域和战场，甚至没有固定的规则与规律。伴随着社会日益高度信息化，以前或许仅仅停留在渲染层面的"电子珍珠港"，极有可能变为现实，这对国家安全而言，也不再是危言耸听，而是真真切切的威胁。在网络空间，由于其广延开放性，其与自然空间军事较量的重要差异还体现在：自然空间的较量中，参与的主体有后方避难所，而在信息网络时代，所有参与者都将不会有避难所。如恐怖主义对美国在现实世界所制造和构成的威胁，通过网络空间，就可以将威胁信息迅速传递给所有美国民众，从而有力地扩大了威胁或攻击的影响和效果。当然，正是因为网络空间的广延开放性，该技术空间的较量虽然从表面上看是没有硝烟的较量，但它却极大地需要自然空间与社会空间力量的有力支撑。换言之，从维护国家安全战略的视角考虑，如果想要在网络空间获得并保持长久的优势，就必须打造综合优势或多维力量。

由于网络空间利益涉及个人、团体、跨国公司、各国政府及非政府组织等，通过网络空间获取利益已经成为某些网络强国的国家行为。例如，"棱镜门"折射的美国网络威胁让人毛骨悚然。美国通过自身在网络科技和数据筛选的优势，监控全世界，上至大大小小的国家，下至普普通通的人民。据斯诺登披露，2007年以来，美国国家安全局和联邦调查局（FBI）要求微软、雅虎、谷歌、"Facebook"、苹果、PalTalk、美国在线、Skype和YouTube等9大网络巨头，提供用户的网络活动信息，试图直接进入一些互联网大公司的服务器，获得有关视频、声音、图像、电子邮件和网络浏览记录的信息，甚至是信用卡记录。尤为令人不安的是，到目前为止，在互联网络领域，美国安全部门已经搭建了一套基础系统，能截获几乎任何通信数据，大部分通信数据都被无目标地自动保存。如果当局希望查看任何一个人的电子邮件或手机信息，所要做的就是使用截获的数据，来获得电子邮件、密码、通话记录和信用卡信息，甚至可以在机器中植入漏洞，无论采用什么样的保护措施，都不可能安全。

任何一种新技术的出现，都会带动战争模式的转变，谁掌握了先机，谁就能占据主动。为了争夺网络空间的战略利益，网络空间的博弈也异常激烈，这对一个国家的安全构成了严重威胁。

2. 网络空间犯罪无处不在

随着互联网的飞速发展，计算机网络的资源共享进一步加强，这是一件极好的事情。但是，资源共享和信息安全历来是一对矛盾体，随之而来的网络空间犯罪问题日益突出。如今，网络世界泥沙俱下、良莠不齐，既有积极的动力，也有消极的暴力，既有鲜花和赞扬，也有匕首和挟持。网上色情信息大肆传播、人肉搜索大掀波澜、网络炫富肆无忌惮，这些新奇、张扬、刺激的事件，离经叛道、怪异另类的现象，不断突破社会道德底线和公众心理承受能力。嘲弄经典的低俗恶搞流行，以调侃、解构、颠覆、闹剧式的手法，宣泄情绪，表达不满。少数人精神空虚、行为失范，道德意识、法律意识、社会责任意识淡化，有的甚至违法犯罪。为所欲为、不负责任的言行也大量存在。

随着网络时代的到来，人们在享受网络带来的便利的同时，作为网络经济副产品的网络犯罪现象也在急剧增加，网络犯罪不仅给受害者造成巨大的经济损失，而且严重地扰乱了社会秩序，甚至危及国家安全，已经日益成为严重危害社会秩序的犯罪之一。利用电子邮件、聊天室、拍照手机、交友网站等网络手段，对他人进行侮辱、诽谤、骚扰等网络空间暴力事件频繁发生，直接影响人类社会的安全稳定。金融领域的网络犯罪，被形容为"现代版的抢银行"。据统计，网络犯罪每年给全球经济带来1万亿美元的损失。1995年8月21日，设防严密的美国花旗银行（citybank）系统网络，被前苏联克格勃人员侵入，损失现金高达1160万美元。为了弄清原因并防患于未然，花旗银行不惜用 580 万美元的现金让入侵者讲述入侵的秘密和详细步骤。这个问题在中国也特别突出，据不完全统计，网络犯罪每年给中国网民造成的经济损失高达 2890 亿元。

在 2009 年 3 月召开的万维网（WWW）诞生 20 周年纪念活动上，各国专家普遍认为，互联网给人类的工作、生活及娱乐等诸多方面带来巨大变化。除了积极影响外，同时也给人类带来了不可避免的十大消极影响：虚假信息、网络欺诈、病毒和恶意软件、色情内容、网瘾泛滥、数据丢失、网络迷因（Internet meme，又称网络爆红，网络快速传播现象）、阴谋论（Conspiracy theories，个人或团体秘密策划）、过于暴露（人们网上泄露太多信息）、过于商业化。美国战略和国际问题研究中心（CSIS）2014 年 6月 9 日发布报告称，当前网络犯罪每年给全球带来高达 4450 亿美元的经济损失。

如今，越来越多的金融机构成了网络攻击的潜在目标。在经济全球化大背景下，金融系统利用网络在世界范围内转移资金，大多数公司把财务记录储存在计算机内；甚至国家的整个军用和民用基础设施都越来越依赖网络。正如美国学者迈克尔·德图佐斯描绘的那样：互联网从两个方面会使政府担忧。一个方面是其影响范围无所不在，趋于无国界；另一个方面是隐秘性，新的加密体制使它极容易被罪犯和任何被视为"国家敌人"的人所利用。当这些攻击变得持久和频繁时，他们可能就毫无疑问地对国家资产构成威胁，并且对工业和社会整体产生危害，从而影响一个国家的安全与稳定。根据《2010 年英国国家安全战略》报告显示，"估计网络犯罪已经造成了全球每年 1 万亿美元的经济损失，以及难以计算的人力成本"。2016 年年初，黑客入侵孟加拉国银行系统，最终导致 1.01 亿美元被盗，这是目前为止规模最大也最诡异的银行劫案。

2017 年 5 月 12 日，一次迄今为止最大规模的勒索病毒网络攻击席卷全球，并在短短 3 天之内影响遍及近百个国家，包括英国医疗系统、快递公司 FedEx、俄罗斯电信公司 Megafon 都成为受害者，中国校园网和多家能源企业、政府机构也不幸中招。该病毒阻止用户访问计算机或文件，用户需要支付高额赎金才能解密恢复文件，全球至少有 10 万台机器被感染。勒索者来源不明，攻击具备兼容性、支持多国语言，影响众多行业。ATM 机、火车站、自助终端、邮政网络、医疗系统、政府办事终端、视频监控等都可能遭受其攻击，公共信息和私人信息都面临被加密勒索或外泄的风险。研究人员发现，该病毒正是利用美国国家安全局（NSA）黑客武器库泄露的黑客工具"永恒之蓝"（Eternal Blue）开发的。6 月 27 日，勒索病毒攻击了乌克兰，随后蔓延至欧洲、北美地区多个国家。乌克兰遭此轮网络袭击影响最为严重。据西方媒体报道，乌克兰高级别政府部门、中央银行、国家电力公司、首都基辅的机场、切尔诺贝利核事故隔离区监测系统、乌克兰地铁、乌克兰电信公司、飞机制造商安东诺夫公司及一些商业银行、能源公司、自动提款机、加油站、大型超市均受影响。这次全球大范围内集中爆发的勒索软件 Wannacry 就是不法分子利用"永恒之蓝"开发的蠕虫病毒，这是 NSA"网络军火"民用化的全球第一例。

3. 网络空间安全威胁日益突出

信息系统和网络空间的融合发展及其广泛应用，既给人们带来了方便，也使网络空间面临的巨大威胁。如网络间谍、网络霸权、网络军国主义、网络自由主义和网络犯罪都对国家安全构成现实威胁。

一是网络间谍成为网络安全中最常见的威胁之一。网络间谍不仅被用于揭露机密的政府信息、窃取商业机密或商业数据，还是作为情报或侦察工作的一部分，它适合于"信息优势以小代价获取大胜利"原则。为了获取所需情报，网络间谍一般可以通过非法入侵敌方或国外计算机网络，截取敌方或国外计算机网络信息，收集整理敌方或国外计算机网络上的公开信息等。据权威机构统计，美国每年因信息和网络安全问题所造成的损失高达 75 亿美元，平均每 20 秒就发生一起入侵互联网计算机的事件。计算机网络间谍猎取情报不一定非要从敌方或国外的专用计算机网络中非法获取，由于在国际互联网上有大量的信息，通过对这些信息进行收集、整理便可以找到针对特定目标的有用信息。在网络间谍活动中，国家并不是唯一的目标，防务公司、商业公司（如谷歌）和非政府组织也都曾遭到过网络间谍的袭击。2014年 12 月以来，美国发生了诸如索尼影视娱乐公司被网络攻击、美国中央司令部 Twitter 和 YouTube 账号遭到黑客组织"Cyber Caliphate"的攻击等多起网络安全事件。因此，美国参议院军事委员会在 2015 年 2 月发布的《美国情报界全球威胁评估》报告中，将网络威胁排在第一位并用了大量篇幅加以阐述。

二是网络霸权主义带来的全面威胁。网络空间是新兴的生存领域，法理的空白为网络强国提供了自由空间。网络强国既有网络空间国际战略和行动战略，也有网络空间司令部和网络战部队，它们毫无疑问是网络霸权主义的代表。从世界范围看，那些控制软硬件技术的信息网络强国处在十分有利的垄断地位，发展中国家从技术上对信息网络强国是非常依赖的。信息网络强国既可以通过立法、专利等对发展中国家进行限制，更可以在为其提供的技术产品中做手脚，以达到间接控制甚至破坏其国家安全的目的。美国是当今世界上唯一的超级大国，在网络空间也具有霸权思维惯性。"棱镜门"事件就折射出美国的网络霸权思维。美国以"棱镜计划"为代号的全球网络监控项目，将美国情报机构的隐秘行为曝光于天下，也折射出美国网络空间的霸权。从"维基解密"和"棱镜门"事件就可以看出，美国是互联网的缔造者和网络战的始作俑者，在技术上领先优势明显，这也为其实施网络霸权提供了有利条件。

三是网络恐怖活动日益凸显。随着全球信息网络化的发展，破坏力惊人的网络恐怖主义制造的网络恐怖活动在世界日益凸显。恐怖分子利用互联网开展招募、宣传、策划、洗钱、组织恐怖袭击等已经成为全球恐怖活动变化的重要特点。2013 年 3 月 12 日，美国国家情报总监克拉珀在国会宣称，网络威胁已经取代恐怖主义成为美国最大的威胁。借助网络，恐怖分子不仅将信息技术用作武器来进行破坏或扰乱，而且还利用信息技术在网上招兵买马，并且通过网络来实现管理、指挥和联络。为此，在反恐斗争中，防范网络恐怖主义已成为维护国家安全的重要课题。针对 2013 年恐怖组织和恐怖分子利用互联网发布音频、视频等煽动、策划或实施恐怖活动的动向，联合国安理会于当年 12 月 17 日以 15 票赞成一致通过第 2129 号决议。这是安理会决议首次明确要求各国就加强打击网络恐怖主义采取具体措施，对今后国际社会进一步打击恐怖组织和恐怖分子利用互联网从事恐怖活动具有重要意义。

显而易见，上述安全威胁所造成的后果是十分严重的，使国家利益和国民经济命脉受到损害。面临日益严峻的国际网络空间形势，我们要立足国情，加强战略规划和顶层设计，加快制定并出台我国网络安全战略，坚持纵深防御，构建牢固的网络安全保障体系，为把我国建设成为世界网络安全强国而努力奋斗。

（三）网络安全成为国家安全的核心内容

自诞生之日起，网络空间就成为各种利益集团争夺的战场，握有政治权力的国家、占据资本优势的商业机构、自恃技术高超的个体，围绕信息流动、观念传递、权利规则展开了激烈角逐，网络空间博弈异常激烈且须臾未曾安宁，国家生存和利益关系面临挑战。从目前对国家安全的影响程度来看，网络技术是更为现实和典型的颠覆性技术，已经开始并改变着人类社会的方方面面，其当前所具有的重大影响是其他技术难以比拟的，网络空间安全问题已经成为国家安全的核心内容。

一是网络安全是国家安全体系的最有力改变者。当今时代，网络技术的兴起与普及，成为人类社会生产生活和军事改革最有力的"游戏规则改变者"，牵引了整个国家的安全建设与发展。万物互联的发展背景下，政治、经济、文化、军事等社会各领域都深深地植入了网络的基因，某些领域中网络甚至已经逐步成为主导因素。在影响范围上，网络空间全面而深刻地改变着人类现实社会，目前还没有其他技术和领域能够超越它，其全局性和渗透性前所未有，网络安全也因此上升到影响国家整体安全的高度。网络安全之所以如此重要，根本原因是其从内部改变了国家安全的整体内涵。城堡往往都是从内部攻破的，西方国家利用网络推动的"颜色革命"，使得西亚北非国家政权频遭更替，国家陷入空前的混乱中，国家安全更是无从谈起，教训可谓深刻。如果从系统科学角度来分析，网络安全则是国家安全体系中具有决定作用的序参量，影响并主导着整个安全体系的演变和发展方向。

二是网络安全是国家安全创新的最敏感领域。技术创新一次次证明了国家安全受新兴领域敏锐而又深刻地影响和变化。网络空间作为信息时代的主要标志，已成为国家安全变化最敏感的领域，网络空间每次技术创新都将引起国家安全的相应变化。网络空间的创新与国家安全紧密关联，从技术机理上来说，网络空间的创新，对于促进国家安全领域创新变化是实时而又具有强制性的，如果因为人为短视因素，迟滞了网络安全领域创新发展，那么给国家带来的后果必然是落后与挨打。2016 年 7 月，土耳其发生军事政变未遂，主要原因是土耳其军队忽视了对网络空间控制权的掌握，而土耳其总统则利用互联网实现了对国家机器的持续掌控，甚至发动了对军队的反攻，很好地组织了整个国民力量反对军队的政变行为。

三是网络安全是国家安全竞争的最前沿领域。网络空间是与军事、战争关联度极高的领域，为赢得主动权，必须重视基于网络技术颠覆性作用而兴起的信息时代作战方式的变化。近年来，从伊朗"震网"攻击、俄格冲突网络战、乌克兰电网遭大规模阻瘫以及美军对 IS 的网络攻击，网络空间在实战中所展现出的巨大作用逐渐显现，而这只是网络空间对于现代战争影响作用的冰山一角，其颠覆性的军事效应预示着网络作战已成为未来重要作战样式的发展趋势。美国的战略目标是创造跨越能力，以便再次打破军力平衡，使对手来不及反应，要以创新方式控制成本，尤其是要谋求增加对手的成本，进而提升科技战略威慑能力。因此，美军高度重视网络空间军备建设，极力维护其在网络空间的霸权，把对网络空间的控制能力作为形成第三次抵消战略绝对优势的最重要的竞争内容。可见，网络空间的颠覆性影响，已经使其成为国家安全领域竞争特别是军事领域竞争的最前沿。

四是网络安全是国家安全变革的最难以预测的因素。不断地变化与演进是网络空间最基本的特征之一，并且变化的周期越来越短，使得人们更加难以发现其中的前沿趋势和潜在危机，无法及时做出反应。对于网络空间的变化及其带来的安全影响，人们往往是后知后觉，只有当呈现出危害成效或者有巨大征兆时，才会想起去寻找应对的方法和手段，这也是网络安全对于国家颠覆性影响的重要起因。网络的变化因素时常打破人们传统的或已经建立的国家安全思维模式，以出人意料的方式，出现在人类的生活空间。随着网络空间日渐渗入人类的生产生活，网络安全威胁越来越多地来自于有组织的行为，变成一种深层次的、难以预料的社会行为。通过网络的破坏，可以直接影响现实生活、社会秩序和人们的财产生命安全，同时，更为复杂的，通过灌输或改变网络的承载信息，可以直接使网络受众的思想发生改变，从而对人类的文化和文明传承进行颠覆性的影响，其危害的领域已经难以从技术上进行根除了，需要进行更为复杂的和成体系的全面应对措施。

综合来看，网络空间对于国家安全的颠覆性影响，决定了贯彻实施网络强国战略的必要性和正确性。布局网络空间，重视网络安全显得前所未有的突出和重要，必须搞好网络新技术的谋划、研发与储备，通过机制创新、理念创新和人才创新，从而摆脱核心技术受制于人的局面，掌握国家安全和军队现代化建设的主动权。在战略上路线清晰坚定，高度重视智库的研判与建议，不因一时的得失而偏移主线；在管理上有统有分，以国家总体战略为统揽，政府部门抓总，行业部门具体落实；在行动上有所为有所不为，抓好网络空间基础技术攻关，促进网络空间军民融合的关键项目，实现重点突破，影响全局；在人才上不拘一格，注重跨领域跨行业的人才联合培育，把网络空间创新应用于社会领域的各个层面。

三、网络空间成为维护国家安全新领域

以互联网为主体的网络空间，已经成为国家安全、军事斗争、经济发展和社会稳定的新维域。对今天的国家来说，维护国家安全，不仅仅局限于以保障现实世界中有形的、以领土为代表的主权核心价值的安全，而且还要求能够对支撑社会生活正常运行的关键信息基础设施、跨境数据流动、网络空间的各种行为等保持必要的控制，确保国家的核心利益处于免受威胁和可持续发展的状态。

（一）争夺网络空间利益日趋激烈

未来学家阿尔温·托夫勒在《权力的转移》一书中说："世界已经离开了暴力与金钱控制的时代，而未来世界政治的魔方将控制在拥有强权人的手里，他们会使用手中掌握的网络控制权、信息发布权，利用英语这种强大的文化语言优势，达到暴力金钱无法征服的目的。"网络强国利用网络控制权，垄断互联网监管权，对全球网络安全构成现实威胁。

1. 网络空间可以让一个国家"消失"

互联网遍布五洲四海，不管你是在亚洲、欧洲，还是在美洲、非洲，都可以通过互联网沟通交流。进入 21 世纪，世界发展日新月异，每天每分每秒都会有奇迹发生。互联网，速度是每秒 30 万公里的光速，范围是全球，距离是零，容量是无限，时间是 24 小时，方式是鼠标对鼠标。互联网突破

了国家、地域、政治、语言之间有形和无形的疆界，成为庞大的地球社区，把全世界更加紧密地联系在一起，万里之遥的信息传播瞬间即可完成。不同地区、不同国籍的人们，因互联网而缩短距离，都成了地球村的村民。然而，一场发生在台湾海峡海底的地震，波及的不仅是海岸边，而且使网络地球村失去东南亚，震动了整个世界。

几根光缆断了，一个世界乱了，地球失去了东南亚。那是 2006 年 12 月 26 日 20 时许，中国东海海域（台湾省宜兰外海）连续发生强烈地震，造成中美海缆、亚太 1 号海缆、亚太 2 号海缆、FLAG 海缆、亚欧海缆、FNAL 海缆等多条国际海底通信光缆发生中断，致使中国大陆至中国台湾、新加坡、东南亚到美国、欧洲等方向的通信线路中断，亚洲国际互联网大面积断网。东南亚地区通信阻塞，商业交易陷入混乱。正如网友所说，"世界越小，灾难就越来越国际化、直接化"。东南亚各国和地区依赖互联网的 IT、通信、国际贸易、金融服务等行业受到极大影响。MSN 联络断了，Hotmail 邮箱打不开，Yahoo、亚马逊网站无法登录，杀毒软件升级不了，网上购物无法确认。断网之后，人们才体会到互联网是多么重要。平时信手点击、四通八达的互联网突然瘫痪，人们才发现潜在冰冷深海的 6 条直径不到 10 厘米的光缆断裂，竟然造成不能承受之重：多少经济来往延缓？多少市场资讯不畅？多少朋友暂时失踪？多少正常活动进入冬眠？……原来我们的生活"悬于一线"，维系在茫茫大海中数条细细的光缆之上。

互联网已将世界变成了一个网络地球村，在 0 和 1 的转换之间，把你和我紧紧地联系在一起。世界从 2000 年进入了一个全新的时代，即全球化 3.0 版本。整个世界进一步缩微，整个世界的竞技场因一台无所不包的电脑而被夷平。越来越多的人被电脑、电子邮件、网络、远程会议和各种新软件联系在一起。人们在地球村里，如同古代神话人物夸父一样，瞬间跨越五洲四海。近年来，世界各国的人都爱讲："地球变小了！"这当然不是指地球直径变短了，说地球变小，主要是交通工具和信息技术发展，让人与人之间的时空距离骤然缩短，人类地球村的梦想变成了现实。但我们今天所说的地球村概念，已不再是因为发明了飞机让世界物理距离变"短"，而是互联网让人们有"无时不在身旁"的感觉。"离互联网还有多远？从此向西500米"，这曾是20世纪末瀛海威公司的网络广告。从那时起，人们认识到，一只奇怪的"猫"（Modem）可以让电脑连接到世界各地。从此，互联网把地球变成了高度扁平化的村落，把世界各地的人拉到一起，让全球成为一个大家庭。

网络战争可让一个国家在网络地球村"消失"。从技术上讲，一旦某个国家的后缀从根服务器中被封住或删除，这个国家便在互联网世界中消失了。因为只要在根服务器上屏蔽国家域名，就可以让一个国家在网络上瞬间"消失"。这意味着，一旦政治、军事上有需要，掌握根服务器的国家只要轻击键盘，就可以让任何一个国家在网络世界中瞬间消失。现代社会对信息的依赖性越来越高，信息除了关系到一个国家的政治、经济等方面，还直接影响到该国普通民众的日常生活，对民众的心理和意志影响重大。美国政府掌握着信息领域的核心技术，操作系统、数据库、网路交换机的核心技术基本掌握在美国企业的手中。微软操作系统、思科交换机的交换软件甚至打印机软件中嵌入美国中央情报局的后门软件已经不是秘密，美国在信息技术研发和信息产品的制造过程中就事先做好了日后对全球进行信息制裁的准备。微软宣布关闭古巴等5国MSN服务的事件，曾引发业界强烈关住。微软公司在其网站上宣布，该公司依从美国政府禁令，切断了古巴、伊朗、叙利亚、苏丹和朝鲜5国的MSN即时通信服务端口，这五个国家的公民发现，他们不能正常登录MSN服务了。这是美国正式开始了继军事制裁、经济制裁、贸易制裁后的一种新的国际制裁手段——信息制裁。这种信息制裁不同于以往的实体制裁，从某种意义上讲，会给目标国造成灾难性和毁灭性的结果。

2. 西方国家极力谋求网络空间话语权

现代社会更加依赖与网络相连的电脑系统，这也给实施网络作战和网络战争以更多的途径和机会。如果说美国是"冷战"后唯一的超级大国，那么，在网络世界它就是绝对的"超级大国"。近年来，美国"棱镜"等监控计划的曝光表明网络强国占据着控制网络权力的优势，同时越来越凸显出网络空间意识形态斗争的尖锐和复杂。由于互联网运行规则及技术规则等方面的影响，以美国为首的西方国家极力谋求网络空间话语权。

自互联网诞生以来，网络域名与地址的监管便由美国掌控。美国掌握着全球互联网 13 台域名根服务器中的 10 台，其中，1 台是主根服务器，9 台是副根服务器。这些根服务器的管理者都是由美国政府授权的互联网域名与地址分配机构（ICANN），该机构负责全球互联网各根服务器、域名体系和 IP 地址的管理。1998 年 9 月，互联网域名与地址管理机构（ICANN）成立，虽然 ICANN 自称是非营利性的私营公司，却是由美国商务部授权 ICANN 负责域名和互联网相关技术的国际管理机构。可见，美国掌握着互联网的主动权，握着互联网的生杀大权。美国曾在战争的特殊时间段里清除过伊拉克、利比亚的国家根域名。伊拉克战争期间，在美国政府的授意下，".iq"（伊拉克顶级域名，相当于中文网址后缀的 .cn）的申请和解析工作被终止，所有网址以".iq"为后缀的网站全部从互联网中蒸发，伊拉克这个国家竟然在虚拟世界里被美国来了个"网间蒸发"。这种令人恐怖的网络垄断能力使世界各国倍感压力。

占有网络资源是美国谋求网络空间话语权的技术基础。互联网起源于美国，且又由美国长期监管。如今，所有互联网业务量 80% 与美国有关，访问量最多的 100 个网站中，85 个在美国，网上内容 80% 是英文。网络相关产品绝大部分来自美国，美式英语是通用网络语言，网上传播的是美式商业文化和价值观念，几乎所有互联网运行规则都是由美国人控制。虽然中国网站数量位居世界第一，但几乎都是面向国内的中文网站。相比之下，能被国际社会普遍利用的实际上仅限于美国和英国的网站。从信息的质量来说，中国与美国的差距也越来越大。而且，庞大的互联网数据库都由美国控制。美国的搜索引擎也很完备，它可告诉用户何处有所需要的信息。Google 从它的语言到搜索规则的制定遵循的都是美国化思维方式。即使是 Google 中文网站，其搜索到的英文信息还是要远远多于中文信息。从中文 Google 中搜索 "Communication"，搜索结果共有 25100000 条相关选项，用时 0.12 秒；如果换成中文 "传播" 来搜索，结果是共有 408000 条相关选项。从信息的质量来说，其他国家的信息质量仅相当于美国信息质量的几百分之一。

美国将维护网络空间利益上升为国家行为。随着全球信息化的深入迅猛发展，网络空间连接的国家和地区越来越多，承载的国家利益也越来越多。占有网络空间先机之利的美国，对此早有深刻的认识和感悟，并为此积极努力，将维护网络空间利益上升为国家行为。鉴于网络安全已经成为国家安全的重要内容，美国在 2015 年将网络安全写入了新版国家安全战略报告之中。该报告提到，美国作为网络发源国对引领一个网络化的世界富有特殊责任，而且美国的繁荣与安全也越来越多地维系于一个开放、安全和可靠的互联网络。美国经济、安全、卫生系统等基础设施都通过网络而相互关联，但这个网络成为不良政府、犯罪分子和个人的攻击目标。报告表示，美国正在强化联邦机构的网络安全，并与私营部门、民间机构和其他利益攸关者合作，加强美国关键基础设施的网络安全与弹性。奥巴马政府将继续与国会合作，建立一个法律框架，制定更高的网络安全标准。同时，美国还将依据本国法律和国际法，通过司法行动、提高攻击者的代价等方式，防范与应对网络攻击。美国将帮助其他国家制定相关法律，对网络攻击基础设施的行为采取强有力行动。2017 年 5 月 11 日，美国总统特朗普签署 13800 号总统行政令——《加强联邦网络和关键基础设施的网络安全》，其中内容之一就是要增强美国应对僵尸网络及其他自动化和分布式威胁的能力。行政令要求商务部和国土安全部共同研究如何改善网络和通信系统的弹性，降低自动化和分布式攻击威胁，并在 2018 年 1 月 10 日前提交初步报告，在 2018 年 5 月前提交最终报告。

网络话语权已成为美国实施政治霸权的重要工具。多年来，美国一直标榜"不受限制的互联网"是它的"国家商标"，互联网只有"公海"没有"领海"。然而，"棱镜门"事件却使美国政府在国际社会陷入前所未有的尴尬境地，也引起了包括其欧洲盟国在内的全球各国的震惊和反思。"棱镜门"事件，让人们清楚看到美国的网络"双重标准"：它一边宣扬网络自由，反对别国对网络的监管；一边却在全球范围内进行网络监控，展开秘密网络攻击。这应了中国的一句老话："只许州官放火，不许百姓点灯。"显然，美国所谓的"网络自由"，是在美国治下的自由，是美国根据自身利益需要滥用网络优势的自由，是美国在政治、经济、军事和文化霸权之外寻求的新霸权：网络霸权。当今网络空间意识形态斗争的实践表明，传统意识形态斗争借助于互联网获得了全新的空间和机遇，日益表现出新特点、新趋向。美国通过互联网进行哲学、宗教、文化、艺术、道德等意识形态传播，大肆散布其政治主张与价值观念，把西方文化渗透到世界的每个角落，诋毁和损害广大发展中国家形象，肆意干涉别国内政，以维持其掌握的网络霸权。英国《金融时报》网站文章说，"棱镜门"事件"让人们重新谈论起世界被一个不值得信任的超级大国所主宰的危险"。如何消除网络霸权，避免网络被美国私用及滥用？"棱镜门"折射出亟待改善和解决的网络空间国际治理问题。

3. 网络空间军事博弈日益激烈

鉴于网络空间拥有巨大的战略利益，世界各国尤其是网络强国都纷纷进入网络空间，并抢占网络空间的有利位置。为了争夺网络空间的国家利益，网络空间也自然成为军事博弈的新领域，并可为获取军事优势创造有利条件。

一是网络是提升军队战斗力的"倍增器"。网络战是在虚拟空间内，以进攻性行为夺取和达成信息优势，从而影响、破坏敌方的信息、信息系统和计算机网络的一种作战方式。特别是现代意义上的网络，已是以计算机信息处理为基础，用无线电、光纤、卫星等传输手段，把各种传感器、指挥控制中心、战斗单元和武器系统联结在一起的信息网络。它就像一张无形的立体交叉的"信息高速公路"网覆盖着整个战场，一条条"信息高速公路"延伸至战场的每个角落，向各用户输送实时的战场信息，协调作战力量的行动，从而使军队战斗力特别是信息战力呈几何级数上升，对敌信息系统实施攻击，同时保护己方信息系统的安全，夺取制信息权。相对于物理域的杀伤性武器，网络战的威力更大。网络作为一种作战手段或者战略工具，意在破坏对方社会、政治、经济、科技、文化、军事等系统，在短时间内形成指挥真空，并产生巨大心理震慑，改变整个作战态势。因此，从更广泛的社会影响来说，网络战可以对一个国家的生产能力、战争能力和国家机器、国民生活秩序和社会发展造成毁灭性影响。例如网络战可以造成通信系统全部瘫痪、阻断信息系统，造成整个金融系统混乱，由金融系统的混乱造成国民经济的混乱，引发社会秩序的剧烈动荡，从而造成整个国家的战争意志的丧失，这种影响核武器是难以达成的。

二是网络是军队指挥中枢和控制作战的命脉。以计算机为核心的信息网络已经成为现代军队的神经中枢，一旦信息网络遭到攻击并被摧毁，整个军队的战斗力就会大幅度降低甚至完全丧失，国家军事机器就会处于瘫痪状态，国家安全将受到严重威胁。一次出其不意的突然网络攻击可能令对手失去完成任务的能力，可以导致通信阻塞、交通混乱、经济崩溃，使作战指挥不畅、武器失灵等。随着以 C^4I 系统为中心的指挥自动化网的形成，作战指挥控制更加依赖于网络，离开网络将无法及时指挥与控制部队的行动。在海湾战争中，美国国防部使用了自动数字网、国防通信网、国防数据网、国防卫星通信网、国防交换网、全球指挥与控制网，"42 天的信息传输量比欧洲40 年的总量还要多"。正是在这些网络的支持下，美军第一次实现了"真正意义上的三军联合作战"的一体化组织指挥。毫无疑问，争夺网络，就是争夺信息命脉，就是争夺未来信息战的制胜权。可以预言，哪支军队最先认识到制网权的重要性，并为争夺制网权做出最有效的努力，哪支军队就能够在未来信息战中掌握主动。

三是网络战将成为21世纪战争新模式。美军网络司令部判断，同核导弹、航空母舰、无人机一样，网络战斗力越强，国家威慑力越大。在网络战中，敌方可以采取切断因特网的入口，中断我方与国外的联系，造成我方的网络瘫痪；可以利用"逻辑炸弹""病毒程序"，摧毁由电脑网络控制的军事、经济系统；可以利用垄断的硬件、软件技术偷窃军事、经济、行政机密。目前，美国的金融、贸易系统已完全实现网络化，60%以上的美国企业已进入因特网，国防部的电信需求95%以上是由商业网络提供。据统计，美国国防部计算机网络系统每天要受到60~80次侵袭，每年美国因受网络攻击的损失高达100亿美元。全世界的军事、经济、社会各个方面都越来越依赖计算机网络，由于计算机网络的脆弱性，这种高度依赖性使国家经济和国防安全变得十分脆弱。有人比喻说每敲击一次键盘，就等于击发一颗子弹，还有人将网络战比作第一次世界大战前的空袭，是战争预热。其实，网络战不仅仅是战争预热，还将是21世纪的闪电战，不同的是，网络战更高效、更致命。

（二）网络空间群雄逐鹿

著名未来学家托夫勒曾预言，谁掌握了信息，控制了网络，谁就将拥有整个世界。近年来，随着斯诺登事件和欧洲政要手机被监听等事件的曝光，世界强国高度重视网络空间这一新兴全球公域，信息和网络安全越来越成为世界瞩目的焦点。围绕网络空间发展权、主导权和控制权的争夺日趋激烈。网络空间给国家安全带来新挑战，网络空间辐射国家安全的重要领域，各国在网络空间安全领域展开博弈。

1. 各国纷纷关注网络空间安全

近年来，西方一些国家抢占网络电磁空间战略制高点的步伐明显加快，纷纷出台战略"蓝图"，制定发展"路线图"，描绘技术"创新图"，让本已不平静的国际网络空间波谲云诡。

大部分的网络空间进攻性活动并不符合其他领域中攻击的标准。而关闭或大规模毁损金融、卫生或电网系统中的重要数据是对国家主权的攻击，并且有可能会引起武力回应（一项政治决定而非技术或法律决定）。针对监测控制和数据采集系统（SCADA）的网络攻击则有可能导致人员伤亡或局部停电故障，并且会被认为是网络空间进攻作战所产生的动态效应。至于信息化程度高的国家与信息化程度低的国家之间爆发网络冲突，从理论上讲，前者往往具有压倒性优势，但若一旦遭受闪击，损失又要远远大于后者。兰德公司在评估各国网络战实力的报告中，一些信息化极为落后的国家，其网络战整体实力竟然超过美国，原因就是这些国家对网络的依赖程度低，光脚的不怕穿鞋的。

因此，美国2011年4—7月间连续发布了《网络空间可信标识国家战略》《网络电磁空间国际战略》《网络电磁空间行动战略》。美国接连推出的这些新战略中，详细阐述了其对未来国际互联网的战略构想，明确将国家利益拓展到全球网络空间，把网络空间列为与陆海空天相并列的"作战领域"，强调对网络空间的进攻行为保留使用常规军事手段回击的权利，并提出扩大国内合作和战略同盟以打造"集体防御战略"。其他国家，如法国、荷兰、德国也竞相发力，相继发布推出了各自的国家网络空间安全战略。

在这场新的竞技中，英国、澳大利亚、日本、韩国、印度等也不甘居后，分别发布了网络安全战略和网络作战力量建设计划，欲整合发展网络空间防御力量，着力提升应对网络恐怖袭击的能力。对此态势，国际评论认为，网络空间争锋的急剧升温，表面上看是网络空间重要性日益凸显和网络威胁不断加剧所造成的，而其深层原因则是背后巨大的利益所驱动。主要体现在三个方面：可借助网络跨越传统国家主权界限，兜售价值理念，进行政治渗透，推行"和平演变"；利用互联网全球开放性和领先技术，扩大网络贸易，拓展经济利益；依赖全球信息技术基础设施以及对信息流动的控制，拓宽情报搜集渠道，实施间谍活动和心理战威慑。

随着虚拟世界对现实世界的强烈冲击和影响，网络空间已毋庸置疑地成为国家的无形疆域，网络电磁技术迅猛发展正深刻地改变着战争的形态，制网权如同制海权、制空权、制天权一样，时刻攸关国家主权与安全，并且日趋成为兵家必争的战略制高点。

2. 美国控制着互联网制权

互联网起源于美国，在互联网发展初期美国投入了大量研发资金，但同时美国也成为互联网领域最大的既得利益者，除了占有绝大多数互联网资源，美国还把持着对互联网的控制权，其核心就是对互联网根服务器的管理权。从目前情况来看，美国已经牢牢掌握着互联网控制权，其在互联网上的决定性权力，远远超出了它在世界政治、经济中的权力。美国也正是通过互联网的这种优势，向其他国家传播着自己的思想文化、政治制度，增强着自己的软实力。

美国是互联网最大的受惠者。互联网霸权和数字鸿沟进一步凸显了美国信息超级大国的地位。美国是全球网络信息技术的发源地，近半个世纪以来，美国的企业、政府、科研机构相互携手，主导着全球网络信息技术和产业的发展进程，包括英特尔、IBM、高通、思科、苹果、微软、甲骨文、谷歌等一批 IT 巨头控制着全球网络信息产业链的主干，在半导体（集成电路）、通信网络、操作系统、办公系统、数据库、搜索引擎、云计算、大数据技术等关键技术领域占据明显的先发优势。2014 年，美国互联网行业的总产值为 9662 亿美元，占全美 GDP 的 6%，这个比例几乎是 7 年前的两倍。通过直接或间接的方式，互联网行业造福千千万万的美国网民，同样也保证了经济的健康运行。2015 年 12 月，美国互联网协会发布的报告显示，92% 的美国人因各种需求而使用互联网。置于全球的背景下，美国人口（3.25 亿）

占世界人口的 4.45%，美国网民（2.99 亿）占世界网民的 9.58%，仅次于目前排名第一的中国（注：2014 年的中国网民人数高达 6.4 亿，占世界网民总数的 21.97%）。[①]

美国至今仍然掌握着互联网的主导权。目前，在全球拥有 13 台网络根服务器，其中，有 10 台为美国所掌握，而且有两台还直接被美国军方所控制。另外，管理这 13 台根服务器内容的"互联网域名与地址管理公司"（ICANN）也由美国政府掌控着。美国对互联网域名体系拥有绝对控制权，可以随时中断其他国家的网络。美国在互联网络中处于中心位置，已成为互联网的"交通中心"，大量数据都会经过美国。此外，美国在互联网核心产品和技术领域居于垄断地位，其他国家不得不依赖其产品和知识产权。美国几大互联网巨头每天收集处理海量的全球信息数据，甚至比其他国家或地区还了解他们自己。2014 年 3 月，美国虽然宣布将"移交"互联网名称和数字地址分配机构监管权，但没有任何进展。5 月 21 日，欧盟委员会要求美国政府加速兑现自己的诺言，减少对全球互联网的掌控。欧盟委员会副主席、数字和电信政策专员内莉·克勒斯在联合国总部对媒体表示："现在是结束美国对网络垄断的时候了！"其实，美国根本就不会放弃互联网的监管权，所谓"放弃"之说只是难以承受"棱镜门"的巨大压力，而在国际社会面前虚晃一枪。在自己受损的国家形象得到修补之后，在盟国领导人受伤的心灵得到安抚之后，美国政府仍然不会放弃对全球网络空间的控制。因此，美国对网络空间的战略定位直接牵动了全球各国的相应行动。

美国长期以来垄断互联网监管权，以"开放和自由的互联网"守护者自居，并以此作为反对放弃互联网控制的理由。实际上，美国的互联网霸权给它带来了太多利益，如规则制定的优势、信息垄断带来的好处、通过大数据进行"私货夹带"等，这才是其不愿放权的真正原因。网络空间是现实社会

---

① 斯扬编译：《美国互联网经济有多强大？》，《文汇报》2015 年 12 月 25 日。

的映射，但又不同于现实。怎样监管好网络空间，是国际社会正在探索的难题。

（三）应对网络安全威胁刻不容缓

历史已经证明，新技术、新领域能够对人类社会发展强制地产生颠覆性作用，正如工业技术倾覆了农业文明一样，不能掌控新的颠覆性技术，就必然会被时代所颠覆。以网络技术为核心的网络空间安全已经开始对国家安全产生了全面的颠覆性影响，成为国家安全体系的最有力改变者、国家安全创新的最敏感领域、国家安全竞争的最前沿领域和国家安全变革的最难以预测的因素。把控网络安全颠覆性影响的动因和范围，探讨国家安全领域内涵的重大变化，对于提升国家安全预警与处置能力十分重要。

1. 没有网络安全就没有国家安全

2014 年 2 月 27 日，习近平在中央网络安全和信息化领导小组第一次会议上强调指出："没有网络安全就没有国家安全，没有信息化就没有现代化。"[①] 由于计算机的广泛使用，网络控制了国家从经济到国防再到人民生活的所有领域。网络运转则国家运转，网络瘫痪则国家瘫痪。

网络安全成为国家安全的薄弱环节。网络空间虽然看不见硝烟与战火，虽然没有千军万马厮杀的场面，但这里的拼杀和博弈却十分激烈。虽然如今各种杀毒软件和防火墙不断升级，但各种病毒还是不断入侵，网络安全方面的信息技术相对滞后，网络安全始终受到严重威胁。目前，信息社会的运转对计算机网络的依赖性日益加重，计算机网络已经渗透到国家的政治、经济、军事、文化、生活等各个领域。美国是最早进入信息社会的国家，其各种业务处理基本实现网络化，整个社会运转已经与网络密不可分，一旦网络

---

① 《习近平谈治国理政》，外文出版社 2014 年版，第 198 页。

空间出现危机就可能导致美国整个社会陷入瘫痪。2005年8月，美国东北部和加拿大的部分地区发生大范围停电事故并引发了电网日常运作的崩溃，社会运转迅速陷于停顿，其中7个主要机场和9个核反应堆被迫关闭，5000多万居民生活受到了严重影响，位于纽约的世界银行总部也因网络中断而暂停工作。网络安全对国家安全的影响可见一斑。

网络系统的脆弱性使其成为攻击重点。网络攻击不受国界、武器和人员的限制，如何防范网络攻击已成为世界各国不得不认真对待的重大战略问题。比如，"9·11"事件发生后，一些恐怖分子利用网络之便向美国计算机网络频频发动攻击，特别对那些要害部门的网络进行破坏，从而危害美国及其盟国民众的安全，网络恐怖主义浮出水面。尤其是作为其核心网站的国防部网站，被攻击次数不断增多，已使美国政府忧心忡忡。如今，网络空间的国际治理主要围绕着维护网络安全、防治网络犯罪、消弭数字鸿沟、促进网络公平发展、网络管理的国家责任和网络开放度等问题展开。

网络空间博弈是一种竞争与合作并存的全球博弈。从合作方面讲，互联网等网络空间是各国将本国网络基础设施作为共享品与全球连接建构而成的。各国人民都可以通过网络效应获益。因此应当鼓励建立具有全球共识的网络治理机制。各国都应本着扩大共识、缩小差距的愿望积极参与网络治理机制的建设。从竞争方面讲，由于网络空间具有获取资源和拓展影响力的功效，因此全球各种力量都试图主导或影响全球网络秩序的建立。而又因为网络治理落后于网络技术的发展，因此网络空间中存在着"先入为主、先行为法"的法则。美国作为计算机和网络技术的发源地，拥有重要基础设施的所有权，控制着主要信息产品的生产，掌握着互联网地址资源和根服务器的管理，因此具有不可比拟的控制权。但这种控制权也面临着三方面的挑战：一是私营公司权力的膨胀，影响到美国政府对网络的控制；二是网络空间的黑客行为，挑战了网络秩序；三是世界其他国家要求网络空间公平发展的主张。由于网络的运行越来越复杂，众多人为和网络自身因素的影响与日俱增，网络安全问题远未真正解决。

2. 必须积极应对网络空间安全威胁

随着信息化的不断发展，网络信息已渗透至政治、经济、社会、文化、军事等各个方面，网络安全已经成为大家关注的焦点，如果网络信息安全出现问题，后果将非常严重，国家将蒙受重大损失。因此，必须积极应对网络空间安全威胁。

网络空间安全威胁越来越构成世界性挑战，业已成为国家综合安全的重要内容。如今，为实施网络威慑，谋求战略优势，全球性网络军备竞赛愈演愈烈。美国是互联网的发明者，也是网络战争的始作俑者。美国相继发布了《网络空间可信标识国家战略》《网络空间国际战略》《网络空间行动战略》等，其网络空间安全战略，已经历了"全面防御、保护设施"—"攻防结合、网络反恐"—"主动防御、网络威慑"的演进升级。德、法、日、英等国也竞相推出网络安全战略和建设网络战力量发展计划。

网络空间安全成为互联网治理的起点与重要目标。联合国经济合作与开发组织（OECD）在1992年即制定了网络安全指南，要求政府与企业设置防火墙以抵御外部黑客侵入内部网络。2002年，经济合作与开发组织理事会通过了新的网络安全指南，强调网络安全人人有责。2003年，联合国大会第57届会议通过《创造全球网络安全文化》的决议。根据决议附件规定，创造全球网络安全文化的要点包括"意识、责任、反应、道德、民主、风险评估、安全设计和实施、安全管理、再行评估"九个相辅相成的方面。同年12月联合国召开了信息社会世界峰会日内瓦阶段会议，通过了《建设信息社会：新千年的全球性挑战》的原则宣言，也称《日内瓦原则宣言》。2005年信息社会世界峰会突尼斯阶段会议颁布的《信息社会突尼斯议程》重申日内瓦阶段会议阐述的原则，即互联网已发展成为面向公众的全球性设施，其治理应成为信息社会日程的核心议题，互联网的安全性和稳定性必须得到维护。联合国国际电信联盟 2007 年综合年度报告把保障网络安全列为七大战略目标之一。目前，国际电信联盟正在努力制定促进网络安全的一项国际框架——全球网络安全议程。

3. 中国亟须加强网络安全建设

中国作为发展中的信息大国，在享有网络化带来发展机遇的同时，也承受着与日俱增的网络空间安全压力，国际反华势力已经将网络作为遏制中国崛起的新抓手和关键着力点。维护国家网络空间安全，对于促进经济社会发展、确保国家长治久安、打赢信息化战争具有极为重要的战略意义。

网络空间安全问题已成为困扰人类社会正常发展的严重社会问题，维护网络空间安全是人类社会的共同责任。近年来，多个国家纷纷制定网络政策，提高网络基础设施的安全性和可靠性，完善相关法律法规和治理制度，打击各种危害网络安全的行为，网络空间治理水平得到一定提高。但与此同时，网络空间的"双刃剑"效应日益凸显，在维护网络安全方面仍面临诸多挑战。信息技术的发展和网络的普及，使得网络安全问题由虚拟空间向现实世界延伸，给各国安全和国际安全带来新的挑战。网络空间的出现使国家安全涵盖的空间从传统的领土、领海、领空，扩大到了"信息边疆"。网络信息传播突破了时空限制，"蝴蝶效应"对社会生活的影响更加明显，给传统安全防范体系造成冲击。各国电信通信、商业金融、能源交通、工业控制乃至国防等领域对信息网络的依赖程度不断加深，使得基础设施安全的脆弱性日渐凸显。一些网络系统运行失常甚至崩溃，将会给各国经济社会带来严重冲击，维护网络空间安全是人类社会的共同责任。

树立"网络国防"的安全意识是大势所趋。信息时代，网络空间作为与现代人生活休戚相关的新天地，延伸了国家安全的疆域，拓展了国家安全的范畴，特别是对于"无网不胜"的信息社会，对维护国家安全、打赢未来战争具有越来越重要的影响。网络无声无息地穿越传统国界，将地球上相距万里的信息终端铰链为一体，通过网络可以轻而易举地进入一国重要部位乃至心脏部位。这个变化打破了原有的国家防卫格局，给传统的国防观念造成巨大冲击。随着网络安全对国家经济社会生活的影响日益增强，网络空间安全问题成为一个重要话题。习近平主席在党的十九大报告中指出："世界面临的不稳定性不确定性突出，世界经济增长动能不足，贫富分化日益严重，地区热点问题此起彼伏，恐怖主义、网络安全、重大传染性疾病、气候变化等非传统安全威胁持续蔓延，人类面临许多共同挑战。"① 可见，网络空间安全已成为国家和军队安全的重大课题，必须引起高度重视，摆在突出位置，加大对策措施研究，采取有效办法切实提升网络空间安全防护能力。

网络空间机遇和挑战并存。互联网等信息网络已经成为信息传播的新渠道、生产生活的新空间、经济发展的新引擎、文化繁荣的新载体、社会治理的新平台、交流合作的新纽带、国家主权的新疆域。随着信息技术深入发展，网络安全形势日益严峻，利用网络干涉他国内政以及大规模网络监控、窃密等活动严重危害国家政治安全和用户信息安全，关键信息基础设施遭受攻击破坏、发生重大安全事件严重危害国家经济安全和公共利益，网络谣言、颓废文化和淫秽、暴力、迷信等有害信息侵蚀文化安全和青少年的身心健康，网络恐怖和违法犯罪大量存在直接威胁人民的生命财产安全、社会秩序，围绕网络空间资源控制权、规则制定权、战略主动权的国际竞争日趋激烈，网络空间军备竞赛挑战世界和平。必须坚持积极利用、科学发展、依法管理、确保安全，坚决维护网络安全，最大限度地利用网络空间的发展潜力，更好地惠及13亿多中国人民，造福全人类，坚定维护世界和平。

因此，2016年12月27日中国发布的《国家网络空间安全战略》强调，一个安全稳定繁荣的网络空间，对各国乃至世界都具有重大意义。中国愿与

---

① 习近平：《决胜全面建成小康社会 夺取新时代中国特色社会主义伟大胜利》，《光明日报》2017年10月28日第5版。

各国一道，坚持尊重维护网络空间主权、和平利用网络空间、依法治理网络空间、统筹网络安全与发展，加强沟通、扩大共识、深化合作，积极推进全球互联网治理体系变革，共同维护网络空间和平安全。中国致力于维护国家网络空间主权、安全、发展利益，推动互联网造福人类，推动网络空间和平利用和共同治理。

第二章　网络安全与政治安全

在当今这个全球化的时代，网络就像整个社会的神经系统，深刻影响着国际政治、经济、文化、社会、军事等领域的发展。随着信息技术的快速发展，网络空间成为大国博弈的制高点，网络空间安全也影响国家的政治安全。网络社会的发展则给政治安全增加了新的变数，特别是网络技术变革促进网络政治传播自由不断扩展，在给国家政治安全带来新机遇的同时，也带来了空前挑战。

一、互联网正在改变人类的政治生态

以互联网的普及为标志，人类已经进入了网络时代。在网络时代，互联网和多媒体技术呈现高速增长，与之伴随的相关业务爆炸性发展，并深入渗透到人类社会的各个层面之中，其速度远远超过了两次工业革命时期。互联网为人们提供了一个冲破传统地域界限的新活动空间，人们在这个空间里逐渐形成新的生活方式、社会规范和思想意识，并创造出新的网络空间和文化，互联网正在改变人类政治生态。

（一）互联网为传统政治增添新内容

在地球的政治生态系统中，各国有各自的相对独立系统。就像靠经济维持的产业生态系统，政治生态系统是一定时期内由社会系统维持的。当前，网络给民意提供了新的言说环境和表达渠道，不同的声音在网络空间交流、冲撞和激荡，并改变着传统的政治生态。

1. 互联网为民主政治发展提供新方式

网络作为一种新兴的信息传播和交换媒介，已经发展成为一种普遍的社会交流载体和社会联系形式。网络空间作为虚拟空间，呈现出最自由、最民主的空间，正在改变着全球政治生态，为民主政治发展提供了新的渠道。因此，互联网的存在一定程度上改变了传统的政治生活，为民主政治发展提供了新方式。

一是互联网拓宽了公民诉求的渠道。网络参与构成了丰富民主形式、拓宽民主渠道的新途径，对于保障公民的知情权、参与权、表达权、监督权起着不可替代且立竿见影的作用。2003年12月召开的信息社会世界高峰会议日内瓦阶段会议通过的《原则宣言》指出："每个人都有自由发表意见和自由言论的权利""任何人都不应被排除在信息社会所带来的福祉之外"。公民可以有士农工商之分，公民权利却没有"含权量"的不同。因此，普通民众只要具有上网的能力，就有机会对公共事务发表意见，表达诉求。意见和诉求只要具有普遍性，就可能获得广泛的支持，形成舆论，对现实的立法、决策产生影响。互联网的平等性，也保证了所有社会成员广泛参与，民众通过网络可以参政议政，政要通过网络可以与民众互动，保持顺畅的联系。

二是互联网是公民参与政治的重要渠道。民主机制的一个重要特征，就是参与、互动和交流。互联网不仅保障了公民参与，网络世界不乏专家问政，这进一步促进了政府决策的科学性与民主性。民主政治在网络社会中不再是一种现代政体必不可少的缀饰，公民参与政治将不仅仅限于投票，互联网成为公民参与政治的重要渠道。互联网在提高公众参与政治选举能力上有显著的优势。比如，建立网站的费用比起传统电视和印刷媒体要便宜得多，从而使选举更便宜；使信息传递不受时空阻碍和政治控制，参与感增强，提高人们参与政治的兴趣；极大地增加选民投票率，扩大民主政治的范围，"因为选民坐在家中，通过网络即可轻松投票"。政治学家预测说，美国大选的投票率将会由50%～55%上升到65%～75%，奥巴马竞选时的高投票率就足以证明。

三是互联网推进民主政治的作用效果愈益显著。在互联网上，通过传播有关信息、政治意见、政治观点产生联系互动、聚焦公众的注意力、影响社会舆论形成、充当舆论监督中介等，以潜移默化的形式来影响和作用于政治参与中的人们的政治判断和政治选择，从而影响民主政治发展进程与状况。随着电子政府建设和电子政务的迅速推进并成为政府未来发展和建设的趋势和方向，在深入推进政府服务职能的改变和政府体制以及运行机制如选举、政府人员组成、行政决策等重大方面，就逐步建立起政府部门与公众的信息反馈和互动机制。伴随这样一个进程，互联网不仅将对现实民主政治发挥重大影响作用，而且极有可能会朝着现实民主形式方向开始实质性突破。

网络对各国民主政治发展所产生的不同程度的影响，无论是在理论或实践方面都是不容忽视的。尽管从主体、内容及形式三个层面来看，目前的网络民主还只是一种不健全的有限民主，其作用尚未充分显示。但是伴随着"网络政治"的演进和电子政府的全面推进，网络民主在未来会朝着厚实的方向发展，其作用的性质和范围也会发生不同程度的变化，势必会对民主政治发展产生越来越大的实质性影响。从影响效应来看，既有积极、正面方面的，也有消极、负面方面的。客观地说，网络民主较传统民主具有一定的优越性，但同时也具有有限性、破坏性。从未来发展看，网络民主要成为一种有效、有序、有形的民主形式还有一个相当长的过程，而且还是一个艰难的过程。因此，如何引导网络民主发展的方向和进程就显得尤为重要。

2.西方主流价值观充斥互联网

在互联网上信息实现了在全球范围内的流动，而这种流动本质上就是价值观及意识形态的输出与传播。今天的网络空间相较以往，功能已经大大拓展，特别是电视、电话、数据三网合一，手机、博客、播客（视频分享）相互融合，构成了强大的新传媒阵容。互联网已经成为西方社会传播西方主流价值观的传播源，成为舆论交锋的主战场、多元文化的角力场、"颜色革命"的试验场。

互联网为美国推行其价值观提供了便利。现实世界的全部信息折射到网络虚拟世界，虚拟世界的"一颦一笑"都深刻地影响着现实世界。美国式的"民主、自由、人权""互联网自由"等理念以新闻、影视、游戏等形式全天候、全方位地在互联网上进行着价值观引导及行为指导，潜移默化地影响受众国民众尤其是青少年的思想和价值观念。美国的价值观及价值标准以"润物细无声"的方式时刻影响互联网话语受众者。互联网信息源的存在有两种方式：信息来源，指各种门户网站给我们提供多方面的海量信息；搜索引擎，决定了我们在网络空间可以得到什么样的信息。美国通过两者引导网络舆论、传播美国的主流价值观，影响着网络空间文化和价值观走向。

这种文化渗透斗转星移，将会从根本上触及受众国的传统文化、主流价值观及意识形态。当前互联网数据库主要集中于美国。据统计，全球80%以上的网上信息和95%以上的服务信息由美国提供。在国际互联网的信息流量中，超过2/3来自美国，位居第二名的日本只有7%，排在第三名的德国有5%。而中国在整个互联网的信息输入流量中仅占0.1%，输出流量只占0.05%。由此可见，庞大的数字鸿沟已是不争的客观事实，进入国际互联网在一定程度上就意味着进入美国文化的汪洋大海。未来美国网络力量会进一步增强，使其掌控互联网国际话语权、推行其主流价值观具有更雄厚的物质基础。

3. 网络空间改变了传统竞选政治

互联网已经成为影响政治的力量，可以出其不意地发挥威力，在各国政治生活中发挥着不可替代的作用。对于叱咤政坛的各国领导人来说，利用先进的传播方式传达自己的政治立场、塑造良好的个人形象和增加与民众互动，越来越成为更多政要的首选。

互联网深刻地改变了社会，影响着人们的生活，影响着国家政治，颠覆了传统竞选政治，对现代社会的心理和结构塑造产生了史无前例的影响。随着互联网在全世界范围的影响逐步扩大，如今各国首脑也开始把眼光投射到这块新兴的公共媒体上。他们不仅在互联网上开设主页，向国民介绍自我，展现魅力，甚至也像普通的平民"网虫"一样上网"冲浪"，浏览丰富多彩的世界，了解科技发展和时事动态，与各阶层的人群接触。政要人物上网直面公众，各种竞选活动中几乎都可以看到各国政要在互联网中的"身影"，政要上网渐成趋势。许多政治家通过博客来回避媒体对自己政治理念的删节与过滤。在很多时候，政治家们希望通过媒体报道自己的演说，让公众知悉自己的政治理念，可媒体总是有自己的考量，有时牵强附会报道出与演讲主题相距甚远的话题，有时则捕风捉影关注与政治理念无关的花边新闻，所以政治家开博客已蔚然成风。

互联网成为影响民意的重要手段。在美国这个互联网诞生地，政治家上网的热情一点也不低。2004 年美国总统大选中，落败的民主党总统候选人霍华德·迪恩利用博客成功绕过传统媒体直接与选民进行沟通，开辟了美国政治家开设博客的先河，继迪恩之后，越来越多的美国州长以及法官加入了博客阵营。奥巴马击败希拉里，招招不离互联网；奥巴马对麦凯恩出招，又是招招不离 Web2.0。奥巴马懂得用最流行的方式来俘获年轻一代选民的心。2007 年 3 月，奥巴马在"Yahoo！Answers"（雅虎知识堂）发表题为《如何吸引更多人参与民主运动？》的帖文，回复量高达 17000 多个，由此拉开了奥巴马声势浩大的网络助援运动。奥巴马利用 Web2.0 的优势，吸引了大量草根力量，最终把自己打造成了网络红人。麦凯恩同样建立了竞选网站，在 Facebook、Myspace、YouTube 等网站上树立自己的形象，花费 300 万美元开展网络营销，甚至还推出了一款"小猪入侵者"的网页小游戏。美国新总统特朗普也是一个依靠网络竞选成功的总统，而且以善发推文著称。

奥巴马通过互联网颠覆了美国传统竞选政治。奥巴马在竞选过程中，充分利用网络工具，视频、播客、博客、网页广告等多管齐下，尤其重视搜索引擎、网络视频、博客等网络新营销工具的价值，最大力度地争取到了网民的支持。因此，《纽约时报》把 2008 年美国大选定义为"Web2.0 时代的美国大选"，把奥巴马称为"Web2.0 总统"。善于利用网络的奥巴马在胜选后仍然重视网络的作用。在当选总统后不到 24 小时，奥巴马的团队就推出了网站 change.gov。奥巴马开始直接通过互联网向公众传递信息。2008 年 11 月 15 日，奥巴马发表例行广播讲话，呼吁国会议员们尽快通过新经济营救计划，而讲话内容同时也出现在 YouTube、www.change.gov 上。网站称，如果美国网民愿意，可通过电子邮件形式向奥巴马提出各类建议，"在这重大历史时刻，请分享你参与美国总统大选的故事，并向我们提出建议，以促进美国下届政府采取变革措施"。这引起美国互联网和学术界一片沸腾。他们认为，奥巴马正在尝试使用"群力群策"来完成政治议程。据统计，奥巴马个人网站有 200 万个注册用户。仅靠这一个网站，就组织了 20 万次网下竞选活动，组建了 3.5 万个志愿者群。

伴随互联网变革，传统的竞选形态已经逐步让位给新事物，全天候信息在互联网上迅速蔓延发挥了更大优势。竞选对手通常借助 Twitter 和 IM 进行实时性信息轰炸，专业人士与内幕人员正在通过网络向大众提供更有价值的数据与信息。当出现的一些信息与他们的所作所为有一定的差异时，他们会利用这个网络平台来澄清事实真相，以保障自身权利。迹象表明，谷歌与微软分别成为竞选党派宣传自己的网络平台。这类似一个巨大的数据处理器，因选举活动所产生的每一次点击以及所发布的数据信息，都将被汇聚，并实时回放，然后进行分析和修订。对互联网变革的适应程度如何，将最终决定谁会得到未来的政府的执政权。

(二) 国际政治权力博弈在互联网中展开

国际政治权力博弈，是指在国际政治互动关系中，国际行为体在影响或改变其他行为体的行为时，根据所掌握的信息及对自身能力的认知，做出有利于自身利益的决策行为。世界各国尤其是网络强国，以国家利益为核心，以网络安全为目标，围绕网络空间国际政治权力，在网络空间控制、威慑、干涉和合作等方面展开了激烈的博弈。

1. 网络空间控制

"控制"是国际政治权力的核心体现。未来学家阿尔文·托夫勒曾预言：计算机网络的建立与普及将彻底改变人类生存及生活的模式。谁掌握了信息，控制了网络，谁就将拥有整个世界。[①]互联网赋予现代国际关系和国家利益许多新特点，对国家经济、政治、安全和外交政策产生重大影响，对传统意义上的国家主权、政府权威、文化意识、地域分界等都造成巨大冲击。

网络空间正在成为国际政治权力博弈的角力场。互联网的广泛应用，不仅可以对一个国家产生影响，甚至可以左右整个国际关系体系的运行，引起整个国际格局的巨大变革。时至今日，通过控制因特网来控制世界已成为美国的主导战略。如前文所述，目前，全世界用来管理互联网主目录的根服务器只有13台，美国掌控着主根服务器和其中的9个辅根服务器，在互联网管控方面的优势显露无遗。在具体实践中，美国通过对根服务器控制权的使用，有效达到了自身的政治目的。网络空间天然地对民主、扁平化、信息流动、透明化等属性有亲和力，因此某些国家把它作为推行"民主"的工具。

---

① Chen Baoguo, "U. S. Strategy: Control the World by Controlling The Internet", Global Research, August 24, 2010, http://www.globalresearch.ca/index.php? context=va & aid=20758.

2010 年，突尼斯因一商贩自焚爆发了"茉莉花革命"，随即在网上被迅速炒作发酵，从而引发了其他 20 余个西亚北非国家连锁发生骚乱，导致突尼斯总统逃亡、埃及总统下台、利比亚陷于战乱，使西亚北非地区陷入大动荡之中。也门、叙利亚等国政局也受到了很大影响，导致叙利亚内战延续至今不断。美国和以色列针对伊朗核设施的工业控制系统研发出"震网"病毒，通过移动存储介质，利用微软操作系统和西门子工业控制系统漏洞进行传播与攻击，突破了伊朗核电站物理隔离的安全防护，篡改了工业控制系统中控制铀浓缩离心机转速的代码，使离心机不能正常工作，导致伊朗核电计划被延缓，堪称突破国界隐蔽的侵略。2015 年 4 月 1 日，美国总统奥巴马发布行政命令，宣布设立针对网络攻击的制裁制度。根据这一命令，美国政府相关部门将有权对通过恶意网络行为威胁美国利益的个人和实体实施制裁措施，包括冻结资产和限制入境等。

世界各国围绕控制权问题与美国展开了激烈的博弈。《西雅图时报》曾报道，2007 年 11 月，在巴西里约热内卢举行的联合国互联网治理论坛第二次会议上，多国代表希望终结美国对全球网络的控制成为本次会议的核心议题。2000 多位与会者展开激烈争论，美方官员表示，保持因特网功能在美国的控制之下是为了"保护信息的自由流动"，显露出美国力图把持互联网霸权的野心。

2. 网络空间威慑

继核威慑之后，网络空间威慑开始进入大国政治家和军事家的战略视野。网络空间威慑，是指在网络空间采取各种行动，战时瘫痪控制敌方网络空间，并通过网络空间跨域控制敌方实体空间的决心和实力，从而达到慑敌、止敌、阻敌、遏敌目的的一种战略威慑形式。当敌对双方都具有确保侵入破坏对方网络的能力时，就可以带来双向网络遏制，使得双方不得不在一定条件下，遵守互不攻击对方网络的游戏规则，形成一个无形的安全阀，甚至国际上也会形成互不攻击对方网络的惯例协议或公约，网络空间由此成为可以产生巨大威慑效应的战略领域。

在网络空间中，国家冲突的历史清楚地说明，威慑不仅在理论上是可行的，而且实际上为网络敌对行动设置了一个上限阈值（upper threshold）。在2012年对"数字珍珠港事件"的讨论中，看不见的威慑是最明显的，时任美国国防部长莱昂·帕内塔说到，他担忧这样的突然的攻击可能会削弱美国及其军队。虽然他的评论使网络专家难以置信，但是大家都同意：美国在战略上是脆弱的，而且潜在的对手具备进行战略攻击的手段和这样做的意愿。因此，网络能力最强大的国家在很大程度上依赖于相同的互联网基础设施和全球标准（尽管使用当地的基础设施），所以超过一定阈值发动攻击显然不符合任何国家的自身利益。此外，拒止性威慑和惩罚性威慑（deterrence by denial and deterrence by punishment）这两种威慑仍然有效。目前，世界上对这一模式运用得最为娴熟的国家是美国。互联网是一个激烈对抗的领域，在网络空间里，国与国之间的冲突是普遍的。近年来，美国等西方国家利用新兴网络技术，在影响其他国家选举、促成社会动乱方面连连出击、频频得手。在2011年西亚北非政治动荡中，"推特""脸谱"等新兴网络起到了煽风点火、推波助澜的重要作用，成为导致动荡在短时间内大范围蔓延升级的重要因素。凭借着强大的军事实力和网络攻防能力，美国能对他国的网络攻击行为进行快速还击和报复，从而对敌国形成有效震慑。

如今，网络空间威慑成为霸权主义、强权政治的一个新内容。美国着力打造慑战一体的网络空间作战力量，拥有着世界上最为强大的网络部队，具有无与伦比的网络作战能力。2011年7月，美国国防部发表的《网络空间行动战略》指出，国防部已经采取积极的网络防御来阻止和打击敌人针对国防部网络和系统的入侵活动。这种积极的网络防御建立在传统途径的基础之上。这意味着美国政府将对恶意的（malicious）网络攻击行为采取常规军事打击和报复，它标志着美国"网络威慑"战略的正式出台。

3. 网络空间干涉

传统干涉，是指影响其他主权国家内部事务的外部行为。它可能仅仅表现为一次讲话、一次广播，也可以是经济援助、派遣军事顾问、支持反对派、封锁、有限军事行动及军事入侵。而信息时代的网络空间干涉，是指通过和利用网络空间影响其他主权国家内部事务的外部行为。这是当今网络强国或者网络霸权国家直接和间接干涉他国的重要行为和模式。

如今，网络空间在一定程度上导致政治权力分散，为网络干涉提供了有利条件。网络空间的不断扩展和网络社会的日趋壮大，强制性地增强了跨国公司、超国家行为体、次国家行为体和个人在社会政治生活中的分量，对工业时代以来形成的政治权力结构造成冲击，促使部分权力等级森严的官僚体系转移到社会群体乃至个人手中。与之相适应，国际体系中民族国家虽然还是基本单元，但以国家为中心的国际政治特性有所减弱，非国家行为体不仅数量在增长，而且影响力和话语权也在上升。从长远看，未来国内政治权力配置将会在政府、社会组织和个人之间寻求新的平衡，国际政治权力配置也将在国家和非国家行为体之间寻求新的平衡。特别是"推特""脸谱"等新兴网络媒介的指数级增长，极大地改变了政治动员的游戏规则，空前增加了无数个普通人的政治活动能量，培育了去中心化的政治活动组织模式。据统计，"脸谱"的活跃用户人数就已达 8 亿之多，超过世界总人口的 10%。这种网络化所带来的政治权力分散和传统权威消退趋势，虽然会促进国内国际政治改革，带来新的政治民主，但给网络干涉创造了有利的条件。

对他国互联网政策进行指责，是一种典型的网络干涉行为。美国哥伦比亚大学国际事务副教授罗斯科普夫在美国《外交政策》上撰文指出，美国信息时代外交政策的核心目标应当是取得世界信息战的胜利，主导整个媒体，如同英国当年控制海洋一样。为达到美国政府所谓"网络自由"的目的，2010 年 3 月，作为全球最大的搜索引擎，Google 公司借黑客攻击问题对中国进行指责，抨击中国的互联网审查制度，并将搜索服务由中国内地转至香港。2011 年 2 月，美国国务卿希拉里在乔治·华盛顿大学发表题为《网络正确与错误：互联网世界的选择与挑战》的演讲中，大谈"网络自由"，并对中国进行谴责①。

近年来，西方媒体提出的"中国网络威胁论"使中国互联网发展面临不利的国际环境。西方国家通过网络、广播等媒介舆论，煽风点火，大造舆论攻势，传递负面信息，影响他国对外政策的制定，从而间接达到干涉他国内政的目的。

4. 网络空间合作

随着移动互联网、物联网、云计算、大数据等新技术的应用，国家政治、经济、贸易、科技、军事等领域对网络空间的依赖度逐步增加。但是随着网络犯罪、网络恐怖主义、情报机构以及军队等借用 DNS 劫持、木马病毒攻击、钓鱼网站等手段对网络的攻击，给网络空间利益带来了巨大损失，解决网络空间威胁需要各国从多维度积极参与、合作，以寻求有效治理之道。

网络空间合作是维护网络空间安全的必由之路，特别是重要的双边和多边关系能够更好地保障网络空间安全。通过合作（有时表现为联盟），权力可以得到更大化的维系，这种合作在网络空间中大多是非对称的。通过军事演习等形式的合作，增强与盟国的默契，加强对盟友的领导力是美国网络权力维系的重要手段。近年来，美国领衔多国举行了"网络风暴"系列的跨部门、大规模网络攻击应对演习。从 2006 年美、英等四国"网络风暴 I"演习中模拟恐怖分子、黑客的网络攻击，到 2008 年美、英、澳等五国"网络

---

① Alexandru Catalin Cosoi, "China and Russia produce 50 percent of Internet threats", June 17, 2011, http://www.businesscomputingworld.co.uk/china-and-russiaproduce-50-percent-of-internet-threats/.

风暴Ⅱ"演习中应对1800多项挑战，再到2010年美、英、法、德、意、日等13国的"网络风暴Ⅲ"演习，规模逐渐壮大，水平不断提高，技术日臻成熟。美国在频繁的演习中增强了网络攻防能力，也确立了网络空间国际合作的优势地位。鉴于美国强大的网络实力，许多国家倾向于网络空间的"跟随战略"，以便获取更多的国家利益。在这种权力的博弈中，美国是最大受益者。2011年5月16日，美国《网络空间国际战略》正式发布，这份长达25页的文件由总统奥巴马签署并撰写了前言。从美国推出《网络空间国际战略》可以清晰地看到，美国已经不再谈政府不应管理网络这件事情了，取而代之的是由美国政府主导下的，国际政策目标和互联网目标紧密结合在一起的互联网未来发展政策。

权力的维系不是孤立的，而是相互依赖的。罗伯特·基欧汉和约瑟夫·奈在《权力与相互依赖》一书中论述硬权力时指出，硬权力是"通过惩罚的威胁或回报的承诺迫使他者去做本来他不想做的事情的能力"[①]。这里谈到的"惩罚的威胁"是威慑，而"回报的承诺"则更多地需要合作模式来实现。由于网络空间国际政治权力博弈具有复杂性，各国所采取的博弈模式并不是单一的，往往在控制、威慑、干涉、合作四种模式的基础上随机组合，形成多种综合性模式。

（三）网络空间是平等参与政治的舞台

"在网上没有人知道你是一条狗。"这是网络时代人们形容网络空间相互交流的生动反映，也反映出网络空间的政治生态。在网络空间里，每一个参与的个体之间，其地位是平等的，都可以就自己关心的事务发表见解，不存在现实政治生活中到处充斥着的等级分明式层级节制，只要符合法律许可，

---

① Department of Defense, "Sustaining U. S. Global Leadership: Priorities For 21st Century Defense", January2012, http://www.defense.govnewsDefense_Strategic_Guidance.pdf.

任何一个参与主体都有充分表达自己意见的自由，即使他所关心的事务与自身利益无关。

1. 网络空间是一个平等的平台

在网络空间，什么阶层、性别、职业等差别都尽可能地被隐去，不管是谁，大家都以符号的形式出现，大家都在同一起跑线上。地位的平等带来了交流的自由，任何人在互联网上都可以表达自己的观点。因此，互联网天生就蕴含着平等的精神，互联网上人人平等。

互联网所具有的平民化、平等化、自由化特征，正是它的永恒魅力所在。麦克卢汉在 20 世纪 60 年代就曾预言，"信息技术的发展将使地球变成一个村落——地球村，每个人都可以享受到网络的强大功能和丰富资源，人们都将充分分享信息，享有平等的话语权"。在网络空间，信息传递即时交互且高度共享。每一个参与主体都可就共同关心的事务相互探讨，既可凝聚共识，又可大异其趣；既可共同行动，又可各自单飞；既可持久关注，又可过后即忘。不管采取何种方式，网络政治空间参与主体间的互动交流，不仅极大拓展了彼此的交往空间，丰富了精神生活，提升了人的发展程度，而且有效推动了共同关注的事务从量变到质变的转换，甚至转化为现实政治生活中活生生的公共利益和公共意志决策活动与公共利益和公共意志分配政策。

人人可以在网络空间自由活动。互联网为信息资源平等共享提供了必要前提，而信息共享又为人们平等地参与社会活动、政治活动提供了便利条件。互联网上，不仅人人平等，也可以人人参与。互联网不仅改变了人们的生活方式，也改变了人们的参与方式。美国马里兰大学的罗伯特·史密斯教授在《互联网心理学》中预言，就提供平等机会而言，互联网有以下引人注目的特点：在网上，相貌、年龄、种族、贫富、社会地位等所有原本足以影响他人对自己印象的因素都不复存在。这就意味着当某人在网上发表某种意见时，他人对其见解的判断并不会受其上述特征左右，这是一种巨大的均衡力。互联网将史无前例地为芸芸众生提供一个公平竞争的舞台，使得小小百姓也可能拥有前所未有的强大力量，可跟一个权力和财力大得多的对手展开竞争，说不定还能战而胜之。而在互联网诞生以前，"弱势群体"根本就没有机会展示自己。互联网将界线抹去，把距离拉近，无论生活还是国家公共事务，你都可以点击鼠标，留下想法与见解，实现人人平等参与。

2. 网络空间公民平等参与政治

在网络空间，由于公民政治参与的主体是虚拟空间的网民，有的是不具有法定权利的公民，如尚未获得选举权和被选举权的少年，还有的不是同一个政治实体的公民，如不同国家的网民。同时由于公民政治参与的客体或对象主要是公共利益、公共事务或者公共意志，一般不涉及如选举等实体性民主内容。再加上网络政治空间的互动方式经常是以参与主体的"虚拟对谈"方式进行，便诞生了具有鲜明网络特色的新型公民政治参与方式，即网络论政、网络监督、网络宣传、网络评判、网络互动等，并紧紧依托扁平化、交互性、实时化的网络政治空间这一新型政治参与载体而实现其参与目的。

网络世界中，每一个虚拟行为的背后，都有一个真实的人。不管是每一个网上投票活动，还是每一篇网络评论，都体现着自由与平等，即自由发挥的网络使用权和自由发言权。互联网把那些有着相同价值立场、志趣爱好和目标愿景的网民聚集起来对政治、宗教、文化、生活、工作等问题交流看法、分享经验。人们有了自由发言和建议的选择，不用担心搜索引擎偏见的出现。互联网拓宽了人们获得信息的渠道，开拓了人们了解公共事务的可能性，为人们参与公共事务提供了信息条件。爱沙尼亚是全球第一个将网络投票方式运用于全国范围地方选举的国家。2002 年 3 月 27 日，爱沙尼亚议会通过《地方政府议会选举法》。网络投票方式对于现代民主具有巨大价值，可以极大地为选民提供便利，促进民众的政治参与。以美国亚利桑那州 1996 年与 2000 年投票率的比较为例，2000 年施行网络投票之后，相较于 1996 年的选举增长了 600％，投票率高达 93％，尤其是 18 岁到 20 岁的投票人口大幅增加。可见，网络投票对于落实选举的普遍平等原则具有极高价值。

网络论政的核心和推力是公共利益、公共事务以及公共意志。网络论政的基本途径是网络民意表达及其背后的强大网络舆论。网络论政的目的是影响公共利益、公共事务或者公共意志的具体决策活动，实现现实政治生活中难以达到或者成本很高的参政议政之目的。毫无疑问，虚拟网络政治空间里新型公民政治参与方式的出现，弥补了现实政治生活中公民政治参与方式的不足，提升了公民政治参与的积极性，减少了公民政治参与的时间和金钱乃至知识成本，拓宽了政治参与方式的渠道，实现了利益主体之间的快速连接和沟通，不仅有利于提升网络政治空间里政治参与的有效性，而且有利于促进现实政治生活借助网络政治这一独特平台而得到更加全面和深度的发展，进而深化公民政治参与的形式和内容。

3. 网络空间让全球信息共享

互联网的发展普及，使全球"共享一个信息平台"，人们开始习惯以网民身份参与并且干预公共事务。美国《时代》杂志继 1982 年把"计算机"评选为年度人物之后，2006 年又把年度人物评选为"YOU"，也就是网民。《时代》解释说，社会正从机构向个人过渡，个人正在成为"新数字时代民主社会"的公民。这是一个事实：当更多人突破了传统媒体参与形式，自主地投身于公共表达的传播之时，个人就成为一种独立媒体形式。

在网络世界里，每个人都是媒体，每个人都是话题中心，数十亿网民共同缔造了自媒体时代。所谓自媒体，是以博客、播客、维客、新闻聚合、论坛、即时通信等新媒体为载体的个人媒体的统称。美国《连线》杂志给以博客为代表的新媒体下的定义很简单：由所有人面向所有人进行的传播。

美国新闻学会的媒体中心于 2003 年 7 月出版的 "WeMedia" 研究报告，对 "WeMedia" 下了十分严谨的定义："WeMedia 是一个普通大众经过数字科技与全球知识体系相连，提供并分享他们真实看法、自身新闻的途径。" 报告认为 "WeMedia" 改变了长期以来的新闻传播模式，以往媒体由上而下由传者传播新闻给受者的 "广播" 模式，开始向新闻传者与受众改变角色的点对点传播模式改变，称之为 "互播"。可见自媒体的核心是基于普通民众对信息的自主提供与分享。

信息共享平台是全人类共同的福祉。互联网是人类文明的重要组成部分，极大地推动了人类社会发展、推动了文明成果由全人类共享。正是因为全世界人民的广泛参与，互联网才能多姿多彩。从技术结构上讲，互联网的价值在于互联互通：联结产生价值，节点越多网络结构越稳定。从信息来源看，用户贡献内容成为网络信息的重要来源，网民参与保证了网络信息的丰富性和多样性。互联网的价值由全球网民共同创造，互联网带来的红利理应由全人类共享。此外，每一种社会生产方式都会历史性地生产出属于自己的社会空间，网络空间是人类生活的新领域。互联网的发明与运用对人类文明发展的价值已经全面超越了蒸汽机革命、电气革命，因为互联网为人类社会开启了一个全新的生活空间——网络空间。

二、互联网成为国际政治博弈新舞台

互联网是 20 世纪人类最伟大的发明之一，网络空间是人类共同的活动空间。然而，全球互联网发展并不平衡，网络空间内新老问题交叠，现有互联网治理规则难以反映大多数国家的意愿和利益。在互联网这种新型国际公域中，世界各国尤其是网络强国在这一公共空间展开新的角逐，互联网也因此成为国际政治博弈的新舞台。

（一）网络强国谋求网络空间霸权

随着互联网的普及，它对各国的政治、经济乃至军事都产生了重要影响。网络行为体的多样性，网络权力结构的单调不平衡，网络行为体利益诉求的多元化，都使得网络权力和网络霸权成为一个备受关注的话题。随着互联网行业的高速发展和在社会各领域的广泛应用，美国利用其在技术、信息资源、国际制度（网络技术、人才培养、网络管理）等方面的优势逐步建立起网络霸权。

1. 以技术优势谋求网络霸权

网络技术的产生和发展不仅改变了人类的生存方式，同时也震荡着原有世界的秩序。网络带来的信息全球化使文化的交流和对抗日益频繁，新的文化霸权形式——网络空间霸权已悄然崛起。作为一种霸权主义的软力量，网络空间霸权不但破坏民族文化传承与发展，同时还对国家安全与利益构成严重威胁，是不可回避的问题。

作为计算机技术的发明国，美国是网络技术创新的最早、最大受益者，并有足够的时间及实践率先进入下一轮的新技术研发之中。美国每年在技术上的投入至今位居世界第一，即使是在经济危机和财政赤字双重压力之下，美国 2011 年度在科研上的花费也仅受到微弱影响，大概只有 1% 的降幅。据世界知识产权组织（WIPO）的统计数据，2003—2007 年美国在计算机技术领域以 191835 项专利位居各国排名第一，而在 2000—2009 年的 PCT 体系中，美国同样保持了这一地位。在现有的互联网生态中，由于有足够的专利条款和现实的控制能力，美国的绝对收益并没有受到其他国家行为体的威胁。

技术强势者的技术优势是网络霸权的生成基础。在信息时代，拥有信息技术优势的美国，一直掌控着网络的核心技术，这是其谋求网络霸权的技术基础。首先，技术强势者在网络文化传播载体上拥有优势。拥有强大综合国力的西方国家，将其物质生产力的优势转化为信息技术物质载体优势，为网络文化的输出提供了诸如高性能计算机、移动终端、卫星光纤、服务基站等更有效的传播设备。这些传播设备作为传播网络文化的物质基础，为技术强势者的优势确立提供了物质保障。其次，技术强势者在网络文化传播方式上拥有优势。与传统文化传播方式不同，网络文化的传播方式取决于计算机的软件，计算机中所安装的系统程序、应用程序，网民上网浏览的网站、社区，以及移动终端搭载的客户端等都是网络文化的传播方式。技术强势者通过对计算机软体的控制来建立网络文化传播方式的优势。最后，技术强势者在网络文化传播内容上拥有优势。技术强势者利用技术的手段掌控着网络文化传播的内容，在用各种方式丰富本国、本民族文化内容的同时，也限制和压抑着其他国家和民族的文化。通过对内容进行民主化、自由化的包装，与此同时将与自己存在不同意见的文化扭曲并对立，从内容上将自己的文化置于人类主流文化的地位。

2. 以资源优势谋求网络霸权

谋求网络霸权需要一定的实力基础。美国不但拥有网络技术优势，而且还拥有网络资源优势，这也是美国谋求网络霸权的基础条件之一。

美国是互联网的发源地，握有互联网的核心基础资源，并以此掌控全球互联网领域。首先，从互联网诞生至今，美国始终控制着1台主根服务器和9台副根服务器，而根域名服务器是架构互联网所必需的基础设施。其次，在互联网战略资源中美国拥有众多世界第一的项目。目前，全球最大的搜索引擎（Google）、最大的门户网站（Yahoo）、最大的视频网站（YouTube）、最大的短信平台（Twitter）和最大的社交空间（Facebook）全部为美国所有。再次，互联网是一种社会媒介，担负着引导社会舆论的职责，可以使各种各样的信息迅猛和广泛地传播，从而带来不同的社会效应。目前美国牢牢位居互联网的"高位势"，在相当大程度上决定着互联网信息的内容、流动方向以及传输速度，也可以把搜集到的全球信息进行有利于自己利益的二次加工和处理，左右国际舆论的走向。最后，当今全球80%以上的网络信息和95%以上的服务器信息由美国提供，超过2/3的全球互联网信息流量来自美国，另有7%来自日本，5%来自德国。日本和德国都是美国的盟友，这就等于美国牢牢控制了全世界将近80%的互联网信息流量。此外，Intel垄断世界电脑芯片，IBM推行"智慧地球"，Microsoft控制电脑操作系统，ICANN掌控全球域名地址，苹果主导平板电脑。

有了这种强大的技术基础，美国组建"第五纵队"的规模和效率也大大提升。"阿拉伯之春"就是在美国2003年成立的全球舆论办公室的直接指挥下，美国国家安全局和网络司令部联合运作的信息思想战的第一次全面实践。在这场大范围波及中东、北非的"政治地震"中，美国通过"推特""脸谱"等网络平台，实时、高效地指挥了现实世界中的街头政治暴乱和"颜色革命"。先是"维基解密"网站于2010年12月公布了一封密码电报，内容是美国前驻突尼斯大使罗伯特·戈德兹披露了本·阿里总统家庭成员贪污腐化的事实，并警告："对于遭遇日渐增长的赤字和失业现象的突尼斯人来说，展示总统家庭财富和时常听到总统家人叛国的传闻无异于火上浇油。"该文件在网络上出现后，突尼斯国内爆发了罢工和街头示威活动。在此过程中，所有的反政府宣传和集会号召都是通过"推特（Twitter）""脸谱（Facebook）"和"优图（YouTube）"进行的。

3. 以互联网制度优势谋求网络霸权

互联网传统霸权历经技术霸权、资源霸权到信息霸权的演进，互联网霸权又是从传统霸权到制度霸权的建构。

在虚拟的网络空间，互联网的实际存在和正常运作中发挥重要作用的是大量的技术标准，如链接标准、通信标准、域名解析标准，等等。这些技术标准其实就是互联网规范，体现了标准制定者的理念，是标准制定者理念的结晶。在互联网逐步向全球推广的过程中，美国互联网标准也被推向了全球，为互联网后来的使用者所接受。这些使用者主要由个人、国家、国际组织、跨国公司等各种国际行为体组成。但从客观上看，这对许多网络弱国来说并不公平。因此，随着互联网的普及，现在越来越多的国家提出了修改旧标准的要求，这反映了对网络空间权力进行再分配的制度诉求。此外，美国政府还拥有互联网的管理权。1998 年之前，互联网号码分配局（IANA）行使着互联网的管理职能。1998 年之后，美国商务部成立 ICANN 统一管理根域名服务器。2011 年 5 月 17 日，曾在美国情报机构任职的英国国际安全问题专家鲍勃·艾叶思说，在网络世界中，西方发达国家已经看到了先入为主的重要性。他们深信只有控制住互联网领域的主导权，才能用更快更被信赖的信息赢得世界的支持。

综上所述，美国的互联网霸权遍及国际互联网的所有领域，且拥有互联网技术优势、资源优势和制度优势。美国主导构建的互联网国际制度进一步强化和巩固了其已有的技术、资源、制度等优势，并以这些传统优势谋求网络霸权。

（二）网络空间意识形态博弈更激烈

网络空间的兴起，在全球范围内改变了意识形态斗争的状态与格局，为广泛影响人的心理、意志和信仰提供了新的廉价的平台和机制。随着信息技术的快速发展，网络空间成为大国博弈的制高点，网络空间意识形态斗争也成为新的斗争样式。西方网络强国打着网络自由的旗号，试图利用网络输出其政治、经济、社会制度和价值观念，甚至企图利用网络政治动员的巨大能量来瓦解、颠覆他国政权。

网络空间的意识形态斗争更加激烈。在一定意义上讲，意识形态都是通过一定的信息表达出来，而特定的信息在一定程度上又负载着一定的意识形态。而互联网信息从来就不是中性的，信息的传播过程和内容都打上了深深的意识形态烙印。互联网传播方式，不仅不能消除信息发布者和信息内容的意识形态特征，反而为形形色色的意识形态提供了传播和扩展的平台。比如，通过互联网进行政治宣传和动员，具有信息量大、信息及时、多媒体互动等一系列优点，利用互联网信息传播的优势，可以达到非常好的政治效果。再比如，在信息发布和传播的同时，网络信息内容对接受者往往也会起到引导教化的作用。在这过程中，会出现两种倾向，一种在"正面"信息的影响下，人们的价值观朝"正向"发展，即朝主流意识形态倡导的方向发展；一种是在"负面"信息的影响下，网民形成了与主流意识形态相悖的思想价值观。各种思想文化、政治主张相互交锋，民族主义、爱国主义相互交织，针对主流意识形态的反主流倾向（自由主义）此起彼伏，网络恐怖主义也不甘寂寞。参与互联网信息传播的各色人等都把自己的"意识形态"——价值观、理论和政治倾向等渗透于互联网上，并对现实社会产生影响。

网络意识形态斗争错综复杂。借助于网络的独特作用，意识形态斗争覆盖更加广泛、手段更加多元、形式更加丰富、进程更加隐蔽、效果更加明显，为网络空间意识形态安全带来极大挑战。一是网络技术革新打破了意识形态斗争的边界。信息流通瞬息万变，能够快速覆盖广泛的目标对象，而网络的开放性也使信息得到广泛的关注，多元利益介入也更加方便，意识形态斗争不再局限于一城一域或简单的利益双方；二是网络为公众提供了开放的信息窗口，多元社会思潮也随即进入公众视野，一些裹挟着意识形态攻击性质的错误思想借助多元化、民主化、自由化的外衣对公众施加干扰和迷惑，冲击主流意识形态的公信力和影响力；三是作为公众接触信息的渠道，网络信息媒介的发展也使意识形态斗争更加复杂，媒介技术的发展丰富了意识形态呈现的形式，多媒体手段使这些信息更加引人注目，而同时网络空间角色复杂，传统的传授关系被改变，信息传播者的目的意图难以预测，网络空间意识形态斗争力量构成也就难以有效区分。

网络强国的网络霸权地位难以撼动。国际舆论场中的西方霸权在网络空间依然存在，美国等西方国家丰富的网络资源和语言优势形成了压倒性的单向信息输出，网络信息不对称促成了西方话语形态的网络主导权。同时，美国等西方发达国家凭借其掌握的关键技术与标准，高调宣扬"先占者主权"原则下的网络自由行动，为其信息战、网络战提供法理依据；在国际战略上已经建立起了一整套涵盖网络空间战略、法律、军事和技术保障的网络防控体系，不断巩固并改善其自身对全球网络空间事实上的绝对控制。

（三）网络强国积极谋求网络话语权

掌控全球网络空间话语权、推行西方主流价值观是互联网霸权的政治文化战略目标。"话语权"，即说话权、发言权，亦指说话和发言的权力，是国际行为体，尤其是主权国家参与国际事务中自我认同并予以利益表达的重要手段及方式。话语权的大小不仅是一个国家政治、经济、科技、军事等硬实力的综合反映，也是其软实力在世界舞台上的直接体现，它承载着话语权国的国家利益之所在。美国和其他主要西方大国相继制定了本国的互联网战略，其内容涉及军事、政治、经济、文化等各个领域。如果从政治文化视角透析其互联网战略，其战略目标就是掌控全球网络空间话语权、在网络空间推行西方的主流价值观。

美国不仅在互联网上拥有话语权，而且有能力主导与掌控互联网国际话语权。互联网是信息革命的产物，它给人类提供了一种全新的、以计算机技术为基础、以数字形式传递信息的网络传播方式。它突破了种族、国家等有形或无形的"疆界"，真正实现了全球范围内的人类交往。它依托虚拟的互联网平台，打破了时间、空间对人类活动的限制，实现了点对点的全面对接。但是，从以上分析中我们也清晰地看到，美国是计算机和互联网的创造国，美国的互联网霸权遍及国际互联网的所有领域，是从传统霸权到制度霸权的建构。由此说明,美国不仅在互联网上拥有话语权,而且主导与掌控互联网的国际话语权,进而利用这种优势,以自身利益为准绳,推行西方的价值观,并对事物的是非曲直做出判断。

互联网上美国文化的传播是其主流价值观念的国际传播。在虚拟的互联网平台,传播者相当复杂,主权国家、政府与非政府组织、个人等都是多元传播行为主体。但真正起支配作用的是信息多而快、全而准、技术雄厚的大型网站。美国是国际新闻机构和大众文化产业最发达的强国。利用其在信息技术上的绝对优势,处于全球垄断地位的美国新闻业和位居全球商业文化统治地位的大众文化产业相继登上互联网。如 NBC 网站、CBS 网站、ABC 的网络新闻、CNN 网络版及今日美国报、纽约时报网络版等。它们不仅有自己的网址,很多公司如华尔街日报、纽约时报、CNN 还拥有多个网站。美国传媒已经充分发挥了互联网的即时性、全天候、交互性等天然特质优势,利用网络的开放性,占领了国际互联网传媒的制高点并拥有实际控制权,在当前及未来的互联网竞争中处于领先优势。此外,互联网上的文化信息承载着价值观念,互联网上美国文化的传播也是其主流价值观念的国际传播并延伸至国际社会的不同国家及不同地区。

三、互联网成为颠覆国家政权的新手段

网络空间的较量和博弈真是险象环生、变幻莫测。互联网的发展改变了人们的沟通方式,推动了网络舆论的快速发展,使网络日益成为舆论生成、传播、交锋的主阵地。然而,由于网络空间的开放性、匿名性与多样性,使得网上的各种舆论信息真假难辨。或许,一句不起眼的话在网络舆论的发酵下,会产生"蝴蝶效应"引起"龙卷风",危害社会和谐稳定,从而直接达到颠覆国家政权的政治目的。

（一）通过网络干扰他国大选

利用网络空间，可用最小的投入，实现预期的政治图谋。利用一起普通的民怨事件会导致执政多年的强势总统倒台，一个国家政权更迭的"蝴蝶效应"会如同海啸一般席卷多个国家和地区。伊朗因总统大选结果而爆发骚乱事件就是一个典型的案例。

2009年6月13日，伊朗政府宣布现任总统内贾德在总统大选中获胜，引发了伊朗10年来最大规模的抗议活动。落败的穆萨维的数千名支持者在首都德黑兰市中心示威游行，并导致首都骚乱和冲突，最终酿成了反对者与军方的流血冲突。伊朗大选风波震动了中东、震动了全球，世界各大媒体争相报道，各个国家竞相关注，一时间伊朗大选以及反对派发起的抗议"大选不公"的示威游行成为全球时事焦点。伊朗当局为平息局面，暂停该国手机用户间的短信发送服务，宣布军管互联网，禁止国外媒体采访，全面控制国内舆论。而反对者却通过Twitter突破了政府的信息封锁，向外界传递信息，并与其他反对者进行交流。

美国等西方国家借助网络武器干预伊朗内政。在这场抗议活动中，网络成为示威者传递信息、发泄不满和积聚外界同情的重要渠道：个人博客、Twitter、脸谱等工具成为示威者在日常通信缺失时交流的重要方式；YouTube、Flickr等网站成为他们向国际媒体反映德黑兰街头实景的首选载体；而黑客技术也被堂而皇之地用来攻击政敌和网站。美国公共广播公司对此评论称，"伊朗正爆发一场网络革命"。在这场抗议活动中，美国政府"经常与Twitter员工联系的人开展低层次接触"，要求保障对伊朗抗议集会等消息的传播。中情局制定了一套以广泛利用互联网为基础的心理战战术。在伊朗骚乱事件中，通过互联网向民众散布耸人听闻的消息，进而煽动民众的不满情绪。在伊朗选举当晚，通过短信散布消息，声称伊朗宪法监护委员会已经通知穆萨维，他获胜了。几个小时后，当内贾德获胜的官方消息正式公布之后，看上去就像一个大骗局。但就在 3 天以前，连穆萨维都认为，内贾德会大获全胜。随后，美国视频网站"YouTube"、社交网站"Facebook"、微型博客网站"Twitter"大量登载伊朗抗议集会的预告信息，伊朗一些社交网站和微型博客的用户也接收到一些关于政治危机和街头抗议行动的似真似假的短信。这些匿名信息大多传播枪击和大量人员死亡的消息。美国的各类网络工具如"Facebook"、谷歌不约而同地增加了波斯语服务。在美国和西方的伊朗裔移民，通过他们在国内的联系人大量传递图片和新闻，为反对派造势。

大选结束后，名为"谁动了我的选票"的组织建立网站，并在 Facebook 建立空间，发布示威活动的时间、地点，上传示威的照片及视频。据美国《基督教科学箴言报》等报道，一些网民还发起了网络攻击，对出现在照片、视频中的伊朗民兵进行人肉搜索，公布其个人信息，内贾德的个人网站以及伊朗国内多家支持政府的网站也遭到黑客攻击。一名被称为"妮达"的年轻女性在街头中枪身亡的血腥视频，经上传扩散后，成为暴力受害者的象征，"妮达"被西方媒体称为"伊朗天使"。全球支持者在网上发起"大规模串联运动"，协助伊朗示威者躲避审查，发布与总统大选有关的冲突消息。许多国际媒体也以互联网，如微型博客网站 Twitter 与电子邮件等，作为报道内容或消息来源。与此同时，中情局还指使美、英等国的反伊朗分子继续煽动混乱局面。谁也不知道这些信息是德黑兰骚乱目击者还是美国中情局特工发布的。

（二）通过网络颠覆他国政权

近年来，一些国家发生了反政府运动，导致政权更替。而这种反政府运动都有一个共同的特点，就是通过互联网发起，最终导致街头政治爆发，最终推翻现政权，产生新的国家政权。美国也公开承认，将互联网作为颠覆他国政权的重要手段，鼓励他国反政府势力利用美国互联网企业从事颠覆活动，从而来实现美国的外交目标。

1. 埃及的"'脸谱'与'推特'革命"

2011年1月25日，埃及数百万人走上街头抗议，要求时任总统穆巴拉克辞职。示威游行声势浩大、组织严密，迫使穆巴拉克解散内阁，任命前任情报部长奥玛·苏莱曼担任新的副总统。这次暴动的主要组织团体"4月6日运动"就是以"脸谱"为平台组成的一个网络组织。"4月6日运动"的负责人马希尔在华盛顿接受"卡耐基基金会"采访时说："这是埃及青年人第一次利用像'脸谱'和'推特'这样的网络通信工具进行革命，我们的目标是推行政治民主，鼓励民众参与政治进程。"

在该组织的背后，还有更多的潜在势力，无不与美国主导的网络力量联系密切。如埃及反对党领导人之一的戈尼姆，就是一名"谷歌"公司的工作人员，他曾说自己就是1月份埃及抗议活动的组织者之一，这些抗议活动都是通过互联网的社会网站进行宣传，告知年轻人活动举行的地点和时间而组织起来的。在埃及，使用社会网站组织抗议行动的成效最高，因为每3个埃及人中就有1个人使用互联网。在街头暴乱开始后，埃及采取了史无前例的措施——切断了国内的互联网。但各网站仍然向外界通报埃及局势的最新进展。在"谷歌"公司的帮助下，技术人员建立了"Speak-2Tweet"服务，埃及人可以通过该服务打电话，并留下音频信息，这些信息随后被传送到"推特"上。专家认为，"脸谱（Facebook）"在埃及地区的普及率之所以提升，主要因为它能够表达对当局行动的不同意见及组织反政府示威。有鉴于此，部分西方大众传媒将发生在突尼斯和埃及的事件称为"'脸谱'及'推特'革命"。

作为"4月6日运动"的一个组成部分，动员埃及反政府势力进行示威游行的核心力量Kefaya（正式名称是"埃及变革运动"）是一个虚拟组织。它成立于2004年，是"4月6日运动"的一个组成部分，早期充分利用新兴社会媒体和数字科技工具，作为动员埃及民众的主要方式。该组织采取使用政治博客、发布未经审核的"优图"短片、图片等形式煽动埃及民众进行示威游行，手段极为专业。

2. 助力利比亚反对派推翻卡扎菲政权

统治利比亚42年的政治强人卡扎菲，被美国利用网络造成国内混乱，并在短时间内被推翻，最后死于非命，死相惨不忍睹。

在利比亚内战初期，示威者利用互联网和社交媒体平台作为传输介质，争取支持，呼吁为民主而战并与外界沟通。利比亚的反政府组织"网络活动家"，利用美国全球社交网站"推特"和"脸谱"来组织反政府活动，呼吁将2011年2月17日定为"愤怒日"。仅在2月16日当天，网上报名的追随者就超过了4000人。到2月17日，拥护者更超过了9600人。利比亚反对派领导人奥马尔·马哈穆德称，为了使人们走上街头，他们利用了交友网站"马瓦达"，该网站不在警察的监控范围内。正是利用了该网站，利比亚反对派成功地联合了17万名卡扎菲的反对者。

在冲突加剧后，利比亚政府关闭了互联网，但北约立即为反对派提供了网络支援，使得利比亚国内和境外的反政府力量能实时相互沟通。从2011年2月23日开始，一名美籍电信公司高管和他的朋友领导的工程师团队，帮助反政府力量"劫持"了卡扎菲政府的蜂窝无线网络，建立了自己的通信系统，让反政府组织领导人更容易与外界交流或请求国际援助。反政府组织还在埃及、阿联酋和卡塔尔政府的支持下，创建了一个不受的黎波里当局控制的独立数据系统，并破解了卡扎菲政府的手机网络，获取了电话号码数据库。利用这些信息，他们建立了被称为"自由利比亚"的新通信系统。4月2日，新通信系统开始测试并运行。随后，他们创建了由"谷歌地图"组成的战况图，以此追踪报道相关事件，该战况图在12天的时间里被网络用户浏览达31.4万次，至少被20多家新闻媒体转载，影响巨大。

3. 网络战使乌克兰政府更迭

回顾乌克兰政府更迭事件，2013 年年底，美国等西方国家针对亲俄的乌克兰亚努科维奇政府展开大规模系统性网络攻击，导致乌官方网络彻底瘫痪，政府集体"失声"。2014 年 2 月亲美的乌反对派重掌政权。具体过程主要包括以下一些内容：

首先，在网络空间激化乌克兰民众的不满情绪。2013 年 9 月，自乌克兰暂停"（与欧盟）联系国协定"的各项准备工作后，以美国为代表的西方国家随即加大了对亚努科维奇政府进行网络舆论攻击的力度。美国策动国际选举制度基金会，在乌官网上公布具有倾向性的"公正而权威"的第三方民意调查报告。报告称：乌 87% 和 79% 的民众对国内经济形势和国内政治形势不满。而乌亲西方势力利用不受政府监控的私营网站、社交平台，积极组织一系列虚拟的网络空间集会、抗议活动，乌网络空间的民意呈现一边倒的态势。从 2013 年 9 月至 2014 年 2 月亚努科维奇政府倒台，乌政府官网和国家安全局网站遭受境外黑客近百次攻击，乌政府严重"失声"。这次乌克兰剧变，美欧国家重视运用网络手段制造和传播政治谣言，采取了窃取、拦截和攻击等多种技术方式，使乌克兰主流网站舆论几乎一边倒，充满对政府的批评和攻击，使国民不满情绪迅速蔓延。

其次，在现实世界策动乌克兰街头革命。通过网络媒体的密集炒作，反政府的负面信息被大量曝光、发酵、激化，蜂拥而至的"愤青"迅速被组织动员为"抗议群体"，在网络空间频繁制造政治集会效应。反政府的负面信息经过网络空间的发酵、放大后，逐渐走出虚拟空间，并主导现实世界，成为乌克兰的"主流民意"。从 2014 年年初起，在乌境内外的反亚努科维奇政府势力的组织下，乌反政府抗议集会活动日渐增多，2 月份达到高潮，并转变为街头革命。这可以说是典型的网络空间培育发酵，现实空间择机引爆。另外，欧美国家对乌克兰反对派提供了大量资金支持和相关网络信息，使反对派对当局的动向和软肋了如指掌，最终导致官方网站的彻底瘫痪，为颠覆政权奠定了基础。

此外，直接干涉颠覆亚努科维奇政府。2014 年 2 月 21 日，亚努科维奇政府与反对派达成和解协议。但亚努科维奇政府妥协换来的却是反政府活动的升级，西方国家对乌反政府组织由暗中扶持转为直接支持。此前，在全球著名视频网站 YouTube 上，一段被冠以"广场木偶"标题的录音，就暗讽基辅各大广场牵头示威的乌反对派领导人像被美国操纵的木偶……在西方的支持下，乌克兰政权迅速更迭。此后，美国等西方国家旋即宣布承认乌克兰新政府。

乌克兰政局演变从策划—发酵—扩散—激化—失控—武装冲突上局势剧变，越来越清晰地向世人表明，这是一场以美国为首的西方国家在现实世界和虚拟空间精心策划、蓄谋已久的战略行动。西方国家的这一战略图谋，既是美俄之间的政治较量，也是美、俄、乌在网络空间的战略博弈，并通过在网络空间所形成的"蝴蝶效应"，颠覆了传统的战争形式，达到了"一箭多雕"的战略效果。

(三) 通过网络瓦解他国主流价值观

国家的倾覆，始于思想的瓦解。突尼斯、利比亚和埃及等国政权，为何那么容易被"推特"推倒，一夜之间垮台？值得世人深思。网络时代的敌人，手中拿着的可不仅仅是刀枪剑戟，还有鼠标键盘！网络环境错综复杂，网络攻击形形色色。网络攻击已经成为 21 世纪大国博弈的主战场之一。

乌克兰剧变体现了西方"非暴力政权更迭"的战略图谋。此次乌克兰政权的更迭，西方国家没动一枪一弹，而是充分利用乌克兰独特的地缘政治和俄罗斯举办冬奥会的契机，巧妙投棋布子，在网络空间成功实施了政治威逼、经济引诱、文化渗透等战略手段，取得了令世人震惊的战略效果。这是发生在乌克兰的网络颠覆事件。其实在中国的网络空间也有一些令人怀疑的迹象。如，"教科书里的历史真实吗？""íí真相，删前必看！""国家不想让你知道的秘密"……经常刷微信的人，对此类耸人听闻的文章标题肯定不陌生。在好奇心的驱使之下，多数人会点进去瞧个究竟，却发现里面兜售的往往是所谓"雷锋也爱奢侈品""刘胡兰惨死在乡亲手中""董存瑞受骗了才舍身炸碉堡"之类的"秘史"。其捏造事实、歪曲历史、混淆视听的为文手法，实在是不值一哂，偏偏却又谬种流传，比之"黄段子""灰段子"为害更烈。用悬疑式标题勾起人们的猎奇心，是"标题党"的惯用把戏，其拙劣的"吸睛大法"不是为了探究学术，而是为了否定而否定，以谣言惑众，从根本上动摇共产党的执政地位的用意显而易见。

当今时代，随着信息技术的飞速发展，数千年沿袭下来的"短兵相接"的战争形式已渐行渐远，现代战争已不再单纯地伴随着隆隆的枪炮声拉开序幕。网络技术已成为世界大国谋求国家安全和战略利益的有效手段，网络空间的对抗被喻为"没有硝烟、兵不血刃的战争"。一条批量发送的信息，就能煽动成千上万民众走上街头，制造暴力事件，甚至推翻政权。目前，美国已正式启动"社交媒体战略沟通"计划，该计划还有一个别名——"网络社交炸弹"，重点研究如何批量制造网络"机器人"、如何在目标国家的网络空间发布敏感或虚假信息，引爆网络舆情，掀起街头暴乱。

第三章 网络安全与经济安全

随着互联网时代的到来，云计算、大数据、通信技术、物联网等领域快速发展，智能制造、智能交通、智能电网、智慧城市等智能化产业迅速兴起，无论是在商用领域还是在工业领域，网络通信技术的应用将越来越广泛，网络安全也迎来了严峻的挑战。如何预防和解决网络空间给经济安全带来的隐患问题，已成为当下网络化时代经济建设的重中之重。

一、"互联网＋"拓展网络经济新空间

随着互联网渗入人类社会生活的各个方面，大量的经济活动也在网络空间展开，并成为推动经济发展的重要动力。在网络时代，"互联网＋"与任何事物联系起来，都可以让该事物发生深刻变化。"互联网＋经济"，即互联网经济，它是基于互联网所产生的经济活动的总和，在当今发展阶段主要包括电子商务、即时通信、搜索引擎和网络游戏四大类型。

（一）网络时代经济发展新拓展

与计划经济、市场经济所不同的是，随着网购、网货和网店的发展，网络时代将会出现网络经济，由于各项数据能及时、准确地提出，信息将作为一个重要的调节机制主导经济的发展。比如，可以建立一个商品试用网，由于传感技术的发展，人们能够从网络中比较真实地感受商品，商家可以根据

人们在网络上的消费需求来判断是否应该生产这种产品以及生产多少，这样就极大避免了成本浪费。

1. 互联网上产生的新经济活动

21 世纪被称为知识经济的时代，由网络技术和计算机技术的迅猛发展而带来的信息化影响着世界经济的发展。随着互联网深入经济活动的各个方面和层次，对经济活动将产生重大影响，导致经济活动发生新的变化。

第一个变化是互联网的经济应用属性不断增强。以网购为代表的互联网消费，截至 2017 年 12 月，我国网络购物用户规模达到 5.06 亿，同比增长 14.7%，使用比例由 63.4% 增至 67.2%。与此同时，网络零售继续保持高速增长，全年交易额达到 71751 亿元，同比增长 32.2%，增速较 2016 年提高 6 个百分点。我国网上外卖用户规模达到 3.43 亿，较 2016 年底增加 1.35 亿，同比增长 64.6%，继续保持高速增长。其中，手机网上外卖用户规模达到 3.22 亿，增长率为 66.2%，使用比例达到 42.8%，提升 14.9 个百分点。[①] 可见，移动互联网与线下经济联系日益紧密，互联网应用的经济属性在逐渐增强，这意味着互联网对我国经济的作用越来越重要，包括传统企业也在迅速借助互联网的信息化手段来开展业务，企业经济全面步入了互联网时代。

第二个变化是企业不断地拓宽对互联网的应用范围，并达到更高的应用水平。在信息服务方面，互联网发展惠及百姓生活，简化了公共服务流程，促进了资源均等化。微信"城市服务"已接入全国 27 个城市，覆盖超 1.5 亿用户，提供包括交管、交通、公安、户政、出入境、缴费、教育、公积金等 16 项民生在线服务。同时，互联网成为政务公开的重要平台，政府信息公开上网度 78.1%，同比增长 32.4%。移动政务客户端发展迅猛，运用即时

---

① 中国互联网络信息中报告：中国网民达 7.72 亿。见中国经济新闻网。http://www.cet.com.cn/itpd/szsh/2003701.shtml。

通信工具、社交媒体等开展政务信息服务，政务微博账号近 28 万，政务微信公号已逾 10 万，"两微一端"成为政务公开的新模式。① 第三十九次《中国互联网络发展状况统计报告》指出，我国网民规模经历近 10 年的快速增长后，红利逐渐消失，网民规模增长率趋于稳定。2016 年，中国互联网行业整体向规范化、价值化发展，同时，移动互联网推动消费模式共享化、设备智能化和场景多元化。首先，国家出台多项政策加快推动互联网各细分领域有序健康发展，完善互联网发展环境；其次，网民人均互联网消费能力逐步提升，在网购、O2O、网络娱乐等领域人均消费均有增长，网络消费增长对国内生产总值增长的拉动力逐步显现；最后，随着"互联网＋"的贯彻落实，企业互联网化步伐进一步加快。②

第三个变化是互联网应用与经济发展的正相关关系。中国互联网络信息中心（CNNIC）曾经在 2008 年、2009 年和 2010 年连续三年跟踪了各个省的 GDP 及其与互联网应用程度的相关性，即皮尔逊系数，这些数据证明此观点，即在经济发达地区，如东部沿海地区，互联网的渗透率和互联网实际应用率比较高。2016 年，我国网上商品零售额 41944 亿元，占社会消费品零售总额的比重为 12.6%，并继续呈快速增长态势。③

2. 网络空间助推经济全球化

经济层面的全球化与网络化紧密结合，使资本、劳动、服务、技术尤其是信息等生产要素，以空前的规模和速度在全球范围内自由流动、优化配置，形成了以金融网络、电子商务为主要特征的国际网络经济，催生了新的经济游戏规则。

---

① 靳松：《习近平与网络强国战略》，《新京报》2015 年 12 月 14 日。
② 中国互联网络信息中心（CNNIC）：《中国互联网络发展状况统计报告》2017 年 1 月 22 日，见 http://www.sohu.com/a/124969581_114731。
③ 陈文玲：《互联网引发全面深刻产业变革》，《人民日报》2017 年 3 月 9 日。

实体经济的命脉和神经网络。随着计算机网络逐渐渗入金融、商贸、交通、通信、军事等各个领域，网络也成为一国赖以正常运转的"神经系统"。网络一旦出现漏洞，事关国计民生的许多重要系统都将陷入瘫痪状态，国家安全也将受到威胁。如今，在世界经济不景气的情况下，互联网成为独树一帜的经济增长平台，年度交易额高达 10 万亿美元，欧洲人 2011 年 20% 的圣诞开支在网上完成。据波士顿咨询集团预测，20 国集团（G20）的网络经济规模从 2010 年的 2.3 万亿美元增长到 2016 年的 4.2 万亿美元。越来越多的企业具备了真正意义上的全球化特征，借助信息网络在全球范围内实现需求、研发、生产、销售等环节的无缝精确对接。特别是国际经济中最为活跃的金融业，其资产存在和转移摆脱了对传统纸质货币的依赖，以数字的形式通过网络空间瞬间即可转移到世界任何地方。全球联网联动在大幅提高国际经济一体化程度的同时，也带来国际金融经济危机的快速传导、扩散和发酵效应，客观上增加了一国抵御国际金融经济风险的难度。

3."互联网 +"是经济发展新引擎

科技点亮生活，网络精彩世界。随着互联网不断普及，"互联网 +"行动计划已经不仅仅是一个口号，其能够作为新引擎促进产业的全面转型升级，能够产生新的消费服务方式，能够激发市场的巨大活力。

"互联网 +"深入实施，能够拓展信息消费空间。全球经验数据表明，信息消费每增加 100 亿元，可以带动国民经济增长 300 亿元。诸如网络游戏、电子支付、通信服务、影视传媒等信息消费，在中国也确实增长迅猛。实施"互联网 +"，也能给传统行业以提质增效的空间。比如在传统教育领域，利用互联网面向中小学、大学、职业教育等多层次人群开放课程，你就可以足不出户享受到在线教育的便利。更何况包括餐饮、外卖、旅游在内的很多传统服务行业已经在互联网影响下开始转型，诸如"互联网金融""互联网医疗""互联网旅游"等层出不穷。可见利用"互联网 +"的无限可能，必能给传统行业以提质增效的空间，给经济发展注入新的活力。

实施"互联网+"，还催生出许多新经济现象。比如说，云计算、物联网、大数据技术和相关产业迅速崛起，就让人们看到了互联网催生新经济的魔力。在未来，"互联网+"还会涉足 12 个风口行业，包括移动医疗垂直化发展、工业生产制造更智能、催化农业品牌道路、在线教育大爆发、全民理财与微小企业发展，等等。移动互联网结合"大众创业、万众创新"，更会把潜在的巨大生产力释放出来，拉动中国经济爬坡过坎。随着智慧城市建设发展的需要，用互联网手段去改造传统的服务模式、服务流程和服务提供手段，能提升公共服务的品质，让民众能够便捷、高效地享受各类公共服务，进而形成"互联网+公共服务"体系。

(二)"互联网+"开辟经济发展新天地

互联网经济是信息网络化时代产生的一种崭新的经济现象。在互联网经济时代，经济主体的生产、交换、分配、消费等经济活动，以及金融机构和政府职能部门等主体的经济行为，都越来越多地依赖信息网络，不仅要从网络上获取大量经济信息，依靠网络进行预测和决策，而且许多交易行为也直接在信息网络上进行。

1."互联网+"成为新业态基础

所谓"互联网+"，简而言之，对于产业而言就是将互联网与传统行业相结合，促进各行产业发展。它代表一种新的经济形态，即充分发挥互联网在生产要素配置中的优化和集成作用，将互联网的创新成果深度融合于经济社会各领域之中，提升实体经济的创新力和生产力，形成更广泛的以互联网为基础设施和实现工具的经济发展新形态。对于生活方式而言，则是通过互联网与信息化为生活带来了更加丰富和精彩的内容。

有了"互联网+"，以电脑为核心组成一个智能化网络，诸多生产模块可以通过网络连成一个有机的整体，通过互联网进行监控和调度。以汽车产业为例，不但可以同时进行多种型号汽车的生产，如果正在进行装配的汽车生产模块出现问题，可以及时调度其他的生产资源或者零部件模块继续进行生产。每个车型都有备用的生产模块可以迅速切换，既提高了生产设备的运转效率，又可以使汽车生产品种多样化变得非常容易。然而，"互联网+"带来的这些新的生产方式，需要大量的新技术及专利作为基础和支撑。虽然看起来容易，但"互联网+X"（X指可以开发的行业或领域）包含着大量的新技术。如实时监控与自动调度的技术、工艺优化与自动化生产的一系列技术，这些技术绝大多数是以专利和软件著作权形式出现的。

时至今日，"互联网+"在发达国家的产业发展中正衍生出越来越多的新形式、新业态。在美国，联邦政府每年用于"互联网+"农业信息网络建设方面的投资近15亿美元，通过自主研发、运用大量的新技术，已建成世界最大的农业"互联网+"信息化系统"AGNET"。其中，包括美国农业部及美国国家农业统计局、经济研究所、海外农业局、农业市场服务局、世界农业展望委员会以及首席信息办公室等机构为主的信息收集、分析、发布体系，已覆盖美国的46个州，以及加拿大的6个省和除此以外的7个国家，联通36所大学和大量的农业企业。每天收集、审核和发布美国农产品信息，然后通过"互联网+"信息化系统即时传送到这一系统内各地的接收站。加入这一系统的农民，通过家中的互联网终端，便可使用这些内容涵盖全面的信息资源指导自己的农业生产，大大提高了生产效率。

实际上，这样的"互联网+"模式在英国、德国、法国等较为发达的国家以及许多发展中国家都已经蓬勃发展。借助专利、软件著作权等知识产权的力量，"互联网+"正在全球迎来一个生机勃勃的春天。英国公布的最新统计数据显示，英国互联网经济年产值超过2000亿美元，人均超过3000美元，对英国经济的贡献超过医疗、建筑和教育行业。德国是举世公认的制造强国，"互联网+"的方式，为德国"工业4.0"产业升级插上了翅膀。以往汽车生产主要是按照事先设计好的工艺流程，在由众多机械组成的生产线上进行，所以很难在一段时间内同时设计、生产多样化的汽车。同时，在不同生产线上操作的工人分布于各个车间，只能各司其职，无法掌握整个生产流程，生产能力并没有很好地发挥出来。但是，在"互联网＋"的智能化工厂中，固定的生产线概念消失了，采取了以电脑和互联网为核心，可以动态、有机地重新构成的模块化生产方式，使汽车设计、生产的个性化、高效率成为举手之劳。

2."互联网＋"经济范式的新生态

近年来，"互联网＋"借助知识产权蓬勃发展，深刻地改变了人们的生活，催生了许多新型业态，产生了新的经济增长点，成为世界各国趋之若鹜大力推动的新的经济增长点。

互联网经济是经济发展的活跃领域。互联网经济是基于互联网所产生的经济活动的总和，在当今发展阶段主要包括电子商务、即时通信、搜索引擎和网络游戏四大类型。互联网经济是信息网络化时代产生的一种崭新的经济现象。麦肯锡全球研究院发布的报告显示，2013年中国互联网经济占GDP比重升至4.4%，已达到全球领先国家水平。并预测，2013年至2025年，互联网将帮助中国提升GDP增长率0.3至1个百分点，带动中国劳动生产率提高7%至22%。"互联网＋"包括两方面：一是传统产业利用互联网技术和平台进行自我变革，提高生产效率；二是互联网通过跨界融合不同产业，培育出新产品、新业态。因此，"互联网＋"既能促进经济转型升级，又为"大众创业、万众创新"带来契机。

在互联网经济时代，经济主体的生产、交换、分配、消费等经济活动，以及金融机构和政府职能部门等主体的经济行为，都越来越多地依赖信息网络，不仅要从网络上获取大量经济信息，依靠网络进行预测和决策，而且许多交易行为也直接在信息网络上进行。因此，为全面促进互联网与各产业的深度融合，还必须推进"互联网+"促进协同制造、现代农业、智慧能源、普惠金融、公共服务、高效物流、电子商务、便捷交通、绿色生态、人工智能等若干能形成新产业模式的重点领域发展目标任务，并确定了相关支持措施。选择这些领域有利于围绕稳增长、促改革、调结构、惠民生布局。通过互联网与这些产业的深度融合，既能形成网络经济与实体经济联动发展的新态势，又打造了"互联网+"经济范式的新生态。

3. 互联网引发经济运行革命

众所周知，知识经济是以电脑、卫星通信、光缆通信和数码技术等为标志的现代信息技术和全球信息网络"爆炸性"发展的必然结果。在知识经济条件下，现实经济运行主要表现为信息化和全球化两大趋势。

信息化和全球化这两种趋势的出现无不与信息技术和信息网络的发展密切相关。现代信息技术的发展，大大提高了人们处理信息的能力和利用信息的效率，加速了科技开发与创新的步伐，加快了科技成果向现实生产力转化的速度，从而使知识在经济增长中的贡献程度空前提高；全球信息网络的出现和发展，进一步加快了信息在全球范围内的传递和扩散，使传统的国家、民族界限变得日益模糊，使整个世界变成了一个小小的"地球村"，从而使世界经济发展呈现出明显的全球化趋势。因此，知识经济实质上是一种以现代信息技术为核心的全球网络经济。

互联网推动经济增长的强劲引擎表明，未来互联网革命可能会促进诸多产业生产力的显著增长。互联网革命对经济增长潜在的贡献已初步显现，并把20世纪90年代以来的经济繁荣带入21世纪中来。研究发现，互联网革命最显著的影响并非反映于电子商务领域，而是提高生产力，为"旧经济"降低交易成本、提高效率。未来，这一生产力增长将转化为消费者人均生活水平的改善。网络经济是人类经济发展史上具有革命意义的事件，这是一场基于20世纪在计算机——通信技术以及相关技术基础之上引发的经济革命。

网络经济不是一般意义科技进步带来的变革，它在经济社会中引起的变革具有深刻、深远的意义。

随着我国经济发展进入新常态，信息经济在我国国内生产总值中的占比不断攀升，"互联网+"行动计划带动全社会兴起了创新创业热潮，党的十八届五中全会、"十三五"规划纲要都对实施网络强国战略、"互联网+"行动计划、大数据战略等做了部署，云计算、大数据、移动互联网的发展应用，促进了信息网络的深度关联、融合发展，形成了全新的网络空间，信息安全对我国经济安全的影响也越来越重要。

二、物联网成为新的经济增长点

物联网被称为继计算机、互联网之后，世界信息产业的第三次浪潮。物联网将真正带领我们进入网络时代，在这个极具挑战的时代，世界各国都将面临更多的机遇。

（一）物联网及其产生与发展

物联网就是"物物相连的互联网"，其英文名 Internet of Things，是指在互联网的基础上，利用射频自动识别技术（RFID）、传感器技术、纳米技术、智能嵌入技术、无线数据通信技术（红外感应器、全球定位系统、激光扫描器）等信息传感设备，按约定的协议，把地球上所有的物品与互联网联结起来，进行信息交换和通信，以实现智能化识别、定位、跟踪、监控和管理的一种网络。

物联网就是通过把互联网的畅通性、国际性、便捷性、大容量性同世界的每一个物体相连，使物体与物体（包括人与物）更智能地联结起来，使世界更小，从而进入数字世界。它是通过各种信息传感设备，如传感器、射频识别（RFID）技术、全球定位系统、红外感应器、激光扫描器、气体感应器等各种装置与技术，实时采集任何需要监控、连接、互动的物体或过程，采集其声、光、热、电、力学、化学、生物、位置等各种需要的信息，与互联网结合形成的一个巨大网络。其目的是实现物与物、物与人、所有的物品与网络的联结，方便识别、管理和控制。这有两层意思：一是物联网的核心和基础仍然是互联网，是在互联网基础上的延伸和扩展的网络；二是其用户端延伸和扩展到了任何物品与物品之间，进行信息交换和通信。物联网被称为继计算机、互联网之后世界信息产业发展的第三次浪潮，它是互联网的应用拓展，与其说物联网是网络，不如说物联网是互联网基础上的业务和应用。物联网整合了互联网以及所有的传统行业，无疑将是有史以来最大的产业，它将颠覆文化、思想以及生产方式。虽然金融危机给全球经济带来了极大的打击，但物联网将是这次危机后长久振兴经济和提升生产力最根本和最有效的新产业。

美国于 1999 年首次发明了自动识别技术，即条形码（Auto-ID），并被应用于沃尔玛和美国国防部。2003 年，美国《技术评论》提出传感网络技术将是未来改变人们生活的十大技术之首。伴随经济的不断发展，物联网已经得到很大的发展。2005 年 11 月 17 日，在突尼斯举行的信息社会世界峰会（WSIS）上，国际电信联盟（ITU）发布《ITU 互联网报告 2005：物联网》，引用了"物联网"的概念。物联网的定义和范围已经发生了变化，覆盖范围有了较大的拓展，不再只是指基于 RFID 技术的物联网。2008 年后，为了促进科技发展，寻找新的经济增长点，各国政府开始重视下一代的技术规划，将目光放在了物联网上。美国的 IBM 公司在 2009 年 1 月提出基于物联网"智慧地球"构想，奥巴马总统更是将"物联网"提升到国家级发展战略；欧盟的组织 EPoSS 分析预测未来物联网的发展将经历四个阶段：2010 年之前 RFID 被广泛应用于物流、零售和制药领域，2010—2015 年物体互联，2015—2020 年物体进入半智能化，2020 年之后物体进入全智能化；亚洲的日本、韩国以及新加坡等国家也各自制定了物联网的发展战略。

在中国，科技部、工信部、发改委等 15 个部委也在 2005 年至 2010 年间相继出台多项 RFID 技术及应用、新一代宽带无线移动通信网等重大专项，各地方政府及高校科研院所也都在积极行动，物联网在中国的发展十分迅速。2008 年 11 月在北京大学举行的第二届中国移动政务研讨会"知识社会与创新 2.0"提出移动技术、物联网技术的发展代表着新一代信息技术的形成，并带动了经济社会形态、创新形态的变革，推动了面向知识社会的以用户体验为核心的下一代创新（创新 2.0）形态的形成，创新与发展更加关注用户、注重以人为本。而创新 2.0 形态的形成又进一步推动新一代信息技术的健康发展。2009 年 8 月，时任国务院总理温家宝"感知中国"的讲话把我国物联网领域的研究和应用开发推向了高潮，无锡市率先建立了"感知中国"研究中心，中国科学院、运营商、多所大学在无锡建立了物联网研究院。自温家宝提出"感知中国"后，物联网被正式列为国家五大新兴战略性产业之一，写入"政府工作报告"，物联网在中国受到了全社会极大的关注，其受关注程度是美国、欧盟以及其他各国不可比拟的。

（二）物联网成为新的经济增长点

业内专家认为，物联网一方面可以提高经济效益，大大节约成本；另一方面可以为全球经济的复苏提供技术动力。目前，美国、欧盟等都在投入巨资深入研究探索物联网。中国也正在高度关注、重视物联网的研究，工业和信息化部会同有关部门，在新一代信息技术方面正在开展研究，以形成支持新一代信息技术发展的政策措施。

物联网作为一个新经济增长点的战略新兴产业，具有良好的市场效益。《中国物联网行业应用领域市场需求与投资预测分析前瞻》数据表明，2010年物联网在安防、交通、电力和物流领域的市场规模分别为 600 亿元、300 亿元、280 亿元和 150 亿元。2011 年中国物联网产业市场规模达到 2600 多亿元。美国权威咨询机构 Forrester 预测，到 2020 年，世界上物物互联的业务，跟人与人通信的业务相比，将达到 30∶1，因此，物联网被称为下一个万亿级的通信业务。另据通用电气估算，到 2030 年，高达 15 万亿美元的产值将来自物联网范畴。

物联网前景非常广阔，它将极大地改变人们的生活方式。物联网把我们的生活拟人化了，万物成了人的同类。在这个物物相联的世界中，物品（商品）能够彼此进行"交流"，而无须人的干预。物联网利用射频自动识别（RFID）技术，通过计算机互联网实现物品（商品）的自动识别和信息的互联与共享。可以说，物联网描绘的是充满智能化的世界。在物联网的世界里，物物相联、天罗地网。据悉，物联网产业链可以细分为标识、感知、处理和信息传送四个环节，每个环节的关键技术分别为 RFID、传感器、智能芯片和电信运营商的无线传输网络。

（三）物联网为全球经济提供技术动力

物联网对经济发展的意义堪比工业革命、互联网以及移动通信，它将极大推动社会创新与繁荣，将引发新一轮企业数字化转型。

物联网备受各国青睐，无疑是因为物联网背后潜藏着的巨大市场，同时也是世界各国对未来物物相联的智能化的一种进军。此外物联网产业在自身发展的同时，还将带动传感器、微电子、视频识别系统等一系列产业的同步发展，带来巨大的产业集群生产效益。物联网技术涵盖设备、网络、平台和应用等多个方面，通过网络和平台链接设备和用户，实现交换信息、远程监控和智能操作等应用；信息革命是人类经济史上标志性的革命，在此过程中，大数据解决信息认知问题，互联网解决信息传输问题，而物联网解决信息产业化应用和创新型再生问题，三者结合将推动产品和服务乃至整个经济形态的螺旋上升；物联网发展的核心问题，就是标准和规则的互联互通，这预示着未来世界经济创新发展的重要方向和新型国际竞争的重要领域。物联网广泛应用在电力、安防保卫、智能运输、智能建筑、医护等领域，规模远远超过目前的互联网，其投入是互联网的 10 倍，效益是互联网的 30 倍。物联网的广泛应用将推动经济加快发展：一是改进效率。英国最大的供水和废水处理服务供应商泰晤士水务公司，正是利用传感器、数据传输和分析平台帮助公用事业企业预测设备故障，提升了对诸如泄漏时间或恶劣天气情况的应急速度。据德意志银行估算，通过引入物联网技术，制造商的生产效率可提高 30%。二是增强运营可适应性。石油天然气勘探和生产商阿帕奇公司依靠光线预警系统、泄漏监测系统等业务信息系统，实现了对管道运行动态的实时监控，能更加合理地制定检修方案并更有效地降低运营成本。三是提高盈收能力。已有百年历史的全球轮胎业领导者米其林集团将嵌入式传感器放置在轮胎内，通过物联网解决方案减少燃油消耗和成本的同时，实现按行驶里程销售轮胎的盈利模式。四是创新经济业态。阿里巴巴等物联网先锋企业在进军医疗领域时描绘了"未来医院"的蓝图，即患者可通过支付宝实现实名注册、诊卡绑定、在线挂号、智能预约和分诊、就医导航、远程候诊和复诊、在线理赔和大数据基础上的健康预警等。

物联网是社会经济发展的一个必然选择，是生产社会化、智能化发展的必然产物，是现代信息网络技术与传统商品市场有机结合的一种创造。物联网能够促进社会生产力发展，促进新的产业链形成，改变社会生活方式。随着社会生产方式和生活方式的转变，人们的思想观念、思维方式正在发生深刻变化。

三、网络空间的经济安全不容忽视

经过 20 多年的发展，互联网已经深入社会的各个方面。经济生活、社会交往和日常起居日益依赖于这一先进的信息传播和交流技术。互联网成为社会经济增长的脊梁，是所有经济部门所倚重的关键性资源。正因为网络空间存在风险和漏洞，它在给经济发展带来方便的同时，因安全问题也给经济造成不可忽视的损失。

（一）网络空间的经济安全威胁日益凸显

互联网支撑着复杂的工业体系，保证关键部门的顺利运转，许多商业模式更是完全建立在互联网信息系统顺畅运转的基础上。随着互联网经济的扩大，人类社会对于网络的依赖性越来越强，网络安全使经济所面临的挑战也就越多。

1. 社会经济对网络信息高度依赖性的隐患

在信息技术下的经济是网络经济，它是以信息经济为主的国民经济。这种信息经济是架构在信息网络上的，网络的安全与正常运行是经济平稳发展的基础。大量的信息系统和应用业务要与国际接轨，诸如电信、电子商务、电子支付等使信息空间跨越国境，使得国际上围绕信息的获取、使用和控制的斗争愈演愈烈。国家的"信息边疆"在不断延伸和交错，"控制信息权"成为综合国力、竞争能力的重要体现。没有一个良好的网络安全体系，国家就会处于高度经济金融风险和信息战的威胁之中。在数字时代，国家成为一部巨大的"国家机器"，当它充分数字化时，也就成为互联网上的一台巨型计算机的附庸。一位美国情报官员就曾说："给他 10 亿美元外加 20 个能力高强的黑客，他就可以'关掉美国'——像关掉一台计算机一样。"由此可见，国家经济运行与网络安全的关系是何等紧密。

2. 经济网络犯罪瞄准网络经济

有越来越多的金融机构成了网络攻击的潜在目标。这通常构成网络犯罪，英国内政部将其描述为"这些行动通常是由复杂的犯罪组织实施，他们的目标是政府、企业和公众以获得金钱或财产。他们的动机主要是为了获取经济利益，但也可能造成人身伤害"。

这表现为攻击金融机构的犯罪组织，或者那些不能真正描述成"战争行为"的活动。然而，当这些攻击变得持久和频繁时，他们可能就毫无疑问地对国家资产构成威胁，并且对工业和社会整体产生危害，从而影响一个国家的安全与稳定。根据《2010 年英国国家安全战略报告》，"估计网络犯罪已经造成了全球每年 1 万亿美元的经济损失，以及难以计算的人力成本"。这种行动在什么时候会成为一种战争形式？或者他们能够保护金融机构和他们客户的特殊领域和职责吗？当我们考虑某个单一民族国家的潜在利益时，经济网络犯罪不应仅仅关系到金融行业本身，应该将它纳入国家战略中，就像英国的情况一样。进一步分析会发现网络犯罪提供了一个可以检验攻击技术的环境。正如杰弗里·尔所言，"网络犯罪就是网络战中的恶意软件和性能开发、测试和完善的实验室"。这进一步强调了攻击的相互联系，行为者和代理者并不是一致的和明确分工的，但在一个模糊的环境中运行，因此在任何情况下都很难确定真正的犯罪者。

2015 年 4 月 1 日，奥巴马政府通过了新的网络安全制裁计划，表明美国政府开始发展工具以威慑经济利益驱动的网络犯罪。据估计，网络盗窃给美国企业造成大量损失，每年达 4000 亿美元。虽然美国政府一直专注于遏制攻击关键基础设施、网络威慑的军事层面，但是基于经济动机的网络犯罪更为普遍。为了遏制削弱美国竞争力的各种数字化犯罪，奥巴马政府应侧重于通过打击他们最看重的——他们的钱——来阻止基于经济目的的网络盗贼。如果白宫新的网络安全制裁计划得到正确运用的话，它就为此提供了一个完美的框架。

3. 网络入侵的商业信息安全事件频发

商业信息安全事件是近年来频发的因网络安全造成的经济损失。在

2014 年发生的很多改变网络威胁环境的重大安全事件中，针对性攻击和恶意攻击行动尤为突出。卡巴斯基实验室全球研究和分析团队（GReAT）在 12 个月内就发现了七起高级可持续性网络攻击行动（APT），其目标遍及全球至少 55 个国家的 4400 家企业。此外，2014 年还发生了多起网络欺诈行动，已造成数百万美元的损失。

卡巴斯基实验室的数据显示，2014 年遭受针对性攻击的受害者数量是 2013 年的 2.4 倍，而遭受这类攻击的企业高达 1800 家，涉及至少 20 个行业，包括公共部门（政府和外交机构）、能源行业、研究组织、工业行业、制造业、医疗业、建筑业、电信行业、IT 行业、私营企业、军事企业、航空企业、金融和媒体行业等。网络间谍攻击具有很多恶意功能，如窃取密码、文件和实时音频内容，截取屏幕，截获地理位置，控制网络摄像头等。多起攻击行动很可能得到了政府的支持和赞助，而其他攻击行动很可能是由专业网络犯罪组织发动的"攻击服务"。在谈及针对性攻击的巨大危害时，卡巴斯基实验室全球研究和分析团队首席安全专家 Alex Gostev 表示："针对性攻击可能会给受害者造成灾难性后果，包括敏感信息泄露（如知识产权信息）、入侵企业网络、中断企业运转以及清除重要数据等。"多达数十种攻击会带来相同的影响，即损害企业的影响力、信誉以及资金损失。卡巴斯基实验室专家预测，针对 ATM 机的攻击将进一步演化，网络罪犯会使用高级可持续性威胁手段获取 ATM 机"大脑"的访问权。攻击者下一步会入侵银行网络，使用这一级别的访问权限直接实时控制 ATM 机。

继支付宝大面积故障之后，携程官网 2015 年也"中招"了。5 月 28 日，携程官网和客户端出现故障全面瘫痪，搜索功能均无法使用，页面显示 404 报错。据悉，携程瘫痪一小时损失 106.48 万美元。当日晚间，《经济参考报》记者从携程方面获悉，经技术人员抢修，除个别业务外，携程官方网站及 APP 恢复正常，携程方面表示数据没有丢失，预订数据也保存完整。

这些大型企业的网络信息安全事关千万乃至亿万用户，不容小觑。企业的安全体验不好，不仅仅是经济损失的问题，严重的还会给自己带来灭顶之灾，多年辛苦创业成果毁于一旦。企业必须把网络信息安全放在第一位，才能保证企业健康和可持续发展。企业信息安全是重要的用户体验的一部分，企业应该在做好自身安全设施建设的同时，保持和用户及时沟通，不回避用户的问题，让用户对企业的信息安全有信任感和可依赖感，让用户感觉到企业对自身的权益的重视，才能获得用户的认可。一旦出现问题，用户不会选择抛弃企业而是会和企业共同承担，渡过难关。

百度一直致力于保护企业的网络信息安全，为企业创造安全可靠的网络环境。百度构建了强大的安全生态系统，覆盖移动端、PC 端和云端。在企业普遍开始转向云端的当下，作为国内首家完全基于云的安全服务提供商的安全宝对企业的意义不言而喻。安全宝在云端业务风险控制、安全管理方面具有独特的优势，替身式云安全服务，能够有效保障源站服务器的安全。百度安全宝通过强大的大数据分析系统、0day 响应系统、渗透测试、WAF 自动拦截、专业流量清洗等各种防御系统综合利用，可以支持企业轻松应对安全威胁。

值得警惕的是，随着中国互联网经济的不断发展，掌握大量民众个人信息的通信运营商如中国移动、中国电信、中国联通、淘宝、携程、腾讯以及众多保险、金融知名企业都成为了信息泄露的"重灾区"。随着黑色产业日趋集团化、趋利化、跨境化，当网络越来越多承载个人和商业机构的信息时，商业信息泄露情况将会更加严重。

日益上升的网络依赖度使中国经济社会运行潜藏重大安全风险。中国网络化水平不断提升，互联网、电信网、广电网加快融合，物联网迅速发展，云计算和新一代互联网技术取得重大突破。通信、广电、金融、能源、交通、海关、税务、商贸等重要行业部门，大中型城市的基础设施，以及大中型企业的生产经营，都高度依靠信息网络实施管理控制，信息网络已经成为支撑国家经济社会发展的新战略基石。但与此同时，信息网络安全建设没有得到同步发展，信息网络安全监管缺乏有效手段，容灾备份和应急处置能力明显不足，留下了巨大的安全隐患。

（二）经济领域的网络战无时无刻不在

说到网络战，其争论往往是单一方面的，所涉及的国家可能会以这种或那种方式参与到常规战争中。在这些情况下，网络战更多地仅仅被视为这种常规战争的一种补充，甚至是传统战争的替代品。在经济领域，网络战无时无刻不在。因此，应高度关注发生在网络空间的经济博弈。

全球资金流动性、市场稳定性、贸易相互依赖关系和战斗的高额成本都可能影响政府对常规战争的追求，特别是采取单边军事行动。无论对金融机构或其他关键基础设施的破坏是由物理攻击还是网络攻击造成的，一个国家被卷入冲突所造成的声誉损害是巨大的。在该国的金融投资风险似乎变得异常危险，特别是自 2008 年以来，高风险成了全球金融市场的魔咒。相反，如果一次攻击可以准确合理地进行经济网络战，那么攻击者的行为也可以产生深远的经济和金融影响。这些威胁的破坏性可以驱使攻击者偷偷摸摸地从事任何敌对行动。因此，经济领域的网络战所牵涉的经济后果可能是非常严重的，通常对那些不打算通过常规战争来与其他国家相抗衡的国家来说，网络战的经济效应非常高效。推而远之，如果有的国家不愿意参与公开的常规战争，那么避免网络空间外的公开战争似乎是明智的选择。但在网络空间中，经济也有扩大敌对行动的机会，甚至可能鼓励冲突。经济间谍活动是一个国家在网络领域平衡风险的方式之一，这种活动显然正在增加。

冲突的等级可能是即将到达的冲突状态，但它似乎不适用于网络战本身。毫无疑问，对于攻击者来说，网络战要比常规战争更容易、痛苦更少，想要获得的价值在很大程度上与所投入的资源有关。2012 年 8 月，沙特阿拉伯的阿美石油公司和卡塔尔拉斯拉凡液化气公司的计算机系统先后遭到一种名为"沙蒙"的网络病毒的攻击。一个名为"阿拉伯青年小组"的组织声称，正是出于对沙特王室与美国所保持的特殊关系不满才采取了这一破坏行动。此举导致阿美石油公司 3 万台电脑瘫痪。美国前国防部长帕内塔表示，这可能是"私营企业迄今为止所受到过的破坏最为严重的攻击"。阿美石油公司之后用了一个月的时间才使公司恢复了正常运转。然而，一切并未就此结束。自 2012 年 9 月以来，美国有 6 家大银行一直受到一个自称与"伊兹丁·卡桑旅"有关的网络小组的攻击。到 10 月中旬，法国各大银行的网站也感染了病毒。法军参谋部的反网络战负责人阿诺·库斯蒂利耶表示："这是海湾地区出现的第一个带有政治战略目标的网络攻击行为。"网络战和网络间谍在未来有可能变得相互交织，慢慢合并，但永远不可能完全取代常规战争。许多公司都受到了黑客攻击，因为它们掌握了具备商业价值的知识产权或商业机密，这些知识产权和商业机密被盗窃后可以为行业竞争对手提供竞争优势。某些国家也可以利用这一问题为自己造势，赢得主动。

公司或黑客团体窃取这些信息主要是为了商业目的。他们这样做是为了盈利，因此，对他们的活动的成本很敏感。成本足够高，他们就会转移到其他目标或其他活动。因此，就动机而言，参与网络盗窃的罪犯与国家支持的、攻击美军和关键基础设施的行为体是不同的。与那些从事网络间谍以窃取国家机密，或进行网络破坏行为以表达政治观点的"黑客行动主义"团体相比较，网络窃贼的动机也不同。

（三）网络空间造成的经济损失巨大

随着互联网的快速发展，对经济领域造成的影响越来越大，网络经济安全问题日益突出，因网络安全问题而造成的经济损失非常巨大。

1. 网络安全事件带来巨大的经济损失

近年来，虽然安全软件逐渐普及、防范能力不断加强，但新的病毒、诈骗手段和骚扰手段不断涌现，安全软件防范难度加大，安全事件发生概率仍然较高。2013 年 12 月，中国互联网络信息中心（CNNIC）发布了《2013年中国网民信息安全状况研究报告》，报告显示，有 74.1% 的网民在过去半年内遇到过安全事件，总人数达 4.38 亿。中国网民面临的安全问题主要体现在两方面：首先是电脑端和移动端都可能面临的问题，比如欺诈 / 诱骗信息、假冒 / 诈骗网站、中病毒或木马、个人信息泄露、账号或密码被盗等；其次是手机端面临的特殊问题，比如手机垃圾 / 诈骗短信、手机骚扰电话、以骗取钱财为目的的手机恶意软件等等。

根据网民遇到上述安全问题和遭受损失的种类多少，把中国网民分成四类：一是安全人群：过去半年未遇到信息安全问题，而且也未因此遭受损失的网民；二是风险人群：过去半年遇到过信息安全问题，但未产生任何损失的网民；三是轻度受害人群：过去半年遇到 1~4 种安全问题，且遭受上述 1~2 种损失的网民；四是重度受害人群：过去半年遇到了 5 种及以上安全问题且遭受了损失的网民，或过去半年遭受了 3 种及以上损失的网民。根据上述划分标准，整体网民中，因信息安全问题而受损的重度受害人群占 16.2%，轻度受害人群占了 28.3%，二者之和为 44.5%；遇到安全问题但未发生损失的风险人群占了 29.6%，这部分人群暂未受到危害，但仍不能掉以轻心；绝对安全的人员仅占 25.9%，比例较小。

对网民虚拟财产的调查显示，目前 46.6% 的网民持有虚拟货币、网络游戏装备、点卡等虚拟财产，虚拟财产已经成为网民网络生活中的重要工具，同时也具有其真实的经济价值。据统计，在 2009 年期间，14.6% 拥有虚拟财产的网民曾因网络游戏、即时通信聊天工具等账号被盗造成虚拟财产损失。由此可见，网络安全事件造成的直接经济损失不容忽视，要进一步增强网民的网络安全防范意识，积极采取应对措施，保护网民网络活动安全和个人财产安全。

2016年4月13日，俄罗斯商务咨询网站报道，俄罗斯互联网创意发展基金、微软公司和IB集团的联合研究结果表明，2015年网络犯罪给俄罗斯经济所造成的损失超过2000亿卢布，占俄罗斯GDP的0.25%。此项研究基于对600家俄罗斯公司的调查，包括金融、电信、零售、工业等大中小企业，以及政府机构。在俄罗斯经济损失的2033亿卢布中，企业的直接损失就达1235亿卢布。近800亿卢布是企业用于消除网络犯罪及其后果的支出。在俄罗斯仅DDoS攻击（分布式拒绝服务攻击）每天便超过1000次。2000亿卢布的损失，大约是2015年俄联邦预算公共卫生拨款的一半，或是超过国家用于媒体拨款的200%。网络攻击所造成的损失相当于2015年俄罗斯科学研究和试验设计工作经费的23%。可见，网络犯罪威胁的不仅是国家财政状况，而且还威胁到俄罗斯的创新发展。

2. 网络安全对经济安全的影响不容小觑

中国互联网受到的外国威胁到底有多大？据美联社报道，中国国新办主任蔡名照2013年11月在一次国际会议上说，2013年1月至8月，超过2万中国网站遭到黑客攻击，800多万服务器受到境外的僵尸和木马程序控制，僵尸和木马病毒攻击比2012年同期增长了14%。网络攻击让中国经济每年损失数百亿美元。

在360官网发布的《2015年度安全热搜榜》中，360官网根据用户搜索行为分析发现，超过60%的参与者对网络安全持"担忧"或者"不确定"态度，对网络安全保障有信心的，仅有两成左右。360好搜数据专家称，相较于传统安全事件，网络攻击更加没有边际，难以把握，这显示了新时期安全概念的延伸和外界对信息安全的焦虑。360好搜数据专家预测，随着移动互联网生活时代的到来，网民的信息安全形势更加严峻。而信息泄露导致的财产诈骗、核心信息窃取和信息骚扰应成为重点关注的领域。数据显示，截至 2015 年 6 月，我国互联网普及率为 48.8%，网民总数已达 6.68 亿人。而按照 360 官网发布的信息显示，由于网站漏洞，中国一年或导致 55.3 亿条个人信息面临泄露，平均每人泄露 8 条。如何保护信息安全，将成为迫切需要解决的问题。

钓鱼网站诱骗支付。随着互联网从娱乐向商务转变，网络支付发展空间巨大。近年来，随着"互联网+"时代的到来，移动支付行业发展迅猛，越来越多的城市相继加入"无现金城市"计划，我国逐渐向移动支付的新支付方向迈进。2015 年 6 月 1 日，中国官方发布的首个《公众网络安全意识调查报告》显示，约 83% 的网民的网上支付行为存在安全隐患，网络安全意识亟须提升。这项研究共对全国逾 25 万网民进行了问卷调查。报告显示，中国网民网络安全意识不强，这一点在网民网络应用和基础技能方面尤为突出。其中，密码安全意识薄弱也是一个突出问题。调查结果发现，逾八成网民不注意定期更换密码；四分之三的网民多个账户使用同一密码；一半以上网民不设开机密码。这给个人重要信息、隐私及财产安全均埋下了安全隐患。截至 2016 年 12 月，中国使用网上支付的用户规模达到 4.75 亿，我国网民使用网上支付的比例达到 64.9%。第三方支付账户余额支付和网上银行支付成为主要使用的支付类型。

中国网络防御体系十分脆弱，网络空间安全战略亟待制定，领导管理机构亟待健全。中国信息安全投入仅占整个 IT 支出的 1% 不到，而欧美国家的相关比例是 8%～10%。据美国科技资讯网站最新网络防御能力国家排名，中国在上榜 23 个国家中位列下游，远在欧美国家、澳大利亚和日本之后。网络防御能力的薄弱状况，实际上为对手提供了实施新型战略威慑、控制和打击的可乘之机。据国家有关部门监测，2010 年中国每月约有 1.8 万个主机 IP 地址遭受外来攻击。危机时和战时可能对关键基础设施和重要行业发起大规模网络攻击，利用网络空间特有的叠加放大效应，引发灾难性联动，导致经济社会运行各个方面陷入混乱甚至瘫痪。因此，必须高度重视网络安全建设，加快提升国家网络防御能力。

（四）网络时代金融安全问题日益凸显

在传统条件下，金融是指货币的制造、流通和回笼，贷款的发放和收回，存款的存入和提取，汇兑的往来等经济活动。在那种条件下，金融活动的监管易于操作，金融安全的表现比较直观，并且通过审计跟踪等手段，也能很好地实现金融安全。随着知识经济时代的来临，在网络社会条件下，整个世界变为一个"地球村"。与此同时，传统的金融概念也发生了深刻变化，以电子货币、网络银行、电子商务为特征的新的金融营运体系的出现，给我们如何确保网络时代国家的金融安全提出了新的课题。

1. 金融市场网络业务体系的脆弱性

当前金融市场网络的整体结构基本采用广域网连接的多级网络，这些分散的多级网络主要通过专线或公共网络与中心网络相连接，跨区域的业务要通过全国交换中心实现连接，因而网络金融业务具有网络结构复杂、节点分布广泛、用户数目众多、数据实时传递且承载量大等特点。显而易见，这些业务特征客观上就造成了金融市场网络体系的脆弱性，网络一旦遭受攻击就很容易产生网络拥塞甚至数据传输中断，从而给金融市场带来意想不到的冲击。金融市场流动性与网络安全断网事件给各种商业活动都带来了不便或损失，而对金融市场的影响则尤其显著，这是与金融市场自身交易特征密不可分的。

流动性是金融市场交易的基石，没有流动性的金融市场是无法想象的，保持交易的流动性是维持金融市场效率的基本前提。一般而言，金融市场交易者对于流动性的需要主要出于以下动机：一是交易者维持其活动所需要的运营资产，也就是为满足交易动机而持有的流动性；二是为了对经济冲击中难以预见的变动保持灵活反应而持有的储备资产，也就是为满足预防动机而持有的流动性；三是为了获取收入而持有的投资资产，也就是为满足投机动机而持有的流动性。由此可以看出，除了交易动机和投资动机之外，持有流动性资产的动机还有预防动机，也就是应对各种市场异常变化而保持灵活反应的功能，假如市场异常是出自交易基础设施本身的问题，那么市场流动性必将遭到重创。正是由于对市场交易具有特殊的流动性要求，要求金融市场必须提供一个信息稳定、流畅、实时的交易环境，一旦这个网络体遭到破坏，那么金融交易的流动性将受到极大限制。如果这种流动性缺失发生在金融市场的敏感时刻，那么交易流动性缺失将与金融市场自身缺陷产生强烈共振，甚至有可能导致整个金融市场陷入瘫痪，从而对社会经济秩序产生致命性打击。

随着网络经济的不断发展深化，在网络金融业务覆盖面和渗透力都在不断加大的同时，金融系统对网络交易环境的安全性也提出了更高的要求。毫无疑问，在网络化交易已经成为主流交易手段的今天，网络安全已经成为金融市场中一个非常重要的系统性风险因素。所谓网络金融安全，就是指网络通信服务畅通无阻，确保金融市场的交易流动性和信息安全性。具体来说，网络金融安全是指金融网络系统的硬件、软件及其系统中的数据受到保护，不受偶然的或者恶意的原因而遭到破坏、更改、泄露，系统连续、可靠、正常地运行，网络服务不中断。网络金融安全包括系统安全和信息安全两个部分，系统安全主要指网络设备的硬件、操作系统以及应用软件的安全，信息安全主要指各种信息的存储、传输和访问的安全。

近年来，随着硬件设备处理能力的升级以及应用软件的不断发展更新，人们普遍感觉系统安全的隐患已经大大降低了，于是将更多的注意力放在了确保网络金融信息安全这个部分。同时，由于硬件设备购置成本、备份以及维护的成本较高，因此在客观上也容易忽略相应的系统风险防范。

2. 互联网金融系统的安全风险

互联网与金融相结合，满足了电子商务、小微企业融资等广泛需要，体现出金融创新的趋势。互联网金融具有将多种传统金融形式优化融合的优势，增加了金融服务的灵活性，有效补充了传统金融的不足。然而，恰如一枚硬币总有正反两面一样，速度与质量永远是一对矛盾。部分企业单纯追求规模扩张，金融风险防控意识明显薄弱，少数安全漏洞成了犯罪侵蚀的创口。总体来看，互联网金融有着不同形态，风险各异，至少包括以下几个具体方面。

一是第三方支付账户和资金的存管风险。设立第三方支付账户时，无须本人出面核验，只需在网上录入身份信息，而第三方支付企业并没有公安联网人口核查的接口，这就给利用虚假身份注册账户、冒用他人名义注册账户等违法行为提供了可乘之机。其中，虚假身份注册的账户会给洗钱犯罪提供滋生的土壤，成为黑钱流通的渠道；而冒名账户由于被冒用人毫不知情，名下可以关联的银行卡内资金的安全将受到直接威胁。例如2013年12月上海发生的此类案件中，不法分子冒用受害人名义注册第三方支付账户后，经过多次尝试，操作受害人名下关联的多张银行卡，最终将受害人银行卡内资金划转到事先冒名开立的银行卡上，诈骗资金达数百万元。

二是点对点交易（P2P）网贷平台诚信环境风险。P2P网贷的典型模式中，平台本身不参与借贷关系，主要为借贷双方提供议息交流和资金交易服务。若P2P公司对借款人背景的审核功能弱化，就会给虚假身份贷款人提供骗取借款的犯罪机会，容易造成平台公信力危机，令贷款损失风险蔓延。有的平台为提高信誉，挪用客户的备付金搞风险担保，如此一来，使用一部分客户的资金来弥补另一部分客户受到的风险损失，而非使用公司自有资金投入，实际上形成了庞氏骗局。更有甚者，有的所谓网贷公司，挂羊头卖狗肉，以高息借贷为诱饵骗取借款。如2013年4月，江苏省如皋市公安局侦破的 P2P 网络信贷大案，即互联网广传的"优易网卷款 2000 万事件"，就是一起不法分子利用网络借贷实施的骗取借款的典型案件。不法分子通过虚报巨额注册资本设立网络借贷平台"优易网"，以借款周期短、收益高、投资安全性高为诱饵，并承诺保证投资人"零风险"，若借款人还款逾期，网站将垫付全部本金。仅 4 个月时间，不法分子就向 50 余名群众骗取借款超过 2000 万元。资金被挪用于投资期货等投机活动，损失严重，加之个人挥霍娱乐，骗取的资金所剩无几。

三是众筹平台未获法律认可。众筹平台在我国处于发展初期，目前存在着可能触及非法集资、传销和变相发行股份等法律底线的风险，这将直接影响众筹模式能否生存。众筹的设计初衷是为艺术创意人或实业创业者提供一个项目展示平台，以吸引投资者为其投资，项目完成后，以实物、权利或资金等作为投资者的回报。在现实中，初衷往往会因融资和获利的需求而被扭曲，如宣传不实、高回报诱惑，甚至以传销商品为真实目的，或为成立公司、利用众筹募集大量出资人、以期突破股份公司法定人数限制，等等。

四是网销基金理财产品平台存在着外在风险。网上代销基金和理财产品的平台面临遭受黑客技术、钓鱼网站欺诈等外在风险。2014 年 2 月 18 日，阿里巴巴旗下理财产品余额宝客户数超过了 6100 万，规模突破了 4000 亿元，这一消息引起国内金融界一片震惊。而这种规模增长的深层次原因是互联网理财的高收益率，"新年开工，马上加薪 7%"，这是 2014 年元宵节前余额宝用户收到的手机客户端推送。除了收益率高以外，此类基金代售产品还具有可随时赎回等便捷性特点，这一方面提供了极佳的用户体验，另一方面也给不法分子窃取资金大开方便之门。2013 年 12 月，广东省江门市一名受害人在网上购物时，意外登录了钓鱼网站，被黑客在电脑中植入木马程序并远程操控，将受害人网购账号绑定的手机号进行了修改，致使受害人的手机无法再收到支付交易的短信校验码。随后，不法分子分多次盗取了受害人存在基金账户内的 6 万元钱。此类钓鱼网站和幕后黑客并不少见，据国内网络安全公司 360 安全中心发布的《网络投资理财诈骗现状及防范措施报告》统计，截至 2013 年第三季度，已截获的新增金融投资类钓鱼网站 6.4 万个，较 2012 年全年增长了 42%。

五是网销保险易受保险欺诈等损害。网络保险公司往往雄心勃勃，急于扩大承保范围，增加保单收入，这无疑给骗保者提供了利用机会。浙江省湖州市公安机关曾侦办了一起利用在某购物网站办理虚假退货、实施保险诈骗的案件。其作案手法虽然已在网上出现，但实际查获较为罕见。嫌疑人先在某购物网站设置虚假商铺，利用事先购买的他人账户，在虚假商铺点击购物，实则为自买自卖。同时购买以退货为理赔内容的网上保险产品，再编造商品问题，制造退货假象，骗取保险理赔。不法分子批量运作，积少成多。比如 0.5 元的保费，理赔金额 10 元，回报率在 2000%，利润相当惊人。

3. 积极化解互联网时代金融风险

在未来网络时代，任何人可以在网上自在漫游、查询、申请贷款，在实际交易中就有可能引来网络入侵者。不管是盗领还是更改电子资金资料，对于信用重于一切的银行来说都是极大的风险，而对于国家来说都是巨大的损失。网络一旦出现漏洞，事关国计民生的许多重要系统都将陷入瘫痪状态，国家安全也将受到威胁。因此，必须从以下几方面化解"互联网＋"时代下的金融风险。

一是打造防范金融犯罪互联网平台。从事互联网金融犯罪活动的不法分子，是一个具有共性技能的较大群体。与以往家族式、熟人间组成的相对稳定的犯罪团伙相比，互联网上新出现了按犯罪环节分工的不同群体。如有的人专门出售木马程序，有的专门打字聊天行骗，有的专门利用银行卡提现、转移赃款。犯罪分子在平日互不相识，一旦有人发现犯罪机会后，就在网上临时勾连，按环节凑人，分工实施犯罪活动，赃款得手后即分散逃匿，似乎一个作案环节成为一个犯罪分子的职业。为了躲避侦查，少数幕后操控者、组织者藏身境外，或将犯罪的工具设在境外。由于公安机关办案警力和时间精力都十分有限，分头查人或走出国门都力不从心，给调查取证带来了一定难度。按照以职业警察打击职业犯罪的理念，我们建议在打防互联网金融犯罪的工作中，与时俱进，建设应用打防金融犯罪的互联网平台，吸纳传统金融机构、互联网金融机构等多方的风险控制团队加入，扩大数据录入源。同时优化平台的比对功能，对职业犯罪分子设立包括照片、作案手段等具有多维度的数据标签的黑名单数据库。一次作案的犯罪分子可能侥幸逃脱，但留下的蛛丝马迹已被记录在案，惯犯累犯一定难逃法网。

二是多部门携手破解法律适用问题。互联网金融相关的犯罪活动中出现较多新事物、新手段，按照罪刑法定原则，法无明文规定不为罪。目前对新型犯罪的认定，多依据已有的法条，抽象其活动表现，适用于具体案件。公安机关办案过程中，侦察和取证阶段工作完毕，进入移送起诉阶段，如果此时检察机关与公安机关的罪名适用意见不同，就面临退卷和补侦的大量工作。例如某地侦办的一起新型案件中，嫌疑人在使用某第三方支付平台时，发现其信用卡可以对外透支转账，且能突破信用额度，随后，其在该平台从信用卡内转出资金数千万元。公安机关及时侦破案件并挽回了大部分损失。但案件移送起诉时，办案单位与检察机关在适用罪名上出现了不同意见。一种意见认为宜适用信用卡诈骗罪，另一种意见认为宜适用盗窃罪。两种意见的分歧给案件诉讼带来一定的困局。

三是提高维护移动金融安全的能力。虽然移动互联网不但为金融行业的运营带来了极大的便捷、高效，而且还大大降低了运营成本，提供了全新的商业模式，带来了新的利润与业务。但是，移动金融的安全风险也随之而来，各种数据丢失、信息外泄、网络攻击等现象让企业防不胜防，为企业带来难以挽回的损失。为此，应从以下两点维护移动金融安全：一方面，重新构建移动金融安全防护体系。移动金融的风险主要来源于移动终端，这些终端的移动性很高，常常以自带设备办公（BYOD）等形式存在，一旦出现数据丢失信息外泄、网络攻击等现象，将造成难以估计的风险。另一方面，建立端到端的整体解决方案。要想有效确保移动金融的安全性，就必须构建端到端的解决方案，实现标准安全体系下的移动设备安全、移动安全接入、用户身份安全、集中管理安全、移动数据安全。

四是自律监管宣传防患于未然。破解公安机关办案难题，减少公安机关的办案压力，更需要对犯罪防患于未然。目前来看，防范互联网金融犯罪，至少需要依靠三方面的力量。首先，依靠企业自律、完善技术措施，加强安全管理。为此，支付宝公司宣布首批投入 4000 万元，主要投向反钓鱼联防、反木马联防、反洗钱、反恶意攻击、用户信息保护等领域，这种做法将会有效防范已有的犯罪手段再次得逞，值得其他互联网金融企业学习。其次，依靠监管部门的认真负责。如近期第三方支付套现犯罪发生后，中国人民银行主动实施监督管理，并对十家相关企业给予处罚，最为严厉的措施包括停止发展新商户等。新的监管职能部门和监管体系形成后，认真主动履行监管职能，将有助于发现和制止不良发展苗头，保障互联网金融在健康轨道上持续发展。此外，依靠有针对性的宣传教育。电视、广播等公益宣传手段不可或缺，而目前亟须推动的是改进宣传教育的针对性。例如在用户注册网上账户时，平台网站应当根据个人信息开展分类教育。如对中老年人可采取视频教育的方式，侧重投资风险教育、网络知识普及和账户密码保护等；对年轻人则采用图片教育的方式，侧重钓鱼网站、木马中毒症状的识别技巧等。

第四章　网络安全与社会安全

进入 21 世纪以来，以信息技术为核心的科技革命，推动着网络空间全面拓展，贯穿于陆海空天各个领域，让整个"地球村"高速运行在瞬息万变的网络电磁世界之中，网电空间与人类社会愈来愈休戚相关。特别是在经济全球化的今天，利用计算机和信息网络进行的各类违法犯罪行为愈演愈烈，其危害也愈加明显，已经严重地危害了国家安全和社会秩序，对社会安全稳定产生重要影响。

一、网络安全对社会安全影响甚大

当前，围绕网络和信息安全的斗争愈演愈烈，夺取网络和信息控制权成为国家安全新的战略高地。网络和信息安全牵涉国家安全和社会稳定，是人类面临的综合性挑战。

（一）网络空间影响社会安全稳定

由于信息网络自身存在的弱点，导致人们在享受信息化带来的更多好处的同时，也面临着突出的网络信息泄露问题。因此，信息网络安全成为影响社会稳定的重要因素。

1. 网络自身存在着脆弱性

计算机信息系统虽然有许多功能，但其自身又有许多弱点，存在着许多薄弱环节，具有脆弱性。一是计算机信息系统靠程序控制，一个大型计算机信息系统具有数百万条程序，一处受到攻击，将全系统瘫痪；二是自身抗外界影响的能力比较弱，易受自然环境、自然灾害威胁；三是安全存取控制功能不够强大；四是运行环境要求比较高；五是系统本身有较强的电磁辐射，极易造成泄密问题发生；六是计算机信息系统关系国家政治、经济、科学、军事机密；七是互联网络具有超时空、虚拟性，决定了网上活动不受国界地域和时间限制，具有广泛性、不确定性和隐蔽性的特点。

2. 网络隐匿性挑战社会伦理

信息时代带给人类的一个最为深刻的问题是对建立在现有工业文明基础上的道德伦理的挑战。互联网带给我们的是一个具有开放性、隐匿性、可存储性和可再现性的数字空间。面对获得信息的自由权利与信息安全的冲突、保护个人隐私与信息公开的冲突、个人自主与权威控制的冲突、主权国家与全球社会的冲突以及人类知识开放共享与知识产权保护的冲突等问题，必然带来了对工业文明的主流价值观念的质疑和思考，在种种冲突与矛盾中该如何界定和划分是不能回避的问题。而这种重新界定与解决，必须从利益集团间不同的价值观念上去重新审定和认可，是利益与价值的再分配，也就是对我们已习惯的伦理和规范的反思。在解决这类问题时，人们会依靠道德和法律，这时道德和法律同技术一样重要，必须完善法律制度，规范人们的行为，以形成新的道德和伦理观念。

3. 网络空间犯罪威胁社会安全

按照行为主体的不同，将网络空间对国家社会安全稳定的威胁划分为黑客攻击、有组织网络犯罪、网络恐怖主义以及国家支持的网络战这四种类型。一般来说，从个人到非国家行为体、再到恐怖组织行为体，它们对国家社会安全稳定的威胁程度是逐渐增加的，但无论是哪一种网络安全威胁，它对国家社会安全稳定的潜在危害都不容低估。

一是黑客攻击。黑客攻击，即黑客破解或破坏某个程序、系统及网络安全，是网络攻击中最常见的现象，其攻击手段可分为非破坏性攻击和破坏性攻击两类。前者的目标通常是为了扰乱系统的运行，并不盗窃系统资料；后者是以侵入他人电脑系统、盗窃系统保密信息、破坏目标系统的数据为目的。对于黑客攻击后果的判断尚需一分为二。那些仅为了表达不满而未造成破坏性的黑客攻击，并不构成对国家安全的威胁。而那些窃取商业机密、扰乱国家政治经济秩序的黑客攻击会在不同程度上涉及国家经济或社会安全等非传统安全，对国家安全的威胁程度等级并不高。

二是有组织的网络犯罪。有组织的网络犯罪是指犯罪分子借助计算机技术，在互联网平台上所进行的有组织的犯罪活动。与传统的有组织犯罪有所不同，有组织的网络犯罪活动既包含了借助互联网而进行的传统的犯罪活动（如洗钱、贩卖人口、贩毒），也包含了互联网所独有的犯罪行为，如窃取信息、金融诈骗等。2011年5月，欧盟刑警组织发布了《有组织犯罪威胁评估》半年报告。报告称，除了信用卡欺诈、音视频盗版等高技术互联网犯罪，互联网的广泛使用同样为非法药物的合成、提取和流转提供支持。此外，互联网被广泛用于人口贩卖、濒危物种走私等非法交易，成为犯罪人员洗钱的通信工具。欧盟刑警组织主管罗布·温赖特表示，相比纯粹基于计算机的犯罪，有组织犯罪"转战"互联网的数量激增，互联网犯罪成为"主流"。目前，网络犯罪已经成为一个全球性问题，其跨国性、高科技和隐蔽性特征都给国家安全带来了前所未有的挑战，这些威胁主要集中在非传统安全领域。鉴于网络犯罪可能给国家带来巨大的潜在损失，打击网络犯罪应该被纳入国家安全战略统筹考虑。它既需要国家之间也需要不同部门之间的合作，如安全部门与技术部门的合作，2011 年 7 月成立的全球性非营利组织国际网络安全保护联盟（ICSPA）就是跨国合作的一个很好尝试。

三是网络恐怖主义。2000 年 2 月，英国《反恐怖主义法案》第一次以官方的方式明确提出了"网络恐怖主义"的概念，它将黑客作为打击对象，但只有影响到政府或者社会利益的黑客行动才能算作网络恐怖主义。但是，网络恐怖主义的含义并不仅限于此，它包含了两层含义：一层是针对信息及计算机系统、程序和数据发起的恐怖袭击；另一层是利用计算机和互联网为工具进行的恐怖主义活动，通过制造暴力和对公共设施的毁灭或破坏来制造恐慌和恐怖气氛，从而达到一定的政治目的。就第一层含义而言，网络攻击的隐蔽性和力量不对称凸显了大国实力的局限性，无论该大国的军事实力多么强大，武器多么先进，核武器多么厉害，在不知"敌人"在哪里的情况下，也只能被动防御。从这个角度来说，网络攻击无疑先天就具备了恐怖主义的特质。不过，目前的网络恐怖主义活动主要集中在第二个层面。通过黑客攻击和低级别犯罪等手段，借助互联网组织发起恐怖主义活动，互联网已经成为恐怖主义分子互通有无、相互交流的最重要的场所。除了将网络空间作为通信和交流的媒介之外，恐怖组织还利用网络空间进行理念宣讲、人员招募和激进化培训。目前，恐怖主义的网络攻击还未出现，但是，一旦恐怖组织通过互联网完成了培训和自我激进化，就很有可能将网络空间当作未来一个新的战场。

（二）网络空间影响社会安定的突出表现

自古以来，维护社会的正常稳定和良好秩序是所有国家公共治理活动的重要价值和追求目标。社会稳定是任何一个国家和政府都极力维护的社会目标、努力追求的社会状况、为之奋斗的社会理想，是人类社会历史发展进程中的一个动态的相对平衡的状态，是社会系统在其整合和运行过程中所呈现的一种有序性、连续性和可控性的表征，是相对于社会不安定、社会秩序混乱动荡的一种稳定状态。随着网络空间的广泛利用，网络空间对社会安全稳定的影响越来越大。

一是计算机犯罪案件递增，造成的损失越来越大。随着计算机应用日趋社会化，国际上正掀起计算机犯罪的浪潮。在我国，自1986年深圳发生第一起计算机犯罪案件以来，计算机犯罪迅猛增加，犯罪手段也日趋技术化、多样化，犯罪领域也不断扩展。1997年我国网上犯罪案件只有几十起，1999年就达1300多起，2000年达3000多起，这类犯罪案件仍在继续发生。传统领域犯罪也开始向互联网上发展，出现了利用信息网络招募团伙成员、诱骗强奸、赌博、走私及进行非法传销活动等案件。

二是计算机病毒危害日渐突出。我国芯片业发展缓慢，严重依靠进口，尤其是美国市场，92%以上需要进口的现实也蕴藏着极大的国防安全风险。目前，中国进口大户不是石油和粮食而是芯片。2017年中国芯片进口额高达2601亿美元，折合人民币17561亿元，同比增幅高达14.6%。2018年3月，美国对华实施贸易战，并对我国中兴公司实行禁售制裁，禁止一切美国企业在七年内与中兴进行芯片的相关交易，这一"禁令"一发表，霎时间，这家全球第四大的通信T商就进入"休克"状态，几乎所有生产都已停摆。我国1989年开始出现"小球"病毒，随之出现"黑色星期五""毛毛虫"等病毒，当时在全国约有75%的计算机感染病毒，使我国计算机染毒呈现出恶性发展的趋势。计算机病毒也从一开始的"进口化"迅速蔓延成为"国产化"，进而又"地方化"。随着信息技术的发展、网络的普及，计算机病毒将更为狡诈、更具危害性。

三是网上黑客入侵的威胁日益严重。1997年10月，成都天府热线应政府要求进行国际熊猫节和全国艺术节宣传，而该主页同时被不法分子贴上一条恶意攻击的反动标语；1998年4月，贵州在线中的贵州省主页背景被黑客以一幅淫秽图片所代替。计算机网络空间是一个巨大的、没有疆界的、全天候开放的领域，地球上任何一点都能互联互通，入侵者可以在家里、办公室中攻击任何一个网络，无论什么时间，跨部门、跨地区、跨国界的网上攻击都可能发生，入侵者还可选择不同时间和地点多次对同一网络实施攻击，使发现、查找和处罚黑客更加困难。再加上黑客遍布世界各地，受意识形态、法律制度、技术水平等限制，打击黑客的违法犯罪行为仍处在理论阶段，基本得不到实施。

四是计算机不安全因素和社会信息化服务上存在的问题危害社会治安稳定。首先，安全意识淡薄，安全制度不健全，许多计算机应用单位"重应用、轻安全"，缺乏计算机安全意识，安全制度不健全、不完善、不落实。其次，安全技术防范措施薄弱，系统安全防御能力低，缺乏防火、防盗、防水、防雷、防辐射设施，对计算机信息系统网络运行状态无安全审计跟踪措施。漏洞隐患普遍存在，安全事故时有发生。此外，社会化信息服务场所安全问题也十分突出。随着信息网络业的发展，带有社会信息服务性质的网吧及信息技术培训场所快速发展起来。在给人们生活创造方便的同时，也带来了一定的社会负面效应。有的在网吧内以聊天交友为名，进行婚外恋和色情活动；有的在网吧发布虚假信息，搞假招聘，骗取钱财；有的对特定对象发送辱骂、造谣、诽谤等恶意电子邮件；有的进行网上赌博；有的查阅、复制、传播带有暴力、色情、反动内容的信息；有的宣扬封建迷信和邪教；有的煽动闹事。这些不仅危害了青少年的身心健康，影响学业，危害家庭和婚姻稳定，而且严重影响了社会稳定和国家安全。

(三) 网络空间影响中国社会安全

网络空间安全问题已经渗透到社会的方方面面，也突破了传统的国家疆域和时空界限，影响到社会安全稳定和国家利益拓展。一些群体性事件通过网络传播，可以迅速引发跨地区的反应，一些局部和地区性的热点问题通过网络恶意炒作，很容易造成大范围扩散。例如，2009 年的"7·5"事件，以热比娅为首的"世维会"利用韶关"6·26"事件，在境外通过网络和短信大肆进行策划煽动，在政治、经济、军事、外交、社会等领域影响是十分严重的。

　　网络犯罪和网络恐怖主义的危害日益凸显。网络诈骗、网络盗窃以及制作传播计算机病毒、入侵和攻击计算机网络等犯罪活动，直接影响政府施政和社会正常运转。而网络恐怖主义则是恐怖组织利用网络空间进行招募、培训、煽动和组织活动，危害各国和地区的安全。极端势力利用网络平台宣传非法主张、策动破坏行动，对一些国家的安全稳定造成威胁。如今，中国已是全球遭受网络攻击最严重的国家之一。仅 2011 年的抽样监测就发现，境外有近 4.7 万个 IP 地址作为"木马"或"僵尸"网络控制服务器，参与控制中国境内近 890 万台主机，境外有近 1.2 万个 IP 地址通过"植入后门"手段，对中国境内 1 万余个网站实施远程控制。1999 年 4 月，河南商都热线的一个 BBS，一个说交通银行郑州支行行长携巨款外逃的帖子，造成了社会的动荡，三天十万人上街排队，一天提了十多亿元。2001年 2 月 8 日正是春节，新浪网遭受攻击，电子邮件服务器瘫痪了 18 个小时，造成了几百万的用户无法正常联络。可见，网络空间散布一些虚假信息、有害信息对社会管理秩序造成的危害，要比在现实社会中造谣所产生的危害大得多。

二、网络谣言对社会稳定危害不容小觑

　　网络谣言是社会的毒瘤，严重危害着国家政治安全、社会安定、经济安全和社会秩序。随着网络的快速普及，网络传播的负面效应日益凸显，一些网民借助网络获取、制造并传播谣言，严重危害到国家政治安全、社会安定、经济安全、社会秩序。

（一）网络谣言的主要特点

网络谣言是指通过网络介质（例如邮箱、聊天软件、社交网站、网络论坛等）传播的没有事实依据的话语。主要涉及突发事件、公共领域、名人要员、颠覆传统、离经叛道等内容。网络的迅猛发展在给信息交流带来快捷方便的同时，也使谣言"插上了翅膀"。特别是近几年来，随着手机短信、即时通信工具和微博等新兴媒体的崛起，网络谣言也呈激增之势。网络谣言与传统谣言不同之处在于传播途径和参与者，因此网络谣言具有一些新特点。

一是网络谣言具有广泛性。网络谣言既有针对公民个人的诽谤，也有针对公共事件的捏造。小而言之，网络谣言败坏个人名誉，给受害人造成极大的精神困扰；大而言之，网络谣言影响社会稳定，给正常的社会秩序带来现实或潜在的威胁，甚至损害国家形象。2011 年 3 月，在日本发生特大地震后仅一周，中国多地发生群众抢购食盐的事件，而这一切都源于一则"食盐能抵御核辐射"的网络谣言。"抢盐"闹剧不但破坏了正常的市场秩序，影响了群众的日常生活，甚至闹成了国际笑话，被外国媒体广泛报道，给国家形象造成了损害。2013 年 6 月 25 日，中国社会科学院发布新媒体蓝皮书《中国新媒体发展报告（2013）》称，2012 年 1 月至 2013 年 1 月的 100 件热点舆情案例中，出现谣言的比例超过 1/3。据国家互联网信息办公室统计，仅 2012 年 3 月监测到的各类网络谣言信息就高达 21 万余条。[①] 随着网络覆盖的范围日益扩大，相比传统谣言的小规模传播，网络谣言能够迅速实现大范围扩散。

二是网络谣言的快捷性。网络快捷的传播速度带来了信息的高速流动，同时网络谣言也伴随着网络信息快捷传播，这就使得网络谣言比传统谣言流动速度更快。就技术因素而言，以互联网为代表的信息技术极大地促进了信

---

① 柴艳茹：《网络谣言对社会稳定的危害及其治理》，《人民论坛》2013 年第 20 期。

息的流动，其传播速度和范围都是传统信息传播渠道难以比拟的。一则小小的谣言通过网络等途径可以瞬间让数百万甚至上千万用户知晓，在转发和评论中，其影响力被成倍放大。看似荒诞的"蝴蝶扇动翅膀引发海啸"的说法，在网络上变成了现实。

三是网络谣言的难控性。传统谣言由于人际传播的速度、范围相对有限，往往容易得到控制，而互联网具有虚拟、自由、匿名等特点，因此网络谣言一旦形成就难以得到有效控制。有时，短短的一篇网络帖子、一条手机短信、一则网络笑话，看似无足轻重，最终却可能会玷污公民名誉、威胁社会稳定、影响群众生活、破坏国家形象，后果不可谓不严重。基于人们对贪污腐败、分配不公、公权滥用等现象深恶痛绝，某些别有用心之人利用这种社会心理，捏造、夸大、扭曲相关事件，误导公众。比如，哈尔滨"宝马撞人案"、杭州"富家子飙车"等事件中在网上盛传的"领导亲属""权钱交易"等谣言，在一定程度上体现了社会中的"仇富""仇贪"心态。部分网民通过对这些网络谣言的参与、传播，宣泄着自身的负面情绪。

四是网络谣言的互动性。传统谣言只是直接的、面对面的初级群体的互动，网络谣言经常通过社交网站、网络论坛等方式进行沟通，这种互动已日益超越时空界限，形成以大规模的现代化传输手段为媒介的间接互动，网络谣言互动程度更强，偏离现实的可能性也更大。

五是网络谣言的逼真性。谣言因其"貌似真实"极易引起人们的好奇心而被广泛传播，网络的多媒体特性使得网络谣言能够以图文并茂、直观生动的面目展现在网民面前。2009年10月，在某网站上出现一篇所谓的"自述"文章，以当事人的口吻讲述自己在北京卖淫的经历。其中最骇人听闻的"猛料"是她已感染艾滋病。随后，此人继续发文整理出了一份279人的"性接触者通信录"。该文引起了网民的极大兴趣，纷纷在各论坛上转载、评论。一时间，"艾滋女"三个字成为最热门的网络搜索词。但经警方调查，这是一起典型的网络谣言，是杨某针对受害人的恶意诽谤，整个事件中，那些看似可信的所谓"自述""通信录"和"照片"全是伪造的。可见，网络谣言往往具有比传统谣言更为"精确"、形象的材料来增强其"可信度"。

(二) 谣言传播冲击社会安全稳定

一是冲击国家经济秩序。社会突发公共事件发生之后，总是会有谣言的出现，一些不法分子故意制造、散布谣言，扰乱市场秩序，以牟取非法利益。2003 年"非典"期间，全国大部分地区发生过大规模的抢购风潮，扰乱了市场秩序，概括起来可以分为两波风潮：第一波抢购风是因为公众对"非典"发病的情况不明，掀起针对医务用品和药物的抢购。2003 年 2 月，广州由于收治一名"非典"患者，七八名医院工作人员被感染，于是关于肺炎流行的谣言开始迅速流传。"打个照面就死人""喝板蓝根可以防非典""食醋和绿豆汤可以提高身体免疫力"等谣言造成不明真相的人们的纷纷抢购，一度造成板蓝根等药物的脱销。第二波抢购谣言更为荒诞，2 月中旬，人们纷纷传播着即将发生"米荒""盐荒"的谣言，导致了抢购行为。对于抢购的原因，排队的人们却说不清楚，多是"大家都买，我也要买"，然而事后的调查证明，"非典"期间的抢购风潮与部分商人出于牟利的目的而一手制造并四处散播谣言有着密切的联系。2011 年 3 月日本近海发生的 9.0 级大地震导致了福岛核泄漏，却被一些不法分子利用，造成我国"抢盐"事件的发生。

二是影响社会心理稳定。谣言之所以能够产生巨大的负面影响，就是因为谣言传播对人们心理造成的伤害。人们的行为总是受内心的支配，谣言传播给心理上造成的影响才导致人们做出种种不理智的行为。谣言的传播其实是民众心理不安的外在表现，也是宣泄内心负面情绪的表现。我国作为地震多发国家，有关地震的谣言对于人们，特别是地震多发地区人们的恐慌心理无疑起到了推波助澜的作用。例如，2008 年 5 月 12 日，汶川地震之后就出现了许多谣言，如当晚 20 点到 24 点北京局部地区有 2 ~ 6 级地震，5 月 12

日当天会再次发生大的地震等多版本的谣言。由于人们对地震等自然灾害无法准确地预知，本来就处于恐惧与不安中的人们无疑会更加恐慌，社会心理的不稳定影响社会秩序与稳定，不利于救灾工作的进行。在 1976 年唐山大地震后，类似地震谣言多次造成了社会恐慌，如 1996 年和 2006 年，诸如"地震带 20 年活跃一次或是 30 年一周期"的谣言使得一连几天的夏夜，公众纷纷离开家，聚集在广场等安全地带久久不离去。

三是引发社会冲突事件直接影响政府的公信力。谣言的传播往往会成为引发社会冲突事件的导火索或为事件的发展推波助澜。例如，贵州的"瓮安事件"、云南的"孟连事件"、安徽的"池州事件"、重庆的"万州事件"等都可以发现谣言的身影。当前，中国正处于社会转型期，社会矛盾凸显，经济领域不确定性增多，社会领域复杂性增强，外界影响力度增大的高风险时期，社会冲突事件已成为这一时期发生频率较高的社会现象，是社会发展过程中复杂的社会矛盾的体征，是我国快速发展和急剧转型过程中不可避免的现象。2008 年 6 月 28 日贵州瓮安发生了震惊中国的重大的打、砸、抢群体性事件。由于死者李某的家属对公安机关的处理结果不满，利用停尸的方法与公安机关对抗。停尸现场不但是人群聚集地，更成为谣言的传播地，不断煽动着在场民众的情绪，别有用心的人借此策划了"6·28"事件。各种谣言被别有用心的人有意散布，被围观的群众大肆传播：如"死者并非自杀而是被人奸杀后投入河中""死者的爷爷、奶奶、妈妈等亲属遭到民警殴打，叔叔在与公安人员争执中被打死""元凶是副县长的孩子"以及"公安局多次硬抢尸体，企图破坏现场、掩盖事实"等，而这些谣言在事后的调查中被证实是别有用心的人有意散布，矛头指向从公安机关的司法公正扩展到政府部门的公信力，谣言的迅速蔓延和广泛传播，将不明真相的围观群众的情绪煽动起来，对重大群体性事件的最终爆发起到了推波助澜的作用。谣言的传播和蔓延使得一起自杀案引发了重大群体性事件，对县政府的直接攻击是对政府公信力和政府权威的巨大挑战，在全国甚至国际上造成了恶劣的影响。

（三）网络谣言危害国家安定团结

正是由于网络传播的实时性、匿名性、互动性，谣言在网络中的传播更快，且无孔不入。借助现代信息技术，网络谣言不仅限于特定人群、特定时空、特定范围传播，其传播速度与影响范围呈几何级数增长，危害巨大，后果十分严重，不能不引起全社会的高度警惕。各种谣言此起彼伏，小到损害个人名誉，给受害人造成极大的精神困扰；大到影响社会稳定，给正常的社会秩序带来现实或潜在的威胁，甚至损害国家的安定团结。

首先，网络谣言影响国家的政治安全。网络政治谣言以政治事件、政治人物为内容，通过歪曲、捏造政治新闻事件或调侃、污蔑政治人物等形式诋毁党、政府及政治人物的形象，对党和政府的公信力提出挑战，导致党和政府的信任危机。蓝皮书显示，2012 年出现的政治谣言占 5.2%，尽管比例不高，但影响很大。由于社会上普遍存在仇官仇富仇腐情绪，任何有关政府官员的腐败问题都会在网上迅速被放大，形成多米诺骨牌效应，形成绝对压倒性的舆论声势，甚至被社会上别有用心的人利用。如 2010 年网络传出高干子女占超亿万富翁的 91% 的谣言，立即在国内外掀起轩然大波，有关高干子女非富即贵的言论甚嚣尘上，严重影响了党员领导干部的集体声誉。这些针对中央高级领导干部的谣言严重影响到国家的政治安全，使中国政治受到来自网络谣言的侵害和威胁。尽管人民网随后发布题为《一组虚假数据是如何在网上网下以讹传讹的》一文进行辟谣，但收效甚微。

其次，网络谣言影响社会安定。纵观近几年发生的具有全国性影响的群体性事件，无一不受到网络谣言的推波助澜。如贵州的瓮安事件、湖北的石首事件、云南的孟勐事件等。在北京的京温商城聚集事件也是网络谣言蛊惑的结果。2013 年 5 月 3 日，安徽籍女子袁某在京温商城坠楼身亡，不幸发生后，其男友彭某并不关心她身后留下的谜团，不配合警方查清真相，而是首先想到了索赔问题。在要求得不到满足的情况下，编造谣言在网上传播以制造混乱。在北京警方已得出确切结论并将调查结果告知家属的情况下，5月7日，在各大网站、论坛、微博纷纷出现各种谣言，称袁某是被商城保安奸杀后抛下楼的。如此情节旋即在网络上迅速发酵，仅在某论坛上这样一条内容的发帖就被点击两百万次。网络谣言的内容还包括"袁被七保安强奸，坠楼后身亡，警方不立案"。除去"保安潜逃说"和"警方不立案说"外，还有人声称，京温商城有人借助自身权势影响警方侦查办案。正是这些令人震惊的情节，再加上煽动性极强的语言，最终导致5月8日一些不明真相的群众在京温商城门口聚集，部分不法人员还扰乱公共场所和交通秩序，造成了极其严重的社会影响，直接危害到北京的社会安定。其实对于袁某坠楼事件，早在5月3日其坠楼身亡当天，警方就介入调查并得出其系"自主高坠死亡"的调查结果。随后有媒体报道称，袁某家庭贫困，父亲重病，猜测是因为生活压力导致其产生轻生想法。但在事发当时，公众对这些信息并不了解。加之其男友彭某的网络蛊惑煽动，一系列谣言疯狂传播，各种猜疑、不满情绪从网络世界走到现实世界，发生了不明真相群众的聚集闹事。

再有，网络谣言危害经济安全。统计数据显示，网络财经谣言占总数的11.0%，其中超过四成涉及股市。这些经济谣言往往直接威胁某些企业的生存，危害经济安全。如2008年"蛆橘事件"使全国柑橘严重滞销，2011年的"毒香蕉事件"使海南的香蕉烂在地里，直接导致部分橘农、蕉农破产。2011年"皮革奶粉"传言重创国产乳制品业，导致许多乳制品企业倒闭、工人下岗失业。2013年5月下旬以来在网上盛传的"钱荒"谣言，加剧了股票债券市场的波动，由银行间市场资金紧张引起的金融市场震荡使投资者人心惶惶，股票、债券市场暴跌，上证指数一度跌至1839点，创3年来新低。股市急剧下跌，股民被深度套牢，并通过网络扬言联合到证监会上访。银行更是出现了储户挤兑的局面。2016 年以来，在网络上出现一些关于食品造假的谣言使市场恐慌情绪更加浓重，什么"塑料紫菜""塑料大米""棉花肉松""假鸡蛋""塑化剂面条"等有关食品的谣言屡屡出现在网络和手机上。直到央视出面澄清谣言，才使市场逐步恢复平稳，但相关食品生产厂家却遭受了极大的损失。这些因网络谣言引起的行业危机，导致企业破产、下岗失业人员增多等情况，使国民经济发展受到威胁，直接影响到经济安全。

此外，网络谣言扰乱社会秩序。从 2010 年地震谣言令山西数百万人街头"避难"到 2011 年响水县"爆炸谣言"引发大逃亡 4 人遇难；从 2011 年日本核辐射扩散谣言引发全国"抢盐风波"到 2012 年世界末日谣言引发全国众多城市抢购蜡烛、火柴等，网络谣言引发的事件不但严重扰乱了社会秩序，也给公众造成了不必要的损失。多买几包盐、几包蜡烛似乎无伤大雅，但这类谣言的后果绝非如此轻描淡写，有时候会造成"迫切的危险"，例如在网络上造谣称有人用针管在闹市向不特定人注射艾滋病病毒，就会引起百姓日常生活的恐慌；网上传播关于大规模强抢拐卖幼儿的谣言，必然引发家长的集体不安，进而影响正常的社会秩序。蓝皮书统计数据显示，2012 年社会治安类谣言共有 108 条，占全年谣言的 16.1%，其中，一半的治安谣言涉及命案，将近四成涉及未成年人（尤其是儿童）被拐、失踪、绑架或不正常死亡。近期网络上又出现"全国每年有 20 万儿童失踪"的谣言，虽然公安部打拐办主任陈世渠出面辟谣，但还是引起了家长和学校的恐慌，严重影响了群众的安全感。

三、网络时代影响社会稳定的新表现

互联网广泛应用于政治、经济、社会、文化等各个领域，以及人们生产生活的各个方面，正在发挥着越来越重要的作用。互联网正广泛而深刻地影响和改变着现实社会，并对社会稳定产生了现实和潜在的影响。

（一）网络安全造成的群体性对社会稳定有较大影响

全国乃至世界各地的人们通过互联网日益紧密地联系在一起，互联网已被公认为继报纸、广播、电视之后的"第四媒体"，成为各类信息的"集散地"和社会舆论的"放大器"，它以强大的影响力、渗透力和独特的互动性、流动性、开放性，加剧了局部问题全局化、简单问题复杂化、个体问题公众化、普通问题政治化、一般问题热点化的趋势，引发网络热点、焦点，网民"一呼百万应"，容易形成网络群体性事件。2003 年的"孙志刚事件"是国内第一起里程碑式的重大网络群体性事件，此后，网络群体性事件越来越多。

近年来，"三公"（公权力大、公益性强、公众关注度高）部门和"三涉"（涉权、涉富、涉警）事件最容易成为网络焦点和热点，形成网络群体性事件。正能量的网络群体性事件，对改善党和政府形象发挥了积极作用，如"汶川地震救援""中国向索马里派出护航舰队"等事件，正面影响力达到了"一呼百万应"的效果。但也有很多网络群体性事件的影响是负面的，它们直接损害了党和政府的形象和公信力，甚至侵蚀了政权的群众基础。例如，"郭美美"事件属于典型的微博引发的网络群体性事件，引发社会和公众对我国慈善事业的诘问与反思，对现实社会产生了广泛而深远的影响；重庆、三亚等地曾发生的出租车罢运事件，属于"现实与虚拟并存型网络群体性事件"，网络推波助澜，网上网下相互"感染"，提升了群体性事件的规模和对抗性；而"周久耕事件""躲猫猫事件""邓玉娇事件"等，属于"现实诱发型网上群体性事件"，引发网上持续热议，形成网上强大的"表达对抗"，对政府形象及社会稳定的负面影响难以估量。

（二）网络空间动员危害现实社会稳定

当前，虚拟社会与现实社会的相互交织、相互作用日益突出，网络对现实社会的干预日益加深。互联网颠覆了传统的社会动员方式，网络"集结号"式的社会动员机制威力巨大，过去自上而下、脉络清晰、便于管控的社会组织动员方式，已被网络社区自下而上、同步迅捷、互联互动的组织动员方式取代了。

各种社会矛盾和社会问题，特别是热点、敏感问题往往先在互联网上表现出来，对热点、敏感问题的网上炒作、煽动，易成为群体性事件的"燃点"。网上一些观点或言论，尤其是行动性信息，一旦引起大量网民共鸣，就能释放出难以估量的社会动员力量，形成影响社会稳定的现实行动。一些别有用心的人利用网络组织策划社会冲突事件，隐蔽性强，影响力大，难以掌控，一旦事件爆发，就会产生强烈的社会冲击力和呈几何级数增长的影响力。在英国伦敦骚乱事件中，网络成为煽风点火、扩大影响、煽动聚集、推动事件升级的重要平台。从乌鲁木齐"7·5"事件、上海"4·16"涉日游行事件等的策划方式看，那些别有用心的人大多利用互联网和手机短信联络组织，网上网下互联互动，谋划、策动突发事件，危害社会稳定。大量群体性事件表明，互联网和手机短信已成为串联煽动群体性事件的重要渠道，并且具有煽动面广、组织号召力强、事前征兆不明显、无直接利益关系群众容易被卷入、聚集快速等特点。有些事件组织者甚至在境外通过互联网和手机直接操纵指挥境内活动，组织煽动群体性事件，直接影响社会稳定。

（三）网络舆情混杂挑战社会公信力与秩序

互联网具有虚拟性、开放性、无界性、隐蔽性、渗透性，以及信息传播快、互动能力强等特点，越来越多的人愿意在网上表达思想、发表意见，互联网已成为社会舆论的重要发源地。

网络舆论是公众（网民）以网络为平台，通过互联网传播的对某一焦点或热点事件表现出的有一定影响力的群体共同意见或言论。网络舆论已成为社会舆论的重要表现形式，对政府决策产生了影响。网络舆情既具有内容的丰富性、信息的即时性、方式的互动性、发布的开放性、参与的自由性等特点，也具有情绪化与非理性、个性化与群体极化性等特点，加上网络舆情内容缺失"把关人"，网络舆情发布者及传授者身份的隐匿性，或者因网民道德缺失而散布、传播有害信息和谣言，造成网络舆情鱼龙混杂、良莠不齐的局面，对一些社会问题和矛盾产生催化、放大和扭曲的作用。网络舆情真假难辨，有害信息通过网络迅速传播，容易造成难以预料的社会影响。虚假网络舆情损害了网络媒体的公信度，一旦被网民采信，就会给社会造成极大危害。正如西方学者埃瑟·戴森所言："数字化的世界是一片新的疆土，可以释放出难以形容的生产能量，但它也可能成为恐怖主义和江湖巨骗的工具，或是弥天大谎和恶意中伤的大本营。"2009年6月，河南杞县辐照厂发生事故，7月上旬网络出现"杞县核泄漏"的帖子并迅速传播，导致7月17日众多杞县民众逃离家园"避难"，县城成了一座"空城"，一时造成社会秩序极度混乱。

第五章　网络安全与军事安全

信息技术的发展和进步改变了未来的战争形态和作战样式，军事领域的各种信息攻防手段快速发展，从军事理论到作战样式，从武器装备到编制体制都在发生深刻变革，虚拟的网络空间正在成为攸关国家安全的新战场。网络空间作为一个作战领域，能破坏诸如政策、经济、军事、文化、社会等国家重要基础领域。基于争夺和维护网络空间利益的需要，网络空间受到各国高度重视并被上升到国家战略层面，网络空间成为军事角逐的新维域。

一、制网权成为军事角逐新焦点

在网络时代，国家对互联网领地的拥有，其意义远远超出了以往对土地、能源等资源的拥有，以互联网技术为内容的竞争、合作、控制、反控制等都将成为国际斗争和角力的主要内容。网络电磁技术迅猛发展正深刻地改变着战争的形态，制网权如同制海权、制空权、制天权一样，时刻关乎着国家主权与安全，并且日趋成为兵家必争的战略制高点。

（一）制网权概述

信息时代，全球被网络世界所笼罩，形成一个网络"地球村"。网络的战略意义，不仅在于已成为打破国家疆界、沟通全球信息、影响国际国内事务的有效工具，更关键的是网络已成为国家的政治、经济和军事与安全的战略支点，成为遂行军事战略和打赢未来战争的重要战略资源。网络无声无息地穿越传统国界，将地球上相距万里的信息节点铰链为一体，通过网络可以轻而易举地进入一国心脏部位。这个变化，打破了原有的国家防卫格局，给传统的国防观念以巨大冲击。高速流动的网络信息，演变为推动世界政治、经济、军事、外交等领域迅猛发展的原动力。未来的国家安全和战争的胜负，将越来越取决于对网络掌控的能力，制网权成为继制陆权、制海权、制空权以及制天权之后的又一种新制权。

1. 制网权概念

伴随着信息网络空间的形成，国家主权开始向网络延伸，由此产生了制网权问题。随着虚拟世界对现实世界的强烈冲击和影响，网络空间已毋庸置疑地成为国家的无形疆域，网络电磁技术迅猛发展正深刻地改变着战争的形态。在现代战争中，网络空间被誉为继土地、海洋、天空、太空之后的"第五领域"的战争空间。争夺网络空间制权如同争夺陆海空天领域的制权一样，时刻关乎着国家主权与安全，并且日趋成为兵家必争的战略制高点。因此，继制陆权、制海权、制空权和制天权之后，一个新概念——制网权越来越受世人瞩目。

所谓制网权，是指一个主权国家对广义上的计算机互联网世界的控制权与主导权，主要包括国家对国际互联网根域名的控制权、IP 地址的分配权、互联网标准的制定权、网上舆论的话语权等。在由网线、调制解调器、交换机和处理器构成的战场中，无数的二进制代码正在进行着渗透、阻塞和攻击的惨烈搏杀，为的就是争夺制网权。网络攻击行为已经成为引发国与国之间矛盾和对抗的新的来源，而争夺制网权已是世界各国军队必争的战略制高点。正如未来学家托尔勒所预言的那样，谁掌握了信息，控制了网络，谁就将拥有整个世界。在当今信息时代，谁控制了信息网络，谁就控制了政治、经济及军事较量的战略制高点。

制网权是继制陆权、制海权、制空权和制天权之后的一种新型国家权力形态，是网络空间发展后出现的新型国家权力构成要素。伴随着互联网的诞生而出现的国家对国际互联网根域名的控制权、IP 地址的分配权、互联网标准的制定权、网络舆论权等权力，是一个主权国家在网络空间生存的根本保障。从本质上讲，网络空间的权力来源于现实世界。现实世界中的各种政治、经济、文化等权力不仅可以在网络世界找到落点，同时它们也是网络权力得以生成的基础。随着互联网对现实世界的影响越来越大，现实世界中的权力主体日益重视对网络空间的争夺，制网权演变为一种新型国家权力。一个国家网络权力的大小决定其在当前及未来国际体系中的地位高低。

2. 制网权的构成

国家为维护网络空间的自身利益，必须要拥有确保网络运行良好、确保网络安全、确保军事信息不受侵害、确保掌握网络进一步发展完善的自主权。而为确保拥有主导网络的能力，国家必须要拥有网络空间使用权、网络空间控制权和网络空间构造权。可见，制网权是由使用权、控制权和构造权构成的。

一是网络空间使用权。衡量一个国家是否具有互联网的使用权，需要考察该国具备进入网络、使用网络资源的基础条件，这是进入网络空间能力的具体体现。核心上网技术、网络带宽、网民规模、本国互联网基础资源（IP 地址数量、网站数量、国际顶级域名注册量）和接入国际互联网方式等因素都是制约国家使用互联网络的关键。各种要素必须均占一定的量值才能表明国家具有使用权，缺少某一项或该项占份额较小，则对国家进入并利用网络空间的能力具有较大影响。

二是网络空间控制权。网络空间控制权主要包括网络空间话语主导权、网络战规则制定权、关键信息节点和设施的控制权。目前，围绕网络空间控制权的斗争主要表现为两方面：一方面，围绕网络空间话语主导权的争夺日趋激烈。网络常被有关国际行为体利用发布大量虚假信息和谣言混淆视听，危害一国内部稳定与对外形象并影响其外交决策。因此，在网络中保持话语主导权，及时有效地收集和分析网络信息，充分利用网络舆论进行科学合理的政治决策，是对国家政治智慧的重要考验。另一方面，关键信息节点和设施的控制权仍为少数国家拥有。目前，国际互联网主干线以美国为中心，从主干线再分出支线，通信链路大多经过美国。决定互联网地址分配权的 13 台根域名服务器，10 台设在美国，仅有 3 台分别设在伦敦、斯德哥尔摩和东京。美国还想继续完全控制下一代互联网的根服务器，以巩固其在信息领域的垄断地位。美国空军部长韦尼毫不避讳地公开宣称，"美网络战的核心任务，是取得世界网络战的胜利并主导整个媒体"。因此，争夺网络空间的控制权已逐渐演变成为美军维持其军事优势的重要组成部分。

三是网络空间构造权。随着信息资源在国家利益中地位的不断提高，围绕网络空间的构造，即信息资源的控制日趋激烈。从网络空间本质上看，与传统的"海、陆、空、天"等空间相比，支撑网络空间的各类资源可以跨地域规划和使用，规则可以由他国制定和解释，并与他国网络空间高度融合，使得各国网络空间的边界极为模糊。因此，网络空间边界与地理区域不存在严格的对应关系。在网络攻防手段不断发展的情况下，网络边界具有极大的可塑性、易侵入性，呈现出动态变化的特征。①

3. 制网权理论形成

制网权理论的提出与完善，以及为此而进行的网络战，主要在于网络与社会紧密联系。随着计算机网络逐渐渗入金融、商贸、交通、通信、军事等各个领域，网络也成为一国赖以正常运转的"神经系统"。网络一旦出现漏洞，事关国计民生的许多重要系统都将陷入瘫痪状态，国家安全也将

---

① 刘万新：《中国应加强网络军事力量 丰富网络战谋略》，《中国国防报》2012 年 2 月 7 日。

受到威胁。

网络安全直接关系国家安全。网络安全漏洞不仅影响国家社会生活的正常运转、经济竞争力，而且影响着战斗、战争的胜负，印证着制网权理论。早在海湾战争中美国首次使用网络攻击，并在战争中发挥了极大的作用。1999 年的科索沃战争，南联盟电脑黑客对北约进行了网络攻击，使北约的通信控制系统受到重创，使"尼米兹"号航空母舰的指挥控制系统被迫停止运行 3 个多小时，美国白宫网站一整天无法工作。美国高级官员称科索沃战争为"第一次网络战争"。2007 年 4 月，俄青年运动组织纳什（Nashi）对爱沙尼亚互联网发动大规模网络袭击，黑客们仅用大规模重复访问使服务器瘫痪这一简单手法，就控制了爱沙尼亚互联网的制网权，此次事件被视为首次针对国家的网络战。2008 年 8 月的俄格战争中，俄罗斯在军事行动前攻击格鲁吉亚互联网并使之瘫痪。这是全球第一次针对制网权的、与传统军事行动同步的网络攻击，也是第一次大规模网络战争。

网络赋予了现代战争信息化体系作战更高的制胜权。进入 21 世纪，信息网络技术已经成为现代军队 C4ISR 系统的基础。信息网络如同人的神经系统一样延伸至军队各个级别的作战单位，这使得围绕制网权的网络对抗在军队作战行动中的重要性大大增加。一些国家和组织的网络作战力量部署已经凸显出你中有我、我中有你，超越地理国界的态势。平时"休眠"潜伏，战时对他国军队网络指挥、管理、通信、情报系统网络实施可控范围的"破袭"，大量瘫痪其军事信息网络系统。如何有效防护、控制和构建利于己方的网络空间已经成为各国军队维护网络安全必须面对的严峻问题。由于网络技术的普及与不确定性，发动战争将不再是几个大国或强国的专利。在现代化战争中，网络战既可以作为传统战争的一种补充形式，也可以当作发动新型战争的一种利器，网络政变、网络煽动、网络渗透和网络攻击，这无疑为信息化战争增加了新的战法，所造成的破坏和损失可能不亚于一场核战争。

在美国国防战略中，制网权被明确定义为美军需要争夺的五大"制权"之一。美军对制网权理论深信不疑，大力推行而且努力实践，是世界上受惠于网络最大的军队。从海湾战争到现在的阿富汗战争，美军的网络如同人的神经系统一样延伸至其的各个作战单位，甚至是普通的士兵（体现在士兵系统上），网络使其战争机器高效稳定运转。由不停运动着的 0 和 1 组成的庞大的数字河流，如今已经成了美军纵横驰骋的"新大陆"。美国前国防部长盖茨曾说过，"美国在陆地、海上和空中的全频谱的军事能力，依赖于数字通信、卫星和数据网络"。① 美军的 Cyberspace 之所以被人意译为"控域"，就是因为网络空间不是一个孤立存在的新型空间，它对传统物理空间的控制和影响作用十分明显。因此，在未来战争中，制网权的重要性，已经大大超过了传统的制陆权、制海权、制空权和制天权等。

如今，大数据时代已经来临，制网权成为任何国家或者地区在未来保持竞争优势的关键。开展政治网络营销，国家或者地区之间需要"硬"，强调影响、控制与支配；国家或者地区之内则需要"软"，重视软实力建设，重视引导、协作与配合。

（二）制网权是维护国家新疆域的制高点

美国兰德公司认为，如果说工业时代的战略战是核战争，信息时代的战略战主要是网络战。兰德公司曾有这样的设想：在网络攻击下，城市断电，陷入一片混乱；空中指挥系统失控，客机相撞，战机无法起飞作战；各地核电站反应堆冷却系统相继关机……也许这些设想过于夸张，但是谁又能肯定这一切不会发生？随着人类社会信息化程度的提高、军队网络化的发展、战场网络化的形成，网络战的地位与作用更加突出，制网权已成为夺取制信息权的核心。

---

① 程群：《美国网络安全战略分析》，《太平洋学报》2010 年第 7 期。

1. 制网权是一种新型国家权力

信息时代，网络已成为国家的命脉。美国未来学家预言："谁控制了网络，谁就将拥有整个世界。"20世纪90年代以来，科学技术的飞速发展和计算机的广泛普及，使以互联网为代表的网络技术以前所未有的速度迅速渗透到社会的各个领域。制网权成为维护国家安全的重要保障，可以说，在网络社会没有制网权就没有国家安全。

当前，互联网方式正在逐步改变着人类的生产方式与生活方式，网络空间与现实空间的互动对现实空间的影响愈来愈大，国家行为体之间在全球网络空间的角逐也更加激烈，以美国为代表的主要西方大国相继制定了本国的互联网战略，其实质就是争抢制网权。当前，互联网已经深深地渗透到各国的政治、经济、军事和文化等各个领域，它虽可以助推国家发展，但也会导致国家军事、金融、通信系统等核心网络遭受严重攻击而产生严重后果。因此，制网权直接关系到国家安全，如果大国之间爆发网络战争，其影响可能将不亚于核战争。在国际政治体系中，网络权力的大小将决定一个国家国际地位的高低。在互联网战争中，拥有较大网络权力的一方获得战争主动权的可能性也越大。例如，在2008年8月的俄格冲突中，俄罗斯率先向格鲁吉亚发动了强大的互联网攻击，导致格鲁吉亚的政府、金融、通信、新闻媒体网站全面瘫痪，格鲁吉亚由于无法利用网络发布有关战争的准确信息而在两国冲突中全面处于劣势。

未来的国家安全和战争的胜负，将越来越取决于网络制约权，它是继制陆权、制海权、制空权从及制天权之后的一种新权力模式。就像传统战争工具一样，网络技术可用于攻击国家机构、金融机构、国家能源和交通基础设施和民众士气。一旦计算机网络遭到攻击并被摧毁，整个军队的战斗力就会大幅度降低甚至完全丧失，国家军事机器就会处于瘫痪状态，国家安全将受到严重威胁。正因为计算机网络系统的这种重要性，决定了计算机网络系统必将成为信息战争双方攻击的重点目标，全新的以计算机网络为主要对象的计算机网络攻防战也随之出现并不断发展。

2. 制网权是赢得信息化战争的基本保障

随着互联网的日渐普及，网络已经成为维持一国政治、军事、经济秩序正常运转的重要手段，而基于计算机的互联网的脆弱性，可以让军事硬件弱国提供以较小代价创造军事不对称优势的可能，同时获得一种强有力的攻击手段，即制网权。掌控制网权也因此成为决定战争胜负的另一重要战略制高点。

不同时代战争具有不同夺取空间制权的优先级。21世纪掌握制网权与19世纪掌握制海权、20世纪掌握制空权一样具有决定性意义。随着网络空间控域作用的日益凸显，网络空间行动的自由与否将严重影响其他空间行动的自由。作战空间制权地位的变化和作战重心向网络空间的迁移，使得夺取制网权成为未来信息化战争的优先选择。在未来信息化的联合作战体系中，以获得制网权为目标的网络作战，为指挥控制提供关于执行决策、促进作战以及把握作战机遇等增强性手段，并阻止敌方拥有同样能力的权力。网络作为提升军队作战能力的"倍增器"，对于提高军队战斗力具有极其重要的作用，因此争夺网络空间控制权是打赢信息化战争的重要保障。基于计算机信息系统的网络作战，向我们展示了一幅全新的战争画卷：作战空间和领域从传统的陆海空，向电磁领域向网络空间延伸，使未来战场空间呈现出由区域向全域、由地面向空天、由有形战场向无形战场全方位和全维域扩展的趋势。全空间领域之间形成了网络化的相互关联、相互影响、相互渗透的体系关系，任何局部行动或对抗都可能牵一发而动全身。因此，在未来战争中，制网权的重要性，已经大大超过了传统的制陆权、制海权、制空权和制天权等。

制网权是赢得信息战争胜利的命脉。当今世界，互联网已经遍布全球各地，人们可以随时通过网络到达世界各地，因而以网络为依托的计算机网络战也就打破了以往战争时空距离的限制，可以随时、随地向对方发起攻击，通过网络指挥精确而适当的力量来打击军事和工业目标，以实现其政治、经济或领土利益的目的。在科索沃战争中，这种打击就已初露锋芒。1999 年3 月 29 日，南联盟及俄罗斯计算机高手成功地侵入美国白宫网站，使该网站当天无法工作。1999 年 4 月 4 日，贝尔格莱德"黑客"使用"宏"病毒对北约进行攻击，使其通信一度陷入瘫痪，而无法获取前线信息导致指挥中断。美国海军陆战队带有作战信息的邮件服务器也几乎全被"梅丽莎"病毒阻塞。美军"尼米兹"号航空母舰的指挥控制系统因"黑客"袭击而被迫中断 3 个多小时。在伊拉克战争爆发前，美国也对伊拉克发动了无形的网络战。2003 年 3 月 14 日，美国曾利用网络"黑客"，秘密攻击巴格达的电脑网络并使之瘫痪，造成伊国家电视台一度无法正常工作。由此可见，网络战用于实战已显现出其强大的攻击力与破坏性。

3. 制网权成为信息化作战争夺的新焦点

20 世纪末，互联网开始全面渗透到国家政治及金融、能源、通信、军事等各个领域，成为现代国家运转的核心，至今几乎所有的公共服务领域都将网络化作为未来的发展方向。然而，互联网有着"双刃剑"的特质，一旦出现网络漏洞，不仅国家安全受到威胁，还将致使关系国计民生的国家重要信息系统失灵乃至瘫痪。以 0 和 1 为载体、在虚拟空间中展开的数字化控制权的争夺，已经成为信息时代战争对抗双方攻防的新焦点。

《第三次浪潮》的作者、美国著名未来学家阿尔文·托夫勒曾预言："电脑网络的建立与普及将彻底地改变人类生存及生活的模式，而控制与掌握网络的人就是主宰。谁掌握了信息，控制了网络，谁就将拥有整个世界。"[①] 互

---

① 阿尔文·托夫勒：《第三次浪潮》，三联书店 1984 年版。

联网大行其道虽然不过 30 多年，却通过全球的上亿台电脑联网，形成了在光纤和电缆里存在的另一个地球、另一个世界、另一个村落。计算机网络深入人类社会的各个领域，不仅已经和正在改变着人类社会的方方面面，而且正在改变着社会形态和战争形态，并引发了新一轮的军事变革。美国国防部的重要智库兰德公司认为，工业时代的战争是核战争，信息时代的战争主要是网络战。而且，这种战争是一种破坏性极大的"顶级"作战形式，一旦相关网络系统被攻陷或被摧毁，整个国家就面临崩溃的危险，整个军队的战斗力就会大幅度降低甚至完全丧失。在 20 世纪末发生的科索沃战争中，南联盟和俄罗斯的计算机高手成功地侵入美国白宫网站，使该网站无法工作。2005 年 3 月，美国国防部公布的《国防战略报告》明确将网络空间和陆海空天定义为同等重要的、需要美国维持决定性优势的五大空间。目前，美军已组建了世界上第一批具有实战意义的网络信息战部队。美国空军高官曾经夸口说，第 67 网络战联队是空军"最大的一个作战单位"，因为该联队的人员和装备遍及"除南极洲之外的其他大陆"，由 5 个情报大队、35 个情报中队及分队，总计 8000 名官兵组成，驻地分布在全球 100 个地点。美军遂行网络战特别是网络进攻的能力，给世界各国在虚拟空间之中带来越来越大的安全压力。

　　"聪者听于无声，明者见于无形。"信息化技术的大发展，为各国融入经济全球化、提升本国综合国力带来了机遇，同时也带来了严峻的挑战。一个国家若是经济、政治、军事和科技等领域重要信息在网络上的获取、使用与保护的能力不强，个人及社会信息保密意识淡化，信息网络技术落后，信息保障政策及法律建设不协调，都会招致敌对势力的信息作战和网络攻击，引发一系列内忧外患。中国古代兵圣孙子说："兵者，国之大事，死生之地，存亡之道，不可不察也。"21 世纪是信息世纪，国家信息安全和网络安全就是不可不察的国家死生存亡之道。

(三) 制网权是关乎未来战争胜负的新制权

美国著名军事预测学家詹姆斯·亚当斯在其所著的《下一场世界战争》中曾预言: 在未来的战争中, 计算机本身就是武器, 前线无处不在, 夺取作战空间控制权的不是炮弹和子弹, 而是计算机网络里流动的比特和字节。这一预言预示了制网权的诞生。如今, 继制陆权、制海权、制空权及制天权之后, 制网权已成为大国战略较量的新焦点。

1. 制网权已成为大国激烈争夺的新型国家权力

由于互联网对国际政治、经济、军事、科技、文化、外交等领域产生了广泛而深刻的影响, 因此, 制网权已经成为世界主要大国争夺的新焦点。制网权是继制陆权、制海权、制空权之后的一种新型国家权力形态。

西方国家纷纷推出网络空间战略加强对互联网的控制与主导, 制网权已成为世界主要大国激烈争夺的新型国家权力。进入 21 世纪, 以信息技术为核心的科技革命, 推动着网络空间全面拓展, 贯穿于陆海空天各个领域, 让整个地球村高速运行在瞬息万变的网络电磁世界之中, 网电空间与人类社会愈来愈休戚相关。2011 年, 西方一些国家抢占网络电磁空间战略制高点的步伐明显加快, 纷纷出台战略 "蓝图", 制定发展 "路线图", 描绘技术 "创新图", 让本已不平静的国际网络空间波谲云诡。美国于 2011 年 4 月至 7 月间连续发布《网络空间可信标识国家战略》《网络电磁空间国际战略》《网络电磁空间行动战略》。美国接连推出的这些新战略中, 详细阐述了其对未来国际互联网的战略构想, 明确将国家利益拓展到全球网络空间, 把网络空间列为与陆海空天相并列的 "作战领域", 强调对网络空间的进攻行为保留使用常规军事手段回击的权利, 并提出扩大国内合作和战略同盟以打造 "集体防御战略"。在这场新的竞技中, 英国、澳大利亚、日本、韩国、印度等也不甘居后, 分别发布了网络安全战略和网战力量建设计划, 欲整合发展网络空间防御力量，着力提升应对网络恐怖袭击的能力。法国、荷兰、德国也竞相发力，相继发布推出了各自的国家网络空间安全战略。西方大国抢占网络电磁空间战略制高点的根本目的，就是最终实现国家利益在网络空间的最大化。

2. 争夺制网权是国家制定网络战略的实质

2011年5月16日和7月14日，美国政府相继出台了《网络空间国际战略》和《网络空间行动战略》。奥巴马称，这是美国政府"第一次针对网络空间制定的全盘计划"，美国网络司令部也于2011年10月全面运行。此外，德国制定了《德国网络安全战略》，成立了国家网络防御中心；英国发布了《国家网络安全战略》，国务大臣发表文章承认英国在加强"网络战"的力量。可见，在全球网络空间中，70%以上内容是用英语传播的，美式商业文化和价值观正在通过互联网传向全世界。

自互联网诞生以来，在这个独特的虚拟世界里，美国的意识形态始终居于绝对优势的地位。美国在互联网上优势地位的载体是其拥有实力雄厚的IT企业。微软公司因其雄厚的资金技术实力，被称为微软帝国。微软的操作系统占据着全球90%以上的操作系统市场，具有无可动摇的垄断地位。目前谷歌公司（Google）是世界上规模最大的搜索引擎，其触角无处不在。它担负着为信息指路的角色，可以通过技术手段悄无声息地将受制于政治意识形态和商业利益的偏见和导向渗透到搜索结果之中。同时，它还拥有规模庞大的人类信息库，这足以成为一种控制社会的重要力量。庞大的信息库和对传播方式的掌握，意味着谷歌公司获得了一种新的权力即搜索权力，拥有了按照自己的意志和利益来筛选和传播美国思想文化的权力和影响力。21世纪初，全球网络空间的争夺更加激烈，以美国为代表的西方大国相继制定了国家互联网战略，其实质就是争夺制网权。美国的制网权体现在以下两个方面：

一方面，美国控制着全球互联网的域名解析权。这使美国不但获得巨大的经济利益，而且还拥有巨大的政治权力。如果美国要对一个国家进行信息制裁，它完全可以做到将根服务器与二级域名服务器的链接断开，其结果就是该国成为信息孤岛，整个国家的互联网站随之瘫痪。如果美国不想让某国际行为体访问某些域名，它也完全可以将其屏蔽，使其 IP 地址无法解析，这些网站也随之从互联网世界消失。从此意义上讲，目前美国掌控着网络空间的生杀大权。

另一方面，美国还拥有世界上最大的网站访问量。在世界排名前 20 位的网站中，绝大多数都是美国网站。在这些网站的访问量中，国际流量占了相当大的部分。在美国流量排名前 25 位的网站中，有 14 家网站的国际流量大于国内流量。这体现的是美国网站的国际影响力。迄今为止，美国仍是全球最大的也是最主要的互联网市场，全球互联网业务量的约 80% 与美国有关。庞大的互联网数据库 80% 以上由美国控制，几乎所有的互联网运行规则由美国制定。目前，互联网和信息产业链上的关键设备及大部分网络相关的软件产品都由美国设计制造，核心技术也由美国掌握。在其中安装有利于美国经济、政治、安全等利益的特殊软件，被美国政府在特殊时刻使用，已经是公开的秘密。

二、网络战为信息化作战增添新样式

当计算机网络成为新世纪战争的工具和战场，一场没有硝烟的战争正悄然打响。近年来，网络战已从后台走向前台，从配角转向主角，以独立行动达成政治、军事目的或与常规军事行动结合，达成作战目的。面对还仅仅处于热身状态的网络战，各国政府和军队无不加紧研究网络战理论，并用以牵引军队建设和网络战准备。

（一）网络战概述

进入信息时代，计算机网络正在以前所未有的速度向全球的各个角落辐射，其触角伸向了社会的各个领域，成为当今和未来信息社会的联结纽带。军事领域也不例外，以计算机为核心的信息网络已经成为现代军队的神经中枢。一旦信息网络遭到攻击并被摧毁，整个军队的战斗力就会大幅度降低甚至完全丧失，国家安全将受到严重威胁，国家机器将陷入瘫痪状态。正是因为信息网络的这种重要性，决定了信息网络成了信息战争的重点攻击对象。在这种情况下，一种利用计算机及网络技术进行的新的作战样式——计算机网络战正悄然走上战争舞台。

1. 网络战概念

互联网自诞生之日起，就成为兵家必争之地。自 20 个世纪 60 年代美国防部创建 ARPA 网以来，计算机网络的发展就进入全新的时代。1988 年 11 月 2 日，美国 23 岁的莫里斯用自己制作的计算机程序侵入美国国防部战略系统的计算机主控中心，导致约 8500 台军用计算机感染病毒，其中 6000 台计算机无法正常运行，造成直接经济损失上亿美元，这次事件首次向人们展示了网络战的基本方式和巨大威力，使人们开始关注网络安全和网络战。20 世纪 90 年代以来，特别是历史的脚步迈进 21 世纪后，以国际互联网为代表的计算机网络获得了长足发展和进步，并在军事领域内获得了广泛应用。与此相适应，以破坏和保护网络为主的网络战亦随之兴起。

所谓网络战，是指敌对双方使用网络攻防技术和手段，针对国家安全特别是战争可利用的信息和网络环境，围绕制网权而进行的军事对抗活动。它是以计算机和网络为主要目标，为破坏或保障信息系统正常发挥效能而采取的综合性行动。网络战的根本目的在于，通过对计算机网络信息处理层的破坏和保护，来降低敌方网络化信息系统的使用效能，保护己方网络化信息系统正常发挥效能，进而夺取和保持网络空间的控制权，也就是制网权。

网络战是信息战的一种特殊形式。实质上，网络战是在网络空间上进行的一种作战行动。从广义上说，网络战是敌对双方在政治、经济、军事、科技等领域运用网络技术和手段，为争夺信息优势而展开的斗争。从狭义上说，网络战则是敌对双方在作战指挥、武器控制、战斗保障、后勤支援、情报侦察、作战管理等方面运用网络技术所进行的一系列网络侦察、网络进攻、网络防御和网络支援等行动。在未来信息化战场上，夺取制网权的网络战将是信息战的核心。网络战能确保信息及时获取、传递顺畅和处理快速，因此属于信息战范畴。网络战简便易行、隐蔽莫测的特点，使网络战得以凭借较低的成本来获得极高的军事价值。网络空间的虚拟性、瞬时性和异地性的特征，又赋予了网络战攻防兼备、全向渗透的优势，这使它所能达成的作战效果是传统军事手段所难以比拟的。近年来，网络战作为没有硝烟的战争，在世界范围内更是此起彼伏，有愈演愈烈的态势。

随着各国对网络战研究的深入，网络战所发挥的作用已与核武器等同甚至超过核武器。如同核战争是工业时代的战略战一样，网络战作为信息时代的战略战，已经成为一种破坏性极大、关系到国家安危与存亡的"顶级"作战形式。像美国重要智库兰德公司提出了"战略战"的概念，认为战略战是一种破坏性极大的"顶级"作战形式，它实施的成败关系到国家的安危与存亡。兰德公司指出，工业时代的战略战是核战争，信息时代的战略战主要是网络战。网络战一旦全面展开，遭受攻击并被击败的一方有可能遭受国民经济全面崩溃的危险。核武器通常可以产生巨大的心理震撼效果，网络战同样可崩溃敌人的战斗精神和意志。核武器一旦使用后，战争后果具有不可控性，网络战也是如此，像病毒之类的作战武器在释放之后，将无法控制，可能具有"双刃剑"效应。而网络战与核战最大的不同在于网络战的胜利不是以大量的生命为代价，战争的附带毁伤小。

2. 网络战的特点

1993 年，美国兰德公司的两位学者首次提出网络战概念，从理论上界定了何为网络战，系统介绍了如何利用网络"干扰、破坏敌方的信息和通信系统"，如何在阻止敌方获取自己信息的同时，尽量多地掌握对方信息。随着网络、网络技术和网络攻防手段的不断发展，许多政府部门、商业组织和社会团体利用网络进行宣传，影响和控制舆论。特别是美国，近年来不断利用网络插手别国事务，网络战也从单纯的攻防战转向舆论战与宣传战，从无政府走向有组织，从隐蔽走向公开，从中表现出一些网络战的基本特点。

一是不对称特点决定网络战攻强守弱。网络攻击成本低，效费比高，事半功倍，能达到一点突破、全面开花的效果。网络防御点多面广，防御成本极高，有可能事倍功半，千里之堤、溃于蚁穴。因此，网络战先发制人将占尽优势，而被动防御要吃大亏，发挥网络战最大价值的要点在于进攻。历史上，红色战队（Red Team）曾以极少的成本突破所有".mil"的防御，相比之下，构建和维护网络防御却花费了巨大的代价。举例来说，假设一台服务器有 100 个潜在漏洞，网络管理员花大力气修补了其中的 99 个（百分之 99 的补丁成功率），而任意一支还过得去的红色战队都能找出那一个没有被修补的漏洞，加以利用，从而突破整个系统的防御。因此，网络空间中的进攻战要远比其他领域中的多得多，因而形成了进攻性网络战的极端优势和网络战的内在不平衡。

二是网络攻击易达成突然性。网络战平战一体、隐蔽性强，无须在实体空间调整兵力部署，可在无任何明显征兆的情况下，突然加快攻击节奏，大幅提高攻击强度，易达成作战时间上的突然性。从网络空间出发，可跨域攻击认知空间、实体空间，攻击起点、攻击方向和攻击目标都难以预测，易达成作战空间上的突然性。网络防御技术整体滞后于网络攻击技术，网络高危漏洞层出不穷，网络攻击技术日新月异，易达成技术上的突然性。历史上的闪击战为达成突然性，往往需要军事佯动和外交欺骗等各种手段的配合，而网络攻击突然隐蔽的特点，使得网络闪击更易单独组织和运用。

三是网络攻击机动能力极强。由于互联网具有开放性、联通性和无界性特点，信息机动与兵力机动、火力机动相比，具有零距离、光速度、无损耗等显著优势。2004 年，震荡波病毒突袭全世界，不到 1 个小时就波及了互联网上所有的核心路由器。网络攻击可以轻易突破国家边界限制，真正实现全球到达，直接攻击敌战略后方。基此，兰德公司认为，从网络战的角度来看，美国失去了两洋屏障。美国国防部和美国政府需要将更多的重心放在全面网络战的进攻上，维持和确保一个适当的防御即可。他们必须准备好应付网络空间的突发事件，使用技术手段和非技术手段来做出响应和反击——包括外交、情报、军事及经济领域的先发制人或反制行动，回敬入侵者，威慑潜在对手。

四是网络攻击破坏威力巨大。兰德公司在 2009 年就指出，网络战是信息时代的核武器。2013 年 3 月，美国国家情报总监公开宣称，网络攻击威胁超过恐怖袭击。网络战是一种破坏性极大的"顶级"作战形式，它的实施关系到国家的安危与存亡。有分析人士指出，针对美国的关键基础设施发动一波网络攻击，就可能造成逾 7000 亿美元的经济损失，相当于 50 场大规模飓风同时侵袭美国。

随着网络战的实施，未来战争力量的对比将越来越多地取决于网络武器系统所带来的无形的、难以量化的巨大潜能，以往根据陆海空军人数、武器类型、数量、性能等静态指标来评定战争力量强弱的方法将受到巨大挑战。

3. 网络战成为信息战的重要内容

网络战是一种体系与体系的对抗，具有非对称性、立体性、动态性等特点，注重攻防结合、软硬兼施、技术战术并用。尽管到目前为止，世界尚未爆发过真正意义上的大规模网络战争，然而世界军事强国应对网络战争的准备，却从来没有停留在战略规划、技术研发、机构改革等层面，而是大小规模的网络战演习在世界各地轮番上演。

网络战是一种与传统物理空间作战所不同的作战样式。网络战的危害并不是耸人听闻，从现代社会对于信息系统和网络系统的依赖程度就已见端倪。近年来，网络空间博弈的"龙卷风"席卷全球，"舒特"攻击、"震网"病毒、"维基揭秘""中东北非事件"接踵而来，给世界带来极大的冲击和震撼。与以往炮火纷飞的传统作战方式不同，网络战是一种隐蔽无声的全新作战方式，它不仅活跃在战争和各类武装冲突中，而且闪烁于平时的各种政治、经济、军事、文化、科技等活动中。在网络战中，利用网络攻击敌信息系统可阻止敌方信息优势的夺取。由于网络具有开放性，网络化程度越高，其节点越多，越容易遭到网络攻击。而且网络战可平战结合、军民结合，因此具有隐蔽性强、攻击面广和攻击手段多等特点，如渗透性攻击、阻塞性攻击、肢解性攻击、"埋伏""遥控"性攻击，等等。如今，美国整个社会运转都离不开互联网，网络危机可能导致美国整个社会瘫痪。美国是一个高度依赖网络的国家，越是对网络依赖，网络越是普及，网络的漏洞就会越多，造成的损失就会越大。在传统领域，不对称性攻击几乎不可能，但在网络世界，一个高水平的黑客就可以中断美国重要的信息网络，使美国的重要基础设施瘫痪。对手可在系统中安装错误数据，造成关键时刻早期预警及其他涉及国家安全的系统失灵；金融或医疗信息可能会被更改，铁路或航空控制系统可能被中断；生产或运输计算机设备过程中可能会有恶意代码被秘密植入。所以，有部分美国人想象未来会爆发一场"电子珍珠港"或"网上9·11"事件。

网络战已经成为信息战的主要作战样式。信息战通常包括网络战、电子战、心理战等内容和作战样式。由于军队的信息化程度越来越高，网络在信息优势的夺取过程中不可或缺，网络战已经成为军队实施信息战最基本、最重要的作战样式，是信息战的核心内容。之所以网络战有如此重要的地位作用，主要有以下一些原因：首先，在信息战中，可靠的信息获取离不开网络。单一的传感器难以全时全天候全空间地获取信息，只有依赖网络将各个传感器连起来，才能实施全维全时全空间的侦察，获取可靠的信息。其次，在信息战中，信息的传递更依赖网络。未来信息化战场，信息犹如洪流，传统的通信技术已难以适应大量信息的传输，只能依赖以计算机为核心的网络化数字通信，而且数字化网络通信具有保密性好、不受距离限制等优点。此外，在信息战中，信息的处理离不开网络。集侦察、监视、传递、处理信息于一体的 C^4I 指挥自动化网络已成为军队的"神经中枢"。只有多台计算机联网分工合作，才能提高处理信息的速度，防止因信息洪流而造成信息阻塞。

（二）网络战的作战机理

基于信息系统的网络作战的作战机理，是通过计算机信息网络系统对其他各相关系统进行有效控制，从而产生和释放更大的作战效能。网络战内在的构成要素主要包括：互联网络——以信息技术和计算机网络技术为主导，作战部队——网络作战部队即网军，作战武器——网络作战武器装备，战场空间——计算机网络空间，作战分类——战略网络战和战场网络战，通过上述内容营造夺取战争胜利的军事、政治、经济、科技、外交、文化的综合优势。因此，网络作战这种非传统物理领域的虚拟空间作战具有与传统物理空间领域作战所不同的作战机理。

1.互联网络——以信息技术和计算机网络技术为主导

在信息化社会里，一切政治、经济、文化和军事活动都将围绕计算机网络这个中心来进行；在未来的信息化战争中，谁拥有了制网络权，谁就能夺取在陆海空天多维空间里行动的自由权。以信息技术和计算机网络技术为主导，在网络空间实施攻防作战，即破网和防网。

破网就是利用计算机病毒进行攻击的活动，它是网络战的作战手段之一。美军认为，网络战是在有限的作战指挥空间内，以进攻性行为夺取和实现信息优势，从而破坏敌方的信息站和计算机网络系统。其基本的作战方法是运用计算机网络输送病毒和进行"黑客"破坏。病毒通常通过有漏洞或损坏的网络、芯片、扩展卡或外围设备等途径进入和感染计算机，而最常用也是最有效的方法，则是通过软件侵入系统。另一种攻击手段，则是"黑客"通过计算机网络进入敌方层层设防的计算机系统和网络，或植入病毒，或任意窃取、篡改、删除文件与数据，甚至直接控制对方的计算机系统。除此之外，美国还正在研制一种只有手提箱大小的电磁脉冲发生装置，它产生的电磁脉冲可烧毁周围几千米内计算机的电子器件，直接破坏它们的工作效能。在实战中，这些攻击手段又被叫作"破网"，而与之相对的，则是竭力阻止外界网络入侵的"护网"行动。

"护网"行动就是保护自己的信息网络系统免遭外界的恶意攻击，首先是主动防护，就是在设计计算机硬件、网络结构时要考虑防护措施。如果严格控制贮存有机密信息的计算机进入网络系统，就能有效地防止机密信息被窃取。为了防止黑客入侵，网络防御或是对系统中的各用户根据其职责规定权限，或是采用防火墙技术与用户身份识别系统对用户进行监视。然而，在任何时候，建立备用系统，对关键的信息和数据进行备份也总是十分必要的。

2. 作战部队——以信息网络技术人才为主体的网军部队

网络作战部队是遂行网络空间作战的军事力量，简称网军，是军队中新质作战力量，担负保卫网络主权和从事网络上作战的艰巨任务。从发展的前景看，"网军"极有可能成为继陆军、空军、海军之后的又一新军种，它将担负起保卫网络主权和从事网络上作战的艰巨任务。

在遂行战场网络战过程中，网络交战双方围绕和运用战场互联网进行对抗。在看不见的网络系统内，"网军"凭借有力的网络武器和高超技术，侵入敌方指挥网络系统，随意浏览、窃取、删改有关数据或输入假命令、假情报，破坏敌人整个作战自动化指挥系统，使其做出错误的决策；通过无线注入、预先设伏、有线网络传播等途径实施计算机网络病毒战，瘫痪对方网络；运用各种手段释放电脑病毒直接攻击，摧毁敌方技术武器系统；同时运用病毒和"黑客"攻击敌国的金融、交通、电力、航空、广播电视、政府等网络系统，搞乱敌国政治、经济和社会生活，造成社会动荡。

按照军事学理论，一支部队的构成应按照战争规律，取决于作战本身的需要。根据网络战的特征，网军是一支崭新的技术部队，它至少应由三大块组成：攻击和干扰部队，负责进行"黑客"攻击、病毒传播、信道干扰、节点破坏等；防御对抗部队，负责对各类病毒的预防和受病毒攻击后的清除任务，并负责研究建设性的、周密有效的防攻保护体系；保障维护部队，负责对计算机网络战设备的保障以及担负对网络战指挥员、技术人员、"黑客"等的警卫、保护工作等。此外，一个国家对网络部队的建设，还得设置总部统率机关，其作用是统一领导整个网络部队，协调各网络分队与其他军种的协同作战，协调全军网络战的配套建设，负责与国家信息技术部门的联络，并直接领导指挥直属分队、研究机构、培训网络战官兵的专门军校等。

3. 作战武器——以计算机病毒为主的网络战武器系统

网络战武器的巨大威力与核打击类似，可以使整个网络陷入瘫痪，对整个社会的中枢神经系统造成极大打击，由此导致实体空间的一些连锁反应。2010年伊朗核设施遭受"震网"病毒攻击，这是世界上首个专门针对工业控制系统芯片的破坏性病毒，被称为首个应用于实战的网络战武器。如今，网络战武器种类很多，主要包括计算机病毒武器、高能电磁脉冲武器、纳米机器人、网络嗅探和信息攻击技术等。研究的内容主要包括：病毒的运行机理和破坏机理；病毒渗入系统和网络的方法；无线电发送病毒的方法；等等。

为了成功地实施信息攻击，外军还在研究网络分析器、软件驱动嗅探器和硬件磁感应嗅探器等网络嗅探武器，以及信息篡改、窃取和欺骗等信息攻击技术。

（1）计算机病毒武器。计算机病毒武器是指用于军事目的的网络武器。它是编制或者在计算机程序中插入的"破坏计算机功能或者毁坏数据，影响计算机使用，并能自我复制的一组计算机指令或者程序代码"。计算机病毒的本质是一种计算机程序，它用修改其他程序的方法将自己精确拷贝或者可能演化的形式放入其他程序中，从而感染它们。计算机病毒一旦发作，轻者可干扰系统的正常运行，重则消除磁盘数据、删文件，导致整个计算机系统的瘫痪。从可能性上来说，计算机病毒的破坏作用完全取决于由计算机控制的武器系统本身的能力。计算机系统一旦被病毒程序所控制，就会"无恶不作"。如果说核武器把硬摧毁发挥到了极致，那么计算机病毒则是把对信息系统的软毁伤发挥到了极致。病毒依附存储介质软盘、硬盘等构成传染源。病毒传染的媒介由工作的环境来定。病毒激活是将病毒放在内存，并设置触发条件，触发的条件是多样化的，可以是时钟、系统的日期、用户标识符，也可以是系统一次通信等。条件成熟病毒就开始自我复制到传染对象中，进行各种破坏活动等。

病毒的传染是病毒性能的一个重要标志。在传染环节中，病毒复制自身到传染对象中去。计算机病毒隐蔽性好、繁殖能力强、传播途径广、潜伏时间长，是最早应用于网络攻击的武器，已成为军队实施网络进攻的主要手段。据统计，在软杀伤网络战武器方面，美军已经研制出 2000 多种计算机病毒武器，如"蠕虫病毒""芯片病毒""逻辑炸弹""陷阱门""特洛伊木马"等。据美国某杂志披露，2003 年伊拉克战争爆发前不久，美军获悉伊军将从法国购买用于防空系统的新型电脑打印机，并准备通过约旦首都安曼偷偷运抵巴格达。美国随即派遣特工在安曼机场将病毒植入打印机芯片内。战争爆发后，美军用指令激活病毒，病毒通过打印机进入伊军防空系统，导致整个系统瘫痪。这是世界上首次将计算机病毒用于直接作战行动，开启了网络进攻作战的序幕。2013年4月，美国空军正式将6大网络工具定性为"武器"，然而却拒绝透露是哪六种武器。目前已知的有以下几种：一是"舒特"发送病毒电磁波。美军目前已拥有代号为"舒特"的网络战武器。它能通过无线监测任意一台电脑产生的电磁辐射掌握该电脑的使用情况，从而在"有事"时直接向目标电脑发射带有病毒代码的电磁波，将病毒代码强行"写入"电脑。二是"野蜂"解码领空窃密。美军网络司令部在通用原子、雷锡恩等知名军火商的帮助下，已拥有可潜入敌后的"无线网络空中监视平台"，取名"野蜂"。三是"震网"感染伊核设施。"震网"病毒是一种席卷全球工业界的病毒，也是世界上首个网络"超级武器"。

（2）高能电磁脉冲武器。在硬杀伤网络战武器方面，美国正在发展或已开发出电磁脉冲弹、高功率微波武器等，旨在对别国网络的物理载体进行攻击。电磁脉冲武器号称"第二原子弹"，世界军事强国电磁脉冲武器开始走向实用化，对电子信息系统、指挥控制系统及网络等构成极大威胁。常规型的电磁脉冲炸弹已经爆响，而核电磁脉冲炸弹——"第二原子弹"正在向人类逼近。

（3）纳米机器人武器。"纳米机器人"的研制属于分子仿生学的范畴，它以分子水平的生物学原理为设计原型，设计制造可对纳米空间进行操作的"功能分子器件"。纳米生物学的近期设想，是在纳米尺度上应用生物学原理，发现新现象，研制可编程的分子机器人，也称纳米机器人。

（4）网络嗅探和信息攻击技术。这是主要用于网络战的武器和技术，旨在以信息为主要武器，打击敌方的认识系统和信息系统，影响制止或改变敌方决策者的决心，以及由此引发的敌对行为。单就军事意义讲，信息战是指战争双方都企图通过控制信息和情报的流动来把握战场主动权，在情报的支援下，综合运用军事欺骗、作战保密、心理战、电子战和对敌方信息系统的实体摧毁、阻断敌方的信息流，并制造虚假的信息，影响和削弱敌指挥控制能力。同时，确保自己的指挥控制系统免遭敌人类似的破坏。

4.战场空间——以虚拟网络空间为战场的电磁空间

网络战是一种破坏性极强的"顶级"作战形式，它的实施关系到国家的安危与存亡。网络空间已经上升为与海、陆、空、太空并列的"第五领域"，将成为未来世界各国的主战场。

网络空间的潜能与其他的作战领域迥然不同。网络空间和它的各种定义出现是随着网络战的出现而产生出来的。在2006年的美国国家军事战略之网络空间作战（NMS-CO）中，参谋长联席会将网络空间定义为："一个领域，其特征是使用电子和电磁频谱对经由网络化系统和相关基础设施的数据进行储存、修改及交换。"与此形成鲜明对比的是，乔治·W·布什政府在2003年的保卫网络空间国家战略中，并没有用到"数据"一词："网络空间是由无数相互关联的计算机、服务器、路由器、交换机和光缆组成，它们支持着关键基础设施的运转。因此，网络空间的良性运转是我们国家安全和经济安全的基础。"美国各政府机构现在一致认为，网络空间确实是一个作战领域，但其实际含义还不明确，其他的定义也五化八门。

网络空间存在是衡量一个国家网络权力大小的另一个层面，具体表现在基础设施、信息源和语言三个方面。在这三个方面，实际上美国等西方国家也占有绝对优势。一是基础设施是网络权力的重要源泉。这里的基础设施主要是指网络软件层面的基础设施。例如，各种确保互联网正常运转的操作系统，各种确保互联网功能得到最大限度发挥的应用软件等。这些软件系统就是网络世界的基础设施，是网络权力的重要源泉之一。二是信息源的存在。信息源的存在主要有两种形式：一种是信息来源，通常是指各种门户网站。门户网站能给我们提供方方面面海量的信息。另一种是搜索引擎。搜索引擎决定了人们在网络空间可以得到何种信息。两者对引导网络舆论，传播一国的文化、价值观和意识形态发挥着重要的作用。三是语言的存在。互联网上的各种信息以何种语言进行发布是一个重大的权力问题。这种语言权力是一国权力最重要的彰显。语言是思想的载体，体现了人的思维习惯，其深层隐藏的是国家、民族的文化和价值观念。它是意识形态最有力但又最容易被网络受众忽视的重要载体。语言在网络世界的生存空间实际上反映了一个国家在网络空间软权力的大小。当前国际互联网通行语言为英语。

网络空间内的行动会以接近光速传播并实时发生，而且能够在影响整个网络空间领域的同时，不会引起人们的预先警觉。在军事计划概念中，网络空间领域下的行动从准备阶段（造势行动）开始，发展到第二阶段（夺取主动权），甚至瞬间在全球范围内达到第三阶段（取得主宰地位），对入侵国和非国家主体产生巨大影响（优势及弱点）。这种瞬间性和整体攻击能力也正是使得网络空间领域更加危险同时更加脆弱的潜在特质。

在信息化战争中，以网络战为首战，采取闪击形式，迅速瘫痪或控制敌方以互联网、关键业务网、工业控制网等为代表的民用网络和以 C4ISR 系统为核心的军用网络，已成为信息化战争新样式。由网络空间发动的网络闪击，配合实体空间运用高超音速巡航导弹、隐形飞机、无人机等发动的全球快速打击，将在短时间内极大地破坏敌体系作战能力和战争潜力，甚至直接达成战略目的。

5. 作战分类——网络战可分为战略网络战和战场网络战

网络战是在计算机网络领域进行的斗争，网络延伸到哪里，网络战的阴影就投射到哪里。从广义网络战和狭义网络战可以将网络战分为两条战线：基于广义网络战的战略网络战和基于狭义网络战的战场网络战。因此，网络战可分为两大类：一类是战略网络战，另一类是战场网络战。

所谓战略网络战，是指围绕国家战略级的军事指挥控制网络、通信网络、情报网络和各类民用网络系统展开的攻防斗争。互联网在给生活带来方便与精彩的同时，也给国家安全带来了许多潜在的隐患。因为许多关系国计民生的重要网络都建立在因特网这个全球性平台上，这就为网络窃密、网络攻击提供了路由。显而易见，战略网络战直接影响国家的政治、军事、经济、外交等各个领域，因而其作战行动敏感性特别强，其指挥决策权必须高度集中，由最高统帅部组织实施，使网络战行动围绕统一的目的有计划地进行，决不可各行其是，随心所欲地实施攻击。

　　基于互联网的战略网络战，是一种间接作战手段，平时和战时都能发生。平时战略网络战是在双方不发生有火力杀伤破坏的战争情况下，一方对另一方的金融网络信息系统、交通网络信息系统、电力网络信息系统等民用网络信息设施及战略级军事网络信息系统，以计算机病毒、逻辑炸弹、黑客等手段实施的攻击。战时战略网络战则是在战争状态下，一方对另一方战略级军用和民用网络信息系统的攻击。这种战略网络战是不是战争或战争的一部分，人们的认识还不尽一致。俄罗斯方面认为，这就是战争。美、欧的很多学者则认为，这要看网络战的规模与破坏程度。零星的、规模小、破坏轻的计算机网络攻击不是战争，有组织的、大规模的、破坏严重的网络攻击可以视为战争；而在发生有火力杀伤破坏的战争的大背景下，任何规模的战略网络战都是战争的一部分。而我们认为，在战争状态下，网络战的规模与破坏程度并不重要，重要的是其为战争服务，对战争的胜负起着一定的作用，应该是战争的一部分。

　　所谓战场网络战，是指以有形战场为范围，对敌方军事指挥控制网络、通信网络和情报网络展开的攻防斗争。很显然，战场网络战的打击对象相比战略网络战而言要少，破坏范围也要小。虽然如此，由于其为整个战争服务，其作用不容低估。战场网络战是网络战的另外一条重要战线，这种网络战可分为狭义战场网络战和广义战场网络战两种形式。

　　狭义战场网络战，是指在攻击、破坏、干扰敌军战场信息网络和防护己方信息网络的作战行动，其主要方式或途径有：利用敌方信息收发路径和各种"后门"，将病毒送入目标计算机系统；让黑客利用计算机开放结构的缺陷和计算操作程序中的漏洞，使用专门的破译软件，在系统内破译超级用户的口令；将病毒植入计算机芯片，需要时利用无线遥控等手段将其激活；采用各种管理和技术手段，对己方信息网络系统严加防护；等等。针对封闭的、局部的战场网络，在交战中实施战场网络战，将可以直接降低敌人的作战能力。美国陆军从1994年开始实施的数字化部队建设，其目的是通过网络把战场上的单兵、单个作战平台和战场指挥控制系统连为一体，形成一个巨型的战场网络系统。鉴于战场网络的高度保密性，通常与因特网物理隔绝；鉴于战场的高度机动性，战场网络通常具有无线传输特性。利用这些特点，就可以对战场网络实施有效攻击。

广义战场网络战，是指将军队的所有侦察探测系统、通信联络系统、指挥控制系统和各种武器装备，组成一个以计算机为中心的网络体系，各级部队与人员利用该网络体系了解战场态势、交流作战信息、指挥与实施作战行动的作战样式。通过战场各作战单元的网络化，能把信息优势变为作战行动优势，使各分散配置的部队共同感知战场态势，从而协调行动，发挥出最大的作战效能。广义战场网络战强调以下基本点：作战行动将主要围绕计算机网络进行；网络是信息实时流动的渠道；信息既是战斗力，也是战斗力的倍增器；作战单元的网络化可产出高效的主动协同，可使指挥员以更多的方式指挥作战，增强作战的灵活性和适应性。

战略网络战与战场网络战之间的协调。战略网络战主要在国际互联网上展开，用于攻击敌方的政治、经济和军事网络，战场网络战主要在战场有线和无线网络上进行，用于破坏敌方的 C^4ISR 系统。网络战中，两条战线上的对抗行动并不是孤立的，二者联系紧密并可以相互转换。战场网络战需要以战略网络战作支撑，战略网络战在特定条件下会演变为常规军事对抗或战场网络战。只有找准战略网络战与战场网络战之间的"平衡点"，有效协调两条战线上的对抗行动，网络战才能取得最佳战果。网络战的两条战线，特点分明，行动各异，不能偏废，更不能舍弃。尽快占领两条战线，齐头并进，相得益彰，才是网络战发展的正确之路。作为高技术战争一种日益重要的作战样式，网络战可以兵不血刃地破坏敌方的指挥控制、情报信息和防空等军用网络系统，甚至可以悄无声息地破坏、瘫痪、控制敌方的商务、政务等民用网络系统，不战而屈人之兵。随着各国对网络战研究的深入，网络战所发挥的作用已与核武器等同甚至超过核武器。

美军认为，战时网络攻击可对其航母编队造成极大威胁。现在的航母已包含有极其复杂的各类系统，从航母本身到舰载航空分队到护航舰队，无一例外。福特级航母将这一特点进一步扩展，并且作为一个横跨数百甚至数千英里的武器和传感器系统的一部分来运转。这一网络的数字链接将得到妥善保护，但不可能万无一失：每一个敌人很可能都会采取手段尝试扰乱和损坏使福特级航母可以最大限度发挥作用的计算机系统。对航母发动的网络攻击的影响可能存在很大差异：在最低限度内，它们可以有效地使航母致盲，使航母及其舰载机更加难以执行它们的使命。这还可能揭示航母的位置，从而使其容易受到包括到导弹和潜艇在内的各种攻击。在极端的情况下，网络攻击可能破坏关键系统，使航母无法自卫。

（三）网络空间作战基本样式

人们未来的竞争大多数会发生在网络空间里，这种竞争不仅仅是企业之间的商业竞争，还会上升到国家之间的战略性竞争，网络空间主权、网络空间安全将直接影响人们的生存和生活环境。网络应用的推广与普及使破坏网络与保护网络的作战方式即网络战也随之诞生。网络成为信息战争中敌对双方打击和防护的重点目标后，以计算机网络为主要攻防对象的网络战全新作战样式便应运而生。揭开网络战神秘的面纱，其大致可归结为网络侦察、网络防御和网络进攻等作战样式。

1. 网络侦察作战

在网络战争中，通过计算机网络窃取重要军事信息成为获取军事情报的重要手段。通常是"网络战士"使用病毒、木马、黑客软件等手段，足不出户就能获取极为有价值的各类情报，这是隐藏在计算机屏幕后边的战斗，也是和平时期网络战的重要内容。

由于互联网上获取军事情报信息量大、机密等级高、时效性快、成本低等原因，依托互联网开展的情报侦察活动已经无孔不入，而且防不胜防。当你浏览网页或与朋友网上聊天时，可能不知不觉就被"对方"牢牢"锁定"，成了"网谍"的猎取目标。2011年5月，世界头号军火供应商洛克希德·马丁公司及其他数家美国军工企业遭黑客袭击，而这些企业均采取了先进的信息安全防范技术和严格的管理措施。其中，洛克希德·马丁公司遭到不明身份人员通过复制内部使用认证令牌，侵入其网络，该公司网络内存储有大量涉及未来武器研发的敏感信息，以及美国如今在阿富汗和伊拉克等地使用的军事技术信息等秘密情报。2010年，超过10万名美国海军官兵和海军陆战队飞行员与机组人员的社会保险号码以及个人信息在互联网上遭到泄露，数月内被浏览和下载上万次，这引起部队极大恐慌，直到同年6月底才被美海军部门发现并制止。据美国情报机构统计，在其获得的情报中，有80%左右来源于公开信息，而其中又有近一半来自互联网。在美国的示范下，世界各国情报机构纷纷采取多种互联网技术，对目标对象的网站进行破译和攻击等，以获取重要情报信息。

网络侦察一般可通过如下方法进行：一是通过破译网络口令或密码进入重要军事系统，获取情报。二是通过设置截取程序截获数据。利用这种截取程序，攻击者可以轻而易举地获取所攻击计算机及其网络传输的几乎所有的信息。三是通过预设陷阱程序窃取信息。通过这种程序，可以越过对方正常的系统保护而潜入系统，进行信息的窃取和破坏活动。这种陷阱具有极强的隐蔽性，非专业人员无法知道其存在。四是通过截取泄漏信息获取情报。在计算机系统工作时，信息往往以电磁波的方式泄漏出去。这种信息泄漏既可以以传导发射的方式通过地线、电源线、信号线传播出去，也可以以辐射发射的方式从空间传播出去。由于信息泄露而获取的情报比其他获取情报的方法更为及时、准确、广泛、连续和隐蔽，因此，情报人员往往可通过各种专用设备，从网络系统（包括电缆、光缆）中窃取重要军事信息，也可从正在工作的计算机中散发出的电磁辐射中窃取信息。

2. 网络防御作战

网络防御是为保护和增强己方实时、准确、可靠地收集、处理及利用信息的能力，而采取的一系列连续性的军事行动。它是通过对己方的网络系统采用各种防护措施，防止敌方的网络入侵和其他形式的破坏活动，保护己方网络系统的正常工作和使用。网络攻击的隐蔽性、破坏性和攻击方式的多样性，使网络防御作战异常复杂，难度较之进攻要大。

第一，关于网络防御模式。网络作战防御是在联合作战的信息防御作战中，为保护己方计算机网络系统免遭干扰和破坏而采取的所有网络防护行动。通常以防止敌方网络渗透、病毒侵害、预置陷阱为主要内容，采取技术与战术相结合的措施，运用电磁遮蔽、物理隔离和综合防护等模式进行防范，以确保己方网络系统安全。具体的防御模式有三种：物理防护、网络隔离和综合防护。

一是物理防护，是指通过各种有效的技术和战术手段，减小己方电磁辐射的强度，改变辐射的规律，使敌人无法侦测己方计算机设备辐射的电磁信号，从而保护己方计算机信息系统的信息安全。物理防护是针对计算机网络的物理实体所存在的安全威胁所采取的保护措施。其主要措施有：在设计计算机、计算机网络物理结构和硬件时，采取防护措施，使之具备一定的抗毁力；对计算机网络工作管理人员进行严格的动态管理，随时掌握人员情况；

加强对数据传输的保密，防止电磁辐射泄密；做好硬盘数据的备份，在受到攻击后要能够将系统恢复到被攻击前的状态；必要时切断计算机网络与外部的连接，进行物理隔绝。

二是网络隔离，是指采取各种技术手段进行网络隔离，防止计算机病毒侵入己方网络系统。网络隔离就是在我方军用和民用计算机网络与外界之间设置屏障，以防止发生不测事件和潜在的破坏性入侵，保护网络及其内部信息资源的安全。这种信息防护技术现通称为防火墙技术，它是通过监测、限制、更改跨越防火墙的数据流，尽可能地对外界屏蔽受保护计算机网络的信息、结构和运行情况等，由此来实现对计算机网络的安全保障。防火墙主要有以下三种类型：包过滤防火防御实图墙：包过滤防火墙设置在网络层，可以在路由器上实现包过滤；代理防火墙：代理防火墙又称应用层网关级防火墙，它由代理服务器和过滤路由器组成，是目前较流行的一种防火墙；双穴主机防火墙：该防火墙是用主机来执行安全控制功能，一台双穴主机配有多个网卡，分别连接不同的网络。目前，防火墙的原理仍然是访问控制，实际上代表了被保护网络的访问原则。需要指出的是，任何一种防火墙都不是绝对安全的，都有缺陷，而且防火墙主要是防外，内部安全问题防火墙很难解决。

三是综合防护，是指采取各种措施，加强对黑客攻击和新概念武器等进行综合防护，尽量减少己方网络系统在敌方攻击中的损失。首先是访问控制，它是网络安全防范和保护的主要策略，它的主要任务是保证网络资源不被非法使用和非法访问。它是维护网络系统安全、保护网络资源的重要手段。访问控制包括：入网访问控制（用户名的识别与验证、用户口令的识别与验证、用户账号的缺省限制检查）；网络的权限控制；目录级安全控制；网络服务器安全控制；网络端口和节点的安全控制。其次是网络监控。网络监控是指计算机网络系统管理员对所管理的计算机网络进行实时监视，并对任何出现的异常情况进行有效的控制。计算机网络系统管理员要定期对计算机系统的安全事件进行收集、记录、分析、判断；定期采取不同的方式对计算机系统进行检测，以发现系统安全存在的漏洞，并采取相应的安全措施进行处理。有效的网络监控可以大大提高计算机网络的安全性。此外是加密。加密包括信息加密和网络加密。信息加密是利用密码技术对信息进行伪装，使无关人员理解不了信息的真正含义。对计算机网络中的信息进行加密主要是防止真实信息被非法窃取，以达到保证信息安全的目的。信息加密的目的是保护网内的数据、文件、口令和控制信息，保护网上传输的数据。网络加密常用的方法有链路加密、端端加密和节点加密三种。链路加密的目的是保护网络节点之间的链路信息安全；端端加密的目的是对源端用户到目的端用户的数据提供保护；节点加密的目的是对源节点到目的节点之间的传输信息提供保护。

第二，关于网络防御战法。基于信息系统网络防御作战是以积极防御的作战思想为指导，为保护和增强己方实时、准确、可靠地收集、处理及利用信息的能力，而采取的一系列连续性的军事行动。它是通过对己方的网络系统采用各种防护措施，防止敌方的网络入侵和其他形式的破坏活动，保护己方网络系统的正常工作和使用。目前，网络防御的基本战法主要有如下内容：一是隐真示假，就是采取藏匿规避等方法，避敌侦察干扰。二是疏散配置，就是分散、不规则地配置网络各要素，削弱敌火力毁伤能力，从而达到以局部损失换取整体网络安全的目的。三是管理防护，就是通过加大对计算机网络系统的管理，达到保护计算机实体及其网络系统安全的目的。四是硬件保安，即严把硬件安全关，防止"病从口入"，如尽可能利用本国生产研制的计算机"软""硬"件，严把网络设备进口关。

第三，关于网络防御方式。网络在拥有先进性的同时，也伴随着可侵入、可破坏、可干扰和可击穿等脆弱性。必须积极防御，努力寻求计算机网络安全防护措施。一是组成电磁频谱屏蔽层。由于无线电波所具有的特性，决定了它作为网络重要信息传输媒介时，具有易截获、易暴露、易泄漏等不利的方面。所以，网络防护必须要设法对电磁频谱进行有效保护。二是形成计算机网络安全保护网。计算机网络安全保护网是为网络建立和采取的技术和管理的安全保护，保护计算机硬件、软件和数据不因偶然和敌方攻击等原因而遭到破坏、更改和泄露，从而保证网络连续正常运行。三是构建计算机网络"防火墙"。即为确保计算机网络安全而采取的保护措施、网络安全体系设计、安全软件开发与应用等行动。

3. 网络进攻作战

网络进攻作战，是指利用网络存在的漏洞和安全缺陷对网络系统的硬件、软件及其系统中的数据进行的一系列攻击行动。网络战作为网络战争的主要作战形式，是一种破坏性极大的"顶级"作战形式，它的实施关系到国家的安危与存亡。虽然和平与发展的时代主旋律依然强劲，但网络战的幽灵已经徘徊在人类社会上空，战争的阴霾显得愈加浓重。网络战正从后台走向前台，从配角转向主角，以独立行动达成政治、军事目的或与常规军事行动结合，达成作战目的。网络进攻作战大致可归结为系统入侵、病毒攻击、拒止服务、实体攻击和网络欺骗五种进攻作战。

一是系统入侵。在计算机网络战中，系统入侵是指：利用系统的硬件、软件等各方面的漏洞，侵入敌方系统，获取系统访问权限和控制权，获取敌方的保密文件，删除、修改敌方系统中的数据，施放计算机病毒，埋藏后门程序等。在发动系统入侵之前，必须首先确定计算机网络战的作战目标。根据所领受的任务确定攻击目标并开始收集所要攻击计算机网络的相关信息（包括系统的软硬件平台类型、用户、服务与应用，系统及服务的管理、配置情况，系统口令的安全性和系统服务乃至系统整体的安全性能）。黑客获取所需信息的方法如下：使用口令攻击程序；使用扫描程序（查询 TCP/IP 端口层并记录目标的响应）；使用 Sniffer（捕获网络报文，可用于监视 TCP/IP 的网络层）；使用系统整体安全性分析、报告软件；使用军事情报。要设法获取目标系统的管理账户权限，主要方法有：字典攻击方法获取管理员口令；利用系统管理漏洞；诱使计算机网络系统管理员运行一些特洛伊木马程序。取得系统控制权后，根据计算机网络战的目标和具体任务可对系统进行破坏、传输病毒、窃取军事机密、散布虚假信息、以目标系统为跳板对其他敌方计算机网络系统进行攻击或仅仅是开辟后门方便以后的入侵。黑客攻击成功的关键在于获取系统访问权和系统控制权，在于黑客发现并利用目标系统的漏洞和弱点的能力。

二是病毒攻击。计算机病毒攻击是把具有不同功能的各种计算机病毒利用一定的传播途径，传入敌方军事或民用计算机网络，并使其在关键时刻发作，在敌方计算机网络中不断地传播、感染和扩散，以达到迟滞、瘫痪敌方计算机网络系统，实施网络欺骗等目的。计算机病毒攻击必须解决两方面问题：首先，要研制出用于不同计算机网络战目的的各种有效的、易传播的、威力强大的计算机病毒；其次，要解决计算机病毒的有效注入，这是计算机病毒攻击的核心技术。病毒注入的方法主要有以下几种：无线电方式注入，主要是通过无线电把病毒码发射到敌方电子系统中，此方式是病毒注入的最佳方式，同时技术难度也最大；固化式注入，即把计算机病毒预先存放在硬件（芯片）和软件中，然后通过销售渠道出售给敌方，需要时激活，这种方式十分隐蔽、很难查出；黑客攻击注入，通过黑客攻击向敌方计算机网络注入计算机病毒，用这种方式，计算机病毒的蔓延速度是最快的；直接注入，通过派遣间谍、收买敌方人员，直接把计算机病毒传播到敌方计算机网络中去。

三是拒止服务。拒绝服务攻击是指攻击者通过一系列动作使得敌方合法的网络系统用户不能及时地得到应得的服务或系统资源，即使得敌方受到攻击的计算机网络（尤其是依赖于 TCP/IP 的）暂时无法使用。它是指通过各种途径向敌方信息网络大量发送垃圾邮件，使其长时间处于信息饱和或超饱和状态，导致网站的网络服务器瘫痪，使敌方无法利用网络及时有效地获取、传输、处理信息，从而削弱其网络功能。实现拒绝服务攻击的方法主要有：短时间内对目标系统发出大量服务请求，从而使该系统可分配的资源（网络带宽、磁盘空间、CPU 资源和内存资源）耗尽；通过修改或破坏系统的配置信息来阻止其他合法用户使用计算机和网络提供的服务；通过破坏或改变网络部件（攻击路由器）以实现拒绝服务攻击；利用服务程序中的漏洞，使处理程序进入死循环。拒绝服务攻击程序可用最少的编程技术实现，对使用者技术要求不高，而且易于操作，但拒绝服务攻击给所受攻击的计算机网络带来的后果却是十分严重的。拒绝服务攻击是实现计算机网络战攻击敌方计算机网络的非常简单而有效的手段。拒绝服务攻击主要用于迟滞敌方计算机网络，使其在一定时间内无法正常运行。

四是实体攻击。物理实体攻击的对象是敌方计算机网络的物理实体，即采用精确制导武器摧毁敌方的信息系统或其要害部位，用强电磁能、定向能、辐射能武器等破坏敌方信息系统的电路，摧毁敌方重要网络系统设施，阻止敌战场信息的获取、传递与处理，使其丧失战场控制能力。计算机网络的物理实体主要包括：计算机（网络服务器、网络工作站）、传输介质（同轴电缆、双绞线、光纤和空间电磁波）、数据终端设备（通信控制器）、数据线路设备（信号变换）、网络设备和网络工作管理人员。计算机网络战物理实体攻击手段主要有：物理设备摧毁攻击，运用非核电磁脉冲炸弹等手段摧毁敌计算机网络的物理设备；人员攻击，通过间谍收买或消灭敌方计算机网络工作管理人员；窃密攻击，通过间谍行为直接盗窃存储在计算机硬盘上的机密数据、接收数据终端设备泄露的电磁信息、从双绞线（接收电磁辐射）、光纤（导出）、空间电磁波（接收）等传播介质中窃取机密数据。物理实体攻击战场在敌后，主要依靠我方的间谍行为，其三种攻击手段均需我方间谍实施。

五是网络欺骗。网络欺骗攻击是在应用计算机成像、电子显示、语音识别和合成、传感、虚拟现实等技术的基础上综合运用黑客攻击、计算机病毒攻击等手段在敌方计算机网络上发布和传播假消息、假命令以达到对敌实施心理战和军事欺骗的目的。网络欺骗攻击的主要手段有：通过系统入侵，在敌计算机网络中传输或发布假消息、假命令；将能够自动产生假消息、假命令的计算机病毒通过计算机病毒攻击注入敌计算机网络中；在 Internet 上传播和发布图文并茂的虚拟现实消息。网络欺骗攻击的主要对象是敌人（包括敌方领导人、指挥员、民众、战士）的心理，其根本目的是根据我方的计算机网络战作战目的影响或改变敌方指挥员的决策。

三、网络战争为现代战争增添新内涵

当今，互联网已将整个世界联结成为一个"地球村"。在信息化的网络社会里，一切政治、经济、文化和军事活动都将围绕网络这个中心来进行。随着互联网持续渗入人类生活的方方面面，同时开启了信息化战争新领域。网络空间的出现拓展了作战空间，使其多维化并向虚拟空间延伸。到目前为止，尽管世界尚未爆发过真正意义上的大规模网络战争，然而世界军事强国却都在为网络战争做各种准备，尤其是网络战争理论的探索和研究更是各国军事理论研究的重点。

（一）网络战争概述

当计算机网络成为新世纪战争的工具和战场，一场没有硝烟的网络战争已经在全球悄然打响。在现代战争中，网络空间被誉为继土地、海洋、天空、太空之后的"第五空间"。2011 年，美国公布首份《网络空间国际战略》和《网络空间行动战略》，把一切针对美国的"网络入侵行为"分级。其中，最高等级的网络入侵将被视作"战争行为"，美国可对此攻击发起传统方式的军事回击。这被认为是人类第一份有关网络战争的宣言，发出的是一份明确的警告。

1. 网络战争概念

所谓网络战争，是指以电脑为主的辅以现代高科技产品为主要攻击设备，在战时对敌方电脑网络进行攻击、入侵等，以达到控制敌方网络从而对其基础设施，如通信、电路、航空、导航等进行干扰及破坏，从而达到不战而胜或削弱敌方战斗力的战争方式。网络战争是信息化战争不可或缺的战争方式。

网络战争根基于军事信息化基础设施的建设，它包括信息源、网络战争各种数据库、信息库、数据传输网络、各种信息应用系统以及信息化作战平台的软硬攻防和对抗系统等。因为网络信息既是"机会之窗"，给人们带来诸多便利和好处；同时又是"易受攻击之窗"，网络空间又存在巨大的隐患风险。世界上几乎所有国家都认为，目前网络空间漏洞百出。网络空间之所以易受攻击，是因为网络系统具有开放、快速、分散、互联、虚拟、脆弱等特点。社会对网络空间的依赖性越强，网络信息的安全就越重要。因此，其安全性令人担忧，而敌对双方就可以利用网络空间实施进攻和防御。这是产生网络战争的社会基础。

网络战争已成为信息化战争的重要形式。如果把一个国家比作人体，那么互联网就好比神经系统。网络战争就是通过麻痹这个系统使得国家战争机器无法正常运转甚至完全瘫痪，从而改变着世界，引领世界变革，塑造着新的政治、经济、文化、社会和军事形态，铸造着新的战争方式、军队结构和国家间军事关系。西方军事家认为，网络战争在几秒钟甚至更短时间内造成的破坏作用不亚于原子弹。每一次敲击键盘，就等于击发一颗子弹；每一块CPU，就是一架战略轰炸机。与传统的战争形态相比，网络战争是一种特殊战争，胜利的天平始终向着网络技术发达的国家倾斜。而令人担忧的隐患是，全球 90% 的核心芯片为发达国家制造，全球 13 台互联网根服务器绝大多数设在美国。

如今，随着国家政治、军事、经济的关键基础设施日益网络化，网络攻击将造成一个国家社会部分或者全部功能的瘫痪，其危害甚至不亚于核生化等大规模杀伤性武器。世界各主要国家都高度重视网络作战，美国、俄罗斯、印度、日本等都在积极发展本国的网络战力量。2010 年 5 月，美国国正式成立网络司令部，陆海空军和海军陆战队分别成立了军种网络空间司令部，总人数达 5 万余人。2011 年 5 月，奥巴马政府颁布《网络空间国际战略报告》，美国防部随后于 7 月颁布《网络空间行动战略》，明确提出了确保美军网络空间优势的 5 大战略举措。美国在 1 年多的时间里，频繁出台一系列网络空间战略举措，已充分说明网络实战化进程正在不断加快，网络战争已经走向战争舞台。

2. 网络战争的产生背景

高度的网络化世界已将网络全面地渗入军事领域的各个层面。美国是世界上首个提出网络战争概念并将这种战争实战化的国家，而且将网络战争认定为与陆地、空中、海上和太空战争领域并列的"第五个领域的战争"。因此，在网络对抗中，由于一切政治、经济、文化和军事活动都将围绕网络这个中心来进行，所以控制了网络空间的制高点，就意味着控制了在多维空间中行动的自由权。

基于互联网的网络空间，本质上是现实世界的延伸，亦即现实世界的数字化体现。虚拟世界并不虚拟，原本发生在现实世界的纷争，同样也会延伸至网络世界。正如美国著名军事学家詹姆斯·亚当斯在其所著的《下一场世界战争》中预言的那样："在未来战争中，计算机本身就是武器，前线无处不在，夺取作战空间控制权的不是炮弹和子弹，而是计算机网络流动的比特和字节。"网络空间的独特性，导致其他所有领域内的现代军事行动都要通过网络空间进行协同、同步和一体化，迫使人们在通过网络空间寻找目标或者规避影响时不得不认真考虑时间和空间因素。在发达国家，互联网不仅是信息传递的工具，而且是控制系统的中枢。不仅国防设施要靠网络指挥，包括电话网、油气管道、电力网、交通管制系统、国家资金转移系统、各种银行转账系统和卫生保健系统等事关国计民生的各个方面，也越来越建立在对计算机网络的极端依赖上。

正如互联网本身就是美苏两个超级大国冷战思维的产物一样，自它诞生那天起就注定了必将成为未来世界最为重要的战场。人类社会自进入网络时代始，意识形态战、金融战、文化战、信息战等各种战争都可以通过互联网这个平台，以网络空间为主战场，展开更为激烈的角逐和厮杀。网络空间战争实质上就是广义上的网络战，即战略网络战，它是以计算机网络空间为战场，以计算机为主要武器，以知识化的程序代码为弹药，以具有计算机攻防能力的人才组成作战部（分）队，以夺取和保持信息网络优势，进而夺取和保持制网权，为政治、经济、军事、外交等战略战役战术行动服务的军事对抗行动。其作战是以先进信息技术为基本手段，在整个网络空间上进行的各类信息攻防行动。

由于网络空间无处不在而又危险四伏，世界各国都将网络安全视为国家安全的重要组成部分。奥巴马直言不讳地说，网络基础设施是美国经济繁荣、军事强大、政府高效的根本保证。没有网络基础设施，美国就无法应对21世纪面临的各种挑战。网络空间安全，关系到美国能否继续保持经济竞争力和军事优势。

3. 网络战争的主要特点

网络空间虽然也是一个物理域，但它所构成的空间是一种虚拟空间。在这种虚拟空间领域中的冲突和战争不同于传统物理空间的冲突，因此具有与传统物理空间领域所不同的表现特点。

一是网络作战力量构成多元广泛。在网络战争中，每个芯片都可能是一种潜在的战争武器，每台入网的计算机都将可能成为一个作战单元。任何一个拥有一台计算机和入网线路的人，只要熟悉网络配置情况，掌握一定的计算机理论和操作技能，就能够上网运作、发布与传递信息；就能够攻击装有芯片的系统；就能够介入网络作战，成为一名"网络战士"，在网络战场上"冲浪"。而且这种"网络战士"不受职业、年龄、时间、地点的限制。因此，在信息化条件下遂行网络作战，作战双方均可发动广大网民参与"网络战"，设法进入敌国敌军的网络系统，甚至渗透于入网设备、数据库中，窃取有关资料，修改作战或后勤保障诸计划，干扰其指挥程序，人为地集中大量网民对网络中关键输入输出接口实施"兵力"阻塞，破坏其"信息流"。

二是网络空间战场信息透明且传输实时在信息化网络空间战场上，由于信息技术的广泛运用，各种战场传感系统、侦察系统能够全方位、大范围、全天候地探测、监视、侦察瞬息万变的战场情况；特别是无人驾驶飞行器、无胶片摄像机等，能够精确地对敌战场态势乃至战斗过程中的行动进行探测、识别、跟踪攻击。随着数字化装备的发展，单兵作为一个作战单元，均能很方便地从他们的"头盔"和综合显示器里获得敌我双方位置、友邻的配置、弹药、油料等作战及后勤保障相关信息，从而使得传统的"雾里看花"的战场景况大为减少，进一步提高作战人员对战场信息监控与洞察的准确程度。另外，由于战场网络是一个由通信情报网络、计算机、战场数据库以及各种用户终端等组成的综合网络，它不仅可以真实及时地传输图像，而且还可以真实及时地传输话音、文字、数字等信息，为战场上各力量单元提供一幅共享的战场"动态图"，从而达成战场信息的实时传输与共享。

三是网络作战时间与空间无限广阔。网络作战的战场空间，是虚拟的网络电磁物理空间作战。这一物理空间中，时间跨度的无始无终、作战节奏的快慢也无定势。在网络战争中，作战节奏加快，其比率多达成百上千倍，并将以分、秒乃至更小的单位来计算。从这个意义上说作战时间是无限的。由于网络战可以使军队实时地获取、传输、处理多种信息，可以在很短的瞬间完成以往作战几天甚至几个月根本不可能完成的作战和后勤保障任务。同时，网络战争空间还是广阔无边的。由于军用、民用信息技术、信息网络设施等互融互渗，导致信息网络系统在任一点都可能成为潜在的战场。因此，网络战将不受局部的陆海空交战空间的任何束缚。网络战既无地面空中之分，也无前后方界限之别；既不受气候因素制约，也不受地形因素影响；既可对整个战场进行网络的平面覆盖，也可对整个战场进行网络的主体交织。

四是网络战争的攻击手段多样且破坏力强。网络战争是非传统领域的作战行动，使用的是信息网络系统，因此其攻击手段多样，既可以是黑客攻击，也可以是采用计算机入侵，还可以利用其他方式。就黑客攻击而言，其方法有猜测口令实施攻击、"后门穴陷阱"预设攻击、破译密码截获攻击、电子引诱欺骗攻击等。就采用计算机入侵攻击而言，其攻击方式有暗藏型病毒攻击、超载型病毒攻击、间谍型病毒攻击、干扰型病毒攻击、杀手型病毒攻击、霸道型病毒攻击、强制隔离型病毒攻击等，其入侵方式既可以是空间注入，也可以是送毒上门；既可以是接口输入，又可以是"偷梁换柱"。正因为其攻击手段多样，网络中诸如指挥控制中心、通信枢纽、机场等重要"节点"目标，极易遭到网络攻击，而这些网络中心环节一旦受攻击，必然导致系统的瘫痪。通过网络作战可对敌人网络系统实施致命打击。人类处在高度一体化的网络社会，国家运转、社会生产、商务、政务乃至日常生活，都高度依赖互联网。如果实施大规模网络攻击，就有可能使一个国家、一个地区陷入瘫痪，其作用不亚于核武器；如果能够操控网络舆论，就有可能使一个国家、一个地区陷入混乱。互联网作为变革世界的巨大力量，已成为重要的战争武器和厮杀战场。

信息化条件的网络战争无论在作战力量、战场信息，还是在作战时空、攻击手段、打击精度上，都将显现出与以往战争迥然不同的特点。随着网络战争的发展，未来战争力量的对比将越来越多地取决于网络武器系统所带来的无形的、难以量化的巨大潜能，以往根据陆海空军人数、武器类型、数量、性能等静态指标来评定战争力量强弱的方法将受到巨大挑战。

（二）网络战争是现代战争的新形态

如今，信息网络对于一个国家运转的重要性已经不言而喻。如果把一个国家比作人体，那么网络就好比是神经系统。网络已经成为当下社会无所不在、无所不控的"神经"和"枢纽"，成为世界大国争夺的战略制高点，信息化战争亦在网络空间发起，网络战争成为信息化战争的重要表现形态。

一是网络战争依然是政治在特殊空域的继续。战争是政治的继续，这一永恒的法则在任何时候都不过时，网络空间战争也不例外。互联网异于现实空间的特点，使其日益成为一种新型的强大的社会、经济和政治整合力量。围绕着对互联网的开发、控制和利用，全球范围内已经开始了激烈的竞争和较量。美国加州大学传播学教授丹·希勒指出了网络的实质："互联网绝不是一个脱离真实世界之外而构建的全新王国。相反，互联网空间与现实世界是不可分割的部分。互联网实质上是政治、经济全球化最美妙的工具。互联网的发展完全是由强大的政治和经济力量所驱动，而不是人类新建的一个更自由、更美化、更民主的另类天地。"可见，互联网在本质上是政治性的，政治决定未来以什么方式组织以及为谁的利益进行谋划。这一点在军事和战争中同样适用，即网络空间战争的本质是政治性的。

随着互联网的发展超越技术层面，"互联网空间的技术结构和运作模式引起了新的授权过程，使其成为一种新的赋权武器。这样，以信息网络为基础的新型的政治动员和社会运动便开始威胁社会安定和国家安全，在较深层次上影响社会决策和发展"。互联网代表着各种不同的利益和价值观，统治者总是善于运用互联网来维护其主流的社会价值。网络空间的各种对抗和冲突虽然并非传统意义上的战争，但事实上是现实世界政治在网络空间的延续，是一种更广泛意义上的战争，而且这种战争的政治性通过网络表达表现得更为鲜明。1999 年的科索沃战争中，互联网使战争进入一个全新时代。

除 B-2、F-117、战斧巡航导弹等高精尖武器外，"计算机网络里流动的比特和字节"成为新型武器。由此，科索沃战争使人类战争史上首次出现网络战区，其蕴含的政治倾向性无疑值得深入研究。2010 年 1 月，美国国务卿希拉里发表关于"互联网自由"的讲话，表示要将"不受限制的互联网访问作为外交政策的首要任务"，互联网被开辟为推行美国价值观的新战场，从而在网络空间展开了一场无声的战争。

二是网络空间战争表现出新的暴力形态。网络空间战争似乎是没有硝烟、没有面对面的厮杀和流血，只有网络无形空间中的激烈争夺，网络空间争夺作战手段和形式与过去相比发生了极大变化，但战争暴力对抗的本质并没有发生根本变化，只不过是以一种新的形态表现出来。在网络战争中，几秒钟甚至更短时间内造成的破坏作用不亚于核弹，因此俄罗斯军事学说已将网络攻击手段定性为大规模毁灭性武器，并保留了运用大规模毁灭性武器或核武器反击的权利。这也充分说明，网络空间战争的暴力本质丝毫未变。在2008 年 8 月爆发的俄格冲突中，俄罗斯出兵前就对格政府网站进行了协同攻击，致使格互联网服务器因流量过大而瘫痪。这是第一次与现实战争同时发生的网络攻击。幸而格鲁吉亚是全球互联网依赖程度最低的国家之一，这次网络攻击只是给其网民造成了些许不便，并未造成电力供应中断或金融混乱等灾难性结果。如果是两个信息化程度较高的网络国家发生冲突，网络攻击就可能摧毁对方的金融、商贸、交通、通信、军事系统等核心信息系统，令其整个社会体系陷入瘫痪，其后果并不亚于用核弹直接轰炸一个国家的重要设施，其暴力性远远超过真正的热战。网络空间战争通过软硬两种不流血的手段制服敌人，虽不会伤及对方人员的生命，客观上看似降低了战争的烈度，后果却更为严重，并未改变战争本身的暴力性质。

三是人依然是网络战争的决定性因素。无论战争形态如何变化，战争在何种空间进行，人作为战争的主体仍然是决定性因素。尤其是网络空间遂行的战争，极端依赖信息技术手段和以其为基础构筑的信息作战平台，并且主要是在网络空间进行争夺，可以说计算机网络战战士的技术水平直接决定了网络战的胜负。网络因其开放性、交互性和共享性而形成了一个虚拟的网络空间，人作为现实主体第一次能够超越现实空间的束缚，从而具有了双重主体性（即现实主体性与虚拟主体性），但人的虚拟实践最终还要以现实实践为基础。作为接入网络的各种通信介质的使用和战果的达成，更依赖于作战人员的专业知识、思维水平和技术能力。当今世界，博士和科学家也冲到战争的最前线，发动"电脑战"。在计算机网络战中，网络战士将使用各种先进的网络战武器向敌方进行攻击。防御性武器如能探明"黑客"闯入的滤波器，可以根据特殊编制的软件鉴别和标明"黑客"，并对"黑客"进行追踪，并由防御转入进攻。目前，世界各国政府正在给具有黑客技术的年轻计算机奇才的军队提供资金，组建一些专门收集情报以便将这样的场景变为现实的精英小分队。这些奇才正在悄无声息地寻找适当的方法进入敌对国家的计算机网络以使该国陷于瘫痪，并保护自己免受同样的威胁。

四是网络战争的作战内涵更加丰富。有形的现实空间与虚拟的无形网络空间并存，且后者将是作战的主要空间。"冷战"后世界上爆发的几场局部战争均显露出网络化战争的明显特征。在海湾战争、科索沃战争、阿富汗战争和伊拉克战争中，进攻一方都是首先通过控制战场的制电磁权而对防御一方实施网络压制。互联网不仅是一种新的战争手段，而且超越了宣传战、心理战层面，真正成为战争链条中的重要一环。在美军制定的信息战诸多方式中，有一项就是利用计算机网络攻击对方。即无论是和平时期的"信息作战"，还是在危机或冲突期间的"信息战"，都包含了心理战、军事欺敌、作战安全、电子战、实体破坏和计算机网络攻击六大战法。可以说，在未来的战争中，由国家或军队支持的、以摧毁对方信息系统为目标的、有组织的黑客攻击行为不可避免。作战平台多种多样，公众电话网、各种专用数据网及贸易手段都能被充分利用，还可以专门派遣特工攻击对方硬件。

（三）网络战争已经打响

网络空间与信息的结合日趋紧密，网络空间已然成为经济、政治和战争的运作环境，甚至某种新的地缘政治环境。如今，人类进入全球网络时代，网络战争已成为信息化战争的重要形式。近年来，网络攻击和入侵事件从数量规模到危害程度不断升级，已对国家安全构成严重危害。人们惊呼：网络战争已经打响！

1. 网络战争初现端倪

2007年，爱沙尼亚的政府和商业网站遭到大规模网络攻击。攻击时间持续数周，导致爱沙尼亚人无法在网上处理银行账户和进行电子商务活动。爱沙尼亚执法部门通过调查发现，网络攻击源自俄罗斯，并要求俄执法部门协助捉拿和审判犯罪嫌疑人。但俄罗斯政府断然否认其应承担任何责任，认为爱沙尼亚执法部门提供的证据不充分。爱沙尼亚是北约成员国，根据《北大西洋公约》有关条款规定，针对任何一个成员国的攻击都可视为针对所有成员国的攻击。据此，北约向爱沙尼亚派出了技术顾问，以帮助其消除网络攻击带来的损害。但除此之外，北约不知如何是好，并没有进一步采取任何正式的外交或军事行动。

2008年8月，正当举世瞩目的奥运会在北京开幕之际，俄罗斯和格鲁吉亚因南奥塞梯问题兵戎相见，引发了震惊世界的俄格冲突。在俄政府出动军队进行地面和空中作战的同时，一些俄罗斯民众组织了对格鲁吉亚的网络攻击。任何人都可以从支持俄罗斯的网站上下载软件和指令，攻击格鲁吉亚的网站，使其无法登录。例如，用户可以访问一个名叫"阻止格鲁吉亚"的网站，从那里下载想要攻击的格鲁吉亚网站清单，只需输入网址并点击一个名叫"开始阻塞"的图标，就可完成对该网站的攻击。这次网络攻击威力巨大，效果显著，使格鲁吉亚政府和新闻媒体的网站几乎全部陷入瘫痪，无论在格境内还是境外都无法访问。

2009 年 7 月 4 日，美国全国上下沉浸在庆祝独立日的喜庆气氛中。许多美国人忙于同家人和朋友聚会，享受着他们最钟爱的烧烤。此时，他们都没有注意到，美国政府的网站正受到大规模网络攻击。白宫、国土安全部、国家安全局、联邦贸易委员会、财政部、国防部、纽约证券交易所、纳斯达克、雅虎、亚马逊等网站无一幸免，遭到攻击后运行缓慢，或根本无法登录。没过几天，韩国政府的 11 家网站也遭到类似的攻击，而且对美国和韩国网站发动的攻击都源自同样的 5 万多台计算机。一些网络专家认为，攻击者使用的方法并不高明，手段也不先进。几小时后，遭到攻击的网站就恢复了正常工作。

2. 网络战争日趋成熟

对于网络攻击是否应被视作战争行为，目前国际关系、军事理论和网络安全方面的专家学者看法不尽相同，主要原因是网络战争的性质和网络攻击者的身份难以确定。尽管人们对网络战争存在不同的看法，但发生在国家之间的近几场网络战争表明，网络战争作为信息化战争的重要组成部分，表现出越来越成熟的战争形态。

一是网络战部队日益专业化。目前，世界各国军队都十分重视计算机网络战准备，纷纷成立各种正式或非正式的计算机网络战部队。美国作为世界最大的军事强国和计算机网络的发源地，拥有世界上最庞大的计算机网络系统和最发达的网络技术。美国军队的网络化水平在世界上遥遥领先，其军事系统对计算机网络的依赖性也最强。因此，美国十分重视加强网络战建设。美军组建了世界第一支具有实战意义的网络战部队，即第 609 中队。目前，该中队部署在美国卡罗来纳州萨姆特附近的空军基地，由 55 名经过特别训练的计算机专家和管理人员组成，主要任务是监视通过因特网进入美国计算机网络的数据通信，保护美军的网络信息，防止黑客闯入美国的重要网络等。科索沃战争后，英国陆军迅速行动，建立网络作战单位，以对抗渐渐增加的网络战威胁。在皇家通信兵团的赞助下，组成一个四十多人单位，集中研究防范各种最新病毒的措施，并研究开发有关网络进攻的措施。由此可以看出，随着计算机网络战在战争中的地位作用日益突出，计算机网络战部队必将出现并向专业化方向不断发展。

二是越来越多的国家重视发展网络武器。随着计算机网络战走上战争舞台，计算机网络攻击武器的研制开发也被各国军队提上了日程。已经开始投入巨额经费用于计算机网络战武器的研制开发工作，其研制范围涉及攻击、防护和计算机软件、硬件等多个方面。无独有偶，日本防卫厅在 2000 年 10 月 22 日前开始研究要在下期防卫力量整备计划期间（2001—2005）独立进行试验用电脑病毒和黑客技术的开发。可以预见，在不久的将来，专门的计算机网络攻击武器平台将会出现。这种攻击武器将不仅仅是一种普通计算机，而是一种由计算机软、硬件紧密结合的武器系统。根据不同的需要，这种攻击武器可以包括大、中、小型或固定式、台式、便携式等几种，利用这种攻击武器，可以对敌方网络进行侦察、入侵、攻击和破坏等活动。同时，计算机病毒、特洛伊木马、后门程序等计算机软件也会不断发展更新，逐渐成为实用的计算机网络战武器。而且，这种软件武器会随着计算机技术的发展而不断升级换代，以便对抗不断提高的计算机网络防护能力。

三是大规模战略性网络战纷纷呈现。进入 21 世纪以来，发生在国际互联网上的几起重大网络袭击和黑客对抗事件表明，随着各国军队对网络战的重视程度不断增强、投入力度不断加大，各国军队的网络战实战能力也将不同程度地得到增强。综合此次事件可以推断，一旦战争爆发，大规模战略性网络战进入实战将不可避免。从海湾战争和科索沃战争中网络战的实践也可以看出，网络战将首先发起并贯穿战争的始终，其地位作用将更加显著。而且，发生在国际互联网和战场指挥控制网络两条战线上的网络战不会截然分开，而是相互配合、相互支持，融为一体。

　　四是制网权是信息化战争制胜新要素。掌握制网权就是保证在控制和使用网络的同时，能阻止敌人控制。网络战争是一场革命，它对未来战争所产生的影响将是巨大的。正如铁甲战舰的产生导致了制海权思想的产生，飞机的出现导致了制空权理论的形成，各种航天器的出现导致了制天权的发展，计算机网络的高度发展及在军事领域的广泛运用，导致战争制权由制陆权、制海权、制空权和制天权向制网权发展。为夺取信息化战争中的主动权，必须能有效地保证己方网络的控制和使用并阻止敌方控制和使用网络的权力，也就是要掌握制网权。随着网络在军事上的广泛应用，战争中网络控制与争取将日趋激烈。掌握制网权，已成为信息化战争制胜的重要因素。

　　随着物联网、云计算、大数据和人工智能等新一代信息技术在军事领域的广泛应用，各国在维护国防信息网络安全、打赢网络战争等方面将会面临更加严峻的挑战。

第六章　主要国家网络空间安全战略

随着社交网络、云计算、大数据、移动互联网等新技术的普及应用，各主权国家和利益主体围绕网络空间的战略博弈也在不断趋向立体和纵深，网络空间信息安全成为汇聚各国政治、经济、文化等诸多安全利益的交汇点和制高点。在此背景下，网络安全战略成为国家安全战略的重要内容而日益凸显。随着网络安全面临的挑战越来越大，世界各国高度重视网络空间安全问题，并相继出台了国家网络安全战略。2011年，国际上有专家将其称为"网络信息时代新的国际元年"。因为这一年，美、英、法、德、日等国着眼未来发展纷纷出台了新的网络空间战略计划，旨在未雨绸缪，发展网络尖端科技，建设网络空间作战力量。目前，世界上有一百多个国家具备一定的网络战能力，公开发表网络安全战略的国家达56个之多。

一、美国网络空间安全战略

美国是世界上第一个进入网络社会的国家，也是最早把网络安全战略作为国家安全战略的组成部分而制定了网络安全战略。美国是一个进入网络社会的国家，各领域对网络的高度依赖，导致抵御网络安全威胁的脆弱性，因此一旦出现网络危机，有可能导致美国整个社会陷入瘫痪。这就是美国人所担忧的"电子珍珠港"或者"电子9·11"事件。为避免这种情况的出现，美国在世界上第一个制定了网络安全战略，而且也把网络安全战略作为国家安全战略的组成部分。因此，美国的网络安全战略也是世界上最早、最完善和最成熟的。

（一）从克林顿政府到奥巴马政府，网络空间安全战略的演进与完善

美国对网络空间安全战略重要性的认识是一个发展的过程。从克林顿政府到小布什政府再到奥巴马政府的网络安全战略的演变，经历了从重视基础设施防御、先发制人的网络攻击，到谋取全球制网权的演变。美国政府致力于维护信息的保密性、完整性、可控性与安全性的网络安全战略，并为此形成了组织管理保障、技术保障、法律法规保障和执行保障等体系。

1. 克林顿政府网络基地设施保护的全面防御战略

在克林顿时代，美国政府就高度重视网络安全战略，视之为国家安全战略的重要组成部分。从克林顿政府时期就开始着手网络安全领域的战略部署，主要以国家重要网络基础设施的防护为主。这一时期，美国就十分重视网络安全基础设施建设，网络空间安全战略主要进行网络防御。

克林顿政府时期，美国致力于维护信息的保密性、完整性、可控性与安全性的信息／网络安全战略。1993 年，克林顿政府首次提出建立"国家信息基础设施"。1998 年，克林顿总统签发《关键基础设施保护》总统令（PDD-63），首次明确信息/网络安全战略的概念、意义和长期短期目标。该命令开宗明义地说，世界上最强大的军事力量和经济力量相互促进和依赖，但是也越来越依赖某些关键设施和以网络为基础的信息系统。所谓关键基础设施是"指那些对国家十分重要的物理性的以及基于计算机的系统和资产，它们一旦受损或遭破坏，将会对国家安全、国家经济安全和国家公众健康及保健产生破坏性的冲击"。[①] 关键基础设施日益自动化、相互联结，但是这种先进

---

① The White House,"National Plan for Information Systems Protection Version 1.0: An Invitation to a Dialogue", 2000, http://fas.org/irp/offdocs/pdd/CIP-plan.pdf.

性却对网络袭击越来越脆弱。美国应该从国家战略高度保护包括网络在内的基础设施。1998 年，美国国防部正式将信息战列入作战条令，并批准成立"计算机网络防御联合特种部队"，专司军事信息网络防御。同年年底，美国国家安全局（NSA）公布《信息保障技术框架》，提出"深度防御战略"。所谓深度防御战略，就是采用一个多层次的、纵深的安全措施来保障用户信息及信息系统的安全。在深度防御战略中，人、技术和操作是三个主要核心因素，是保障信息及信息系统的安全的关键。2000 年，克林顿总统提出了《信息系统保护国家计划》（NIPP1.0），强调国家信息基础设施保护的概念，并列出了可能对美国网络关键基础设施发起攻击的六大敌人：主权国家、经济竞争者、各种犯罪、黑客、恐怖主义和内部人员。他率先提出重要网络信息安全关系到国家战略安全，把重要网络信息安全放在优先发展的位置，并对重点信息网络实行全寿命安全周期管理。12 月，克林顿又签署《全球时代的国家安全战略》[①]文件，将信息安全/网络安全列入国家安全战略，成为国家安全战略的重要组成部分。这标志着网络安全正式进入国家安全战略框架，并具有独立地位。

克林顿政府偏重于关键基础设施的防御保护。那时美国政府为保护美国网络安全围绕准备与预防、侦察与反应和建立坚实基础三个目标进行。准备与预防就是采取必要措施，使对美国关键信息网络进行重大、成功的袭击的可能性最小化，同时建设一个基础设施，确保网络受到攻击时维持网络的有效性；侦察与反应就是实时确认和评估网络袭击，然后牵制这种攻击，并迅速从袭击中恢复过来，重建受损的系统；建立坚实基础就是建立机构，教育民众，制定法律，做好"准备和预防"。克林顿政府时期从保护关键基础设施来确保网络安全，其中一个关键问题就是防范恐怖分子利用网络对美国发

---

① The White House, "A National Security Strategy For A Global Age", December 2000, http://www.globalsecurity.org/military/library/policy/national/nss-0012.pdf.

起恐怖袭击，采取一切必要措施，迅速消除导致关键基础设施面临物理和网络攻击的明显弱点。

2. 小布什政府网络先发制人的攻防兼备战略

小布什政府时期将网络安全提升至国家安全的战略高度，强化了网络安全建设，并体现出攻防兼备的特点。小布什政府时期，美国网络空间安全战略"加速发展"，美军扮演着"以攻验防"的角色。"9·11"恐怖袭击事件加速了美国政府对关键基础设施的保护，强化了美国对网络安全战略的实行。

"9·11"事件之后，一些恐怖分子利用网络之便向美国计算机网络频频发动攻击，特别是对要害部门的网络进行破坏，从而危害美国及其盟友国家民众的安全，为此小布什政府把加强网络信息安全和防范"网络恐怖主义"作为头等大事。2001 年 10 月，小布什总统就以 13231 号行政令，发布《信息时代保护关键基础设施》[①]第一个行政命令，小布什总统任命反恐专家理查德·克拉克为委员会主席，并任命他为"总统网络安全顾问"。同时，组建总统关键基础设施保护委员会实体机构，以取代克林顿政府时期成立的总统关键基础设施保护委员会。该委员会成员包括国务卿、国防部长、司法部长、商务部长、国家经济委员会主席、总统国家安全事务助理等官员。根据该命令，委员会主席将成为总统网络安全事务顾问。小布什政府从两个方面着手确保网络安全：制定关键基础设施的保护，制定网络安全战略。同时，着手研究起草国家战略，并于 2003 年 2 月 14 日公布了《国家网络安全战略》报告，正式将网络安全提升至国家安全的战略高度，从国家战略全局上对网络的正常运行进行谋划，以保证国家和社会生活的安全与稳定。

---

① Executive Order 13231 of October 16, 2001,"Critical Infrastructure Protection in the Information Age", http://www.fas.org/irp/offdocs/eo/eo-13231.htm.

2005 年美国国防部公布的《国防战略报告》，明确将网络空间与陆海空和太空定义为同等重要的、需要美国维持决定性优势的五大空间。同时，美军组建专门负责网络作战的"网络战联合构成司令部"。2006 年年初，美军制订网络战的总体规划，同时美国三军组建各自的网络部队，并从此开始每两年举行一次"网络风暴"演习，以全面检验国家网络防御水平和实战能力。爱沙尼亚政府、银行等网络在 2007 年遭受来自俄罗斯黑客猛烈攻击后，美国重新审视了以往的网络安全战略，面对新的挑战，及时补充和调整并制定新的网络安全战略。2008 年发布机密级的第 54 号国家安全总统令，设立"综合性国家网络安全计划（CNCI）"，主要内容是为保证美国网络安全采取防御和攻击等措施，主要包括 12 项核心内容。该计划以"曼哈顿"（第二次世界大战时期研制原子弹工程）命名，具体内容以"爱因斯坦"一、二、三组成，目的是全面建设联邦政府和主要信息系统的防护工程，建立全国统一的安全态势信息共享和指挥系统。CNCI 的实施为美国政府提供了一整套主要面向政府信息网络的网络安全保障措施。

小布什时代则偏重网络安全的进攻。先发制人的军事打击是小布什政府的军事原则，这个原则也运用到了网络领域。除了保护基础设施外，小布什政府则主张对敌进行先发制人的网络攻击。为此，小布什政府非常重视美军网络战进攻能力建设，大力开发计算机网络战武器。三军成立各自的网络部队，研发、利用新网络技术，实施先发制人的网络打击。2008 年 4 月，布什总统发布了《提交第 44 届总统的保护网络空间安全的报告》，建议美国下一届政府如何加强网络空间安全。

3. 奥巴马政府掌控制网权的网络威慑战略

奥巴马时代，美国政府更注重网络安全，为谋取全球制网权，组建网络司令部，初步建成了网军作战力量体系，网络空间安全战略基本成形。在竞选总统期间，奥巴马就是依靠网络获得竞选的巨大优势，因此在 2009 年上台伊始，他立即指示对美国的信息网络进行了为期60天的信息安全评估，随后出台一系列战略报告。

　　奥巴马在第一任期中，陆续制定并提出了各种网络空间相关战略和指示。奥巴马在2009年1月的总统就职演说中，提出要将网络安全作为本届政府的优先课题，并指示对网络安全战略进行重新评估。2月，奥巴马政府经过全面论证后，公布了《网络空间政策评估——保障可信和强健的信息和通信基础设施》报告，将网络空间安全威胁定位为"举国面临的最严重的国家经济和国家安全挑战之一"，并宣布"数字基础设施将被视为国家战略资产，保护这一基础设施将成为国家安全的优先事项"，全面规划了保卫网络空间的战略措施。5月29日，奥巴马公布了由哈撒韦评估小组制定的《网络空间政策评估——保障可信和强健的信息和通信基础设施》报告。又相继设置"总统安全协调官"一职，成立"网络司令部"。通过一系列措施宣告了以大数据为核心，以观念塑造、积极防御、攻击性打击为主旨的网络安全新战略起航。6月，美国国防部长罗伯特·盖茨正式发布命令建立美国"网络空间司令部"以统一协调保障美军网络安全和开展网络战等军事行动。该司令部隶属于美国战略司令部，编制近千人，2010年5月，美国网络司令部正式启动工作，10月正式开始工作运行。

　　2011年5月16日，美国白宫、国务院、国防部、国土安全部、司法部、商务部联合发布了《网络空间国际战略》。《网络空间国际战略》成为美国处理网络问题的"指南针"和"路线图"，是美国国家网络安全战略的集大成者，也是第一份明确表达主权国家在国际网络空间中的行动准则的战略文件，其战略意图明显，即确立霸主、制定规则、谋求优势、控制世界。《网络空间国际战略》是美国政府关于网络空间的最高层次战略文件，其中提出奠定美国网络安全政策基础的重要方针。文件指出，网络防护的威胁对象涵盖一切"恐怖分子、罪犯、国家及其代理人"，对网络空间的敌对行为，"与其他威胁一样，将基于自卫权加以应对"。《网络空间国际战略》明确提出了要综合运用 3D 手段（即外交、防御和发展），确保美国战略目标的实现。其中与防御相关的部分首次将原先局限于国防战略的"威慑"战略引入网络安全领域，提出将综合运用网络空间的技术手段和实体世界的物理杀伤手段，来应对虚拟数字世界的信息攻击。该战略文件的出台标志着美国国家网络安全战略的整体定型。这也是美国网络安全战略经历长期变化、发展、转型之后的阶段性成果。梳理这一变化发展过程，有助于更好地认识和理解美国的国家网络安全战略。另外，对作为防护对象的"本国、盟国、伙伴国以及国家利益"方面，明确提出不但包括本国（美国），还包括其他的同盟国。文件还进一步指出，在应对网络攻击的手段方面，"保留在国际法基础上使用一切必要手段（外交、情报、军事以及经济）的权利"，明确提出了军事可作为应对手段之一。

美国国防部以白宫《网络空间国际战略》为基础，制定发布了低一个层次的网络空间战略和政策。2011 年 7 月 14 日，美国国防部发布了首份《网络空间行动战略》报告，将网络空间定为与陆海空天并列的"行动领域"，将网络攻击视同"战争行为"，并提出五大战略措施，用于捍卫美国在网络空间的利益，使得美国及其盟国和国际合作伙伴可以继续从信息时代的创新中获益。这是继 5 月出台《网络空间国际战略》之后，美国推出的又一份至关重要的战略文件，体现了美决策者对于网络空间战略价值、威胁来源以及应对策略的新看法，表明了美国对网络空间这一"虚拟国土"争夺与掌控的步伐正在加快，正从以往的"蓝图"转变为当下的"路线图"。11 月，美国国防部又出台了沿袭《网络空间国际战略》基调的《网络空间政策报告》。在应对网络攻击方面，在先前《网络空间国际战略》提出可以选择军事手段加以应对的基础上，《网络空间政策报告》进一步明确可采用物理能力予以应对。美国国防部在依据《网络空间国际战略》细化落实的《网络空间行动战略》中，创造了"积极防御"的概念，明确指出"当发现美国境外的计算机内存储有可能危害美国的代码时"，可以"主动"采用包括物理毁伤在内的手段"越境"攻击，以消除这种威胁。①

2012年3月29日，美国宣布投资2亿美元，启动"大数据研究发展计划"。这一计划涉及美国国家科学基金、能源部、国防部等六个联邦政府部门。在此战略规划下，美国国防部高级计划署又推出了"网络内部威胁""洞察力""机器读取"等大数据安全研发项目，致力于大数据核心技术的解决方案。美国政府已将大数据视为国家创新战略、安全战略、信息通信技术（ICT）产业发展战略以及网络安全战略的跨界焦点，借此全面强化其未来网络空间战略优势。10月中旬，美国总统奥巴马签署名为《美国网络作战政策》（PDD21）的总统指令，要求美国国家安全和情报官员制定一份美国可以进行网络攻击的目标名单，允许军方采取具体的必要的进攻和防御行动，以阻止针对美国政府和私营企业计算机网络的赛博攻击（网络攻击），从而在法律上赋予美军具有进行非传统作战权力，明确从网络中心战扩展到网络空间作战行动等。该指令明确区分网络防御和赛博（网络战）操作，努力引导军事官员和指挥官面对这种威胁时快速做出决定。该指令还寻求清除各联邦政府机构之间的困惑，指导应该授权何种机构、采取何种行动来阻止赛博攻击（网络攻击）。

2003年2月14日，美国公布了《国家网络安全战略》报告，正式将网络安全提升至国家安全的战略高度，从国家战略全局上对网络的正常运行进行谋划，以保证国家和社会生活的安全与稳定。2月，奥巴马还发布第13636号行政命令《增强关键基础设施网络安全》，明确指出该政策作用为提升国家关键基础设施并维护环境安全与恢复能力。4月，奥巴马向国会提交《2014财年国防预算优先项和选择》提出至2016年整编成133支网络部

① Department of Defense Cyberspace Policy Report：A Report to Congress Pursuant to the National Defense Authorization Act for Fiscal Year 2011，Section 934，见 http：//www.defense.gov/home/features/2011/0411_cyberstrategy/does/NDAA％20Section％20934％20Report_For％20webpage.pdf，登录日期：2013年7月14日。

队，其中国家任务部队 68 支，作战任务部队 25 支，网络防御部队 40 支。美国网络安全战略的"攻击性"由此可见一斑。2014 年 2 月，美国国家标准与技术研究所针对《增强关键基础设施网络安全》提出《美国增强关键基础设施网络安全框架》（V1.0），强调利用业务驱动指导网络安全行动。

2015 年 4 月 23 日，就任美国国防部长不久的阿什顿·卡特在赴硅谷访问期间，公布了国防部新版《网络空间战略》，首次公开要把网络战作为今后军事冲突的战术选项之一，明确提出要提高美军在网络空间的威慑和进攻能力，明确将"网络威慑"作为战略目标，首次明确提出必要时可以实施网络攻击。作为 2011 年 7 月首版《网络空间行动战略》的升级版，这份文件旨在划定未来 5 年美军网络行动的新目标，而其中最值得关注的 3 个关键词——威慑、进攻、同盟，则代表了美军网络力量的发展方向。新的网络战略明显体现了"以战止战""先发制人"的思想，明确提出要强化网络威慑力量的建设，以及在何种情况下可以使用网络武器来对付网络攻击者。修订后的美国网络安全战略称，一旦遭受来自外界的网络攻击，美国的回应不会局限于网络回击，海陆空领域的常规军力打击也是必要选项。

构建威慑态势是美网络战略的关键目标。2015 年版新战略声称，为阻止网络攻击，必须制定实施全面的网络威慑战略，"在网络恶意行为发生前威慑此类行为"。为有效实施威慑，美国应具备以下能力：一是通过政策宣示展现反击态度；二是形成强大的防御能力，保护国防部和整个国家免受复杂网络攻击，实现"拒止"威慑；三是提高网络系统的恢复能力，确保国防部网络即使遭受攻击后也能继续运转，以降低对手网络攻击的成功概率。这与美国之前几届政府的网络战略重心形成了鲜明对比。

纵观美国三任总统的网络安全战略，从克林顿政府到小布什政府，再到奥巴马政府，明显体现出该战略的"扩张性"。克林顿政府时期，美国将保护关键基础设施作为重点，强调在网络空间建立"全面防御"。"9·11"事件后，小布什政府将应对恐怖主义作为美国的核心安全，防范和打击网络恐怖主义也成为其中一个重点。奥巴马执政后，美国网络战略中的威慑意味越来越浓，但公开在官方文件中表示将威慑作为网络战略的关键部分，这还是第一次。

在近 20 年的发展过程中，美国已经率先形成相对完整的国家网络空间安全战略。认可网络空间已成为美国国家安全的第一线，美国未来遭遇的任何冲突都将具有网络战的元素。通过在网络空间筹划战略发展、谋求绝对优势，保障国家安全战略的输出途径，进一步实现其全球战略的目标。

（二）构建网络空间安全战略体系，确保网络空间国家利益的实现

自 20 世纪 90 年代以来，美国逐步认识到网络空间对国家安全的重要性。从美国网络安全战略的演变可以看出，为确保网络空间安全，强化在网络空间的领先优势，谋求网络空间的主导权，美国积极构建网络空间安全战略体系。具体内容主要包括以下几方面：

1. 网络空间威胁的基本判定

美国政府认为，计算机网络已经渗透到美国政治、经济、军事、文化、生活等各个领域，美国的整个社会运转已经与网络密不可分。网络威胁和脆弱性信息技术已悄悄地改变了美国企业和政府的运行方式，美国经济和国家安全对信息技术和信息基础设施依赖性越来越强，其中最重要的是互联网，网络直接支撑了各个经济领域。

2003 年 2 月 14 日，美国公布的《国家网络安全战略》正式将网络安全提升至国家安全的战略高度，明确国土安全部成为联邦政府确保网络安全的核心部门，并充当联邦政府与各州、地方政府和非政府组织之间的网络安全指挥中枢。另外，成立了网络战司令部，整合各军兵种网络电磁攻防力量。2009 年 5 月 29 日，美国总统奥巴马公布《网络空间政策评估——保障可信

和强健的信息和通信基础设施》，认为来自网络空间的威胁已经成为美国面临的最严重的经济和军事威胁之一。奥巴马的报告由美国国家安全委员会和国土安全委员会负责网络事务的高级官员梅利萨·哈撒韦监督完成。报告说，美国的数字基础设施已经多次遭到入侵，数亿美元资金、知识产权以及敏感军事信息先后被盗，美国经济、社会等领域的关键基础设施遭到破坏，美国经济和国家安全利益受到损害。在公布《网络空间政策评估——保障可信和强健的信息和通信基础设施》时奥巴马谈到，美国 21 世纪的经济繁荣将依赖于网络空间安全。他将网络空间安全威胁定位为"举国面临的最严重的国家经济和国家安全挑战之一"，并宣布"从现在起，我们的数字基础设施将被视为国家战略资产。保护这一基础设施将成为国家安全的优先事项"。2010 年 5 月 27 日，在《国家安全战略》中专门用一节的篇幅来阐述了网络安全问题，强调"网络空间安全威胁是当前国家安全、公共安全和经济领域中所面临的最为严重的挑战之一"。

2. 制定一系列网络安全立法和宏观规划

计算机网络的脆弱性，可能使美国的关键基础设施和信息系统的安全面临严重威胁，网络危机可能导致美国整个社会陷入瘫痪。因此，美国政府高度重视网络空间安全，把网络空间安全摆到战略位置的高度，不断制定和颁布网络空间安全立法和宏观规划。就行政法规而言，有连续三届政府颁布的保护关键基础设施计划（国家战略、国家规划）。如前所述，克林顿政府和小布什政府都为此颁布了行政命令（包括国土安全部制定的 NIPP），要求公司履行职责，保护美国包括网络在内的基础设施的安全。奥巴马政府把网络等基础设施列为关键基础设施，并视之为国家战略资产，是国家安全与经济的命脉。

网络空间安全关系到美国能否继续保持经济竞争力和军事优势。克林顿时代的《信息系统保护国家计划》率先提出，重要网络信息安全关系到国家战略安全，必须把重要网络信息安全放在优先发展的位置，并对重点信息网络实行全寿命安全周期管理。2002 年，小布什签署"国家安全第 16 号总统令"，要求美国国防部牵头，组织中央情报局、联邦调查局、国家安全局等政府部门制定网络战战略。2003 年 2 月，美国发布第一份专门针对网络空间国家安全的战略报告《国家网络安全战略》。这个网络安全战略确立了三项总体战略目标和五项优先目标。三项总体战略目标是，阻止针对美国至关重要的基础设施的网络攻击；提升美国应对网络攻击的防御能力；在确实发生网络攻击时，使损害程度最小化、恢复时间最短化。五项优先目标是，建立国家网络安全反应系统；建立一项减少网络安全威胁和脆弱性的国家项目；建立一项网络安全预警和培训的国家项目；确保政府各部门的网络安全；国家安全与国际网络安全合作。《国家网络安全战略》强调，确保美国网络安全的关键在于美国公共与私营部门的共同参与，以便有效地完成网络预警、培训、技术改进、脆弱补救等工作。布什政府指出，《国家网络安全战略》是保卫美国的总方案，并将其列为《国土安全国家战略》的一个实施部分。2005 年 3 月，美国国防部公布的《国防战略报告》明确将网络空间与陆海空和太空定义为同等重要的、需要美国维持决定性优势的五大空间之一。

奥巴马刚一上任，就要求全面审查布什政府的网络空间安全计划，对美国的网络空间战略和网络安全状况展开为期 60 天的全面评估，并发布了《网络空间安全政策审查》综合性报告。2009 年 3—4 月，美国国会先后提出了《2009 网络空间安全法案》（773 号）和《国家网络电磁空间安全顾问办公室法案》（778 号）。上述法案赋予总统和商务部等相关部门广泛的权力，包括审查认证网络安全工作人员、必要时关闭网络等；美国政府责任局发布了《美国国家网络安全战略：需要进行的关键改进》报告，指出应进一步加强的关键网络安全领域，并就完善国家网络安全战略提出了十几条具体建议。5 月 29 日，奥巴马发表了题为《保护美国网络基础设施》的讲话。他表示，网络基础设施是美国经济繁荣、军事强大、政府高效的根本保证。没有网络基础设施，美国就无法应对 21 世纪面临的各种挑战。

2011 年以来，美国密集出台《网络空间可信标识国家战略》《网络空间国际战略》《国防部网络空间行动战略》和《可信网络空间：联邦网空安全研发战略规划》等重要文件，分别从外交、军事等角度规划美国网络空间力量建设。5 月 16 日，美国政府出台首份《网络空间国际战略》，宣称要建立一个"开放、互通、安全和可靠"的网络空间，并为实现这一构想勾勒出了政策路线图，内容涵盖经济、国防、执法和外交等多个领域，"基本概括了美国所追求的目标"，明确将国家利益拓展到全球网络空间。7 月 14 日，又公布了首部《网络空间行动战略》。这是美国政府继发布《网络空间国际战略》之后又一份重要的战略文件，集中体现了美国政府对网络空间的战略价值、威胁来源以及应对策略的最新看法。12 月 6 日，美国国家科学技术委员会发布的《可信网络空间：联邦网空安全研发战略规划》，又进一步谋划其网络空间安全信息技术发展方向与重点，标志着美国网络空间战略政策体系基本形成。12 月 12 日，美国国土安全部发表了 2011 年网络安全战略报告，题为《确保未来网络安全的蓝图》，副题为《美国国土安全相关实体网络安全战略报告》，列出了两大行动领域：保护当前的关键信息基础设施，建设未来的网络生态系统。保护关键信息基础设施的四项目标是：减少网络安全风险；快速应对网络安全事件、提高网络恢复能力；共享网络安全信息；增强网络抗压能力。此外，报告提出加强网络生态系统建设的四项目标：提高个人和组织安全使用网络的能力；研发和应用更可信的网络协议、产品、服务、配置和架构；构建合作型网络社区；建立透明的安全流程。

特朗普政府更是重视网络空间安全立法和宏观规划。2017 年 12 月，特朗普政府公布的《国家安全战略》进一步强调网络空间的竞争性，宣称为了威慑和击败所有针对美国的网络攻击，美国将考虑动用各种手段。已经进入立法程序的美国《主动网络防御明确法案》，也在网络立法和执法中强调"主动"，允许网络空间受害者进行反击，体现出强烈的攻击性。

3. 美国防部制定网络空间"交战规则"

为实现网络霸权，美国近年来通过一系列努力，整合利用网络优势，建立相关规则与机制，把网络中的优势转化成现实动能，即攻防能力。首先，营造并保持网络安全的低烈度紧张，臆造网络战的对手与敌人。近年来，美国政界、军界、媒体界、学界、商界蜂拥而上，爆炒国防、水电等涉网系统遭受前所未有的威胁，联邦调查局长、中央情报局长等情报首脑共同发布报告，认为"网络威胁"已超越国际恐怖主义，成为美国的"头号威胁"，为美军制定网络空间作战规则造势。

美军网络司令部制定保护网络空间的"交战规则"，即网络战部队的作战条令，统一规范了美军网络空间联合作战概念、机构联责、联合程序和方法。2014年10月21日，美军在网上对外公开了其首部《网络空间作战》联合条令。该条令的形成和颁布，是其在2013年和2014年两次大幅扩编网络战部队后，加紧网络战争准备的又一重要举措。它既改变了美国在网络空间作战没有顶层联合条令的空白，也标志着美军基本完成了发动网络战争的所有准备。我们必须清楚地认识到，网络战争的脚步离我们越来越近了。我国网络强国建设越来越可能处于美网络规则约束的被动局面。

美军作战理论由作战构想、作战概念和作战条令三部分构成，指导美军作战和训练的作战条令是核心。美军作战条令分联合作战条令和军种作战条令，分别用于指导其联合和军种的作战训练。《网络空间作战》联合条令处于联合作战条令序列的战术层级，规定了网络空间作战联合的战术、技术和操作程序，在整个军事行动范围内如何规划、准备、执行和评估网络空间联合作战，可为联合部队指挥官、参谋人员，以及相关下级指挥官组织网络空间作战提供指导和帮助，也是指导美军组织和实施网络空间作战与训练的权威性文件。美军网络作战条令从顶层设计上统一了美军网络空间联合作战概念、机构职责、联合程序和方法。条令从作战要素上分析了网络空间作战威胁对象、作战环境、指挥、协同等方面的特殊性、复杂性。从美网络空间作战发展历程看，条令颁布预示着其网络战融入联合作战已迈入正轨。从先期透露条令信息落实情况分析，民间网络信息共享机制、网络空间司令部等级设置、军种相关条令将面临调整。

4. 重视加强关键信息基础设施

美国认为抢占技术制高点是获取网络空间安全的必由之路，网络空间控制权的取得需要软、硬件实力的支撑。美国在网络电磁资源及网络核心技术等方面都占据绝对优势，网络空间技术和资源上的垄断性优势，成为美国军事优势的重要组成部分。

美国将全球网络空间分为三类，包括公共互联网、国家关键信息基础设施、军事领域关键信息基础设施。在奥巴马政府期间，更为明确强调网络基础设施是国家战略资源，是国家安全与经济的命脉，必须大力加强联邦政府对网络安全的领导，并采取一系列战略举措加强网络电磁空间攻防能力建设。因此，美国《网络空间安全国家战略》号召美国全民参与到他们所拥有、使用、控制和交流的网络空间安全保护中来，以实现"保护美国关键信息基础设施免遭网络攻击、降低网络的脆弱性、缩短网络攻击发生后的破坏和恢复时间"保护网络安全的三大战略目标。近年来，美国不断加大投入建设安全可信的网络基础设施，以支撑美军网络中心战的作战思想。同时，美国国防部启动试点计划，利用国防部网络空间防御工具保护工业网络免受攻击，政府也利用这些工具保护其基础设施；而美军在后勤、运输和电力方面都依赖受保护的关键基础设施的支持。据美国国防承包商预估，美军每年投入网络电磁空间战的费用都超过100亿美元。另外，政府与私营企业间也建立了合作关系，以更好地抗击网络空间威胁。

5. 构建网络空间管理体系

经过三任总统的不断努力，美国政府在保证网络安全战略方面形成了全面的综合管理系统。在克林顿政府时期，就设立了总统关键基础设施保护委员会，作为一个跨部门的协调机构。这个机构只是发挥了有限作用，这也可能是由于克林顿时期美国并没有出现诸如小布什政府时期的大停电事故、恐怖主义袭击灾难等。"9·11"事件后，美国政府成立了"总统关键基础设施委员会"，并首次设立由委员会主席担任的"总统网络安全顾问"，但其职权比较小。2003 年国土安全部成立后，美国政府把保障美国网络安全的职责移交给该部。

2009 年，奥巴马政府发布的《网络空间政策评估报告》指出，在确保网络空间安全工作中，仅仅依靠自觉行为是不够的，应当制定网络空间管理制度。美国应当评估并制定网络空间安全威胁等级以及网络空间安全最低标准，加强四个方面的管理：其一，为三个领域（信息通信技术、金融和电力）的关键基础设施制定和总结网络空间安全的共享标准和经验，以提高性能，增加透明度；其二，制定新的管理章程，用于监管数据探测和其他的企业管理系统；其三，改革联邦采购规则，推进产品和服务的安全；其四，在关键基础设施领域采用身份认证制度。《网络空间政策评估报告》还指出，要推进网络空间安全法规的现代化建设，修订《联邦信息安全管理法》，重新审视有关第三方持有或传输数据的法规，包括《反窃听法》《保护存储通信法》和《笔式记录、诱捕、追踪法》等，加强民用系统和国家安全系统的联系，确保国家网络空间安全。当年 3 月，奥巴马政府专设国家网络安全协调官一职，负责制定政策，协调联邦机构力量，并直接向总统报告工作。这个网络安全协调官被称为"网络沙皇"，是由起草《网络空间政策评估报告》的领导人哈撒韦担任。该网络安全顾问配有 10～20 名工作人员，他们在网

络安全顾问的带领下与强化后的国家安全委员会网络工作人员以及执行总统
网络政策的联邦机构协同工作，运用外交、情报和军事工具，应对网络空间
的威胁，加强美国的网络安全。

6. 加强网络空间安全国际合作

打造国际网络同盟是美国控制网络世界的关键手段。美国认为，在现代
安全局势下，联盟作战是政治上最易被接受、经济上最可持续的方法。2015
年新版战略指出，美国要在关键地区建立强大的同盟体系和伙伴关系，"优
先"合作对象包括中东、亚太和欧洲。

事实上，自2009年在《网络政策评估报告》中提出"加强与国际伙伴
关系"倡议以来，美国就不断发力，拉拢传统盟国打造国际网络同盟。在
欧洲，美国加强了同关系密切的盟国合作，将与盟友和国际伙伴建立关系
以促成信息共享并强化共同的网络空间安全能力作为美国网络司令部最高
战略计划之一。美先后主导北约发布新版"网络防御政策"、召开网络安
全国防部长会议，频繁举行"网络联盟""锁定盾牌""坚定爵士"等演习。
在亚太，美国于2011年与澳大利亚达成协议，在双边共同防御条约中纳
入网络安全方面的内容；2011年5月，美国国务卿希拉里宣布了美国《网
络空间的国际战略》，强调网络空间安全对外交、国防和经济事务的重要
性；2013年与日本举行首次网络安全综合对话，就共享网络威胁情报、开
展网络培训等达成共识，2015年在"山樱"联合演习中首次演练网络战课
目，两国还宣称，将在新版《美日防卫合作指针》中加入网络安全合作内
容。新版战略的出台，也意味着美国将在打造国际网络同盟的问题上寻找
更多发力点。另外，美国还争取网络空间国际地位，通过完善网络空间标
准、技术、法规、应急反应机制，推动国际网络空间立法进程，主动对网
络空间国际法律法规的制定进程施加影响，谋求提高在网络空间的话语权
和主导权。

（三）围绕国家核心利益全面展开，美国网络安全战略的丰富实践

目前，美国社会的运转对计算机网络的依赖性日益加重，计算机网络已经渗透到美国政治、经济、军事、文化、生活等各个领域。网络信息系统的安全是美国经济得以繁荣和可持续增长的基石，一旦网络信息系统受到破坏，美国的经济将受到重创。因此，美国网络安全战略围绕国家核心利益全面展开，进行了丰富而复杂的实践。

一是防范非国家行为体从网络空间威胁国家安全。国家安全是美国网络安全战略追求的核心目标，不容任何形式的威胁与挑战。当任何非国家行为体试图以任何方式实施任何被认为危及美国国家安全的行动时，都会遭到美国政府迅速而有效的打击。例如，2010年，非政府组织维基解密和披露了美国政府的"战争文件"和"国务院内部电报"，美国政府对此做出的反应是这种防范行动的典型体现。

二是维持和巩固美国在网络空间的绝对优势。美国在网络空间的最大优势之一，就是它对全球网络空间的关键基础设施具有实际的管理权限。这种关键基础设施的代表之一，就是域名解析系统DNS。一个基本的事实是，仅仅依据美国的国内法和美国政府、公司掌控的巨大的软硬件资源，美国就可以在某种程度上对全球网络空间进行有效的管理与控制。2012年12月，大约150个国家和地区聚集在阿联酋的迪拜，就国际电信联盟管理国际网络空间的条约进行多边会谈。12月13日，美国代表团团长克拉玛在会上明确表示，美国不会同意签署一份改变互联网管理结构的新条约。

三是支持跨国活动分子利用网络颠覆他国政权。从20世纪90年代中期开始，美国国防部等系统就已经认识到，互联网的战略价值之一在于提供了一种低成本的有效工具，帮助美国政府去挑战乃至颠覆那些不符合美国国家利益的所谓威权政体。原来达到这一目的需要采取隐秘的行动，或派遣美国

的特种部队冒着被抓获的风险渗透到别国境内，或由美国政府直接介入，从而面临巨大的政治风险，而今只要简单地培训非政府组织或者构建跨国活动分子网络就可以了。

四是规制潜在竞争对手的网络安全行为。从克林顿政府任期开始，美国总统发布的国家安全战略报告明确提出，美国真正面临的战略威胁，是在全球范围内出现一个势均力敌的竞争者，认为最有可能占据这个竞争者位置的候选国家当属中国和俄罗斯。除此之外，还有大量地区强国进入了待选名单，伊朗算得上是个中翘楚。关于如何应对这类挑战，美国军事记者詹姆斯·亚当斯在其撰写的《下一场世界大战》一书中提出了与遏制苏联的冷战思维有所不同的新思路，即通过网络空间，采取不对称的行动，继续维持美国的优势地位。

五是以网络威慑谋求争夺制网权。美国是世界上第一个引入网络战概念的国家，也是第一个将其应用于战争的国家。奥巴马时期的网络战原则是"攻击为主、网络威慑"，体现的一个思路是从实体战场逐步转向网络战场，进而实现从"实体消灭"到"实体瘫痪"的目标。奥巴马政府的意图很明显，希望通过网络安全战略，实现网络威慑，谋求制网权。

二、中国网络空间安全战略

网络安全是一个复杂的问题，需要运用系统工程的方法论来思考和解决，降低网络空间风险也需要有一个全面的国家网络空间的安全战略来有效应对。面对来自全球黑客、组织、敌对势力及国家间的网络攻击，我们国家既是"重灾区"，又是被无端指控攻击别国较多的国家之一，从一个侧面也反映出我们国家在网络安全防御、技术水平等方面存在的差距和问题，也反映出从国家网络安全战略、观念上的缺失。为此，中央网络安全和信息化领导小组成立后，习近平总书记指出，领导小组要发挥集中统一的领导作用，统筹协调各个领域的网络安全和信息化重大问题，制定实施国家网络安全和信息化发展战略、宏观规划和重大政策，不断增强安全保障能力。2016年开启了中国制定网络空间安全战略的元年。

（一）《国家信息化发展战略纲要》

2016年7月27日，中共中央办公厅、国务院办公厅印发《国家信息化发展战略纲要》（以下简称《战略纲要》），要求将信息化贯穿于我国现代化进程始终，加快释放信息化发展的巨大潜能，以信息化驱动现代化，加快建设网络强国。作为规范和指导未来10年国家信息化发展的纲领性文件，《战略纲要》明确了新的指导思想、战略目标、基本方针和重大任务。

《战略纲要》指导思想提出，要围绕"五位一体"总体布局和"四个全面"战略布局，牢固树立创新、协调、绿色、开放、共享的发展理念，贯彻以人民为中心的发展思想，以信息化驱动现代化为主线，以建设网络强国为目标，着力增强国家信息化发展能力，着力提高信息化应用水平，着力优化信息化发展环境，要求网信事业努力在践行新发展理念上先行一步，要坚持与实现"两个一百年"奋斗目标同步推进，强调要让信息化造福社会、造福人民，为实现中华民族伟大复兴的中国梦奠定坚实基础。

国家信息化发展战略总目标是建设网络强国。为实现这一战略总目标大致要分三个阶段，即"三大步的跨越式战略"。第一步，到2020年，核心关键技术部分领域达到国际先进水平，信息产业国际竞争力大幅提升，信息化成为驱动现代化建设的先导力量。第二步，到2025年，建成国际领先的移动通信网络，根本改变核心关键技术受制于人的局面，实现技术先进、产业发达、应用领先、网络安全坚不可摧的战略目标，涌现出一批具有强大国际竞争力的大型跨国网信企业。第三步，到本世纪中叶，信息化全面支撑富强、民主、文明、和谐的社会主义现代化国家建设，网络强国地位日益巩固，在引领全球信息化发展方面有更大作为。

《战略纲要》明确提出了国家发展信息化的24字基本方针。一是统筹推进。《战略纲要》强调了落实国家信息化战略的五个统筹：统筹中央和地方，统筹党政军各方力量，统筹发挥市场和政府的作用，统筹阶段性目标和长远目标，统筹各领域信息化发展重大问题。二是创新引领。《战略纲要》强调以时不我待、只争朝夕的精神，努力掌握核心技术，快马加鞭争取主动局面。信息技术革命日新月异，不是大鱼吃小鱼的时代，而是快鱼吃慢鱼的时代，必须与时间赛跑，时不我待。人才资源是第一资源，为了以创新引领信息化的发展，《战略纲要》提出了信息化发展的人才战略。要完善人才培养、选拔、使用、评价、激励机制，破除壁垒，聚天下英才而用之，为网信事业发展提供有力的人才支撑。三是驱动发展。《战略纲要》强调要最大程度地发挥信息化的驱动引领作用，全面提升经济、政治、文化、社会、生态文明和国防军事各领域信息化水平。四是惠及民生。强调贯彻以人民为中心的发展思想，让亿万人民在共享互联网发展成果上有更多获得感，让信息化造福社会、造福人民。五是合作共赢。强调加强网络互联、促进信息互通，加快构建网络空间命运共同体；用好国内国际两个市场两种资源，网上网下两个空间，主动参与全球治理，不断提升国际影响力和话语权。坚持正能量是《战略纲要》治理网络空间的总要求，管得住是硬道理，创新改进网上正面宣传，加强全网全程管理，建设为民、文明、诚信、法治、安全、创新的网络空间。六是确保安全。《战略纲要》特别强调了网络安全和信息化是一体之两翼、驱动之双轮，要做到协调一致、齐头并进，切实防范、控制和化解信息化进程中可能出现的风险。

《战略纲要》指出，增强发展能力、提升应用水平、优化发展环境，是国家信息化发展的三大战略任务。三大战略任务实际上是一个"战略三角形"。其中，能力是核心、应用是牵引、环境是保障，三者相辅相成，相互促进，共同构成信息化发展的有机整体。《战略纲要》重点从发展核心技术、夯实基础设施、开发信息资源、优化人才队伍、深化合作交流 5 个方面提出了增强国家信息化发展能力的政策措施。当前由于核心技术还存在短板，使得国家网络安全和信息化发展自主可控能力、安全保障能力存在一些潜在风险。《战略纲要》聚焦发展核心技术，提出要打造国际先进、安全可控的核心技术体系，带动集成电路、基础软件、核心元器件等薄弱环节实现根本性突破，加强前沿和基础研究，打造协同发展的产业生态，加速产业向价值链高端迁移，培育壮大龙头企业，支持中小微企业创新等措施。要在构建信息技术自主可控的生态体系建设方面加大力度，特别是在基础软件、芯片方面整合建立一个良好的产业生态环境。

《战略纲要》已经绘制了未来十年我国信息化发展的战略蓝图，下一步关键在于狠抓落实，让《战略纲要》制定的各项任务和目标落地、开花、结果。必须在中央网络安全和信息化领导小组集中统一领导下，统筹中央和地方，统筹党政军各方力量，统筹发挥市场和政府的作用，认真贯彻落实，完善配套政策，细化任务，明确时限，逐级落实，确保《国家信息化发展战略》部署、落地、开花并结出丰硕的果实。

（二）《中华人民共和国网络安全法》

建设网络强国，是中国国家主席习近平同志提出的宏伟战略目标。要有效实现这一目标，离不开坚实有效的制度保障，正是在此背景下，2016 年 11 月 7 日，十二届全国人大常委会第二十四次会议经表决通过了《中华人民共和国网络安全法》，并于 2017 年 6 月 1 日起施行。这是我国网络领域的基础性法律，弥补了我国网络安全立法的空白。《中华人民共和国网络安全法》首次明确地界定了中国国家网络安全战略关注的主要目标，表达了中国主动参与全球网络空间治理、推动建立网络空间治理新秩序的决心。《中华人民共和国网络安全法》的出台，标志着建设网络强国的制度保障正在努力迈出坚实的一步，表现出鲜明的中国特色。

一是明确了中国维护网络空间安全、利益以及参与网络空间国际治理所坚持的指导原则是网络主权原则，并明确在第二章提出了有关国家网络安全战略和重要领域安全规划等问题的法律要求。这有助于实现推进中国在国家网络安全领域明晰战略意图，确立清晰目标，厘清行为准则，不仅能够提升中国保障自身网络安全的能力，还有助于推进中国与其他国家和行为体就网络安全问题展开有效的战略博弈。

二是明确了保障关键信息基础设施安全的战略地位和价值。保障关键信息基础设施安全，在公布的《中华人民共和国网络安全法》中占据了相当的篇幅。被列入关键信息基础设施范围的，涵盖了涉及国家安全、经济安全和保障民生等领域，具体范围包括基础信息网络、重要行业和领域的重要信息系统、军事网络、重要政务网络、用户数量众多的商业网络等。保障关键信息基础设施的安全，从全球各国的实践来看，是国家网络安全战略中最为重要和主要的内容，这与人们日常生活对网络关键基础设施的强烈依赖密不可分。有效的识别和分析威胁的来源，并采取相应的安全保障措施，是问题的关键。

三是保障网络数据安全进入了国家网络安全的视野。数据是信息高速公路上飞驰的汽车，是对国家安全至关重要的战略资源。《中华人民共和国网络安全法》对此做了三个方面的规定，分别是要求网络运营者采取数据分类、重要数据备份和加密等措施，防止网络数据被窃取或者篡改；加强对公民个人信息的保护，防止公民个人信息数据被非法获取、泄露或者非法使用；要求关键信息基础设施的运营者在境内存储公民个人信息等重要数据；确需在境外存储或者向境外提供的，应当按照规定进行安全评估。这些规定在构建中国特色的数据安全保障体系、落实数据主权、保障数据安全方面，做出了非常有益的尝试。

四是在国家网络安全向相关信息共享，以及网络安全监督管理体制建设方面进行了有益的尝试。努力打破部门壁垒，共享网络安全相关的信息，

《中华人民共和国网络安全法》中值得高度关注的亮点之一：要求国务院有关部门建立健全网络安全监测预警和信息通报制度，加强网络安全信息收集、分析和情况通报工作；建立网络安全应急工作机制，制定应急预案；规定预警信息的发布及网络安全事件应急处置措施；为维护国家安全和社会公共秩序，处置重大突发社会安全事件，对网络管制做了规定。同时，对网信、工信、公安等涉网管理部门的权限进行了明确的规定：国家网信部门负责统筹协调网络安全工作和相关监督管理工作，并在一些条款中明确规定了其协调和管理职能。同时规定，国务院工业和信息化、公安等部门按照各自职责负责网络安全保护和监督管理相关工作。

（三）《国家网络空间安全战略》

2016 年 12 月 27 日，国家互联网信息办公室发布《国家网络空间安全战略》。《国家网络空间安全战略》阐明了中国关于网络空间发展和安全的重大立场和主张，明确了战略方针和主要任务，重点分析了目前我国网络安全面临的"七种机遇和六大挑战"，提出了国家总体安全观指导下的"五大目标"，建立了共同维护网络空间和平安全的"四项原则"，制定了推动网络空间和平利用与共同治理的"九大任务"。《国家网络空间安全战略》如同一道保障网络空间安全的"防火墙"，成为指导国家网络安全工作的纲领性文件。

1. 依法上网人人有责

网络空间正全面改变人们的生产生活方式，但安全问题不容忽视。中国的网民数量和网络规模世界第一，人们的学习、生活、工作等在很大程度上都离不开网络。为保障网络安全国家重拳频出，2016 年 7 月发布《国家信息化发展战略纲要》；11 月 7 日，十二届全国人大常委会第二十四次会议表决通过网络安全法。《国家网络空间安全战略》的提出，健全了网络安全法律法规体系；加快了对现行法律的修订和解释，使之适用于网络空间；加快了构建法律规范、行政监管、行业自律、技术保障、公众监督、社会教育相结合的网络治理体系；鼓励了社会组织等参与网络治理；鼓励网民举报网络违法行为和不良信息。《国家网络空间安全战略》提出依法治网、依法办网、依法上网，让互联网在法治轨道上健康运行，保护网络空间信息依法有序流动，保护个人隐私和知识产权。

2. 基础设施严防瘫痪

《国家网络空间安全战略》明确，采取一切必要措施保护关键信息基础设施及其重要数据不受攻击破坏。如今，网络和信息系统已成为关键基础设施乃至整个经济社会的神经中枢，遭受攻击破坏、发生重大安全事件，将导致能源、交通、通信、金融等基础设施瘫痪，直接影响千千万万群众的生活、生产，经济繁荣和国家安全。坚持技术和管理并重、保护和震慑并举，建立实施关键信息基础设施保护制度，依法综合施策，切实加强关键信息基础设施安全防护。因此，从理念上要从分而治之转变为总体防护。以前网络安全工作讲分清系统保护责任，当下网络广泛互联、深度融合、高度共享，系统边界有可能分得不那么清了，就必须责任共担。强调关键信息基础设施保护，就要强化顶层设计、战略统筹、综合施策，保护整体安全。另外，信息技术快速发展，新风险、新威胁不断产生，要树立关键信息基础设施保护永远没有达标、永远在路上的观念。

3. 网络案件快速响应

《国家网络空间安全战略》提出，我国将采取包括经济、政治、科技、军事等一切措施，坚定不移地维护我国网络空间主权。加强网络反恐、反间谍、反窃密能力建设，严厉打击网络恐怖和网络间谍活动；严厉打击贩枪贩毒、传播淫秽色情、黑客攻击等违法犯罪行为。恐怖主义、分裂主义、极端主义等势力利用网络煽动、策划、组织和实施暴力恐怖活动，直接威胁人民生命财产安全、社会秩序。近年来，网络犯罪出现与传统犯罪融合，跨地域、跨国境的网络犯罪问题等特点突出，给执法带来很大挑战。

4. 安全教育全面强化

《国家网络空间安全战略》要求，保护本国信息系统和信息资源免受侵入、干扰、攻击和破坏，保障公民在网络空间的合法权益。保护个人隐私，保护知识产权。近年来，我国网络诈骗、盗窃等违法犯罪案件数量增长较快。从"徐玉玉案"到清华大学教授被骗等，由个人信息泄露导致被"精准诈骗"的案件时有发生。2016 年公安部门办理了 1800 多起涉网的侵犯公民个人信息的案件，涉及犯罪嫌疑人 4200 多人。当前，我国有超过 7 亿网民，有的网民在网上随意填写个人身份信息、银行卡号等，有的随意下载免费软件，容易造成个人信息泄露。为此，要推动网络安全教育进教材、进学校、进课堂，增强全社会网络安全意识和防护技能，提高广大网民对网络违法有害信息、网络欺诈等违法犯罪活动的辨识和抵御能力。同时，还要把有关个人信息保护的法律责任、要求落实到企业、机构。另外，还要加大对利用个人信息和针对个人信息进行违法犯罪活动的打击力度，震慑不法分子，让他们不敢为之。

5. 网络空间安全工作的战略任务

《国家网络空间安全战略》明确，当前和今后一个时期国家网络空间安全工作的战略任务是坚定捍卫网络空间主权、坚决维护国家安全、保护关键信息基础设施、加强网络文化建设、打击网络恐怖和违法犯罪、完善网络治理体系、夯实网络安全基础、提升网络空间防护能力、强化网络空间国际合作 9 个方面。

（四）《网络空间国际合作战略》

2017 年 3 月 1 日，外交部和国家互联网信息办公室共同发布《网络空间国际合作战略》。这是中国就网络问题第一次发布国际战略，以此全面宣示中国的网络领域对外政策理念，系统阐释中国参与网络空间国际合作的基本原则、战略目标和行动计划，表明中国致力于加强国际合作的坚定意愿，以及共同打造繁荣安全的网络空间的坚定信心和努力。它以 2016 年 12 月公布的《国家网络空间安全战略》为总体，在外交、文化、经济等领域逐步展开，共同构成对我国网络空间安全和发展的顶层设计。

如果说，《国家网络空间安全战略》的作用是"举旗""划线""指路"，对外宣示主张，对内指导工作，那么此次发布的《网络空间国际合作战略》则是把"举旗"工作向前推进了一步，面向外交工作，对前者提出的主张、立场作了进一步阐释和深化。即是在前者"和平、安全、开放、合作、有序"的网络空间愿景下，将《国家网络空间安全战略》细化为六个战略目标，即维护主权与安全、构建国际规则体系、促进互联网公平治理、保护公民合法权益、促进数字经济合作、打造网上文化交流平台；在前者"坚持尊重维护网络空间主权、和平利用网络空间、依法治理网络空间、统筹网络安全与发展"四个总体原则下，《国家网络空间安全战略》阐释了我国开展网络空间国际交流与合作的基本原则，即和平原则、主权原则、共治原则、普惠原则。通过这些目标与原则，《国家网络空间安全战略》奠定了我国政府对制定网络空间国际规则的基本理念，展示了我国政府在网络空间主持正义、维护和平的坚强决心，也描绘了网络空间未来发展的美好蓝图。

网络关系已经成为今天最重要的国际关系之一，为国家之间政治、军事、外交、经贸关系带来越来越直接和明显的影响。中国致力于成为世界和平的建设者、全球发展的贡献者、国际秩序的维护者，就必须在网络空间相关国际问题上表明政策立场，明确网络领域对外工作的基本原则、战略目标和行动要点。中国发布《网络空间国际合作战略》，开辟了中国特色大国外交新领域，谱写了信息时代国际关系新篇章。

网络空间作为人类生活新空间，发展不平衡、规则不健全、秩序不合理等问题日益凸显，网络战阴霾密布，西方一些国家利用信息技术优势干涉别国内政、从事大规模网络监听等活动时有发生。面对网络安全这一全球性问题与挑战，任何国家都难以独善其身，必须携手应对、共同治理。这是自2016年2月10日"构建人类命运共同体"理念首次被写入联合国决议之后，中国在全球重要治理领域对命运共同体理念的延伸和完善，彰显了中国对全球治理的重大贡献。

"网络空间命运共同体"是中国处理网络空间国际关系时高举的新旗帜，是以应对网络空间共同挑战为目的的全球价值观。承担"共同责任"是构建"网络空间命运共同体"的前提条件，其所揭示的，是合作共赢、彼此负责的处事态度，是平等相待、互商互谅的伙伴关系，是管控分歧、相向而行的安全理念，是开放创新、包容互惠的发展前景，是和而不同、兼收并蓄的文明潮流。

三、俄罗斯网络空间安全战略

自2010年美国发布《网络安全综合计划（CNCI）》计划以来，各国均在制定各自的网络安全战略及行动计划，以应对日趋复杂的网络环境。俄罗斯把网络安全提高到维护国家利益和国家安全的高度，明确将其称为第六代战争。针对美国大力加强网络空间安全战略建设，俄军认识到计算机网络攻击所造成的危害仅次于核战争，要求必须把防止和对抗信息侵略提高到保卫俄罗斯国家利益的高度，俄罗斯明显加快了网络空间作战体系的建设步伐，逐渐形成了具有俄罗斯特色的网络空间安全战略。

（一）俄罗斯网络空间安全战略的重要实践

网络安全已经成为当今世界的一个很大问题。在网络安全日趋重要的新形势下，俄罗斯一直非常注重网络安全防护。俄国内迄今虽无危及国家安全的重大网络攻击事件发生，但潜在隐患不少。俄联邦安全局的统计数据显示，俄罗斯总统办公厅、国家杜马、联邦委员会网站每天遭受黑客攻击达 1 万余次。根据俄罗斯卡巴斯基实验室 2012 年 12 月底发布的年度电子信息安全公告，俄计算机用户面临来自互联网的风险水平 2011 年为 55.9%，2012 年为 58.6%，连续两年高居全球首位。而在"棱镜门"事件中，美国对各国进行网络攻击及监视范围之广也让俄罗斯大为警觉，并从各个角度推进网络空间安全战略实践。

1. 顶层设计国家信息安全战略

俄罗斯非常注重网络安全的战略统筹和顶层设计。俄罗斯于 2000 年出台了《俄联邦信息安全学说》，是其第一部正式颁布的有关国家信息安全方面的重要文件。根据这份文件，打击非法窃取信息资源，保护政府、金融、军事等机构的通信以及信息网络安全被列入俄国家利益的重要组成部分。这个文件表明俄罗斯已经将信息安全提升到国家战略的高度，为俄"构建未来国家信息政策大厦"奠定基础，被视作加强信息安全的重要举措。2002 年，俄罗斯安全委员会通过了《国家信息安全学说》，阐明了俄罗斯在信息网络安全方面的立场、观点和基本方针，视信息安全为国家面临的重大挑战和外交政策的优先任务。

2013 年 1 月，普京签署总统令，责令俄联邦安全局建立国家计算机信息安全机制，用来监测、防范和消除计算机信息隐患。内容包括评估国家信息安全形势、保障重要信息基础设施的安全、对计算机安全事故进行鉴定、建立电脑攻击资料库等。8 月，俄罗斯联邦政府公布了《2020 年前俄罗斯联邦国际信息安全领域国家政策框架》，细化了《2020 年前俄罗斯联邦国家安全战略》《俄罗斯联邦信息安全学说》《俄罗斯联邦外交政策构想》以及俄罗斯联邦其他战略计划文件中的某些条款。《2020 年前俄罗斯联邦国际信息安全领域国家政策框架》中确定了俄罗斯联邦国家政策主要的六个方向：一是建立双边、多边、地区和全球层面国际信息安全体系任务；二是创造条件降低实施损害国家主权、破坏国家领土完整并威胁国际和平、安全和战略稳定性的敌对行为和侵略行动风险任务；三是建立国际合作机制、对抗将信息和电信技术用于恐怖主义目的的威胁任务；四是完成对抗利用信息和电信技术用于极端主义目的，其中包括用于干涉主权国家内部事务目的的威胁任务；五是完成提高对抗利用信息和电信技术犯罪领域的国际合作效率任务；六是保障信息和通信技术领域内的国家技术主权。

2. 制定信息网络安全法律法规体系

俄罗斯在积极关注网络斗争的同时，也特别注重建立保护信息网络安全的有关法律。20 多年来，俄罗斯持续不断地制定并颁布了多部信息安全法律法规，出台了《政府通信和信息联邦机构法》《联邦信息、信息化和信息网络保护法》等 20 余部有关网络空间安全的法律、法令及相关文件，明确政府部门职责和规范互联网行为。

为提高网络安全能力，俄罗斯做了大量的努力和尝试，不断加强网络空间安全立法。从《俄罗斯联邦宪法》把信息安全纳入了国家安全管理范围开始，并在此基础上于 1995 年制定并颁布了《俄联邦信息、信息化和信息网络保护法》，法规强调了国家在建立信息资源和信息网络化中的责任是"旨在为完成俄联邦社会和经济发展的战略，战役任务，提供高教率高质量的信息网络保障创造条件"。法规中明确界定了信息资源开放和保密的范畴，提出了保护信息网络安全的责任。而后又制定了《俄联邦大众传媒法》《俄联邦计算机软件和数据库法律保护法》《俄联邦保密法》《俄联邦通信法》和

《俄联邦著作权法》等，形成了多层级信息安全法律体系。1999年就制定颁布《俄罗斯网络立法构想（草案）》，明确立法建设的主要目标、原则及10项主要工作。此后，俄罗斯又陆续公布了《俄罗斯网络立法构想》《俄罗斯联邦信息和信息化领域立法发展构想》《俄联邦信息安全学说》等纲领性文件，起草和修订了《俄罗斯联邦因特网发展和利用国家政策法》《信息权法》等20余部法律，将原有法律条款不断从现实社会引向网络社会。特别是2002年推出的《俄联邦信息安全学说》，将网络信息战比作未来的"第六代战争"。

2013年8月20日，俄联邦安全局在网上公布了《俄联邦关键网络基础设施安全》草案及相关修正案，并于2015年1月1日由俄联邦总统签署后开始实施。这是俄政府在新的网络安全背景下，对关键部门信息系统强化安全保护的最新举措。《俄联邦关键网络基础设施安全》草案提出的建议主要有三条：建立国家网络安全防护系统，以发现网络病毒和网络入侵行为，提出预警或采取措施消除网络入侵带来的后果；建立联邦级计算机事故协调中心，以对俄境内的网络攻击进行预警和处理；加大对相关责任人和违法者的处罚力度，例如，玩忽职守或违反操作规章导致系统被入侵的信息管理人员可被判7年监禁，入侵交通、市政等国家关键部门信息系统的黑客最高可处以10年监禁。此外，联邦安全局还希望在全国范围内进行信息系统安全评估，对关键部门的信息系统造册并评估其风险级别。

2014年5月5日，俄罗斯总统普京签署"知名博主新规则法"，就规范网络空间秩序采取新措施，并将其作为"反恐系列法规"的组成部分。该法案规定，凡网页日均访问量达到3000人次以上的博客作者必须在监督机构进行注册，并遵守大众媒体相关管理办法，不得假冒他人或发布虚假信息，不得利用其网站或个人网页从事违法犯罪活动，禁止传播有关恐怖主义和色情、暴力等信息。7月4日俄罗斯国家杜马批准了一项最新法律规定，禁止公民数据存储于国外服务器，规定所有收集俄罗斯公民信息的互联网公司都应当将这些数据存储在俄罗斯国内。这项法律生效时间为 2016 年 9 月 1 日。为加强网络监管和反恐，俄联邦政府颁布法令，从 8 月 13 日开始，在俄罗斯的公共场所使用 WiFi 上网时，必须进行身份认证。

3. 不断提升网络空间安全战略地位

面对美国等西方国家大力推行军队信息化及网络化化建设，俄军认为，计算机网络攻击所造成的危害仅次于核战争，必须要把防止和对抗"信息侵略"提高到保卫俄罗斯国家利益的高度。为了应对网络战的威胁以及夺取制网权，近年来俄军加强对网络安全理论的研究，不断提升网络空间安全战略地位。

如今，网络信息战已经被俄军赋予极高的地位——"第六代战争"，不断提升网络空间作战的战略地位。具体主要表现在如下几方面：一是将网络空间作战与火力突击战相提并论，并称其为"第六代战争"。在第二次车臣战争中，网络空间作战和电子战一体化的全新信息攻防样式开始出现，而且网络空间作战对战争的进程产生了影响。通过对车臣作战实例的分析，俄军认为网络空间作战"已成为一种变相的突击样式，起到了与火力突击效果相同的作用，成为直接毁伤敌人的强大手段"。战后，俄军提出了"第六代战争"理论，认为在未来战争中，为夺取制信息权，必须打赢网络空间作战。二是把网络空间的攻击和防御提高到捍卫国家利益的高度。针对美国等西方国家大力加强网络空间作战能力建设和自身的落后状态，俄军认识到，必须把防止和对抗网络空间攻击提高到捍卫俄罗斯国家利益的高度，加强对网络空间战的研究与准备，提高对网络空间安全的重视程度，以在激烈的竞争中确保生存和发展。三是将网络空间的威胁提高到与核威胁同等的高度。俄罗斯越来越认识到，包含了太空技术的网络空间正在成为国家命脉，来自太空和网络空间的威胁，不亚于核威胁。为此，俄军加强了网络空间战发展战略的研究，陆续制定了有关网络空间作战建设的规划。如今，俄军情报部门成立专门机构,负责不断跟踪特定国家发展网络空间信息武器的进展情况,定期分析地缘战略形势,预测有可能引发网络空间作战的全球性和地区性冲突,以此作为国家网络空间威胁防御的基础。

4. 积极构建国际信息安全新环境

为防范"网络革命"在全球蔓延,俄罗斯外交部和国家安全委员会起草了一份题为《保障国际信息安全》的公约草案,该公约禁止将互联网用于军事目的,禁止利用互联网推翻他国政权,同时各国政府可在本国网络自由行动。

由俄罗斯国家安全会议牵头组织的 52 国情报部门负责人闭门会议上俄方提交了《保障国际信息安全》公约草案。莫斯科早就主张必须要制定网络空间的国际行为准则。据俄联邦安全局提供的资料,俄罗斯政府机关经常遭遇网络攻击,仅俄罗斯总统网站和议会上下院的网站每年就遭到 1 万余次的攻击。俄罗斯的企业,特别是银行业频繁遭受黑客攻击之苦。公约草案列举了那些必须防范的主要威胁,其中包括:利用信息技术从事敌对活动和侵略;一国企图颠覆他国的政治、经济和社会制度;在别国信息空间操纵舆论,扭曲社会心理和气氛;对居民施加影响,以便破坏国家和社会的稳定。莫斯科认为这些行为属于信息战的组成部分,应视为对国际和平与安全的犯罪。莫斯科对这些威胁的担心不是没有理由的。一些国家积极建立网络部队来进行网络战争。2010 年 10 月美国的网络司令部已经开始工作,人员有 1000 多人。俄罗斯外交部下属的新挑战和威胁问题处处长伊利亚·罗加乔夫说,俄罗斯在网络斗争方面的技术和人员投入明显落后于其他国家。莫斯科除了担心网络军事化外,还担心利用互联网来动员和组织大规模的反政府抗议活动。公约中有一系列的条款可使俄罗斯和其他国家免受网络攻击,防止本地的反对派获得外来的援助以组织"推特革命"。公约要求各国禁止制定挑动信息空间威胁升级的计划,不要利用信息通信技术来干涉别国内政,禁止以干涉别国内政为目的进行诽谤、污蔑或敌对宣传。

（二）俄罗斯联邦网络安全战略主要内容

当前，网络空间已经成为继陆海空天之后的第五维空间，是大国博弈的焦点所在，也是维护国家安全的战略新疆域。俄罗斯密切关注网络入侵的防御问题，其网络安全战略就是保护公民权利、俄罗斯精神复兴、加强社会的道德价值观、爱国主义和人道主义传统。

2014年1月10日，俄罗斯联邦委员会公布了《俄罗斯联邦网络安全战略构想》（讨论稿），明确了《俄罗斯联邦网络安全战略》的相关问题，旨在确定国内外政策方面的重点、原则和措施，切实保障俄罗斯联邦公民、组织和国家的网络安全。《俄罗斯联邦网络安全战略构想》基于俄联邦《信息、信息技术和信息保护法》的关键原则，包括在建立和使用信息系统是确保俄罗斯国家的安全及个人隐私的安全，进一步明确"网络安全"的定义及《俄罗斯联邦网络安全战略构想》在现行法律体系中的地位。其中，《俄罗斯联邦网络安全战略构想》首先确定了保障网络安全的优先事项：发展国家网络攻击防护和网络威胁预警系统；发展和改革相关机制，提升重要信息基础设施的可靠性；改进网络空间内国家信息资源的安全保障措施；制定国家、经贸公司和公民社会在网络安全领域的合作机制；提高公民的信息化水平，发展网络空间安全行为文化；扩大国际合作，旨在制定和完善相关协议和机制，提高全球网络安全水平。其次，《俄罗斯联邦网络安全战略构想》明确规定了网络安全保障方向：采取全面系统的措施保障网络安全。包括对国家重要信息通信网络定期进行风险评估，推行网络安全标准，完善对计算机攻击的监测预警和消除，建立网络安全事故案件响应中心等。完善保障网络安全的标准法规文件和法律措施。开展网络安全领域的科研工作，落实《俄联邦保障信息安全领域科研工作的主要方向》文件。为研发、生产和使用网络空间安全设备提供条件。包括推广使用国产软硬件，及网络安全保障设备，更换国家重要信息通信系统和重要基础设施中的外国产品。完善网络安全骨干培养工作和组织措施。组织开展国内外各方在网络安全方面的协作。构建和完善网络空间安全行为和安全使用网络空间服务的文化。

2016年2月26日，俄罗斯总统普京出席俄罗斯联邦安全局会议时说，要加强俄罗斯军事和战略设施、互联网信息的安全。普京说，必须加强公共信息安全，尤其是涉及国防、国家安全、社会秩序、经济金融等领域的信息安全。他说，2015年俄罗斯权力机构的官方网站和信息系统曾受到2400万次黑客攻击，1600条有损国家安全的互联网资源被清理。针对美国等西方国家大力推行的军队信息化建设以及计算机网络化全面建设，俄军认识到计算机网络攻击所造成的危害仅次于核战争，要求必须把防止和对抗信息侵略提高到保卫俄罗斯国家利益的高度。

四、欧盟网络空间安全战略

继美国之后，欧盟一些国家也开始日益关注国家信息设施的安全。2007年爱沙尼亚遭到大规模网络攻击之后，欧盟国家开始将网络空间安全纳入国家安全议程。目前，已经有10个欧盟成员国（爱沙尼亚、芬兰、斯洛伐克、捷克、法国、德国、立陶宛、卢森堡、荷兰和英国）制定和公布了本国的网络空间安全战略。

（一）欧盟网络空间安全战略与网络安全法

2012年3月28日，欧盟委员会发布欧洲网络安全策略报告，确立了部分具体目标，如促进公私部门合作和早期预警，刺激网络、服务和产品安全性的改善，促进全球响应、加强国际合作等，旨在为全体欧洲公民、企业和公共机构营造一个安全的、有保障的和弹性的网络环境。5月，欧洲网络与信息安全局发布《国家网络安全策略——为加强网络空间安全的国家努力设定线路》，提出了欧盟成员国国家网络安全战略应该包含的内容和要素。

1. 欧盟通过首部网络空间安全战略

2013 年 2 月 7 日，欧盟委员会颁布了《欧盟网络安全战略：公开、可靠和安全的网络空间》（简称《欧盟网络安全战略》），对当前面临的网络安全挑战进行评估，确立了网络安全指导原则，明确了各利益相关方的权利和责任，确定了未来优先战略任务和行动方案。这是欧盟在该领域的首个政策性文件，是对 2012 年欧洲网络与信息安全局发布策略的积极响应。欧盟外交和安全政策高级代表凯瑟琳·阿什顿表示，欧盟最新的网络安全战略的核心是建立一个自由和公开的互联网。该文件的出台阐明了欧盟对于网络安全问题的立场及措施，反映了欧盟在互联网发展领域的雄心壮志，对欧盟各国和国际社会都将产生深远的影响。

确定优先战略任务及行动方案。该战略的出台，是欧盟应对现实威胁之需、延续既往政策之举、跟进国际形势之策，充分体现了欧盟关于网络安全的政策立场。为有效应对网络安全挑战，该战略确定了五大优先战略任务及实现这些目标的行动路径，主要包括：一是提升网络恢复能力。要求各成员国从几个方面开始积极行动：在政策方面，批准国家《网络与信息系统安全》（NIS）战略和国家 NIS 合作计划；在体制方面，指定国家NIS 主管机构，建立应急响应队伍（CERT）；在机制方面，建立预防、检测、处置和响应的协调机制，完善信息共享机制；在安全意识方面，通过发布报告、组织专家研讨会、开展"欧洲网络安全月"活动等，提高公众网络安全意识；在教育培训方面，分别对普通学生、计算机专业学生和政府职员开展不同内容的培训。二是强力打击网络犯罪。在法律方面，敦促尚未批准《布达佩斯公约》的成员国尽快批准和执行该公约，确保打击网络犯罪相关指令的迅速转化与执行；在体制方面，各成员国应建立国家网络犯罪应对机构，明确欧洲网络犯罪中心、欧洲刑警组织和欧洲司法组织各自的工作任务；在能力建设方面，通过欧盟资助项目如建立"网络犯罪示范中心"等方式，支持学界、政府和企业之间的合作，确定最佳实践和可行技术。三是制定网络防御政策。为有效应对网络威胁，要求各成员国制定欧盟网络防御政策框架，从领导、组织、教育、训练、后勤等方面增强欧盟网络防御能力；促进民间和军方在最佳实践、应急响应、风险评估等方面的交流，企业为军方提供更多网络防御演习的机会；与北约等合作伙伴进行对话，明确需要合作和避免重复工作的领域。四是发展行业技术资源。计划建立一个由各利益相关方共同参与的平台，确定供应链安全良好，为开发和采用安全的信息通信技术解决方案创造有利的市场条件。支持安全标准的制定，支持在云计算等领域使用欧盟范围内的自愿认证方案。加大研发投资和促进创新，落实"地平线 2020 研究和创新框架项目"。五是推动双边多边合作。在双边层面，欧盟尤其强调在欧美网络安全和网络犯罪工作组的背景下，加强与美国合作的重要性；在多边层面，欧盟将寻求与欧洲理事会、经合组织、联合国、欧安组织、东盟等的合作。此外，欧盟还力推《布达佩斯公约》，并支持国际社会制定网络安全行为规范和制定信任措施。

总体看，欧盟网络安全战略既有对国际社会共同关注议题的积极回应，又有立足各成员国国情和着眼欧盟未来整体发展的深思熟虑。2014 年 2 月，欧盟委员会又公布了一项指令，对互联网安全问题采取了约定俗成的解决办法，即欧盟委员会要求欧盟各国政府建立有权对网络安全进行监管的国家级机构，而涉及的领域则包括技术服务、能源、金融服务、交通运输与医疗行业。同时，这些国家级机构有权要求各实体采取相应的风险管理措施，并对私营部门有关网络安全的风险管理政策进行审核。此外，欧盟还在不遗余力地鼓励产业与学术界共同参与网络安全的军用与民用方面的研发课题。同时，欧洲防务局（EDA）也在积极促进军民之间的对话，并在欧洲层面协调两者之间有关网络安全最新经验的交流，特别是在信息交换与预警、应急响应、风险评估与建立网络安全文化方面的做法与经验进行交流与沟通。

2.欧盟立法机构正式通过首部网络安全法

2016 年 8 月，欧盟立法机构正式通过首部网络安全法《网络与信息系统安全指令》，旨在加强基础服务运营者、数字服务提供者的网络与信息系统安全，要求这两者履行网络风险管理、网络安全事故应对与通知等义务。此外，该法要求成员国制定网络安全国家战略，要求加强成员国间合作与国际合作，要求在网络安全技术研发方面加大资金投入与支持力度。

继欧盟理事会于 2016 年 5 月 17 日讨论《网络与信息系统安全指令》（NIS 指令）之后，欧盟议会于 7 月 6 日通过了该指令，这意味着欧盟立法机构历经三年，最终正式采纳 NIS 指令。作为欧盟数字单一市场一系列举措的重要组成部分，NIS 指令是欧盟第一部网络安全法，其目的在于，在欧盟范围内实现统一的、高水平的网络与信息系统安全。在 NIS 指令中，网络与信息系统安全是指网络与信息系统有能力抵抗针对经由这些网络与信息系统存储、传输、处理、提供的信息或者相关服务的可用性、真实性、完整性或者保密性等采取的破坏措施。NIS 指令将于本月生效，之后，成员国必须于 21 个月之内将其转化为国内法。

作为欧盟首部网络安全法，NIS 指令明确了欧盟关于网络安全的顶层制度设计，确立网络安全国家战略，强调合作与多方参与，确立网络安全事故通知与信息分享机制，对数字服务提供者采取轻监管思路，避免过度监管对互联网行业发展产生不利影响。欧盟网安新法的核心内容包括三个层面：

一是欧盟层面，增进成员国间合作与国际合作。为了增进成员国之间的战略合作与信息共享，NIS 指令要求设立一个合作团体，主要发挥四大作用：制订工作计划；指导网络安全相关工作开展；分享网络安全风险等信息以及最佳实践；总结并报告工作经验。该合作团体由成员国代表、欧盟委员会、欧盟网络与信息安全局组成。此外，NIS 指令要求设立一个计算机安全事故响应组，以促进操作层面的合作，同时加强网络安全领域的国际合作。

二是成员国层面，制定网络安全国家战略。NIS 指令要求各成员国制定网络安全国家战略，在其中应当明确战略目标、合理政策以及监管措施。该战略应当包括下列内容：战略目标和重点工作；实现这些目标和重点工作的治理框架，包括政府机构以及其他相关参与者的角色和责任；明确相关的应对、防范以及恢复措施，包括政府机构与私营部门之间的合作；与网络安全国家战略有关的教育以及意识增强、培养项目；与网络安全国家战略有关的研究与发展计划；相关风险评估计划；实施网络安全国家战略的多方参与者。在具体制度安排方面，NIS 指令要求成员国确定至少一个主管机构，负责监督并实施 NIS 指令；确定至少一个联络处，进行网络安全相关合作事宜；确定至少一个计算机安全事故响应组（CSIRT），负责国家层面的网络安全事故监测，就网络安全风险和事故向相关利益方提供早期预警、警报、通知、信息传递等，应对网络安全事故，以及提供动态的网络安全风险和事故分析。

三是系统层面，明确网络风险管理。NIS 指令适用于基础服务运营者的网络与信息系统。根据 NIS 指令第 4 条，网络与信息系统包括：2002/21/EC 指令中界定的电子通信网络；按照某一程序自动化处理数字数据的设备、一组关联设备或者一组相互连接的设备：对上述要素进行存储、处理、检索或者传输的数字数据，目的在于运作、使用、保护以及维护这些数据。

（二）欧盟主要国家网络空间安全战略

当今世界互联网技术迅猛发展，虚拟空间的影响渗透到人类生活的方方面面，网络安全问题日益突出。美国谋求制网权的战略，引发各国的网络军备军赛，欧盟及其各主要国家也积极制定网络安全战略，以应对网络空间的安全威胁。

1. 英国网络空间安全战略

英国早期的互联网立法，侧重保护关键性信息基础设施，随着网络的不断发展，英国在加强信息基础设施保护的同时，也强调网络信息的安全、加强对网络犯罪的打击。2000 年，英国制定了《通信监控权法》，规定在法定程序条件下，为维护公众的通信自由和安全以及国家利益，可以动用皇家警察和网络警察。该法规定了对网上信息的监控。"为国家安全或为保护英国的经济利益"等目的，可截收某些信息，或强制性公开某些信息。2001 年实施的《调查权管理法》，要求所有的网络服务商均要通过政府技术协助中心发送数据。

英国强调把网络空间安全视为国家安全的重要组成部分。英国不仅早就组建了秘密的黑客部队，而且在 2009 年 6 月公布了国家《英国网络安全战略》，提出了英国网络安全战略目标并宣布在内阁办公室中成立网络安全办公室（OCS），网络安全作战中心（CSOC），以领导、协调和推进《英国网络安全战略》的落实。随着英国对于整个网络空间安全所受到的危险的认识程度提高，英国政府全面推行网络安全战略，加强行业自律。同年，英国还成立了"网络安全与信息保障办公室"，支持内阁部长和国家安全委员会来确定与网络空间安全相关的问题的优先权，联合为政府网络安全项目提供战略指引。2010 年 10 月，英国发布《战略防务与安全审查——"在不确定的时代下建立一个安全的英国"》，将恶意网络攻击与国际恐怖主义、重大事故或者自然灾害以及涉及英国的国际军事危机共同列入安全威胁的最高级别，界定了 15 种要优先考虑的危险类型。

2011 年 11 月，英国又公布了新版《英国网络安全战略》，在高度重视网络安全基础上进一步提出了切实可行的计划和方案。新版《英国网络安全战略》旨在应对网络犯罪，使英国成为全世界电子商务最安全的国家之一；还制定了一项政策，以促进英国网络安全产业的能力，拓展国际市场。这个政策要充分利用国内行业的优势，比如支持技术创新、技术精湛的员工队伍、完善的法律和监管环境，以及"物联网"经济。《英国网络安全战略》表示将建立更加可信和适应性更强的数字环境，以实现经济繁荣，保护国家安全及公众的生活所需；并将加强政府与私有部门的合作，共同创造安全的网络环境和良好的商业环境。2014年7月，英国政府召开特别内阁会议，通过了《紧急通信与互联网数据保留法案》，该法案允许警察和安全部门获得电信及互联网公司用户数据的应急法案，旨在进一步打击犯罪与恐怖主义活动。2015年，英国还按照国家网络安全计划推出"网络安全学徒计划"，鼓励年轻人加入网络安全事业。

2. 法国网络空间安全战略

近年来，法国政府通过制定相关法律手段管理网络。就国内社会公众的信息网络安全保护来看，法国政府主要是通过制定相关法律、成立专门机构、应用新技术等综合手段管理网络、确保网络安全。

法国将网络安全上升到国家战略层面。2000年以来，法国先后出台多部保护国内信息安全的法律，如《互联网创作保护与传播法》《互联网知识产权刑事保护法》《数字经济信心法》《国内安全表现规划与方针法》等，不断细化信息安全保护方面的法律条款。其中许多措施，专门针对网络犯罪。如要求网络运营商对含有非法内容的网站进行屏蔽，并对盗用他人网络身份从事犯罪活动进行严惩。2008年公布的《国家安全与防卫白皮书》，也曾把网络信息攻击视为未来15年最大的威胁之一。面对日益增长的网络威胁，白皮书强调法国应具备有效的信息防卫能力，对网络攻击进行侦察、反击，并研发高水平的网络安全产品。同年，法国参议院又发布名为《网络防御与国家安全》的报告，明确提出网络信息安全已成为国家安全密不可分的一部分。

2009年，法国政府公布了一项网络防御战略，战略目标是在寻求信息系统安全和全球治理方面发挥一个全球大国的主导作用。法国不仅强调通过技术手段来强化网络信息的安全，而且非常重视打击网络犯罪和建立网络防御体系。为此，法国专门设立了"国家信息系统防御战略委员会"，由国土安全部部长牵头，成员包括外交部、情报局、国防部等各部门的部长。委员会的主要工作是制定法国信息安全战略的细则，以便指导国家资讯科技保安部（ANSSI）的具体工作。2012年7月，法国参议院公布的伯克勒报告将网络安全称为"世界的重大挑战，国家的优先问题"，网络安全开始上升到国家战略层面。2013年发布的《国防与国家安全白皮书》强调了应对信息化威胁的必要性以及信息攻势和信息情报对网络安全的重要性。

3. 德国网络空间安全战略

德国是欧洲头号经济大国，同时也是欧洲信息技术最发达的国家，电子信息和网络通信服务已渗入所有经济生活领域。德国政府非常重视信息技术应用，利用经济、法律、行政等手段促进信息技术和网络技术在经济社会中推广应用。

作为信息化大国，德国政府历来重视信息网络安全。2001年，德国政府就计划成立了保护德国互联网免受他国黑客攻击的预警系统。2005年，德国政府进一步制订了全国性的信息技术安全计划，建立了电脑紧急情况应对中心，加强全国电脑及网络安全。2008年，德国政府批准了一项颇受争议的反恐法案以加强对互联网的监管。该法案允许警方在特别授权的情况下，通过向嫌疑人发送带有木马病毒的匿名电子邮件来实现对该嫌疑人电脑的监控，目的是防止恐怖分子利用互联网向德国发动攻击，保证德国互联网安全，便于警方调查、追踪嫌疑人。2010年11月，德国政府启动"数字德国2015"战略，目标包括提升每个公民、企业和政府部门在数字世界的安全和信任感。

2011年2月23日，德国政府通过了《德国网络安全战略》，旨在加强保护德国关键的基础设施、信息技术系统免受网络攻击。作为指导德国网络安全建设的纲领性文件，该战略明确阐述了德国网络安全战略的现实依据、框架条件、基本原则、战略目标及保障措施，注重网络安全顶层设计，重视国内资源整合与国际合作，重视战略的防御性以及定期审查与更新。该战略决定于 4 月 1 日成立一个国家网络防御中心。国家网络防御中心由德国联邦信息技术安全局负责，联邦宪法保卫局和联邦民众保护和灾害救援局等机构的专家参与其中。国家网络防御中心负责收集来自经济界和当局有关网络攻击的信息，协调对威胁的分析，并给相关机构提供建议。在《德国网络安全战略》中，德国联邦政府明确设立网络安全战略目标，国家成立相应的负责机构，把网络安全纳入国家安全战略之中。在最高层设计下所确立的网络安全战略目标，成为其他原则、措施制定的依据和基础。该战略确立的网络安全战略目标，即确保德国 21 世纪的互联网的安全，促进德国社会经济繁荣发展，成为框架条件、两项基本原则、四项具体目标、具体的管理运行机制以及其他相关保障性措施的统领。它所阐明的所有措施、手段、管理、技术、法律等，都是围绕其战略目标所设计的。

《德国网络安全战略》明确了德国确保网络安全的两项基本原则。第一，网络安全必须保证与联网的信息基础设施的重要性以及需要保护的水平相一致，而且不损害网络空间的发展机会和利用率。网络安全措施既要保障互联网络的畅通与开放，同时又要对重要的信息数据进行有效的保护；哪些设施与数据需要保护或重点保护取决于其重要性；这些措施涉及国家在内外两个层面所做的努力，以及世界各国的共同努力。第二，网络安全必须加强信息交流和合作。该战略一方面主要关注网络安全的民用方法和措施；另一方面，鉴于信息和通信技术的全球属性，它则强调了国际协调的不可或缺。这不仅包括在联合国开展的国际合作，也包括在其他跨国组织中开展的国际合作。国际合作的目的是为了确保国际社会有能力采取一致行动，保护网络空间。

五、日本和印度网络空间安全战略

作为中国的邻国，日本和印度也一直在积极行动。在我国周边的主要亚洲国家，日本和印度是进入网络社会较早的国家。出于维护网络空间利益，争夺网络空间主导权的需要，日本和印度均已形成较为完善的网络空间安全战略。

（一）日本网络空间安全战略

日本自卫队网络空间安全战略处心积虑酝酿已久。日本自 2003 年开始制定网络安全战略，先后出台过 2013 年版的《网络安全战略》《第一份国家信息安全战略》《第二份国家信息安全战略》《保护国民信息安全战略》。2015 年 5 月 25 日，日本政府在首相官邸举行由阁员组成的"网络安全战略本部"会议，制定了 2015 年版的《网络安全战略》，提出要以此确保网络空间的自由和安全。这是日本政府自 2013 年以来首次更新网络安全战略。8 月 20 日，日本政府在首相官邸召开了由阁僚和专家组成的"网络安全战略总部"会议。9 月 4 日，日本政府在内阁会议上正式通过了旨在确保网络空间安全的新指针——《网络安全战略》，对日本未来网络安全战略进行了规划。

1. 认为网络安全风险日益严重和广泛

2011 年 8 月，在防卫省公布的 2011 年度《防卫白皮书》中，也以罕见的地位和篇幅强调了网络战的意义。白皮书第一章"国际社会课题"的第一节的题目就是"围绕网络空间的动向"，它以大量篇幅强调国际网络空间斗争加剧的现状以及日本面临的风险，并要求大幅加强这方面的力量。

2011 年 9 月，日本《读卖新闻》报道称，日本最大军工企业三菱重工遭到了网络攻击，其总公司和 10 处工厂、研究机构的 83 台电脑感染木马病毒。染毒电脑所在的机构包括三菱重工神户造船厂、长崎造船厂、名古屋制导推进系统制作所等工厂。其中神户造船厂是日本两家建造潜艇的工厂之一，长崎造船厂是日本海上自卫队的主要驱逐舰制造厂，名古屋的这处设施则是日本重要的制导武器研制企业。10 月，《朝日新闻》又曝出更具轰动效应的消息：日本国会的电脑系统遭到入侵。根据此后日本国会所做的调查，国会众议院有 32 台电脑因病毒邮件中毒，另有 10 名议员（包括时任防卫大臣北泽俊美）收到过伪造的病毒邮件。为此，日本《网络安全战略》认为，日本面临的网络安全风险日益严重和广泛，网络空间"作为一个不可或缺的中枢系统，对国民生活和社会经济发展有着深远的影响"。因此，在日本内阁 2013 年审议通过《防卫计划大纲》中提出要重视建设"应对宇宙空间和网络空间事态"的职能和能力。此外，防卫省还将网络空间定位成与陆海空天相并列的"领域"，并认识到"网络空间活动的成败，与陆海空天领域的成败同等重要"。

网络安全问题是与应对传统领域事态全然不同的崭新课题。网络空间存在诸多特性，包括攻击主体、手段和目标多种多样而呈现的"多样性"、攻击源易于伪装而造成的"匿名性"和攻击行为难以察觉而带有的"隐蔽性"等。除了这些一般特性，从军事角度看，它还具有"攻击方处于优势地位"和"难以进行威慑"的特性。防卫省认识到由于攻击手段易于获取和软件薄弱环节难以完全消除，在网络安全领域"攻击方对防御方拥有压倒性优势"。并且，防卫省还认识到，在"攻击方处于优势地位"的情况下，让攻击主体因担心受到惩罚而放弃攻击想法的努力难以奏效，即对网络攻击加以威慑十分困难。由于网络空间的这一特性，自卫队在应对网络空间事态时，将面临与应对陆海空等传统领域事态全然不同的崭新课题。

将网络安全视为国家安全战略问题。2013 年 5 月 21 日，在日本政府"信息安全政策会议"上，日本首相安倍晋三强调："迅速作出应对不仅仅是国家安全和危机管理的需要，也是为了国民生活的稳定和经济发展。要努力构筑与世界最高水平的 IT 国家相适应的安全的网络空间。"2015 年 2 月 10 日，日本政府在首相官邸召开"网络安全战略总部"首次会议，日本首相安倍晋三在会上致辞指出，为成功举办 2020 年东京奥运会和残奥会，加强网络攻击对策不可或缺。他强调称："威胁日益严重，（网络攻击对策）是国家安全和危机管理上的重要课题。"安倍表示"期待战略总部充分发挥指挥塔作用"。

2015 年版《网络安全战略》从机遇和挑战两个方面论述了对网络空间的认知。机遇方面，提出网络空间的无国界性和无差别无排斥性，使得任何人都可以自由参与讨论，任何信息都可能实现自由准确的流通，从而迎来现实空间与网络空间的高度深层融合，也即"连接融合信息社会"的到来，这将为日本经济和社会的发展带来无限多的机会。挑战方面，认为主要有两点：一是网络空间参与门槛低的特性，使恶意攻击者拥有明显的非对称性优势，网络攻击的开展变得非常容易；二是网络攻击尤其是有国家背景的组织和团体发动的攻击，将对经济社会造成不可估量的危害。

2. 确立了战略目标、战略方针和基本原则

2013 年 6 月 10 日，日本内阁下属的信息安全中心（NISC）发布了《网络安全战略》，旨在保护日本信息化社会正常运转不可或缺的关键基础设施的安全，维护网络空间安全，降低互联网使用风险。其目的是，要将日本"塑造全球领先、高延展和有活力的网络空间"。12 月 17 日，日本内阁审议通过了首份《日本国家安全保障战略》文件，其中明确指出："从国家安全保障的角度看，网络空间的保护不可或缺"，创建"领先世界的强大而有活力的网络空间"，实现"网络安全立国"。2015 年 5 月 25 日，日本政府在首相官邸举行由阁员组成的"网络安全战略本部"会议上又制定了新的《网络安全战略》。随着网络安全在国家安全保障中的重要性日益突出，日本政府

将不断制定新的网络安全政策。2015 年版《网络安全战略》旨在通过政府、私营企业和公民的共同努力，创造安全的网络环境，助力日本经济和社会发展，增强民众生活信心，保障国家安全。

2015 年版《网络安全战略》确立了三大方针：一是"从事后到事先"，即面对黑客不断变换网络攻击手段，不是遭受网络攻击后采取对策，而是要在分析未来变化趋势和可能产生风险的基础上，事先展开必要的行动；二是"从被动到主导"，即指在国内层面要促使私营部门和民间团体自发主导行动，在国际层面要树立负责任的国家形象，更加主动地开展行动，积极促进全球网络空间的和平与稳定；三是"从网络空间到融合空间"，意指必须考虑网络空间与现实空间各种事物和现象的相互交织，以及这种交织融合对社会可能产生的影响。

2015 年版《网络安全战略》的目的是创建并发展"自由、公正、安全的网络空间"，助力"提高经济社会的活力和实现可持续性发展""增强国民生活的信心和社会稳定""保障国家安全和实现国际社会的和平"。其中，"自由"是指言论自由和促进创新，不受不必要规则的限制；"公正"主要指对所有参与主体都无差别无排斥；"安全"是指防止网络攻击非法窃取公民信息和财产，以及给国际社会带来危机。为实现这一目标，2015 年版《网络安全战略》提出了"信息自由流通""法治""对使用者的开放性""主动遏制恶意行为的自律性""政府和民间等多方面的合作"等五项原则，并明确提出要积极参与制定网络空间的国际规范。

3. 制定了维护日本网络空间安全的具体措施

2013 年版《网络安全战略》具体内容主要表现在如下三个方面：一是构建"强韧"的网络空间。通过加强防御网络攻击的能力、深化对网络攻击事件的认识和分析、加强对事件信息的共享，构建"强韧"的网络空间，提升对网络攻击的防御能力和恢复能力，确保网络空间的可持续性。

二是构建"充满活力"的网络空间。通过提升产业活力、开发先进技术、培养高端人才及其素养，构建"充满活力"的网络空间，以主动应对网络空间存在的风险，确保网络空间的可持续发展。三是构建"领先于世界"的网络空间。为适应全球网络空间的发展，部级机构应加强信息传输，积极参与国际规则的制定，发展海外市场，支援相关能力的构建，提升国民的信任度，从而在此基础上构建"领先于世界"的网络空间。要迅速、切实地应对网络攻击，离不开以日美安保体制为轴心的日美合作。今后，应加强日美双边的网络对话、对面临的网络威胁达成共识、就重要基础设施保护等具体的网络空间问题探讨相关的解决方案，并积极参与国际规则的制定。

2015 年版《网络安全战略》提出了相应措施。一是为提高经济社会的活力和实现可持续发展，要创建安全的物联网系统，整合体制机制，带动产业发展；提高企业在经营活动中的网络安全意识，提升公司管理层对网络安全的认识，加强内部人才培养；为网络安全产业发展创造良好的国内国际环境，国内层面需完善法律法规，国际层面要争取国际贸易规则的制定权，同时保护供应链安全。二是为增强国民生活的信心和社会稳定，要构建安全放心的网络环境，网络安全企业从产品服务的系统策划和设计阶段开始就应当确保安全；保护重要基础设施，开展网络安全审查，实现信息共享；提升政府机构网络安全保障水平，提高网络攻击防御能力和安全威胁渗透测试能力，增强安全事件处置能力。三是为保障国家安全和实现国际社会的和平，需强化警察和自卫队等机构的网络攻击应对能力，对人才培养、技术引进及研究开发等进行审查，加强对国家尖端技术的保护；支持传统国际法和国际规则适用于网络空间，推动建立信任措施，加强国家间能力建设合作；加强国际合作，分别与亚洲、大洋洲、北美、欧洲、中南美洲、中东和非洲的国家开展技术、能力建设等方面的合作。

(二) 印度网络空间安全战略

经过十多年的探索、实践和评估，印度于 2011 年 5 月颁布了《国家网络安全策略（草案）》（NCSP），并积极筹建网络安全组织机构，组建网络作战力量，标志着印度的网络安全战略初具雏形。

1. 印度实施网络安全战略的背景

印度实施网络安全战略有其深刻的背景和复杂的原因，目的是维护印度的国家安全利益。为确保网络安全战略的有效实施，印度从政策、法律、组织领导多个层面制定了相应的规划，并在社会经济、外交和国防等领域进行了大量的实践活动。网络和信息技术在为印度人提供大量方便的同时，其负面效应也不断显现，甚至开始威胁印度的国家安全和利益。因此，印度制定网络安全战略，既是现实需要，也是战略考虑。一是应对多样化网络安全威胁的需要。印度认为，当前其面临的网络安全威胁主要有以下几种：网络恐怖主义、网络犯罪活动、网络间谍活动等。二是维护国家安全利益的需要。印度认为，随着网络风险的日益上升，其对印度国家安全利益的威胁也急剧增加。主要表现在两方面：一方面是国家关键基础设施遭到攻击，另一方面是印度军队信息与情报安全受到威胁。三是改革落后的网络安全管理体制的需要。面对日益严峻的网络安全威胁，印度面临着谁来管和怎么管的严重问题。首先是缺乏集中统一的领导，没有明确的责任制；其次是管理者、运营者和使用者（用户）之间缺乏沟通与合作。

2. 印度网络安全战略的主要内容

印度虽然还没有正式颁布"网络安全战略"，但透过其颁布的《国家网络安全策略（草案）》，以及各种战略文件和分析报告，仍然可以看出其网络安全战略的目标和主要内容。一是在网络安全战略目标上，印度网络安全战略目标分宏观目标和直接目标两种。印度网络安全战略的宏观目标是：保障网络空间的安全，消除网络空间对国家利益的威胁，创造有利于国家和平与发展的网络空间环境。印度网络安全战略的直接目标是：预防网络威胁、防御网络攻击、迅速从网络攻击中恢复、实施网络攻击。二是网络安全战略管理体系。经过多年的探索和发展，目前印度初步形成了一套符合自身特点的网络安全管理体系，主要由三个方面组成：政策文件、法律法规、组织领导。三是网络安全战略的实施领域。印度网络安全战略是一项综合性的战略计划，涉及社会经济、外交和国防等众多领域。

3. 印度网络安全战略的军事实践

经过多年建设，印度已经拥有一支不可轻视的网络作战力量，在维护印度网络安全方面发挥了重要作用。印度从三个方面加强网军力量建设：一是积极发展网络进攻力量。为了提高印军的网络作战能力，印度军队积极筹划组建网络空间作战司令部、筹建网络空间作战部队，同时积极组织网络战演练。二是大力构建网络防御力量。印军认为，随着计算机和现代通信技术在以信息为基础的战争中被广泛应用，确保网络信息安全变得极其重要。因此，印军非常重视网络信息的安全保密。印军要求指挥控制系统的各信息单元，包括武器制导系统和监视系统都必须采取定时更换密码的措施，以防止敌人识别并利用诱导控制信号操纵己方网络。另外，印军还筹建网络战应急小组。为了能及时应对军方网络突发事件，印军拟组建一个联合军队计算机应急小组，处理对军事设施的计算机非法入侵等。三是加强网络战技术开发和人才建设。印军利用本国计算机软件技术优势，不断加强作战领域的软件开发与应用，特别重视进攻性军事应用软件研发。此外，为加紧培养军队急需的信息化技术人才，印军还组建了信息技术学院，教授作战部队指挥官信息战知识，陆海空三军部队也广泛举办网络技术培训班。

第七章　网络空间军备竞赛

随着网络空间成为与陆海空天同等重要的"第五作战空间"，在这一战场空间的战略博弈日趋激烈。自美军网络司令部成立以来，俄罗斯、英国、德国、法国、日本、以色列等国纷纷宣布组建网络战部队。据不完全统计，目前已有100多个国家在积极发展网络军事力量。为了在网络空间占有一席之地，各国强化互相竞争，不断制造破坏性更强的网络武器，加快提升网络攻防能力。可以预见，全球性网络军备竞赛将迎来高潮。

一、美国拥有世界最强网军力量

鉴于网络空间安全的重要性，作为全球最早将网络用于实战的国家，美国依仗信息技术优势，积极打造网军力量，以确保美国的绝对军事优势。美军在谋划网军建设方面动作频频，在全球率先成立了网络战司令部，大量招募黑客，将其变为网络战士，研发收集各种计算机病毒，建立网络战武器库，探索网络作战理论，等等。

（一）国家网络空间安全维护机制

近年来，美国在实践中对国家力量特别是军事力量介入网络空间安全事务做出了一系列体制、机制性探索，很多做法都走在世界各国的前列，非常值得我们关注。

1.国家安全委员会统筹的分头领导机制

美国的网络安全国家领域机构是在统一领导下行动，即国安会统筹的分头领导机制。美国网络国防领导体制由国家安全委员会统筹，从上至下分成三个层次：国家安全委员会是顶层领导机构；国土安全部、司法部、国防部三大部门是分头主管机构；国家网络安全与通信集成中心、联邦调查局、中央情报局、国家安全局、美军网络司令部是主体支撑机构。这三个层次共同承担关键网络基础设施防护、网络犯罪执法、反网络间谍、网络反恐、网络战等使命，共同维护国家安全。

美军在和平与战争时期通过同一体制介入网络空间。需要明确的是，网络国防并不是单纯军事领域的事务，在组织指挥体系中，军方只是其中的一个部分。在和平时期，美国设有网络安全协调官，代表总统，借助跨部门工作组机制，实现网络国防的跨部门政策协调；在战争时期，则根据联合作战体制机制，由战区指挥官负责指挥网络作战行动。

2.共享网络安全数据

美军虽然只是承担网络国防的力量之一，但其体系化的攻击性网络作战能力是独有的，在应对外来网络威胁方面的作用也是美国其他职能部门无法替代的。当然，美军介入网络国防是有条件的。要发挥美军攻击性网络作战能力、消除外部网络安全威胁，首先要对网络威胁态势有基本的感知，明确哪些是网络威胁、网络威胁在哪里、网络威胁如何侵入美国网络系统。

但是，网络安全威胁存在于美国国家网络基础设施之中，存在于私营企业主导的因特网信息服务系统之中，而这些网络信息系统的所有权都不在美军手中。基于保证国家关键基础设施稳定运转、保护私营企业商业秘密和国民隐私权的需要，美军无法直接接入或者控制这些信息系统。美国的思路是推动网络安全信息共享，形成国家网络安全大数据共享体系，而不是要控制信息系统。这个体系可实现政府部门网络、国家关键基础设施网络、因特网信息服务企业之间的信息共享。

在该体系建设过程中，美国采取国会立法、签发总统行政令、制定国家标准、推动跨政府部门合作等多种方式发展网络安全数据共享国家机制。2015 年，美国国会通过了《网络安全信息共享法案》，形成了网络安全"事后"威胁信息共享机制。当前，美军与多个政府部门都有固定的信息共享渠道，其与国土安全部共同推动的网络信息安全共享与交换"机读"标准MITRE，最终目标是实现政府部门之间、政府与私营企业之间、私营企业内部的网络安全信息"全"共享。

3. 网络威胁作战中心 + 网络作战分队

在网络国防体制中，美军在国家安全局的网络威胁作战中心具有十分独特的地位。该中心原名为国家安全局威胁作战中心，最初主要用于反网络情报间谍作战行动。随着信息时代的来临，该机构增加了网络攻防作战的指挥控制与协调职能，并更为现名。中心建有美国目前保密等级最高的情报与通信系统，并可共享联邦调查局、中央情报局、国防情报局、国家影像侦察办公室、国家侦察办公室等机构的有关数据，形成强大的网络威胁态势感知能力，从而支持情报领域的网络作战任务。2009 年组建网络司令部以后，美军借鉴国家安全局网络威胁作战中心在情报领域网络作战行动的实践经验，发展了能够介入联合作战的军事网络作战力量。目前，已经形成四个集团军、共约 13 万人的网电融合式的军事网络作战力量。其中最引人关注的是133 支、6178 名编制的网络任务分队。作为美军介入网络国防的核心力量，其主要职责就是在现有军种主导的军政体制之下，完成战术层面联合作战支援使命。

这 133 支分队按任务类型可分为国家任务分队、国家支援分队、战斗任务分队、战斗支援分队和网络防护分队。除了网络防护分队情报体系人员占主体外，其他四类分队都主要由现役军人组成。其中，国家任务分队和战斗任务分队分别负责国家关键基础设施与军用关键信息基础设施网络系统的作战任务，国家支援分队与战斗支援分队则分别负责定向支援前者。

需要指出的是，由于美国国家安全局网络威胁作战中心具有最为全面的网络威胁态势感知能力，所以，这 133 支攻击性网络任务分队从作战计划、指挥控制到作战评估，都离不开该中心的支援和保障。

（二）全面推进网军部队建设

在全面进入信息化时代的美国社会中，一帮敲击键盘的"办公室军人"手中虽没有传统武器，却正成为美军的新宠。由于国家机器运转过度依赖于互联网，意识到网络瘫痪就意味着国家机器的瘫痪。因此，美国在发展网络战能力上一马当先，将机械化战争时代以平台为中心的建军模式和作战形式，转向适应信息化战争的以网络为中心的网络空间力量建军模式和作战形式，在世界上率先建立了第六大军种——网军。

1. 网军力量指挥机构

网络司令部是美国国防部负责网络作战的机构。美国国防部的战略要求网络司令部保卫国防部网络、系统和信息，以抵御网络攻击，防卫国土，并为军事行动和应急行动提供支持。

（1）网络战早期指挥机构。为使网络电磁空间战略得以很好地贯彻落实，美国适时成立了相应的领导机构，指导协调网络空间行动。1999 年，美国将网络战职能明确划归航天司令部。2001 年年初，美国陆军航天司令部开始筹建网络战办公室。"9·11"事件后，布什政府为防范恐怖分子对美国发动网络恐怖袭击，采取了一系列预防和打击网络恐怖活动的措施，包括成立"国土安全办公室"，即国土安全部的前身，将打击网络恐怖作为其主要职责之一。

美国为了应付网络黑客的攻击，防止出现"网络9·11"事件（E-9/11 event）或"网络珍珠港"事件（Cyber Pearl Harbor），美军依据所谓"国家安全第16号令"，成立了网络作战指挥机构。2002年10月，美国航天司令部并入战略司令部，网络战职能也随之并入。随后，布什总统发布了第16号"国家安全总统令"，要求组建美军历史上，也是世界上第一支具有网络作战联合功能的司令部（简称JFCCNW）和全球网络作战联合特遣部队。这个网络战联合功能司令部设在战略司令部之下，具体指挥和遂行网络电磁空间军事行动。这支部队由一批世界顶级电脑专家和"黑客"组成，包括美国中央情报局、国家安全局、联邦调查局以及其他部门的专家。由于所有成员的平均智商都在140分以上，因此被一些媒体戏称为"140部队"。2003年2月，《确保网络电磁空间安全国家战略》明确国土安全部成为联邦政府确保网络安全的核心部门，并充当联邦政府与各州、地方政府和非政府组织之间的网络安全指挥中枢。2005年4月，在美参院武装部队委员会举行的听证会上，美战略司令部司令卡特赖特首度表明，美军已组建专门负责网络作战的"网络战联合功能构成司令部"。网络部队作为一种全新的部队样式，已被正式纳入美军的作战序列。美国国家安全局局长兼任网络战联合功能司令部司令，国防信息系统局局长兼任全球网络作战联合特遣部队司令。

（2）组建国家网络司令部。为了完善美国网络部队建制，便于统一管理和调度，美国前国防部长盖茨于2009年6月23日宣布，正式成立负责军事网络电磁空间行动的联合司令部——美国网络司令部（USCYBERCOM），隶属战略司令部，由国家安全局局长兼任该司令部司令。网络司令部主要负责指导美国国防部信息网络的运行和防护，负责计划、整合和同步网络电磁空间行动，并根据总统、国防部长和战略司令部司令授权，负责实施全谱的网络电磁空间军事行动，以确保美国及其盟国在网络电磁空间的行动自由。2010年5月21日，美国网络司令部正式启动并于10月全面开始运转。网络司令部首任司令为国家安全局局长基思·亚历山大将军。至此，美国已将网络战争的威胁升格为一种国家行为。截至 2013 年，国防部网络司令部现有大约 900 名人员，到 2014 年年底翻一番，达到 1800 名士兵。2016 年年底，美国将原从属于美国战略司令部的网络战司令部提升为独立的统一化指挥单位，构成了总统—国防部长—作战司令部司令三级网络战指挥机制，进一步提升网络战的战略地位和作战价值。2018 年 5 月 4 日，美国网络司令部正式升级，成为第 10 个一级联合作战司令部。该司令部升级后，将与太平洋司令部及欧洲司令部同级，执行任务直接向国防部长汇报。此次网络司令部升级充分表明其网络作战力量已经足以支撑这一指挥机构履行职能，基本完成了作战准备。网络司令部升级为最高级别联合司令部，与战区联合作战司令部平级，有助于简化网络空间行动指挥和操作，提升网络空间行动效率。升格后，网络战力量与其他联合作战力量的协同将更加顺畅，便于发挥其"力量倍增器"作用。美军新任网络司令部司令日裔陆军上将保罗·中曾根称，网络空间将与国家安全局切分，突出网络司令部的作战职能，持续强化网络空间作战能力。

组建网络司令部，标志着美国打算将军事霸权从陆地、海洋、天空和太空向号称"第五领域"的网络空间延伸。网络战司令部是美国战略司令部下的一个次级联合司令部，与美国国家安全局共同设在马里兰州米德堡。网络司令部整合了进攻和防御能力，并且由一位四星上将领导，这位四星上将也指挥国家安全局。美国国家安全局的首要任务是国家安全系统的信息保障和信号情报。国家安全局中还有一个机构是中央安全局，这是美军的逻辑密码机构。作为一个情报机构，国家安全局根据美国法典第 50 卷（Title 50 U.S.C.）——《战争和国家防御》的授权运作。而美国网络司令部根据美国法典第 10 卷（Title 10 U.S.C.）——《武装部队》的授权运作。从此，美国网络战力量进入统一协调发展的"快车道"。2013 年，美国热炒黑客攻击事件，借机扩编网络司令部，并建立国家任务部队、作战任务部队和网络保护部队，明确了协助海外部队策划并执行全球网络攻击任务。其中，国家任务部队负责保护国家关键基础设施；作战任务部队协助指挥官制订境外行动计划、发动攻击并采取其他进攻行动；网络保护部队负责保护国防部内部网络。不过，这仅是网络司令部直属机构，算上各军种的网络战机构，美军网络部队已经是个庞然大物。

网络司令部的使命和兵力结构。美国网络司令部由美国陆海空以及海军陆战队负责的各军种网络部队进行整合，纳入统一管辖之下，并主要担负起防护国防部网络的职责，主要负责协调三军的网络防御，有效地改变了陆海空网络战部队各自"守土"的局面。美国网络司令部的主要任务之一就是保卫和运维国防部信息网络。2015 年 1 月，美国网络司令部司令迈克尔·罗杰斯海军中将在参议院军事委员会提名他为美国网络司令部司令的听证会上这样描述网络司令部司令的职责："美国网络司令部司令负责执行《统一指挥计划》（UCP）的第 18 章第 3 节中由美国战略司令部司令委派的具体网络空间任务，确保我们国家在网络空间的行动自由，以减轻因对网络空间的日益依赖所造成的国家安全风险。根据这样的授权，并与使命合作伙伴协调，具体的任务包括：指挥国防部信息网络运维、保护国防部信息网络；维持网络空间的机动自由；执行全谱军事网络作战；提供网络空间作战态势感知能力，包括指示和预警；与作战司令部和负责保卫我们在网络空间中的国家利益的其他适当的美国政府机构整合和同步网络空间作战；为民事当局和国际伙伴提供支持。所有这些努力都支持国防部的总体任务——抵御网络攻击威胁国家、支持作战司令部、保护国防部网络。"[1]

美国网络司令部司令强调，网络司令部需要把其功能集成到国家安全行动的所有方面。美国网络司令部积极扩大作战行动，而且在执行多种任务，跨越了多样性的和复杂的任务集。特别是 2015 年以来，美国网战力量建设

---

[1] 知远 / 安德万编译：《美国网络司令部构想》，摘译自美国国会研究服务局 2015 年 1 月研究报告——见 http://fas.org/sgp/crs/natsec/R43848.pdf。

骤然加速。3月4日，美国网络司令部司令迈克尔·罗杰斯海军上将在众议院军事委员会作证词，讨论了网络作战和提高军队网络安全态势的问题。美国网络司令部运作已经五年了，网络空间中威胁活动已经模糊了政府机构之间以及公共部门和私营部门、现实世界和虚拟世界之间的角色和关系。罗杰斯海军上将说，组建网络司令部的网络任务部队就是把战略和规划转化成作战结果。"在美国国会、行政部门和国防部的不断支持下，美国网络司令部和各军种的网络组成部队组建网络任务部队的工作现在完成了大约一半，许多网络分队正在生成能力。"他补充说，"我们的目标是有大约6200人，组建133支网络分队，而且到2016年年底大部分网络分队至少达到初始作战能力"①9月8日，美国网络司令部司令迈克尔·罗杰斯海军上将发布的《网络司令部构想》声明书描述了司令部将如何做到这一点。该文件题为《超越建设：通过网络空间实现目标》，确立了网络司令部及其下属单位的意图和主要任务。这个文件支持国防部长卡特在2015年4月发布的《网络空间战略》。2018年10月，美军网络司令部的网络空间任务部已经全面形成作战能力。

（3）各军种网络司令部。就作战部队而言，美军各军种均设有网络作战司令部和部队，统归美军网络战司令部指挥。其中，美国空军于2009年成立、2010年10月1日正式运行的网络空间指挥机构和第24航空队用于网络作战，规模约5300人，包括第67网络战联队、第688信息作战联队、第689作战通信联队。空军网络战司令部驻地在得克萨斯州拉克兰空军基地，下辖的第67网络作战大队，负责组织、训练及装备网络空间部队实施网络防御、进攻及开发行动；第688信息作战大队，其任务是投送可靠的空、天、网一体化信息作战与工程基础设施；第689作战通信大队，负责训练、部署

---

① 知远/安德万编译：《美国网络司令部司令罗杰斯谈网络安全和美军网络力量》，美国国防部网站2015年3月6日——见 http://www.defense.gov/news/newsarticle.aspx?id=128305。

与投送专业的通信、空中交通管制及降落系统，对人道主义救济行动与重大作战行动提供支援，在恶劣环境、远程投送与联合行动等情况下实施战术行动。2010年5月，美国陆军宣布组建网络空间司令部，驻地在弗吉尼亚州贝尔沃堡，下辖陆军第9通信司令部、第1信息作战司令部和陆军情报与安全司令部。从事网络空间相关行动的第2集团军人数约为2.1万人，主要负责计划、协调、整合、同步及保卫国防部网络的陆军部分，并在接到命令时实施网络空间进攻行动。成立于2010年1月29日的海军网络战司令部，总部设在马里兰州米德堡国家安全局内，下辖海军网络战司令部、海军网络防御作战司令部、多个海军信息作战司令部及联合特遣部队。2月，美国海军又重建第10舰队，以领导海军在网络空间的作战行动，拥有网络战士1.4万人。海军陆战队网络战司令部组建于2010年1月，下辖一个网络战中心、一个网络安全保障中心、一个密码保障营，总数约800人。此外，美国海岸警卫队也于2010年7月成立了网络战司令部。按照五角大楼的计划，美军各地区总部也将建立网络战支援部队，与美军网络战司令部协同，在地区总部辖区内遂行网络战任务。美国这些网络作战指挥机构的建立，使政府对网络电磁空间行动的统筹协调非常顺畅。

（4）美国成立网络威胁情报整合中心。2015年2月25日，美国总统指示国家情报总监建立网络威胁情报整合中心（CTIIC）。网络威胁情报整合中心将提供有关影响到美国国家利益的外国网络威胁和网络事件的全源情报分析；支持负责网络安全和网络防御的美国政府机构；并支持政府处置外国网络威胁的行动。网络威胁情报整合中心联合国家网络安全和通信集成中心（NCCIC）、国家网络调查联合特遣部队（NCIJTF）以及美国网络司令部，保护美国公民、美国公司以及美国免遭网络威胁的侵害。网络威胁情报整合中心不负责收集情报、事件响应行动的管理，也不指导调查行动，也不代替现有政府部门、机构或政府网络中心执行的其他职能。网络威胁情报整合中心将在网络防御和事故响应任务方面支持国家网络安全和通信集成中心；支持国家网络调查联合特遣部队进行与国内网络威胁调查相关的协调、整合和信息共享；支持美国网络司令部保护美国免遭重大网络空间攻击的行动。网络威胁情报整合中心将为这些机构以及其他政府部门和机构提供落实网络安全任务需要的情报。

美国中央情报局（CIA）网军隶属于网络情报中心，正式注册人员超过5000人，已开发出1000余种黑客工具，包括黑客系统、木马、病毒以及其他攻击软件。美国时间2017年3月7日，维基解密曝光中央情报局网军的一批秘密文件。这个代号为"穹顶7"（Vault 7）的揭秘行动，第一批就公开了多达8761份秘密文件，这些文件包括中央情报局网军从2013年至2016年年底三年内所进行的"工作"，包括它的攻击手法、攻击目标、会议记录、海外行动，以及几乎所有的黑客工具，涉及7亿行代码。而且，这还只是中央情报局网战黑幕的冰山一角。中央情报局网军不仅攻击微软操作系统，还向苹果和安卓系统下了"黑手"，乃至我们手中小小的耳机等等也悉数"沦陷"。文件还披露，中国的微博、HTC手机曾遭受攻击。不仅如此，美军制造的黑客工具，已经向电视、冰箱、空调、洗衣机这些家用电器发起攻击。美国开发的一款名叫"哭泣的天使"（Weeping Angel）黑客工具，即便是在电视关机的情况下，依然可以扮演"窃听者"，通过开启录音功能，记录在每个人家里发生的一切。据披露，2016年1月，美国空军内部网络控制（简称AFINC）武器系统，已经成为第一套达到作战状态的网络空间武器系统。

2. 网络部队作战力量

网络空间作战力量主要由计算机、信息安全、密码学方面的专业技术人员组成，因此，它是一支知识密集型、技术密集型的高技术部队。美国网络作战力量诞生于国防部网络防御任务。

（1）美军网络作战部队的主体由网络司令部掌握。从20世纪90年代起，美军就开始大量招募网络人才。1995 年，美国国防部已经拥有第一批黑客，美国防大学培养出 16 名第一代"网络战士"。1997 年，美军组织了网络攻击演习，测试国防部计算机系统的网络防御能力。但演习评估结果让美军大吃一惊，其计算机网络系统脆弱得不堪一击。为此，美国国防部在 1998 年组建了第一支计算机防御作战部队，即计算机防御联合特遣部队，以便向位于世界各处的国防部区域作战司令官直接提供网络防御支持。美国各军兵种也开始建立类似的防御部队，以满足军事计算机网络的安全需求。随后美国海军、空军和陆军也相继发展起自己的网络部队。虽然目前在公开媒体上美军很少提及参与网络攻击的实战案例，但从美军主导或参与的近几场军事冲突、阿拉伯之春运动中都或多或少可以看到美军有组织的网络攻击痕迹。

"9·11"恐怖袭击之后，小布什政府加紧防范恐怖分子利用互联网实施恐怖袭击。为加强统一领导协调、提升网络战能力，2002 年发布了 16 号国家安全总统令，组建了美军历史上第一个网络战指挥机构和战略力量，即网络战联合功能构成司令部，兼具指挥协调和作战职能。这个司令部由世界顶级的计算机专家组成，其成员包括中央情报局、国家安全局、联邦调查局以及其他部门的专家，所有成员的智商都在 140 分以上，因此被戏称为"140 部队"。与此同时，美国政府借助美军的防御教训和经验，于 2003 年启动了"爱因斯坦计划"，以控制和保护美联邦政府的互联网出口。到 2010 年，该计划已实施到 3.0 版，美国政府 20 多个部门的 1000 多个网络出入口得到保护。2008 年，美国又启动用于国家网络战略防御的"曼哈顿计划"，以避免网络空间给美国带来的战略损害，美网军在其中发挥了重要作用。

2009 年 5 月，美军战略司令宣布征召 4000 名士兵组建一支网络战"特种部队"。这支部队不仅要承担网络防御的任务，还将对他国的电脑网络和电子系统进行秘密攻击。如今，美国空军组建的第一个网络战司令部已经形成战斗力，其中一个重要的作战手段就是利用间谍软件对别国网络系统进行控制。美军 2012 年秋天设立了一个新军事职业（MOS）——"密码网络战专家"（35Q）。任何士兵都可以申请加入 MOS，并且现役士兵等级为 E–3 到 E–6。35Q 的设立也是为了让其他从事类似情报工作的 MOS 士兵如 35N （信号情报分析员）继续保持其尖端技能。据美防务专家估计，到 2014 年 2 月，美军约有 3000 至 5000 名 35Q，涉足网络战的军人在 5 万到 7 万之间。 美国网络司令部司令迈克尔·罗杰斯表示，总体而言，网络任务部队构成将 是约 80% 的军职人员和 20% 的文职人员。2016 年 10 月，美国国防部宣布， 美军网络司令部下属的 133 支"国家网络任务部队"已经全部初步具备作战 能力。根据美军计划，到 2018 年的目标是：35Q 将人员规模提升至 6200 名 以上，拥有全面作战能力。绝大多数网络战部队都将分派给美国 9 大司令部 （如中央司令部或特种作战司令部），但其中的 13 个将用于反击美国所受到 的袭击。目前，美军网络战部队已经成为全球编制最齐全、力量最庞大的网 络战正规军。

美军一系列动作表明，其网军突破了网络战的编制体制、装备设备、融 入联合等一系列瓶颈问题，探索形成了网络攻防战斗力生成的有效模式。这 些训练有素、全球部署的网络战部队，可能穿过"棱镜门"软件便道，翻越 路由器"陈仓暗道"，进入智能手机"芯片天窗"，在全球互联互通的网络 空间肆意行动，被美国智库兰德公司称为信息时代的"核武器"，事实上美 方的网络战部队已经成为当前网络空间安全实实在在的最大威胁。到 2016 年，美国的网络防御小组超过 60 个，为美国提供其最需要的防御技巧和专 业知识。每个小组都将包含一批经验丰富的软件工程师（包括民用承包商） 和一些经验不多但技术不错的人员。网络司令部还与美国国内及全球各地的 软件工程界有往来，这可在必要时提供至关重要的专业技术。从目前公开数 据估计，包括海陆空在内，美军网络空间作战相关力量约有 8 万~9 万人， 有 1.5 万个计算机网络连接着全球 4000 多个军事设施。据称，美国防部正 在考虑组建特别"猎人队"，以寻找计算机病毒和恶意软件，先发制人，防 范网络攻击。美军计划建立全面的网络防御体系，到 2020 年形成目标网络侦察、网络攻击效能评估和灵活的计算机网络攻击能力。

美军网络作战力量建设经费预算大幅增长。目前，美国国防部正在努力加紧建设 133 支网络任务分队，以保护军事网络、关键基础设施和在必要时在网络空间发动反击。原来计划这 133 支网络任务分队在 2016 年年底完成建制，但是现在国防部已经将计划推迟到 2018 年。对于如此庞大的网络作战部队，美军十分重视其保障问题，经费逐年增加。一般来说，国防部网络安全预算包括以下活动：信息保障、网络空间作战、国家网络安全倡议 / 国防工业基础 / 国防部网络犯罪中心以及美国网络司令部。2010 年美军网络司令部刚成立时，其预算是 1.5 亿美元，2013 年已增长到 1.82 亿美元，这还只是用于活动的支出，其他项目不在此列。从 2014 年到 2018 年，国防部计划投入 18.78 亿美元，以建设网络任务部队，这支部队最终将达 6100～6200人，由四个军种的军职人员和文职人员共同组成。2015 年 9 月下旬，美军网络司令部宣称，其网络战部队中的国家任务部队已建立指挥部，旨在保护国内电网、核电站等基础设施计算机系统的安全。五角大楼提出，到 2018 年网络安全预算经费将增至 230 亿美元，这也让美军的动机由最初的保护电脑网络向研发攻击能力方向转变。五角大楼用于信息保障系统的开支将达到93 亿美元，主要用作阻止黑客入侵等活动；用于网络行动的开支将达到 89 亿美元，涵盖攻防两方面。

（2）美国陆海空三军的网络部队。在美诸军兵种中，网络作战力量的发展并不齐步，空军网络空间作战力量在各军兵种之中，发展最早、能力最强。2002 年，作为美国空军信息作战规范化的一部分，美空军制定了一项计划，将其情报、监视和侦察飞机都集中到第 8 航空队，为实施网络中心战奠定了基础。2006 年 7 月，美国空军在路易斯安那州巴克斯代尔空军基地成立了第一支网络战大队——第 67 网络战大队。在组织、训练和装备网络空间作战人员方面，美国空军已经取得了长足的进步。2008 年 10 月，美国空军正式宣布，赋予第 24 航空队网络作战任务，第 24 航空队被认为是先前的网络战司令部的缩水版。2009 年 8 月，第 24 航空联队正式成立，隶属于空军航天司令部，负责建立、运作、维护和防护美空军的网络，实施全频谱网络空间作战。目前，美国空军的网络战部队已经成为全球编制最齐全、规模最大的网络战正规军。美国空军颁布了空军网络空间行动 10—17 号政策指示，空军航天司令部也制定了网络空间核心功能总体规划。

2011 年，美国陆军在马里兰州米德堡基地成立了担负网络作战职能的第 780 军事情报旅。其任务是搜集有关潜在威胁的情报，目的都是为了保护军事网络。第 780 军事情报旅隶属于陆军情报和安全司令部，具体由陆军网络司令部指挥。美国网络司令部负责保护国防部网络，并指挥一系列网络作战行动，陆军网络司令部负责审查各作战司令部下达给第 780 军事情报旅的任务。该旅在组建两个营的过程中，不断吸收文职合同人员和军人，并把军人送去接受 3 到 5 年的培养项目。这些军人将成为密码学的网络战专家，即"密码网络战专家"（35Q）。他们先是操作基本的情报技术、执行支援和维护任务，积累经验，然后到作战部队进行轮驻，甄别目标进行分析。

美国陆军很清楚，自己和美军其他军种（空军、海军与海军陆战队）一样，面临严峻的网络安全难题。在 2014 年年底美国陆军组建第一支网络保护旅之后，网络安全问题已经变得愈发严重。美军原本计划在 2016 年以前新增两支网络保护旅，但未能如愿，原因是无论美军整体还是单单陆军都无法培训和招募到足够多的网络人才。虽然也存在其他问题，但最大的困难就是没有足够多的网络人才去充实网络保护旅的核心部门：网络保护小组。网络保护小组的职能是及时为美军的网络防御系统提供合格的网络安保人员，为调查和应对网络入侵事件提供有经验的专家。网络保护旅的核心部门是 20 个网络保护小组。每个小组包含 39 名网络安全专家。为培养相关军事人才，陆军已经专门设立了新的军事职业资格，即所谓的"25D"资格（称为"网络卫士"），便于合格的军中人才以此为业。所有符合条件的美国军人都可以获得 25D 资格。2014 年，有 700 名军人成为 25D 人才。

此外，美国五角大楼还在秘密打造当今世界上最强大的黑客力量。这支名为"网络战联合功能构成司令部"的黑客部队，不仅能在作战行动中摧毁敌方计算机网络，同时也能保护美国防部的所有网络免受攻击。美国军方对这支部队的投资高达数百万美元。

（3）定向攻击与溯源反击两大任务。美军的网络任务分队，主要有两种主动防御能力，一种是定向攻击，一种是溯源反击。前者主要运用在战争时期，依据军事作战行动需求，定向攻击对手特定网络目标。该目标可以不是网络威胁的攻击源，但夺取其控制权应具有潜在的军事效果，对其定位不需要军地职能部门共享数据、追踪溯源。后者主要运用于和平时期，根据敌方作战行动的行为特征，发现敌方的攻击行动，并在此基础上以攻击性作战手段溯源反击。

无论是定向攻击还是溯源反击，都需要体系化网络作战装备的支撑。为此，美军国防高级研究局专门研发大型军用网络作战平台——X 计划装备项目。该计划未来将部署到美国军民所有网络基础设施关键节点，其中的"网络地图"子系统主要用于辅助溯源，"网络坦克"子系统则用于反击，执行主动防御任务。在实际使用时，美军给这些分队确立了和平与战时相衔接的原则和网络战场预置、网络电磁行动抵近召唤、远程接入操控三种网络作战样式。

网络战场预置主要由情报人员以和平时期情报作战行动完成，他们以斯诺登所揭露出的系列项目为装备，通过网络战场情报采集分析、软硬件供应链污染、人力情报手动后门预留、远程物理隔离网漏洞植入等方式，累积网络战场漏洞知识库，预先开发针对性网络武器。

网络电磁行动抵近召唤主要以诸如 X–47B 无人机、濒海战斗舰、潜艇、X–37B 航天器或者前出特种小分队物理上抵近攻击目标，以电磁手段搭建网桥、打通物理隔离限制，运用"舒特"等网络作战战斗管理系统，借助"无线电地图"等装备实施目标识别、效果评估，执行网络—电磁行动打击。

远程接入操控依托固定军事基地的远程作战中心，由指挥控制分队通过抵近分队构建的联通网络，使用"X计划"等网络作战平台，实施远程网络作战控制。抵近网络—电磁行动要素与远程指控分队之间形成类似"特种作战+传统火力召唤"式的配合关系。

3. 积极培养网络作战人才

网络战争虽然在虚拟空间打响，但打仗的仍是有血有肉的士兵。美国一直把培育并保有杰出的网络员工，作为确保网络战略成功实施的基础课题。1993年，美国国防大学率先成立了旨在培养信息作战人才的信息资源管理学院。1995年6月，首批从美国国防大学信息资源管理学院毕业的16名学员成为美军"第一代网络战士"。

美军采取多种举措大力培养选拔网络人才。第一，拓宽网络人才选拔范围。具体内容包括两个：一是将提升网络空间能力的核心要素由技术转向人，强调人才是保障网络安全的关键；二是将衡量网络人才的标准由文凭转向能力，注重选拔人才的专业素质，而不与其学历或毕业院校挂钩。第二，完善人才培养体系。2009年之前，美军主要依托国防部信息安全保障奖学金计划，将全国50所军地高校纳入高水平信息安全教育中心培训项目，资助信息安全专业的本科生与研究生，并在其毕业后安排至国防部门工作。这一培养模式虽取得一定成效，但培养规模仍受到限制。从2001年到2008年，仅1001名学生受到信息安全奖学金资助，其中93%最终到网络安全部门就职。有限的资助规模难以满足美军对网络人才日益迫切的需求。第三，营造竞争与对抗氛围。军方联合地方部门举办了众多网络攻防竞赛与对抗演习，通过实战化竞争来甄选、培养、锻炼未来的网络安全精英。这些网络对抗主要有三种方式：一是国防部直接组织的网络公开赛。如美国防部网络犯罪中心举办的数字取证挑战赛，这一全球性的网络安全赛事吸引了来自世界各地的参赛队伍。二是军工企业出资赞助的高校网络联赛。如由波音等军工企业赞助的高校网络防御竞赛。三是美军直接组织的网络演习。如美国防部和国土安全部组织的网络风暴演习、太平洋司令部举办的网络勇气对抗演习及空军组织的侵略者网络空间一体化对抗演习等。美国前任国防部长罗伯特·盖茨曾宣布，从2011年起，五角大楼培训的网络作战专家人数，从此前的每年80人增加到250人。2011年8月11日，美国国家标准与技术研究所发布了《网络安全教育计划战略规划》草案，提出要建立和维持一支具有全球竞争力的网络安全队伍。

国防部把成立一个网络专家骨干队伍当作优先任务之一，将在网罗人才方面不断开辟新渠道。美国政府十分重视挖掘并利用社会上丰富的网络人才资源，其国防部已成立信息战"红色小组"，这些组织在和平时期的演习中，扮作假想敌，攻击自己的信息系统，以发现系统的结构隐患和操作弱点并及时修正。同时也入侵别国的信息系统和网络，甚至破坏对方的系统。此外，美军还招兵买马，努力打造一支功夫过硬的网络奇兵。美国空军网络指挥官沃特里诺特少将说："我们需要2万甚至3万名这样的人才。"为壮大这支网络部队，军方面向全社会招募有天赋的电脑奇才，候选人甚至包括在校的初中生和高中生。通常，这些学生会被邀请玩"网络爱国者"之类的在线游戏，与假扮敌人的业内高手过招，看看谁能先摧毁对方网络。游戏中表现最好的学生可到军方实习，参与一些临时任务。位于佛罗里达州赫尔伯特菲尔德的空军第39信息演习中队是美军最大的网络战事学校。一些被军方选中的少年电脑奇才在这里接受训练，利用电子小镇等模拟器发起实时网络攻击。

2015年4月14日，美国负责国土防御和全球安全事务的助理国防部长埃里克·罗森巴赫说，为了实现以上目标，美国防部决定大力投资网络能力建设，国防部把成立一个网络专家骨干队伍当作优先任务之一，将在网罗人才方面不断开辟新渠道。此外，在美国位于俄亥俄州赖特帕特逊空军基地，有一个网络空间研究中心（CCR），众多的"网络战士"在此学习网络进攻和防御能力。

(三) 加快网络作战武器研发

网络作战武器是实施网络战的重要物质基础。为了抢占网络战场空间，美国不遗余力开发新概念、新机理网络战武器，现已拥有超过 2000 种武器级别的电脑病毒。此外，美国国防部还在研发足以让敌方的军事网络陷入瘫痪的新一代基于网络系统的攻击性网络武器。

1. 构建网络作战武器系统

美国拥有多种网络手段，用以确保在各个阶段能够使用这些手段控制冲突升级、塑造冲突环境。例如，嗜食硅基电子芯片的细菌、用来破坏电子电路的微米 / 纳米机器人和"网络数字大炮"等，这些新概念和大胆设想一旦在技术上实现突破，成为现实，其有效破坏力堪比原子弹。

2017 年 5 月 12 日，世界各地爆发了一次超大规模的黑客攻击事件，一个名为"永恒之蓝"的勒索病毒，攻击了超过 100 多个国家的政府、企业、高校的电脑——被攻击者的电脑遭锁定后，电脑里面几乎所有的文件都被加密了不能正常打开，被要求支付 300 美元~600 美元解锁，否则 7 天之后文档会被删除。据 Splunk 网络安全公司主管里奇·巴杰描述，"这是全球迄今最大的勒索软件攻击事件之一"。俄罗斯表态：这是"网络恐怖主义"。2012 年以来，美国遭受金融危机削减大量国防项目，国防部依旧将重点放在加强网络战实力方面。2016 年美国国家安全局（NSA）黑客武器库被盗，2017 年 4 月 14 日，黑客组织"影子经纪人（Shadow Brokers）"公布了第四批相关网络攻击工具及文档，其中就包括美国国家安全局（NSA）自主设计的 Windows 系统黑客工具"永恒之蓝"（Eternal Blue）。显然，美国在网络战武器方面的发展已经走在世界的前列。

美国空军首个网络空间武器系统已具备完全作战能力。2016 年 1 月，美国空军网络空间武器系统"空军内联网控制"（AFINC）具备完全作战能力（FOC）。根据美国空军发布的消息，该系统包括 16 个网关套件，它是从 100 多个被合并或替换的区域管理网络切入点削减而来的。该系统还包括了美国国防部的机密 SIPRNet 网络的 15 个节点、200 多个服务点和两个集成的管理套件。这一切都由第 26 网络作战中队（NOS）集中运作，该中队总部位于阿拉巴马州蒙哥马利的冈特配楼。2013 年 3 月，AFINC 被美国空军参谋长正式指定为武器系统，仅仅一年后就达到了初始作战能力。2013 年 4 月，美国空军正式将 6 大网络工具定性为"武器"，其中已知的主要有以下几种：一是发送病毒电磁波的"舒特"。美军目前已拥有代号为"舒特"的网络战武器。它能通过无线监测任意一台电脑产生的电磁辐射，掌握该电脑的使用情况，从而在"有事"时直接向目标电脑发射带有病毒代码的电磁波，将病毒代码强行"写入"电脑。二是解码领空窃密的"野蜂"。美军网络司令部在通用原子、雷锡恩等知名军火商的帮助下，已拥有可潜入敌后的"无线网络空中监视平台"，取名"野蜂"。"野蜂"在外观上如同一架步兵用无人侦察机，一旦进入敌方空域，就能自动识别出哪里有 WiFi 网络信号。其自带的 Linux 系统处理器具有超高运算速度，能对网络中传输的密钥进行"鲸吞式解码攻击"。即用所有可能正确的密码全试一遍，进而侵入敌方网络中进行窃密及欺骗活动。三是感染伊核设施的"震网"和"火焰"电脑病毒。"震网"病毒是一种席卷全球工业界的病毒，也是世界上首个网络"超级武器"。仅 2010 年以来，全球就有 45000 多个网络感染这种计算机病毒，其中 60％都发生在伊朗。2010 年 7 月，伊朗的一些用于铀浓缩的离心机因受"震网"感染无法运行。"火焰"是迄今为止曝光的最复杂、最具破坏性的病毒，它集后门、木马和蠕虫病毒等诸多恶意程序的优点于一身，一旦电脑系统被其感染，病毒便开始全方位地收集敏感信息，包括监测网络流量、记录用户浏览网页、获取截屏画面、开启录音设备、截获键盘输入、读取硬盘文件等，这些信息将会被统统发送到指定的服务器。2015 年 4 月，美国空军发布了其内部特别工作组网络安全，努力使空军的作战、治理和对网络领域的理解同步。按照美国空军的说法，除了 AFINC 以外的其他网络空间武器系统包括空军网络空间防务武器系统、网络安全和控制系统武器系统、网络指挥和控制任务系统武器系统、网络空间防务分析武器系统和网络空间脆弱性评估 / 猎人武器系统。

美国秘密研制能"无孔不入"的网络战武器。美国这种网络战武器名为"舒特"，是一种通过无线方式进入对手信息网络并瘫痪对手防空体系的武器。早在 2001 年前就被媒体曝光过，一时令世界各国震惊。但被热炒一段时间后，"舒特"就突然匿迹，现在看来并不是美军停止开发"舒特"，而是更予重视。事实上，"舒特"从 2001 年开始运用后，就采取渐进升级方法，两年为一个周期，陆续发展"舒特 –1""舒特 –2""舒特 –3""舒特 –4""舒特 –5"。而且，"舒特"还曾经被用于实战。2007 年 9 月 6 日晚间，以色列 18 架 F–16 战斗机突破俄制"道尔 –M1"导弹防御系统，成功轰炸位于叙利亚边境的疑似核武设施，并成功从原路返回，整个过程完全未被叙利亚防空系统发现。"道尔 –M1"系统采用三坐标雷达控制，"具有先进雷达性能、抗干扰能力，以及目标识别能力的防空系统"，然而，在此次防空作战中居然没有发现来袭目标。以色列空军在这次偷袭行动使用美军的网络秘密武器"舒特"，成功侵入叙利亚防空雷达网，"接管"其指管通情网络控制权。美军认为，"舒特"是新一代网络电子战武器，制作的吊舱可挂载到战斗机和无人机上，通过有源电子扫描阵列辐射源，生成远程数据流。这些数据波束含有专门的波形和算法，可以像钥匙一样打开敌国防空指管通情网络，连拥有实体隔离的系统也不放过。2012 年，美国空军发布新的军事战略纲领，重新定义空中力量："能够通过对空中、太空和网络空间的控制，来投放军事力量或发挥影响，进而实现战略、战役或战术目标。"显然，"舒特"作为未来战争中夺取网络空间控制权的秘密武器，已经成为美军手里的一张王牌。另外，美国防高级研究计划局还在研究用来破坏电子电路的微米 / 纳米机器人、能嗜食硅集成电路芯片的微生物以及计算机系统信息泄漏侦测技术等。

2. 建设国家网络靶场

为检测网络战对抗能力，训练网络战力量，理顺网络应急响应流程，美军大力开展各种网电靶场的建设并组织和开展了一系列网络演习。美军建设的国家网络靶场可以快速组建多种网络作战模式，能够验证网络体系和网络结构的优劣，从而确保军队和权威机构能够有效测试和评估新的网络空间技战术应用实施态势。

"国家网络靶场"项目源于2008年1月8日由时任美国总统的布什签署的《国家网络安全综合计划》，这是一项多年计划，将由多个部门参加并分步骤实施，其最终目的是保护美国的网络安全，防止美国遭受敌对电子攻击，并能对敌方展开在线攻击。"国家网电安全综合计划"是一项旨在保护美国的网电安全，防止美国遭受敌对的电子攻击，并能对敌方展开网电攻击的分步骤实施计划，甚至有人将该计划称为可与"曼哈顿工程"相媲美的国家安全项目。"国家网络靶场"建设项目是实施美国《国家网络安全综合计划》的重要步骤之一，是美国《国家网络安全综合计划》建设过程中一个重要里程碑，彰显了美对网络安全的高度重视。

"国家网络靶场"项目是美国为巩固国家信息安全，实现打赢网络战争的战略目标的一项重大举措。它可以为美国国防部进行网络攻防作战提供虚拟环境，还可以针对敌对网络攻击下的网络安全测试，维护美国网络安全和提高网络战能力。"国家网络靶场"项目是自20世纪50年代实施"人造地球卫星计划"以来，美国会向国防部先进项目研究局（DARPA）直接下达的唯一项目。该靶场的建设目标是，模拟真实的网络攻防作战提供虚拟环境，针对敌对电子攻击和网络攻击等电子作战手段进行试验，以实现网络作战能力的重大变革，打赢网络战争。为使虚拟网络环境适应网络战要求，

2008 年 5 月 1 日，美国国防高级研究计划局发布关于展开国家网络靶场项目研发工作的公告，强调网络空间是美国经济的关键设施和国家安全的重要基础，对于国家力量和影响至关重要。为此，美国高度重视研发以网络为中心的自动化指挥系统和网络攻防对抗装备，推进网络中心战能力建设，要求国防部各业务局和工业部门就"国家网络靶场"项目开发的初步概念设计提出创新性的研究建议。诺思罗普·格鲁曼公司的米勒斯维莱网电测试场实际上就是建立了一个互联网环境，旨在仿真攻击和评估信息技术、网电运营和网电安全防御。其测试场内配有 1200 多台主机，具备联网、图像管理、流量生成、网电测量、信息安全和电源管理等能力。其信息安全技术包括防火墙、入侵检测、抗病毒和脆弱性管理软件等。可根据用户的测试脚本构建各种各样复杂的逻辑体系结构。

国家网络靶场是虚拟环境，模拟真实的网络攻防作战，该靶场将为美国防部模拟真实的网络攻防作战提供虚拟环境，针对敌对电子攻击和网络攻击等电子作战手段进行试验。在实际应用中，国家网络靶场是一种测试涉密与非涉密网络项目的国家资源。获得授权进行测试的组织可与国家网络靶场执行机构协调，安排靶场时间与资源。国家网络靶场为特定试验分配资源，建立试验平台。国家网络靶场支持多任务测试、同步测试、单元测试等。测试工作完成后，国家网络靶场将清理、拆除测试平台，以便靶场回收所用资源。美国国家网络靶场具有三个主要特点：在行业领域，国家网络靶场核心涵盖政府、国防、金融、电信、工业等领域，以满足其网络空间基础设施安全体系建设与科研试验需求；在任务领域，国家网络靶场通过顶层设计与体系建设，完成了网络空间安全体系规划、测试评估、人才教育培养等任务；在应用领域，国家网络靶场可为各类用户提供一系列网络化联合应用，包括支撑国家基础设施安全防护体系建设、自主可控软硬件安全性测试等。

美国建设国家网络靶场引起了各国高度重视。英、德、俄、日、韩等国借鉴美国经验，建设了同类项目，作为支撑网络空间安全技术演示验证、网络武器装备研制试验的重要工具。

3. 构建网络使能武器库

何谓"网络使能武器库"？美国海军勾画的蓝图如下：各类武器系统组建成一个庞大的侦察控制网络，网络里的各类武器系统彼此之间共享侦察信息并且允许第三方控制。这样，网络内的武器系统不仅拥有更加详细的情报，而且控制打击也更加稳定。

2007 年，在"网络使能武器库"的理念引领下，一款新型巡航导弹应运而生。这款由雷神公司负责研制的新型巡航导弹，名为"联合防区外武器"。让它摆脱传统巡航导弹尴尬处境的，是它增加的一条武器数据链。这条武器数据链可以接收一定范围内的"大黄蜂"战机发出的运动中目标的更新信息。这样，巡航导弹就可以在飞行过程中实时接收目标与其他船只的位置信息，避开其他船只，对目标实施精确打击。更为神奇的是，如果导弹与发射系统通信中断，可以由第三方平台"大黄蜂"战机进行控制打击。显然，这款巡航导弹建立的只是一个小型的武器系统网络。如果各类武器系统能够建立一个庞大的网络体系，那么每个网络节点的效能，将呈几何倍数增加。

正如当今互联网给世界带来的巨大变化一样，扁平化的网络比过去层次型的武器体系更有优势，信息化让武器系统如鱼得水。从海湾战争开始，美军就一直强调利用精确打击力量破坏关节点，瘫痪敌作战体系，为后期其他力量的突入创造条件。所以，武器系统的指控部分，作为体系的"大脑"，被无可争议地列为最先打击目标。但是，"网络使能武器库"正在改变这一切。原因很简单，因为网络内的武器系统能够实现第三方控制，这样即便武器系统本身的指控部分被破坏或者被干扰，它们还可以依靠其他武器系统的指控部分进行控制，犹如长出"三头六臂"。设想一下，如果所有武器系统都加入这个网络，那么它将可以最大限度地获取战场态势信息，选择最佳的方案进行攻防作战。最关键的是，这个体系中的每一个关节点都将是"大脑"，精确打击的效能将被大大提升。

"网络使能武器库"优势在网络，劣势也在网络。正如同矛和盾自古就存在，"网络使能武器库"在拥有强大优势的同时，无可避免地要承担信息外泄与被黑客控制的风险。一旦对方的武器系统获取到自己武器系统的认证手段，对方便可冒充成网络内的武器系统。这样，对方便能获得所有武器系统侦察所得的战场态势信息，而且还能夺取其他武器系统的控制权。这对整个体系内的所有系统都将是致命的打击，很有可能自身所掌握的所有作战力量顷刻之间为对手所用。这一点，显然是它的致命短板。

(四) 重视网络作战理论研究

美国既是互联网的缔造者，也是网络战的始作俑者。2009 年年初，被称为"网络总统"的奥巴马上台伊始，就启动了为期 60 天的网络空间安全评估，随之宣布成立网络司令部。2015 年 4 月 1 日，奥巴马签署行政命令，授权对网络攻击美国者进行精准经济制裁。4 月 14 日，时任美国助理国防部长的罗森巴赫表示，美国国防部即将公布新的网络安全战略，提升针对网络攻击行为的威慑能力。一系列动作表明，美国对网络战理论研究的重视已经到达一个新高度，美国已经完成了发动网络战争的全部准备。

1. 拟制网络战作战预案与作战条令

2012 年 9 月，美国国防部国防高级研究计划局启动一项名为"X 计划"的网络战发展项目。"X 计划"就是美军加快网络战准备、推动网络战实战化进程的一项系统工程，涉及网络战作战和建设的方方面面。其实质性动作主要有三项，即拟制网络战作战预案、研制"网络地图"、开发网络战操作系统。根据"X 计划"的设想，美军将研发一张非常先进的网络地图，如同常规地图那样，清楚地画出网络空间的样子，供美军指挥官使用。这意味着全球数十亿台计算机和连接互联网的终端都有可能被画进网络地图中。这张地图不仅能够时时刻刻保持更新，还必须提供诸如目标遭受攻击后是否失效等信息。

2003 年美军准备与伊拉克萨达姆政权动手之前，曾经考虑运用网络攻击手段瘫痪萨达姆政府财政和金融系统，但考虑到这种攻击的附带杀伤无法预计，最终放弃。有鉴于此，"X 计划"可以全面评估网络进攻武器的可能附带杀伤，为指挥层决策提供参考。此外，该计划还将全面打造一套专门用于网络战的操作系统。美国防高级研究计划局官员指出，目前市场上流行的操作系统如同跑车，和平时期在公路上跑得飞快，但一到战时就非常脆弱无法使用。美军准备研发的这套操作系统犹如装甲车，不仅能够承受来自对手的网络攻击，还能够即时发起反击。美军认为，随着全球实现互联互通以及互联网在军事上的用途越来越广泛，制网权已成为未来赢得战争的重要制权。美国军方在网络战理论研究方面的投入也越来越大。据悉，"X 计划"仅仅是美军网络战理论研究投入的一小部分。未来美军用于网络战研发的资金还将进一步增加。

从《塔林手册》到《网络空间联合作战条令》，美军拟制了网络军事行动的基本规则。2013 年 3 月 18 日，北约网络防御卓越中心合作组织正式推出的《塔林网络战国际法手册》（以下简称《塔林手册》）。《塔林手册》包含 95 条规则，其内容强调，由国家发起的网络攻击行为必须避免敏感的民用目标，如医院、水库、堤坝和核电站等，规则允许通过常规打击来反击造成人员死亡和重大财产损失的网络攻击行为。《塔林手册》成为美国进行网络空间战略布局的重要法律工具。此后，美国继续加强网络作战条令方面的研究与制定。2014 年 10 月 21 日，美国又推出了《网络空间联合作战条令》。众所周知，作战条令不同于一般法律文件，其条文更多是作战实力的标志，是网络攻防基本套路的规范。这在一定程度上可以说明，美国网络战争已经完成了最贴近实战的一道"工序"。

2. 加速推进网络战培训项目

美国对网络安全问题的关注由来已久，早在 20 世纪 80 年代初期，就已经着手解决并采取了一系列措施。2012 年 7 月 6 日，位于内华达州内利斯空军基地的美国空军军械学院的第一个网络战培训班的 6 名学员正式毕业。美军从 2008 年开始集结网络战力，后来成立网络司令部。这个司令部统管美军网络安全和网络作战指挥，把国家安全局网络技术整合进军方体系。

美军网络战武器清单属保密内容。一些美国官员说过，美军正开发旨在让有限区域精准断电的网络武器。另外，美国承认，军方有压制敌方空中和海上防御的网络武器。一些在职和前任官员说，美国的盟友以色列 2007 年出动战机打击叙利亚核设施时，战机靠网络技术躲避雷达探测。《华尔街日报》说，美国空军每年为网络战项目开支大约 40 亿美元，其他兵种同样正在强化网络战培训，积累网络战力。近年来，其重大步骤主要有：保证要害部门安全；加强基础设施安全；制定网络安全战略；加强国家安全与国际网络安全合作；强化网络安全研究及政府协调与监管；实施网络安全演习等。

美军十分注重通过举行网络攻防演练加强训练、发现不足，其中有较有代表性的两个系列演习：一是"网络风暴"系列演习，二是"施里弗"系列演习。其实，早在 2005 年 5 月，美国中央情报局在弗吉尼亚州举行了为期 3 天、代号为"沉默地平线"的计算机网络反恐演习。演习中，中央情报局模拟了一次类似"9·11"恐怖袭击规模的互联网电子攻击，以检测近年来在实施网络安全战略中所具有的防御能力。据悉，通过演习美国政府认识到，如果不采取必要的措施，出现"网络'9·11'事件"是完全可能的。因此，为了国家安全，美国在网络安全上根本不敢掉以轻心。

3. 形成"五大作战"样式

2014年2月，美国陆军第一次发布"赛博空间"军事作战官方条令《战场手册3—38：赛博电磁作战》，包括攻击、防御和网络作战。该陆军手册是非密的，即将赛博攻击作战列为正常军事冲突的一部分。因此，美军的网络战战法研究和网络战训练演习已经呈现常态化。

目前，美军将网络战样式归结为网络情报战、网络阻瘫战、网络防御战、网络心理战和网电一体战五种网络作战样式。所谓网络情报战，是指通过网络猎取各类情报，即网络部队士兵使用病毒、木马、黑客软件等手段，足不出户就能获取极为有价值的各类情报。据美国情报机构统计，在其获得的情报中，有80%左右来源于公开信息，而其中近一半来自互联网。所谓网络阻瘫战，是指利用"蜂群"致网络瘫痪，即针对网络出入口和骨干节点，采取"蜂群战术"发起攻击，或者针对局部节点、使用烈性病毒进行攻击，结果均可导致对方网络瘫痪。海湾战争之前，美国在伊拉克的防空系统中预设病毒芯片也是一个典型。所谓网络防御战，就是防止秘密信息泄露，通过建立安全评估、监控预警、入侵防御、应急恢复相结合的防御体系，把主动防御和纵深防御相结合，防止秘密信息被泄露到互联网上，特别是防止黑客和他国情报机构对己方网站进行攻击，被视为赢得网络空间作战主动权的重要前提。所谓网络心理战，就是通过网络传递攻心信息，以引发"蝴蝶效应"，直接达成政治目的。

如今的网络心理作战的目标已经从军队拓展到社会民众，网络空间，特别是电视、电话、数据三网合一，手机、博客、播客相互融合，构成了强大的新传媒阵容。网络已经成为社会心理的晴雨表和焦点事件的传播源，成为舆论交锋的主战场、多元文化的角力场。中东、北非政局动荡就是这种斗争形态的完整体现。所谓网电一体战，是针对敌方网络，综合运用多种手段实施系统攻击的军事对抗行动，由信号层次的能量压制、网络层次的协议攻击、信息层次的信息欺骗等行动组成。美军"舒特"系统是网电一体战的典型手段。

（五）强化网络作战演练

2005年5月，美国中央情报局在弗吉尼亚州举行了为期3天、代号为"沉默地平线"的计算机网络反恐演习。演习中，中央情报局模拟了一次类似"9·11"恐怖袭击规模的互联网电子攻击，以检测近年来在实施网络安全战略中所具有的防御能力。据悉，通过演习美国政府认识到，如果不采取必要的措施，出现"网络'9·11'事件"是完全可能的。为此，美国拉开了演练的序幕。2006—2016年10年间，美军先后举行的大规模"网络风暴"演习或者网络太空战演习共7次，其中3次网络攻防作战行动专门针对中国。

1.举行"网络风暴"系列演习

在美国国会的授权之下，"网络风暴"以两年一次的周期通过演习帮助各级联邦政府、州、国际组织以及私营组织开展协作，共同评估并强化网络筹备工作、检查事件响应流程并提升信息共享能力。这一行动为国土安全部实施的顶级国家网络系列行动。每一次网络风暴行动皆以此前发生过的真实事件为基础进行演练，旨在提取经验教训以确保参与各方通过这些复杂且具有挑战性的项目定期进行应对能力考核。

为有效应对网络攻击，保证国家网络安全，自2006年起，美国国土安全部每两年组织一次代号为"网络风暴"的系列演习，模拟美国政府和重要基础设施受到大规模网络攻击，用以测试政府机构的协同应对能力，以全面检验国家网络安全和实战能力。2006年2月13日，美国举行首次"网络风暴Ⅰ"演习。此次演习的主要目的是，检验各部门如何应对全球黑客和博客发起的破坏性网络攻袭击。策划者制定了"黑客"大规模袭击通信、信息、能源和航空巨头的情景，而2006年则要模拟外国、恐怖组织和"阴谋分子"

袭击美国的通信、化工、管道运输以及铁路运输部门的情况。在演习中，美国联合英国、加拿大、澳大利亚、新西兰4国，以及国内11个部门、9个IT公司、6个电力公司，在位于华盛顿市区的地下室里，演练通过网络攻击瓦解对手关键基础设施。网络专家设定了在黑客攻击下，10个州的电力供应系统无法正常运转，网络银行和零售系统出现差错，商业软件公司发售的光盘感染病毒及核心网络技术存在严重安全漏洞等种种危险情况。

2008年3月10—14日，美国和其国际伙伴澳大利亚、加拿大、新西兰和英国成功地进行了美国国家网络演习"网络风暴Ⅱ"。国土安全部（DHS）国家网络安全局（NCSD）主办了这个演习。"网络风暴Ⅱ"演习旨在改善网络事件响应共同体的能力，促进在关键基础设施行业中公共—私营伙伴关系的发展，并且加强联邦政府和其在州、地区和国际层面政府伙伴之间的关系。计划和实施"网络风暴Ⅱ"的主要目的是检查网络响应共同体面对通过全球网络基础设施多行业协同攻击响应的过程、程序、手段和组织。代表18个联邦机构、9个州、5个国家（美国4个盟国英国、加拿大、澳大利亚、新西兰又参加了此次演习）、机构间的协调组织和40多个私营行业公司的广泛参加者在演习中协作。协同网络攻击促使从技术、行动和战略全景方面的事件响应。

2010年9月27—29日，美国国土安全部会同商务部、国防部、能源部、司法部、交通部和财政部，联合11个州和60家私营企业，举行了"网络风暴Ⅲ"演习。"网络风暴Ⅲ"演习模拟的是一场针对美国关键基础设施的大规模网络攻击，目的在于检验美国重要部门遭大规模网络攻击时的协同应对能力。演习参与者有数千人，分别来自国土安全部、商务部、国防部、能源部、司法部、交通部和财政部7个内阁政府级部门，涵盖金融、化学、通信、水坝、防务、信息技术、核能、交通和水资源行业，11个州的60家私营企业。与前两届类似演习不同，"网络风暴Ⅲ"演习参演国家还邀请了包含澳大利亚、加拿大、法国、德国、匈牙利、意大利、日本、荷兰、新西兰、瑞典、瑞士、英国在内的 12 个盟国的技术人员加盟演习。此次演习更多地反映了美国防部最新颁布的《四年一度防务报告》中提及的"竞争全球公共空间"。这也表明，美国已经将网络安全提升到国家安全战略核心内容之一的高度进行全新的策划与设计。在为期 3 天的"网络风暴Ⅲ"演习中，模拟了黑客对电力、供水、通信等国家重要基础设施"发起"了 1500 多次网络攻击，全面提升了网战部队的协调力、感知力、抵抗力和反击力。

2016 年 3 月初，美国举行了为期一周的"网络风暴 V"演习。来自美国怀俄明州、密苏里州、密西西比州、佐治亚州、缅因州、内华达州、俄克拉荷马州和俄勒冈州乃至世界各地 60 多个机构的超过 1100 名人员参加了这一涵盖范围极广的网络安全项目，而由美国国土安全部负责组织的这次"网络风暴"活动亦吸引到了医疗与公共卫生、IT、通信与商业设施机构、美国联邦政府、八个州以及多个国际组织的参与。在演习活动中，参与者们将检验自己的培训、策略、处理以及规程方案，从而确定并应对指向关键性基础设施的跨部门网络攻击活动。"网络风暴 V"创建出一套完整的实验性场景，在此之中没有任何个人或者单一组织能够独力阻止或者缓解攻击影响。此方案的目标在于促进美国各级政府、州以及私营部门之间的合作与信息共享，同时与各国际合作伙伴相对接。"网络风暴 V"以实现如下四项为目标：一是继续行使协调机制，加大信息共享力度，建立共享式态势感知能力并为网络事件响应行业提供决策规程。二是评估相关政策、法规以及规范，从而管理网络事件响应验证与资源分配等工作。三是为演习参与各方提供论坛，旨在实践、评估以及完善相关流程、规程、交互以及组织内部与各组织之间的信息共享机制。四是评估国土安全部及其他政府实体在网络事件当中的角色、职责与能力。

2018 年 4 月 10 日，美国国土安全部举行了"网络风暴 VI"演习。此次演习的重点是：基于以往的演习结果和不断变化的网络安全形势模拟演习；评估并提高网络响应团队的能力；促进公私合作，加强美国联邦政府与合作伙伴之间的关系；让新的关键基础设施合作伙伴加入演习，以提升美国16个关键设施领域的成熟度和融合性。美国国土安全部高级网络安全官员珍妮特·曼芙拉表示，关键基础设施面临网络威胁形势日益严峻，是美国必须面对的最严峻的国家安全挑战之一。曼芙拉还表示，尽管美国投票系统并不是2018年演习的重点，以这类系统面临的网络威胁受到了持续关注。2016年总统大选举，黑客就瞄准美国数州的投票系统，2017年国土安全部将这类系统归为关键基础设施，强化了对这类系统的重视程度。

网络风暴演习将为网络事件响应领域提供一套安全的协调与实践环境，旨在测试现有响应机制与恢复任务，同时建立并维护各方合作关系。最为重要的是，这项演习为相关领域提供了发现既有优势及须改进部分的绝佳机遇，帮助其将演习经验融入实际业务，从而降低国家层面的网络安全风险。

2. "施里弗"演习融入网络战

"施里弗"演习是美国太空作战计算机模拟演习，为年度例行性演习，每两年在美国科罗拉多州施里弗空军基地举行一次，为期4—8天，到目前已经进行了9次"施里弗"演习。演习由美军空间战中心主办，美国空军航天司令部"太空作战中心"负责组织，美空军、陆军、海军、海军陆战队、国家侦察局、美国若干联邦机构和数十家商业航天公司参演。演习的直接目的是检验美国空军航天司令部的作战指挥系统、航天系统的运行状况以及航天系统与地面系统的配合能力，深层次的目的则是加强美军的太空战威慑能力。

从"施里弗6"太空军演开始，网络战融入太空战演习之中。2010年5月7日至27日，来自美国、澳大利亚、加拿大、英国的30家机构约550名军事、民事专家参加了第6次"施里弗"演习。本次军演的目的包括如下三项内容：一是研究太空与赛博空间的候选方案、能力，以及军力姿态，以便满足未来需求；二是调查太空与赛博空间对未来威慑战略的贡献；三是探寻一体化的规划程序，以举国之力，保护并实施太空与赛博空间领域的运行。可见，此次演习还高度重视整合网络与太空攻防作战，以及盟国和商业伙伴在太空战与网络战方面所能发挥的作用。2012 年，美国空军太空司令部扩展了"施里弗"演习的内容，促成了"施里弗 2012 国际"的诞生。"施里弗 2012 国际"的五个目的之一是检验"赛博与'太空疆域防御'"作业的一体化。

2015 年 2 月，美空军航天司令部举行了"施里弗—2014"演习。本次军演将时间设定在 2026 年，深入探索了关键的太空问题与赛博空间问题，研究了新兴太空系统与赛博空间能力的军事应用。本次军演的目标包括三项内容：一是探索并评估未来体系结构在拥挤、降效，以及运行受限环境下的韧性（resilience）；二是确定未来体系结构的程序、运行方案，以及战术、技术及程序开发的机遇，以便改进对国家安全太空所有要素的防护与相互支持；三是检查未来反通路区域拒止（A2/AD）军力结构对空军太空运行及服务的需求有何影响。"施里弗—2014"演习强调了未来太空体系结构（增强了灵活性与机动性的体系结构）的韧性、态势感知、以及美国盟友与商界在太空与赛博空间能力方面发挥的关键作用。

3. 网络安全防御演习

"网络安全防御演习"（简称 CDX）创立于 2002 年。目的是让众多经验丰富的网络战士投入到模拟战争游戏环境中，要求监控、识别并最终防御大量远程计算机入侵。如今，逐渐发展壮大的 CDX 已经能满足美国国防部的网络劳动力需求，根本目标是培养网络战人才，以"应对未来危险格局"。

2017 年 4 月 14 日，美国国家安全局（NSA）、美国网络司令部和外国军方的专业黑客，组织了一年一度的"网络安全防御演习"（简称 CDX），旨在为美国海军、陆军、海岸警卫队、美国商船学院和加拿大皇家军事学院的学生进行演习培训。为了实现至少让参与者了解如何防御这些攻击，主办方在本次入侵演习中设计了开源"商品化"漏洞利用和其他黑客工具。CDX 技术负责人詹姆斯－提特科博表示，该演习不会使用本国工具，也不会以国家攻击者的水平攻击这些参与者。而且，参加演习的每所院校之间相互角逐，对比哪所院校能最佳捍卫各自的网络，同时确保网络对认证用户具有弹性，并且可靠。演习包含 4 个"元素"：攻击者用红色表示，防御者为蓝色，裁判为白色，灰色则代表这些学生保护的积极中立的网络用户。在真实场景中，灰色可能代表使用通信通道（可能会被入侵）的军事单位。裁判负责密切监控竞争情况，并负责给分或处罚犯规的小组。

2017CDX 中，共有超过 70 名研究生和本科军校生参与其中。该竞赛每年会从更大的红队 / 蓝队演习中分出一套独立的挑战。这些挑战包括完成进攻性入侵、恶意软件分析、主机取证和防止无人机被攻击的相关任务。其中，研究生还可以参加另外两个挑战，其目的在于测试参赛者保护计算机、无人驾驶地面车辆和小型航天卫星之间传输的数据的能力。

4. 其他"网络战"演习

美国在不断改进攻防演练方式、加快演练频率的同时，以打造"集体防御网络"为目标，美国主导在北约范围组织网络攻防演习，形成事实上的"网络北约"。2010 年 9 月 15 日，时任美国国防部副部长的威廉·林恩指出，北约组织必须建立"网络盾牌"，以保护北约国家军事和基础设施免受网络攻击。

2011 年，北约空袭利比亚的"奥德赛黎明"行动实施的同时，一个国际非营利性组织启动了"网络黎明—利比亚"项目，利用美国分析软件提供公司（Palantir）强大的网络情报分析软件，对利比亚互联网进行了全面监控，为北约军队提供评估报告。11 月 13 日至 15 日，北约 23 个成员国和 6个伙伴国组织了一场代号为"2011 网络联盟"的网络安全联合演练。演习假设北约和参与国的信息基础设施遭到了大规模网络攻击，各方协调检验应对网络攻击的能力，其参与国家之众、规模之大、技术之复杂，可谓盛况空前，引起世界广泛关注。由此可见，美国主导的"网络北约"已进入实质性运行阶段。

从2012年开始，美国首先在北约范围内启动了"锁定盾牌"网络演习，旨在促进不同国家的国际协作。目前，这一系列演练已经成为美国主导下的"网络北约"及其他盟国的网络练兵场。美国还与相对独立于"北约"的其他军事盟国建立网络攻防合作关系。2011年9月14日至16日，美国与澳大利亚把网络空间防御纳入军事同盟协定。2013年，日美进行了首次"网络对话"，发布了关于加强网络防御合作的联合声明，同年，日美"2+2"安保协议委员会会议，确认两国合作应对网络攻击。

2014年7月17日，美国联邦政府拉下了大规模网络演习——"网络卫士14—1"的帷幕。演习的目的是检验军队和联邦机构如何在战役和战术层面相互配合，以保护美国国家网络基础设施，预防、减轻这些基础设施面临的网络攻击并迅速从攻击中恢复。美国网络司令部牵头组织了这次演习活动，演习在位于弗吉尼亚的美国联邦调查局国家学院举行。演习中，网络司令部、国民警卫队、预备役部队和国家安全局支持国土安全部和联邦调查局对针对关键国家基础设施的模拟国外攻击做出反应。这次演习的大多数参加者都来自22个州的国民警卫队人员。"网络卫士"还包括一些网络保护分队，这是美国网络司令部的任务保护部队的一部分。这些分队保护美国国防部的信息网络，提供外国情报和评估，以及为国家防御提供现役能力，以支持军方的需求。

2017年4月26日，北约代号为"锁定盾牌2017"的演习在爱沙尼亚举行。这是世界上规模最大、最先进的网络防御演习，来自25个北约成员国及伙伴国的近800人参加了为期5天的演习，其中包括美国、英国、芬兰、瑞典和爱沙尼亚等国的安全专家以及军事和司法工作人员。在演习中，一个虚拟的国家空军基地至少遭受了2500次网络攻击，以模拟其电网系统、无人机、军事指挥控制系统、关键信息基础设施和其他基础设施等遭遇网络攻击的场景。这一演习应近年来愈演愈烈的网络对抗形势而生，而其本身也恰是网络对抗的一个体现。北约 2008 年在爱沙尼亚首都塔林设立了网络战防御中心，该中心自 2010 年起举行"锁定盾牌"年度演习。

（六）网络空间安全国际合作

美国延续了其实体空间军事结盟的一贯理念，认为网络安全不是一个国家单独努力就可以做到的。为此，美国与盟国（地区）持续开展合作，提高网络空间整体安全。

打造国际网络同盟是美控制网络世界的关键手段。美国认为，在现代安全局势下，联盟作战是政治上最易被接受、经济上最可持续的方法。2015年新版《网络安全战略》指出，美国要在关键地区建立强大的同盟体系和伙伴关系，"优先"合作对象包括中东、亚太和欧洲。事实上，自 2009 年在《网络政策评估报告》中提出"加强与国际伙伴关系"倡议以来，美国就不断发力，拉拢传统盟国打造国际网络同盟。在欧洲，美先后主导北约发布新版"网络防御政策"、召开网络安全国防部长会议，频繁举行"网络联盟""锁定盾牌""坚定爵士"等演习。在亚太，2011 年 9 月 15 日，美国与澳大利亚在双边防御协定中增加了网络共同防御条例。美军与日本自卫队就如何应对黑客攻击展开了磋商，共享具体应对措施，摸索双方合作领域。网络战也已成为美韩军事演习的常态化课目，2010 年 8 月举行的美韩联合军演中，就已经增加了网络战防御课目。2013 年与日本举行首次网络安全综合对话，就共享网络威胁情报、开展网络培训等达成共识，2013 年在"山樱"联合演习中首次演练网络战课目，两国还宣称，将在新版《美日防卫合作指针》中加入网络安全合作内容。新版战略的出台，也意味着美国将在打造国际网络同盟的问题上寻找更多发力点。

2013 年 3 月 18 日，英国《卫报》报道，一份为北约撰写的网络战手册已经发行。位于爱沙尼亚首都塔林的北约卓越合作网络防御中心邀请了 20 名法律专家，在国际红十字会和美国网络战司令部的协助下撰写了该手册（被称为"塔林手册"）。该手册包含 95 条规则，其内容强调，由国家发起的网络攻击行为必须避免敏感的民用目标，如医院、水库、堤坝和核电站等目标，规则允许通过常规打击来反击造成人员死亡和重大财产损失的网络攻击行为。但正如北约助理法律顾问艾伯特（Abbott）上校在"塔林手册"发行仪式上所说，手册发行是"首次尝试打造一种适用于网络攻击的国际法典"，是目前"关于网络战的法律方面最重要的文献，将会发挥重大作用，手册并非北约官方文件或者政策，只是一个建议性指南"。由此可见，美国及其北约盟国利用"塔林手册"抢占网络战规则制定权的意图明显。2015年 1 月 16 日，美国白宫公布了一系列措施，以加强美国和英国之间在打击网络威胁方面的合作。目前，通过计算机应急响应小组计划，美国和英国之间加强了网络安全方面的合作和协作；而且英美还计划成立一个跨大西洋联合网络机构，在网络安全方面的努力就会得到提升。这个机构是由英国的政府通信总部（GCHQ）、"军情五处"（MI5）和美国的国家安全局（NSA）、联邦调查局（FBI）的网络防御专家组成。

美国谋求掌控全球网络制网权的网络安全战略，势必引发世界主要大国的网络军备竞赛，同时也对其他国家，尤其是信息弱国的政治、经济、军事、文化等领域的国家安全蒙上了一层阴影，对全球网络空间安全带来挑战。

二、俄罗斯网络空间作战力量建设

继美国之后，俄罗斯赋予了网络空间作战技术与空天及核技术同等重要的位置，明显加快了网络空间作战体系建设步伐。美国棱镜项目曝光以后，俄罗斯更加切实地感受到了来自网络安全领域的威胁,其网络空间力量建设的步伐明显加快。

(一) 全面展开网络空间力量建设

面对美国不断增强的网络战能力,俄罗斯不甘居后。然而,由于国力所限,俄罗斯已难以与西方国家展开全面军备竞赛。因此,建设以网络战力量为代表的新一代作战力量,以非对称手段赢得军事实力的相对平衡,成为现有条件下维护俄罗斯国家安全利益的重要战略选择。

1. 加快网络空间指挥机构建设

俄罗斯虽然建立了雄厚的国家级网络空间作战防御体系,但军方却未组建专门的网络空间作战指挥机构,仅将其作为联合战役的重要组成部分,由战役司令部统筹指挥。20 世纪 90 年代就设立了信息安全委员会,专门负责网络信息安全,2002 年推出《俄联邦信息安全学说》,将网络信息战比作未来的"第六代战争"。

近年来发生在世界各国的网络入侵及"棱镜门"事件,让俄罗斯政府认识到网络安全的重要性以及本国在保护网络数据中存在的隐患,因此俄罗斯加快了网络空间指挥机构建设。2013 年 1 月普京签署总统令,责令俄联邦安全局建立国家计算机信息安全机制用来监测、防范和消除计算机信息隐患,具体内容包括评估国家信息安全形势、保障重要信息基础设施的安全、对计算机安全事故进行鉴定、建立电脑攻击资料库等。俄罗斯副总理罗戈津宣布,俄国防部已于 2013 年 3 月前完成组建网络司令部的研究,并于 2013 年年底正式组建(格拉西莫夫担任俄武装力量网络信息作战的最高指挥官。2014 年指挥俄武装力量发动强大信息 / 心理攻势,兵不血刃收复克里米亚的正是格拉西莫夫),同时还建立了专门应对网络战争的兵种,不断吸纳优秀的地方编程人员。俄国防部网络司令部的组建,使其在网络力量组织架构上的"三驾马车"基本成形，内务、安全与军队三大系统下辖的网络力量分工明确，各司其职，可以有效减少由于定位不清、职责不明引起的浪费与内耗，大大提高俄网络力量的使用效率。

2. 全面推进网络空间作战力量建设

俄军早就有组建网络战部队的想法。如今，俄军网络空间作战部队建设已初具规模，拥有一支网络安全部队，其主要任务是向网络威胁作斗争，包括"猎捕"有害的软件，反击黑客的攻击，同时寻找外国进口设备中敌人的"暗藏物"。鉴于许多国家近年来都建立了反网络威胁的部队，尤其是美国的"棱镜门"事件更是促使俄罗斯全面推进网络空间作战力量建设，以应对网络安全所带来的威胁。

从作战样式上看，俄军强调网络空间作战是信息作战的重要组成部分，是在信息作战框架下的网络空间作战，是联合战役的组成部分。因此，俄军积极推进网络空间常备作战力量建设。普京在国家安全委员会会议上力挺成立"网军"。普京表示，在现代条件下，信息攻击的威力不亚于常规武器，"应该做好有效防范来自信息空间威胁的准备，提高相关基础设施尤其是战略设施和其他重要设施的防护水平"。

如今，俄军网络空间常备作战力量分为专业与非专业两类，并已具备了攻防一体的"软""硬"网络空间打击能力。专业网络空间部队也是国家级的网络空间作战力量，重点担负国家政治、经济领域的网络空间安全防御任务，同时担负军队和国家强力部门网络空间信息领域的攻防任务。在专业性网络空间作战力量建设中，俄军总部组建了相应的职能机构，各军种、军区和俄军总参情报总局建立了网络空间作战部队。俄军的这些专业网络空间作战部队，是使用计算机病毒等网络空间作战武器开展信息作战，破坏敌方指挥控制系统的"主要"力量。俄各军兵种和机关在2013年先后组建"科技连"，并从高校毕业生中招募专业人才，这是军队系统各关键部门/单位储备和培养的专门从事技术研发和信息安全保障的队伍。据资料显示，这支力量主要包括隶属于空天军的空军第二科技连和空天防御部队的第三科技连、陆军的第五科技连、军事通信科学院的第七科技连等。每个连有 2～3 个排，每个排约 20 人。以空天军科技连为例，部队定期招收高校毕业生，优先录用计算机安全、通信系统信息安全、特种无线电系统、密码学、电子光电特种设备等专业人员，并由空军军事科学院培训教育中心负责培养新人。非专业网络空间部队是指俄军信息战部队中与网络空间作战相关的技术部队，主要包括用于网络空间攻击战的诸兵种合成无线电电子对抗部队以及负责宣传战、舆论战的信息战技术兵种。

俄罗斯网络安全部队是攻防兼备的，其中以防为主。防御的对象，既包括军事目标，也包括国家重要的基础网络系统。主要是采用国产的软硬件加密技术、利用物理隔绝、设置防火墙等方式，来阻绝未经允许的网络入侵。它还可以发现进口设备中存在可能对俄罗斯网络安全造成威胁的一些元器件，等等。俄军的网络攻击主要强调要找到对方的漏洞，只有对敌人的弱点施加影响，才能合理地达成既定的目标。另外，确保俄罗斯的网络安全，不仅仅是俄军一个部门的任务，也有其他部门的任务。比如俄罗斯联邦安全局信息安全中心也担负有网络作战的任务，但是这些部门各有分工，随着俄罗斯国防部组建网络司令部和网络空间常备作战力量建设不断完善，俄军网络空间作战能力将会大幅加强。

随着俄罗斯与西方在网络空间的博弈日趋激烈，特别在 2018 年俄总统大选临近的大背景下，西方国家针对俄罗斯的网络和信息／心理攻击日益增多。为此，俄罗斯加强网络和信息安全建设。2017 年 2 月 27 日，俄国防部长绍伊古宣布组建信息作战部队，加快推进信息作战力量建设，明确其职能使命。俄国防部长绍伊古指出，信息作战部队主要职能包括：对网络作战行动进行集中统一管理；保护俄罗斯军用网络和节点、军事指挥系统和通信系统免受黑客攻击；确保实现可靠的信息传递通道；检验俄军的网络能力，拓展其在网络空间的行动能力；对抗西方的反俄信息 / 心理宣传和渗透等。

信息作战部队不仅要具备保护己方和攻击对方硬目标等能力，还要具备对抗和反制敌方信息 / 心理的攻击与渗透。当前，拥有网络主导权的国家针对不同目标运用不同手段实施信息作战。针对硬目标使用特殊的信息武器，如计算机病毒、信息炸弹、逻辑炸弹、被赋予特殊使命的计算机芯片、能产生电磁脉冲的爆炸装置、超高频发生器、电子生物武器等。而针对士兵和民众心理等软目标，制造煽动性或恐吓性的虚假消息并通过信息媒介传播，以达到军事政治目的。因此，俄将该部队命名为"信息作战部队"而非网络作战部队，充分体现了其作战范围兼顾软硬两类目标。该部队将整合现有俄罗斯武装力量中网络作战、电子侦察和电子对抗等部门的人员和职能，同时吸收内务部和安全系统的网络信息安全及相关专家，包括数学家、程序员、工程师、密码学家、通信专家、电子对抗专家、翻译人员等。

信息作战部队的组建不仅是俄罗斯网络信息安全力量建设的关键举措，更是在大国网络信息安全博弈日益激烈和安全环境日益复杂的大背景下俄军改革的重要步骤。信息作战部队将保卫俄罗斯网络空间和信息领域的软硬目标，实现自身的攻防职能，维护国家网络信息安全和政治军事安全。

3. 加强网络空间作战后备力量建设

在组建网络空间常备作战力量的同时，俄军十分重视网络空间作战后备力量建设，一方面，调整军队院校的专业和课程设置，增加与网络空间作战有关的专业和课程的比重。俄罗斯国防部从 2006 年 5 月起，开设了 126 个网络空间作战培训班，专门培养网络空间攻击方面的人才。另一方面，俄军充分利用国家教育资源，与地方院校合作培养高层次的网络空间作战人才。同时，俄军近年来加大了对社会高层次计算机和网络空间专业人才的引进力度，创建"科技连"，为网络战部队输送后备人才。21 世纪的信息化战争，人才是最关键的制胜要素。俄国防部长绍伊古深谙此道，不仅倡导组建专司军事科研工作的"科技连",而且亲自游说各大高校校长,为这一新型部队网罗大学校园内的 IT 精英学子。创建"科技连"是俄科技强军的重要举措之一,旨在为部队建设储备各类急需的科技人才,尤其是要为年底挂牌成立的"网军"输送"新鲜血液"。2013 年 7 月 9 日,俄军首批两支"科技连"的大学生志愿者征召工作已经结束。

充分挖掘民间网络空间作战力量。俄罗斯黑客在世界上也具有极高的"声誉"。俄罗斯已经拥有了众多的网络精英,反病毒技术更是走在了世界的前列,在遇到威胁或有需要时,这些人才和技术将能很快地转入军事用途。可见,俄军在网络空间作战能力建设领域的社会基础一点不比美国弱,俄罗斯国内数学基础教育扎实,具有优良的"黑客"成长土壤。俄罗斯的"黑客"有很强的编程技巧,可以用相当有限的设备干出令人吃惊的事情。除了引爆芯片技术和在操作系统中安放"致命炸弹"技术外,俄罗斯在互联网系统入侵、网站攻击、数据窃取等方面和美国都有一搏之力。

(二)加强网络空间作战理论创新

针对美国等西方国家大力推行的军队信息化建设以及计算机网络化全面建设,俄军认识到计算机网络攻击所造成的危害仅次于核战争,要求必须把防止和对抗信息侵略提高到保卫俄罗斯国家利益的高度。为此,俄军加强了网络战的军事理论的创新研究。

1. 网络空间作战理论研究不断深入

俄军对网络空间作战理论的研究起步比美军稍晚,网络空间作战理论的雏形出现于 20 世纪 90 年代初。进入 21 世纪,俄罗斯军事学术界加强了网络空间作战的学术研讨和交流。

早在 20 世纪 90 年代初,俄军就开始研究网络空间作战理论,但当时没有明确提出网络空间作战概念,只提出了"先机制敌"的理论框架,其核心是强调实施主动的网络空间攻击，主要内容有：对敌指挥信息系统的计算机网络空间实施进攻，破坏、篡改或阻塞其网络空间信息；对敌指挥控制系统和信息武器实施火力突击、电子突击等。同时，俄军从进攻和防御两个层面开始了网络空间作战的战法研究，并取得进展。主要战法包括：破解敌方程序密码，以便监听和读取敌方信息；使敌方远程通信系统和网络空间超载，导致其在极不确定的条件下接收和执行指令；改变通信地址，导致敌方将数据传输至错误地址；向敌方计算机网络空间、军队和武器指挥控制系统及其他信息系统植入程序病毒。20世纪90年代中期以后，俄罗斯不断加强对国家信息安全的重视程度，并将网络空间信息安全纳入国家安全战略之中。1995年俄罗斯联邦宪法将信息安全正式纳入了国家安全管理范畴之中。1997年出台的《俄罗斯国家安全构想》明确规定信息安全是经济安全的重中之重，从经济层面上确定了信息安全的战略地位；2002年颁布的《俄罗斯国家信息安全学说》全面阐述了国家信息网络空间安全面临的问题，以及网络空间武器装备现状、发展前景和防御方法等，从军事层面上确立了网络空间安全的战略地位。2000年6月，俄罗斯国家安全会议讨论并通过了《国家信息安全条令》。2000年9月，普京总统正式批准了该条令。条令明确了俄罗斯在信息对抗领域的国家政策，为俄罗斯制定了许多确保国家安全和公民权利的具体措施，如加强国有信息基础建设和信息防卫工作、建立网络空间监控系统、加强网络空间安全防范等。

2016年12月6日，俄总统普京批准新版《俄罗斯联邦信息安全学说》。这是保障俄联邦国家信息安全的战略升级。此次发布的新版学说，是对2000年版《信息安全学说》的更新升级，内容更加丰富，任务更加明确。2016版学说旨在保证俄在"信息领域的国家安全"，加强俄罗斯防御国外网络攻击的能力，并从战略层面防止和遏制与信息科技相关的军事冲突。因此，新版学说指出，在战略稳定性和平等战略合作方面，"建立国际信息空间的平等国际关系体制是信息安全保障的战略目的"。

2016 版学说指出，国防领域信息安全保障的主要目标包括：对利用信息技术导致的军事冲突实施战略遏制和预防；完善俄武装力量信息保障体系，发展信息对抗力量和装备；预测、检查和评估俄武装力量在信息领域的威胁；消除旨在动摇国家历史观念和爱国传统的信息／心理影响等。随后于 2017 年 2 月 27 日组建的信息作战部队是俄实现上述目标的重要举措之一。首先，俄罗斯信息作战部队是遏制和预防网络信息领域冲突或战争的主要力量。其次，组建信息作战部队是俄武装力量信息保障体系建设和俄罗斯新军事改革的重要步骤，将兼顾力量建设和装备发展。再次，信息作战部队确保俄武装力量免受网络攻击和信息安全威胁，保证战时指挥控制和作战行动能力。最后，信息作战部队还将对抗和反制西方国家的反俄信息渗透和心理影响，保持士兵斗志和国民思想稳定。

新版学说列出了俄罗斯在保障国防领域、国家和社会安全领域、经济领域、科技教育领域和网络空间这五个方面信息安全的战略目标和主要方向。首先，保障国防领域信息安全的战略目标主要是"保护个人、社会和国家的重要利益"，避免军事政治目标受到威胁。其次，保障国家和社会安全领域的战略目标是"保卫国家主权，保持政治和社会稳定，保护俄罗斯的领土完整，保障公民的基本权利和自由，以及保卫关键信息基础设施"。再有，保障经济和科技教育领域信息安全战略目标主要是"研制和生产有竞争力的信息安全保障设备，提高信息安全保障领域的扶持规模和质量"。学说就此提出的主要方向是，通过"改革"和"创新"，发展俄的信息技术和电子工业，创新"有发展前景的信息技术和信息安全保障设备"。此外，保障网络空间信息安全的战略目标是形成"稳定的、不冲突的国家间关系"。学说提出，"保卫俄联邦网络空间的主权，实行独立自主的政策，在信息领域实现国家利益"。同时，"参与国际信息安全保障体系建设""建立国际法律机制""推进和宣传俄罗斯的立场与观点"并"开展互利合作"。这些都可以成为俄发展互联网"国家管理体系"的构成部分。

根据学说内容，保障俄罗斯国防领域信息安全的战略目的是保护重要的个人、社会和国家利益，不受来自国内外的信息技术的威胁，这些威胁与违反国际法的军事—政治目的有关，包括以实施损害主权、损害国家领土完整的敌对行为和侵略威胁。学说中提到，在战略平衡和平等战略伙伴关系方面，在信息空间形成稳定的非冲突国际关系是重要的目标。

2. 创建网络战"第六代战争"理论

俄罗斯在网络安全方面的意识和理念非常超前。早在20世纪90年代，俄罗斯就将网络信息安全与经济安全等置于同等重要的地位。2000年6月23日，俄罗斯国家安全会议讨论并通过了《国家信息安全条令》，9月12日俄罗斯总统普京正式批准了该条令。该条令明确了俄罗斯在信息对抗领域里的国家政策，为俄罗斯制定了许多确保俄国家安全和公民权利的具体措施，如加强国有信息基础建设和信息防卫工作，建立网络监控系统；加强网络的安全防范等。该条令为俄罗斯进一步加强计算机网络战的研究与发展建设奠定了坚实的理论基础。

针对美国等西方国家大力推行的军队信息化建设以及计算机网络化全面建设，俄军认识到计算机网络攻击所造成的危害仅次于核战争，要求必须把防止和对抗信息侵略提高到保卫俄罗斯国家利益的高度。因此，俄罗斯赋予了网络战更重要的地位，明确将其称为"第六代战争"。认为网络空间作战是从属于信息战的一种作战方式，是信息战在网络空间的表现形式。针对美国等西方国家大力推行的军队信息化建设以及网络空间的全面建设，俄军认识到网络空间攻击所造成的危害仅次于火力突击战，要求必须把防止和对抗信息侵略提高到保卫俄罗斯国家利益的高度。俄军认为网络空间作战是一种变相的突击作战方式，起到了与火力突击相同的作用，是直接打击敌人的有力手段，同时强调主动性信息攻击在网络空间作战中的突出作用。

俄联邦政府相继制定和颁布了一系列纲领性文件和政策法规，基本形成了"多层级"信息安全法律体系，体现了俄信息安全顶层设计的大体脉络。1997 年颁布的《俄罗斯国家安全构想》明确指出，信息安全是保障国家安全的重中之重。2001 年，《俄联邦信息和信息化领域立法发展构想》分析了俄联邦信息和信息化领域立法的现状和发展趋势。2013 年 8 月，俄罗斯联邦政府公布《2020 年前俄罗斯联邦国际信息安全领域国家政策框架》，细化了《2020 年前俄罗斯联邦国家安全战略》等俄罗斯联邦其他战略计划文件中的某些条款。当月，俄联邦安全局公布的《俄联邦关键网络基础设施安全》草案及相关修正案，强化对关键部门信息系统加强安全保护的最新举措。2014 年 1 月 10 日，俄罗斯联邦委员会公布了《俄罗斯联邦网络安全战略构想》（讨论稿）。5 月 5 日，普京签署了《知名博主管理法案》。7 月 4 日，俄罗斯国家杜马批准了一项法律规定，禁止公民数据存储于国外服务器，规定所有收集俄罗斯公民信息的互联网公司都应将这些数据存储在俄罗斯国内。为加强网络监管和反恐，俄联邦政府颁布法令，从 8 月 13 日开始，在俄罗斯的公共场所使用 WiFi 上网时，必须进行身份认证。2015 年和 2016 年分别颁布的《俄联邦国家安全战略》和新版信息安全学说，正是俄信息安全战略的延续。

3. 以攻防兼备以防为主理论牵引网军建设

俄军网络空间作战理论非常推崇攻防兼备以防为主理论，并以其牵引俄军网络空间力量建设。

在网络安全日趋重要的新形势下，俄罗斯一直非常注重网络防护。俄国内迄今虽无危及国家安全的重大网络攻击事件发生，但潜在隐患不少。据俄联邦安全局统计，自 2005 年以来俄国家机关网站每年都会遭到近 100 万次网络攻击，其中针对普京总统官方网站的攻击更是高达 12 万次之多，俄议会上下议院的网站每年也会遭到超过 1 万次的网络攻击。巨大的网络安全压力迫使俄罗斯推行国家网络安全战略，全面提升俄军网络作战实力。[①] 特别是"棱镜门"事件，美国对各国进行网络攻击及监视范围之广让俄罗斯大为警觉。因此，2013 年 8 月 20 日，俄联邦安全局在网上公布了《俄联邦关键网络基础设施安全》草案及相关修正案，并于 2015 年 1 月 1 日由俄联邦总统签署后开始实施。《俄联邦关键网络基础设施安全》草案提出的建议主要有三条：一是建立国家网络安全防护系统，以发现网络病毒和网络入侵行为，提出预警或采取措施消除网络入侵带来的后果。二是建立联邦级计算机事故协调中心，以对俄境内的网络攻击进行预警和处理。三是加大对相关责任人和违法者的处罚力度，例如，玩忽职守或违反操作规章导致系统被入侵的信息管理人员可被判 7 年监禁，入侵交通、市政等国家关键部门信息系统的黑客最高可处以 10 年监禁。此外，联邦安全局还希望在全国范围内进行信息系统安全评估，对关键部门的信息系统造册并评估其风险级别。

俄军还注重研究先机制敌的主动性网络攻击措施，包括对敌指挥系统的计算机网络实施攻击，以破坏、篡改或阻塞其网络中的信息，致使对方瘫痪，对敌指挥系统和网络武器实施火力突击、电子突击以及其他主动攻击手段。俄罗斯认为，要达到对敌的网络优势，首先必须取得对敌的决定性技术优势，即计算机武器、电子武器等占优势，网络斗争武器可以替代目前的大规模杀伤性武器，对未来战争的进程起到非常重要的作用。针对自身网络斗争武器总体上落后于美国，尚不能进行大规模网络化建设的情况，俄罗斯强调着重发展关键领域和技术，包括战略和战场 CI 系统、战略防御体系的网络系统、电子对抗系统、武器平台控制系统和自己的网络武器系统。俄国家信息安全学说提出重点开发的关键技术包括高性能计算机技术、智能化技术、网络攻击与防护技术以及相关的软件技术等；此外，有选择地从国外购买网络技术，以弥补自己的技术不足，加快网络化步伐。

---

① 　马建光等：《网战：俄军瞄准"第六代战争"布局》，《解放军报》2016 年 2 月 26 日。

（三）重点研发网络空间关键技术与武器

俄军积极研发网络空间作战武器，以提高自身的网络空间作战能力。俄军认为，网络战"实际已成为一种变相的突击样式，起到了与火力突击效果相同的作用"，成为直接打击敌人的有力手段，俄罗斯需要发展自己的网络战武器。然而，由于俄罗斯的经济实力有限，俄军在研发网络空间武器时，有选择地发展关键领域和技术。

在进攻性网络战武器方面，俄军的网络进攻武器装备主要包括硬摧毁武器和软杀伤武器。硬摧毁武器方面，包括无线电波束炸弹等各类电子战压制兵器，其中的微波武器能释放强烈的微波能脉冲，可以摧毁用于控制雷达和指挥自动化系统的固态神经系统。俄军的软杀伤武器主要包括信息、安全分析与防御等级评估系统、信息质量与监控系统、多路数据备份系统等现代化信息防护工具。俄军软杀伤武器的研究重点是计算机病毒，研究种类主要有潜伏性毁灭病毒、强迫隔离病毒、过载病毒、传感器病毒等。目前，俄罗斯拥有包括无线数据通信干扰器、网络逻辑炸弹病毒和蠕虫、网络数据收集计算机和网络侦察工具、嵌入式木马定时炸弹等先进的网络武器，其网军拥有强大的作战实力。此外，俄技术专家还在加紧开发研制用以破坏或降低敌方电子信息系统效能的计算机病毒武器，特别是"远距离无线注入病毒武器"，可对战略指挥控制系统产生直接威胁。

在网络战防御武器方面，俄军的网络空间防御技术和相关产品已具有较高水平，主要包括信息泄露探测设备、射频监控设备、语音信息保护设备、有线线路保护设备、由泄露发射所产生的信息截获保护设备、防止未授权访问的个人计算机信息保护及网络空间信息保护技术。目前，俄军重点加强病毒探测技术、智能嗅探技术、网络空间加密技术、访问控制技术等网络空间安全技术的研究，并在多个方面有了一定突破。俄军积极开发保护国家信息空间，以及探测和破坏计算机病毒的预警方法和手段，现已研发了能引发牵制程序出现的反病毒技术。其中最为先进的是一种具有反病毒功能的"隐形病毒"。俄军重点研发的还有操作系统防护技术、光纤通信加密和量子加密技术。此外。俄军有关部门还采用各种最新的信息技术和通信技术，打造能够抵抗未授权访问及其他网络空间入侵的信息基础设施和新一代加密技术。

俄罗斯网络战的武器还是比较先进的，主要原因是提倡使用其本国的国产设备。比如俄罗斯军方，现在就拥有大型僵尸网络、无线数据通信干扰器、扫描计算机软件、网络逻辑炸弹、计算机病毒等多种网络攻击手段。目前正在研制的远距离病毒武器，可以通过无线或激光线路，直接植入敌方的计算机系统，能对敌方的指挥控制系统构成直接的威胁。总体看来，俄军的网络战能力虽然无法和美军相比，但是也具有较强的网络对抗侦察能力、渗透能力、心理攻击能力和整网破击能力。

三、欧盟主要国家网战力量建设

欧盟国家也都在加强网络战的研究与发展建设，他们已基本形成了自己的网络战理论，相继成立了网络战机构或部队，并公开征召计算机专家。同时利用"一线经验"优势，在网络防御政策、风险预防、缓和实践、跨境信息共享等问题上向政府、企业和监管机构提供更有效和实用的建议。

（一）英国网络作战力量建设

英国国防部认为，在未来的冲突中，除了会有传统的海上、陆地和空中行动，还会同时伴随有"网络作战行动"，英国有必要加强这方面的力量。因此英国军情六处早在2001年就秘密组建了一支由数百名民间计算机精英组成的黑客部队，主要将网络战应用于情报领域，以应对外国势力和恐怖分子的网络袭击。与此同时，英国积极与美国、加拿大合作，建立网络作战单位，加强如计算机病毒、"黑客"进攻等方面的研究。

英国非常重视强化网军。英国政府通信总部有 6000 名工作人员，政府每年为网军拨款 4.5 亿美元。2009 年 6 月 25 日，英国政府宣布成立网络安全办公室和网络安全行动中心，分别负责协调政府各部门网络安全和政府与民间机构主要电脑系统安全保护工作。国家网络安全办公室直接对首相负责，主要负责制定战略层面的网络战力量发展规划和网络安全行动纲要。英国国防部已组建了新的网络防御行动处，专门负责制定对抗网络威胁战术和提高军力。2011 年，英国联合各国政府、跨国企业和执法机关的非商业组织国际网络安全保护联盟在伦敦成立。欧盟各国政府，美国、加拿大、澳大利亚等国政府及私人企业为其提供资金。

英国网络战部队主要有两支：一支是网络安全行动中心，隶属于国家通信情报总局，负责监控互联网和通信系统、维护民用网络系统，以及为军方网络战行动提供情报支援。另一支是网络作战集团，隶属于英国国防部，主要负责英军网络战相关训练与行动规划，并协调军地技术专家对军事网络目标进行安全防护。此外，英国情报机构还有一个"间谍学徒"。随着全球网络反恐和网络战的任务越来越重要，英国政府推出一个针对无学历青年的"间谍学徒"新计划。新计划将首批争取招收约 100 名不计学历的年轻人，并初期计划在位于英格兰西部乔特纳姆的主要负责谍报监听的政府通信总部（GCHQ）开始培训。2017 年 4 月，英军成立了号称"'脸谱'部队"的网战特种部队第 77 旅，编制为 1500 人。

英国认为，网络空间代表的是"无边界战争"，并把网络武器开发计划列为英国的最高机密。此项网络武器开发计划的目的是让英国政府在遭遇网络攻击时有更多的攻击性选择，而不只是被动地抵抗黑客的攻击。英国启动了一个类似"网络战靶场"的国家级训练场，不仅定期举行高强度的对抗演习，还计划与美国进行链接，来共同检验和提升网络电磁空间的战斗力。

（二）德国网络作战力量建设

随着网络安全问题日益突出，德国也开始重视网络空间作战力量建设。2011 年出台了"德国网络安全战略"，用于保护关键基础设施为核心，牵引相关机构和网络空间作战力量建设。

1. 建立网络战统一管理机制

首先，设立国家网络防御中心。为了加强各级政府之间的合作，提高协调应对信息技术系统突发事件的能力，2011 年，德国成立国家网络防御中心，由德国联邦信息技术安全局领导，联邦宪法保护局、联邦民众保护与灾害救助局、联邦刑事犯罪调查局、联邦警察、海关刑事侦查局、联邦情报局和联邦国防军共同参与。国家网络防御中心负责处理关于网络攻击的所有信息，参与部门各司其职又紧密合作。例如，联邦信息技术安全局会从技术层面评估一次网络攻击，联邦宪法保护局调查攻击是否来自国外情报机构，联邦民众保护与灾害救助局评估攻击对基础设施可能造成的影响，其他部门则负责处理攻击途径及所用工具等信息。国家网络防御中心的主要任务是，根据网络攻击的形式尽可能确认攻击来源，对网络安全突发事件做出缜密的分析，并为统一行动提供可靠的建议。国家网络防御中心将定期就日常的基本预防和特定事件向国家网络安全委员会提交建议。网络安全危机迫在眉睫或已发生时，国家网络防御中心将直接通知由联邦政府内务部以国务秘书为首的危机管理人员。

其次，设立国家网络安全委员会。德国政府认为识别及清除危机产生的体制性因素是预防网络安全问题的重要手段。因此，德国政府希望建立和保持联邦政府内部的合作以及联邦政府信息技术特派员负责的公共和私营部门之间的合作，特别设立国家网络安全委员会。这个国家网络安全委员会包括联邦大臣和国务秘书，国务秘书分别来自联邦外事办公室、内务部、国防部、经济科技部、司法部、财政部、教育科研部，还包括各州的代表，特殊情况下还会包括其他部的代表。委员会还会邀请商业代表作为特邀会员参加委员会的工作，必要时也会邀请学术界的代表参加。委员会的主要任务是负责协调预防性工具与公共和私营部门网络安全方法的交叉问题，统一协调联邦政府层面的信息技术管理问题，从政治和战略高度统一协调信息技术规划委员会在网络安全领域的工作。

此外，打造攻防兼备的"网络局"。2017年4月，德国联邦国防军成立网络信息空间指挥部，着手组建国防军负责网络安全的独立军种。在波恩正式成立的德国第一支网络部队将集中1.35万名军队和民间专业人才，在2021年前真正发挥作用。德国还有一个网络安全联盟，它由德国联邦信息技术安全局和德国信息经济、电信和新媒体协会在2012年成立。该联盟的主要职能是加强政府机构与经济界之间的合作，无论是基础设施运营商、中小企业还是科研单位，均可以从联盟中获得网络安全形势及应对措施等信息。

2. 加强网络战武器研发

联邦国防军在宪法规定的任务框架内必须有能力在网络空间作战。通过建立黑客部队，德国缩短了同其他西方国家的差距。联邦国防军自2006年就开始组建黑客部队，他们主要由联邦国防军大学的信息专家组成。

在德国的网络安全体系中，技术研发也被置于重要地位。德国政府认为技术主权对德国这样一个重要经济体来说至关重要，需要有属于自己的信息技术和可信的产品，以防敏感信息外泄。因此，德国政府与半导体和系统解决方案提供商英飞凌公司等不少信息技术企业建立了"安全合作伙伴关系"。通过多年来加强网络空间力量建设，目前德国联邦国防军已经有能力攻击电脑网络和服务器。德国联邦国防军提交给联邦议院的文件称，军队已经具备了攻击"敌方网络"的"初步能力"。国防部说，新的计算机网络作战部队驻扎在波恩市附近盖尔斯多夫镇的战略侦察司令部，而且自2011年年底以来就具备了作战能力。

全方位的基础战略、机构设置和研发计划，在网络安全方面为德国提供了多重制度保证。尽管如此，德国内政部长弗里德里希最近表示，企业在自愿的基础上与政府合作依然"不够安全"。目前，德国内政部已起草了《信息技术安全法》，希望借用法律约束力，强制关键基础设施运营商、电信服务商等切实负起保护信息技术安全的重任。

（三）法国网络作战力量建设

法国成立了多个部门，负责网络调查和安全。司法系统内成立了专门打击网络犯罪的部门，该部门扮演网络警察的角色。此外，还成立了负责技术痕迹和信息处理的警察部门，并在大区级司法机关配备网络犯罪调查员。

在技术层面，内政部设立了非法网站信息平台，网民可以匿名举报有违法信息的网站。在警方确认信息违法后可对信息发布者提起诉讼或予以拘留。法国于2009年7月成立了国家级信息安全机构国家信息系统安全办公室。这是法国逐步加强信息系统保护能力的重要一步。该部门设立了24小时网络防卫中心，加强对重要行政机关的网络安全警戒，并对信息攻击来源进行侦查，通过技术手段加强防范措施。一个名叫"兰波"的安全电话网络，确保法国4500个重要的公共机构和应急中心之间进行信息交流与保护。而部际安全内部网则保证了加密文件的实时共享，是政府处理危机和紧急事件的可靠工具。国家信息系统安全办公室还研发了信息隔离机制，在同一台机器上同时处理公共信息和敏感信息。除此之外，该部门还向运营商、企业、个人提供专业的网络安全咨询和建议。

此外，法国还筹划网络防御行动链。法国在2013年度《国防与国家安全白皮书》中将网络攻击确定为最大外部威胁之一，明确网络防御力量是法国除陆海空军之外的第四支军队。目前，法国正在筹划一个网络防御行动链，由法国国防参谋长联合军种办公室的行动规划和指挥中心进行监督，并决定在 2019 年前为网络安全、防御和研发投入 10 亿欧元。此外，法国政府还计划储备一支民间网络安全与防御力量，培养民间网络防御专家，必要时为政府和军队服务。

四、其他国家网络作战力量建设情况

除了美、俄和欧盟主要国家积极加强网络空间力量建设外，其他一些国家和地区也积极发展本国的网络军事力量，以提高本国维护网络安全和实施网络战的能力。

（一）日本网络空间作战力量建设

随着军事安全、政府事务、经济和社会等领域的网络安全问题受到越来越广泛的关注，日本越来越重视自卫队网络部队建设，积极发展网络作战力量。近年来，日本高度重视网络防御能力建设，通过筹组网络防卫力量，研发新型网络攻击系统等手段，加快推进自卫队网络攻防实战部署。

1. 自卫队网络作战实力不断增强

自卫队网络重要作战指导思想是通过掌握"制网权"达到瘫痪敌人作战系统的目的。日本在构建网络作战系统中强调"攻守兼备"，拨付大笔经费投入网络硬件及"网战部队"建设，从保障自卫队内部的各类网络开始，日本网络战力量的建设基本按照由保障到作战、由兼职到专业、由防御到进攻的步骤展开。

日本的网络战略规划由来已久。早在 2008 年 3 月，日本自卫队联合参谋部就成立了"指挥通信信息队"，旨在全天候监视控制（包括维护管理、运营等任务）防卫信息通信基础设施与中央指挥系统，以及应对网络攻击。该队是由自卫队首支常设联合部队，由司令部、保密监察队、中央指挥所运用队和网络运用队构成，司令为上校，编制160人，驻东京市谷。其中，网络运用队与陆上自卫队系统防护队共同承担应对网络攻击任务，包括防卫信息通信基础设施的维护管理、监视等。

2009年，日本又新组建了自卫队"指挥通信系统队"，统领陆海空自卫队的情报安全工作。该部队是在陆上、海上、航空自卫队内分别存在的情报保全队的基础上经再编、增员而成，受防卫省统合幕僚长（相当于总参谋长）的直接领导。同年，日本自卫队效仿五角大楼的做法，组建一支"网络特攻队"，专门从事网络攻击与防御，准备在未来信息战中，打响一场"网络瘫痪战"。"网络特攻队"主要任务是专门负责进行诸如反黑客、反病毒入侵等行动。日本防卫厅还在当年年底前组建一支由陆上、海上和空中自卫队计算机专家所组成的5000人左右的"网络战部队"，让其专门从事网络系统的攻防。日本"网络战部队"的主要任务是负责研制开发可破坏其他国家网络系统的跨国性网络战武器，并承担自卫队计算机网络系统防护、清除病毒、修复程序等以及开发进攻性网络战武器、研究网络战的有关战术等，同时支援"网络特攻队"的反黑客、反病毒入侵等任务。从这支"网络战部队"身上，明显可以看到美军"超级黑客部队"的影子。

在2011年度，日本防卫省决定，建立一支负责应对网络攻击的陆海空联合部队"指挥通信系统队"，以防备黑客攻击，加强保护机密信息的能力。2012年，日本防卫省又建立了一支专门的"网络空间防卫队"，以防备黑客攻击，加强保护机密信息的能力。"网络空间防卫队"设置于自卫队指挥通信系统部之下，初期人数约60人。这支"网络部队"负责收集和分析研究最新的病毒信息，并进行反黑客攻击训练。到2013年，这支由日本陆上、海上和航空自卫队联合组成的"网络空间防卫部队"编制超过100人，主要负责收集网络攻击最新情报，对电脑病毒侵入途径等情况进行"动态"分析，对电脑病毒进行"静态"分析，以及进行防护和追踪系统演练。

2014年3月26日，日本防卫省正式启动专门应对网络攻击的自卫队专属部队——网络防卫队，主要担负情报收集共享、防护、技术支援、调查研究和训练等任务，同时还负责对防卫省与自卫队的网络进行监视和对有关事态进行处理。该防卫队由来自陆海空3支自卫队的约90名自卫队员组成，将部署在东京市谷的防卫省院内。作为自卫省应对网络安全威胁核心部门，该部队集网络信息安全情报收集共享、网络防护、网络安全训练、调查研究与技术支持于一体。网络防卫队由防卫相直辖，统合幕僚长指挥，主要任务是24小时监视防卫省和自卫队的网络，以应对可能的网络攻击。随着网络防卫队的新编，此前分属陆海空各自卫队的网络威胁情报将得到汇总，并将在整个防卫省内部共享。

新成立的网络战部队与以往相比，最大的特点就是具备"进攻"能力。过去，自卫队网络战部队主要用于防御自卫队内部网络安全，应对外来网络攻击。但新部队不仅可应对网络攻击，本身也将具备进行网络攻击的能力，其武器不仅包括"过去曾攻击日本的电脑病毒"，还将包括今后新研发的专用木马和病毒。为提升网络空间战斗力，确保新组建的网络防卫队具有遂行安保任务的能力，防卫省已经制定了强化网络攻防能力的三条指针。一是充实防卫体制，提高网络攻防能力。网络部队在进行情报收集和分析、网络攻击想定训练之外，还应强化诸如破坏敌方网络及信息系统机能等方面的能力。网络部队的主要任务将集中在研发和利用攻击性病毒、瘫痪敌方指挥控制信息系统上。二是自卫队与民间协同应对网络攻击以内阁官房为中心，动员军工企业等民间机构参与网络安全防护，全面提升网络安防水平。三是强化国际网络安防合作。在日美情报共享机制的基础上进一步拓展实践训练，继续深化与友好国家及相关国际机构的合作关系。

为配合网络防卫队成立，日本政府未来将加快相关立法，为未来在网络空间行使自卫权铺平道路。今后，日本在网络战领域可能的发展趋势是，在加强进攻的同时，将政府机构、军工企业、先进技术企业等政治、经济主体纳入网络战的防护体系之中。

2. 设立网络安全战略总部

为确保防卫企业能够防患于未然并在遭受网络攻击时有效应对，防卫省与防卫企业加强了合作。2013 年 7 月，作为防卫省和民间企业强化合作的一大举措，防卫省成立了网络防御委员会（CDC）。网络防御委员会旨在提高日本防卫省和防卫企业应对网络攻击的能力，主要任务是以防卫省为中心促进各参会企业之间的情报共享。

2014 年 11 月 25 日，日本政府的信息安全政策会议（主席为官房长官菅义伟）决定强化应对网络攻击的体制。主要措施为最快于 2015 年初将现行政策会议升级为战略总部，为迎接 2020 年的东京奥运会和残奥会完善防御网络攻击的环境。这是根据此前日本临时国会上通过的《网络安全基本法》而采取的措施。该法规定日本国家和地方政府有义务针对损失日益严重的网络攻击采取安全对策。上述战略总部将与日本国家安全保障会议（NSC）以及 IT 战略总部紧密合作，拟定应对网络攻击的重要政策的基本方针，并在发生重大案件时查明原因。在设立战略总部的同时，还将加强办公职能。

在颁行《网络安全基本法》之后，日本政府随即于 2015 年 1 月设置了网络安全战略本部，并启用了承担网络安全战略本部事务局功能的内阁网络安全中心。日本网络安全战略本部是由"情报安全政策会议"升级而成。基本法赋予战略本部监督权限，可以调查日本政府各省厅的网络安全对策是否妥当。模拟网络攻击将基于该规定实施。发挥秘书处职能的"内阁网络安全中心"约有一百数十人，他们将与专家一起汇总具体方案。2 月 10 日，日本政府在首相官邸召开"网络安全战略本部"首次会议，计划出台写有强化机制和国际合作应有方式等内容的新版"网络安全战略"，并在 6 月的内阁会议上获得通过。

3. 研发网络作战武器

日防卫省研制出多种网络战武器，有的已投入实战，有的尚处于实验阶段。日本防卫厅还计划在未来 5 年开发一种杀伤力极强的网络战武器，用于摧毁所有企图入侵日本自卫队网络系统的"黑客计算机"，使日本自卫队具备网上攻击能力。

日本自卫队网络战部队集攻防任务于一身，既负责网络系统防护又担负进攻性武器研发等任务。在网络安全的诸多课题中，日本政府特别重视对网络攻击的有效应对。《信息安全 2010》明确规定，在未来几年，以总务省和经济产业省为中心，日本政府将积极应对网络攻击。该计划规定，到 2010年年底，日本将构筑综合的安全技术和对策屏障，防止第三者对电脑的远程操控，让个人在受到网络攻击时能及时停止程序，减少损失。日本政府还将与互联网服务提供商合作，构筑收集网络攻击信息的网络，以期对网络攻击做到事先预防或早期应对，并与电信运营商联手防止用户遭到网络攻击。2012 年 1 月，防卫省开始研制一种病毒，该病毒可以在受到网络攻击的情况下，顺藤摸瓜反向探测攻击路径，并对攻击源进行打击。同时，该病毒还具有收集情报的能力。

近年来，日本高度重视网络防御能力建设，通过筹组网络防卫力量，研发新型网络攻击系统等手段，加快推进自卫队网络攻防实战部署。值得注意的是，日本还在讨论是否可对网络攻击来源实施打击，这意味着网络防卫队未来可能将拥有网络攻击能力。

（二）以色列网络空间作战力量建设

早在 20 世纪 90 年代，以色列就意识到互联网将迅速成为另一战场，义务兵役制优先挑选网络人才。虽然媒体甚少提及网络部队，但事实上以色列网络战实力非常强大，某些方面甚至比美国更先进。

1. 以色列网络战实力不凡

以色列自 1979 年就开始重视网络安全，而巴以民间持续不断的网络战使以色列更加注重发展专职网络部队。在兵员征集上，以色列网络部队较少从军队内部招募，而是更侧重于从民间召集科技人才，招募黑客入伍。组建了自己的网络战部队，并开始加大对网络作战的研究力度。

2012 年 6 月，以色列国防军网站上公布了军方对"网络战"的定义及作战目标，军方首次正式承认把网络战作为攻击手段。当月，以色列网络安全国际会议在特拉维夫召开，国防部长巴拉克表示，以色列要用互联网进行攻防，"我们正准备成为世界网络战的前沿阵地"。以色列现有十多个网战小组，几乎都是无人知晓的秘密机构。这些小组为各种军事、情报和政府机构服务。据称，以色列只有几百名黑客参与网络战，许多人只是短期工作，平时都在软件公司上班。一旦军队需要，就作为后备役回到军队。

由于网络战士需求越来越大，以色列军方不仅从国内挑选，还从国外搜寻网络人才。美国和以色列网络机构合作密切，曾经让伊朗网络瘫痪的"震网"病毒制造者就被指向以色列。以色列国防军正在加紧搜寻网络战人才，被选中者都因此感到光荣，并将接受额外培训，"这些人才也是以色列高科技公司和新技术专利比率全球领先的原因"。目前，以色列国防军 8200 部队是一支网络战部队。

2. 以军在巴以冲突中开辟网络战场

在巴以冲突、黎以冲突中，以色列利用网络进攻的方式篡改网页、攻击电视台，以达到影响舆论导向的目的；侵入军方电脑窃取机密，以确定火力打击的重点目标和精确坐标；阻断敌人通信指挥系统，以掌握最佳的作战时机，这一切都是以军进行网络战的真实写照。

在持续不断的中东冲突中，以色列的网络战部队表现出色，比如2006年的黎以冲突中，以色列黑客成功地对真主党电视台的直播节目进行了攻击——实况转播中断了，真主党领导人纳斯鲁拉的漫画像出现在屏幕上，下面打着一串字幕："纳斯鲁拉，你灭亡的时间提前了。"以色列的网络战计划是由撒克·本·伊斯雷勒准将领导，他是以色列网络战重要骨干，被认为是2007年长途奔袭摧毁叙利亚核设施计划的制定者。据称在袭击前几分钟，以色列黑客部队首先使叙利亚防空系统瘫痪了。以色列空军成功炸毁了苏丹首都的兵工厂，也先使用了类似的网络攻击。伊斯雷勒说："我们的敌人伊朗一年半前就声称已经建立网络司令部。网络技术是战场新武器，如果要自卫，就必须掌握它。"

在后来的巴以冲突中，以色列更是开辟了网络战场。2012年11月14日，以色列启动了防务支柱行动。除了在物理空间投入武器与军力之外，此次巴以冲突还呈现出鲜明的特点：冲突双方都在努力开辟第二战场，即网络战场——在现实武装冲突持续进行的同时，同步利用社交网络，在全球网络空间展开积极而密集的行动。以色列国防军新闻发言人官方账号14日在推特上分3次发文，详细介绍行动过程，随后在视频社交媒体网站上发布了行动的视频以及一条警告性的推文，要求哈马斯任何层级的领导人立刻消失，不要在防务支柱行动的过程中露面。视频分享网站的所有者谷歌公司在15日早上先以违反服务条款为由删除了这段视频，然后又以视频数量太多，我们弄错了为由，重新恢复了这段显示如何定点清除哈马斯领导人的视频。哈马斯方面也不甘示弱，通过官方账号发出了施行报复的威胁。

3.组建新网络司令部

2017年5月14日，以色列国防军的一名高级网络官员称，以色列国防军正在筹建一个新的网络司令部，该司令部将与现有的指挥、控制、通信、计算机和情报部进行整合，并负责所有防御性网络作战和情报收集的工作。

网络司令部将由指挥、控制、通信、计算机和情报部现在的负责人纳达夫·帕詹少将领导，下辖技术部、联合网络防御部和数字作战中心。技术部负责设计数字域并使其生效；联合网络防御部门将进行计划、指挥控制和防御作战；数字作战中心又称"防火墙"，将负责整合情报描述并就实时行动作出决定。数字作战中心将包括一个情报中心，这个情报中心将提供不间断的情报评估，并会有来自网络作战部队、联合网络防御部及其他部门的代表参加工作。网络司令部的构建工作由洛特姆计算机服务局牵头进行，它将包括加密与信息安全中心（其希伯来语缩写为 Matzov）。防御情报的收集工作由司令部中的一个专门小组进行。

(三) 印度网络空间作战力量建设

网络战已成为国家安全的首要威胁，印度的计算机系统正面临数量愈来愈多、形势愈来愈复杂的网络袭击。因此，印军积极推进网络力量建设，以提高维护网络空间信息安全的能力。

1. 印度网军力量不容小觑

印度的软件研发技术在世界上屈指可数，过硬的技术使印度对网络安全有着独到见解。由于印度具有较高的软件和计算机水平，可以较为轻松地开发和引进先进服务器、防火墙以及超级计算机，征召大批高水平黑客入伍。目前，印度建立了专门负责网络中心战的网络安全部门，在所有军区和重要军事部门的总部建立网络安全分部。因此，印度网络战部队的网络进攻作战能力不容小觑。

印度也十分重视网络安全建设。随着印军大力推进信息化建设，各种网络逐渐成为印军作战不可或缺的平台。如今，印军已在位于新德里的陆军总部建立了专门负责网络中心战的网络安全部门，在所有军区和重要军事部门总部建立了网络安全分部，以加强网络信息安全。2005 年 8 月，印军代号为"闪光信使"的最先进的战略宽带网正式开通使用。据称，这个宽带网能够提供安全可靠的语音、视频、数据和其他通信服务。

2013 年 5 月 26 日，印度国防部长安东尼表示，作为加强印度网络防务安全的一部分，武装部队将设立网络司令部。安东尼在检阅印度海军学院学员列队行进时对记者说，目前网络司令部的成立工作已经处于最后阶段。他还说，网络司令部的设立是考虑到网络战构成的威胁越来越大。随着军队对网络平台的依赖程度越来越高，印军更加注重网络攻防，2015 年斥资 30 亿美元建设国家网络战司令部，并设立了体系化的网络安全分部，组建了规模达 1.5 万人的网络战部队，以应对日益严重的网络威胁。网军部队正式成立后，印军网络战作战思想转变为先发制人，主动入侵敌国进行网络窃密。

印军还充分发挥软件技术和人才优势，同地方专业机构合作组建陆海空联合计算机应急分队，并征召黑客入伍。目前，印度三军总参谋部已经制定出一份信息战条令，进一步规范了网络战。印度军队广泛利用国内软件开发水平高的优势，同印度科学院、印度技术学院等地方信息技术专业机构在网络方面进行技术合作，提高网络战能力。印军陆海空三军中都组建了联合计算机应急分队，并计划征召"黑客"入伍。目前，印军不仅通过招收民间"黑客"和编程高手入伍等方式组建联合计算机应急分队，还在位于新德里的陆军总部建立了网络安全部门。

2. 构建网络安全防御体系

基于对网络技术的精通和利用网络能够达到何种战争效果的认识，印度坚持自主研发、军民合作的原则，投入大量人力物力，力求在网络技术、密码技术、芯片技术以及操作系统方面自成体系。

印度军队广泛利用国内软件开发水平高的优势，同印度科学院、印度技术学院等地方信息技术专业机构在网络方面进行技术合作，提高网络战能力。印度 2012 年 4 月建成的"闪光信使"高速宽带网络和"第三只眼"海军保密数据传输网络，使其在网络战领域的优势进一步增强。"闪光信使"高速宽带网络以及被称为"第三只眼"的海军保密数据信息传输网络的建成使用，将进一步增强印度军方应对未来网络战争的不对称优势。除完善防御体系外，印军一方面将网络进攻写入作战条例，明确指出要建立能够使敌方指挥与控制系统瘫痪以及武器系统瘫痪的网络体系，在陆军总部、各军区以及重要军事部门分别设立网络安全机构；另一方面通过吸纳民间高手入伍和对军校学员进行"黑客"技术培训等方式，逐步完成未来网络战的人才储备。

3. 培养网络安全专家型人才

印度有针对性地培养信息安全专员等专家型人才。印度已认识到来自许多敌对实体网络袭击的威胁，其中包括从国内的破坏者到国外的对手。尽管印度有 IT 和软件强国的美誉，但有专家称印度面临大约 47 万的网络安全专家缺口，有鉴于此，印度 2012 年 10 月推出一项新计划，力图在未来 5 年内训练 50 万名网络战士，以弥补印度在防卫上的缺口。印度不仅通过招收民间"黑客"和编程高手入伍等方式组建了联合计算机应急分队，拟 5 年训练 50 万网络战士，以满足国家信息安全的需求。另外，印度海军近些年受到了越来越多的网络袭击，网络间谍经常入侵敏感的印度电脑网络，以获取机密作战数据。因此，海军吸引 IT 人才进入其主要执行部门的举动，其背景是网络战已经越来越成为具有潜在破坏力的秘密战的方式。

第八章　网络战争已在全球展开

自进入网络时代始，以网络空间为主战场，人类社会就展开激烈的角逐和厮杀。网络空间是提升各国军队作战能力的"倍增器"，如同制海权、制空权、制天权一样，制网权已经演变为各国争夺的又一维域控制权，导致网络空间作战成为现代信息化战争又一种重要作战样式，而且大有愈演愈烈之势。网络战争已成为信息化战争的一种新形态，网络战争理论逐渐形成并走向成熟。

一、美国展开全方位网络攻防

自从 20 世纪 60 年代美国国防部创建 ARPA 网以后，计算机网络的发展就进入了全新的时代。历史的脚步迈进 21 世纪后，网络更是成为与人类生存空间并列的虚拟空间，成为人类生存的"第二空间"，人类的争夺也开始在这个虚拟世界展开。有鉴于此，尽管目前在网络空间尚没有发生真正意义上的全面争夺战，但是美国已经嗅到了网络空间战场的硝烟味。由于美国巨大的社会网络系统屡屡被所谓的黑客攻击，美国磨刀霍霍瞄准网络空间，美国国防部每年为此要付出 300 多亿美元的代价，比当年制造原子弹的曼哈顿工程花费还要多。

（一）美国磨刀霍霍向网络

美国是世界上第一个引入网络战概念的国家。早在 20 世纪 90 年代，美国就提出了网络战概念，也是第一个将其应用于战争的国家。近年来更是大力发展网络部队，打着维护国家利益的旗号在网络空间积极扩军备战。美国作为互联网的发源地，虽然在网络空间的攻击能力远超任何国家，但为了给网络空间的扩军寻找理由和假想敌，美国不断宣扬"数字珍珠港"威胁，并将其他主要对手国家列为假想敌。

1. 美国信息战剑指网络空间

随着网络技术的发展，网络已经渗入世界的每一个角落，并且越来越深入地渗入了军队建设的方方面面，成为开展军事行动的神经和大脑。网络技术已经成为一种高科技与民用技术相交织，军事强国和弱国都能广泛应用，甚至电脑黑客个人都可以用之攻击军事设施的技术。目前，美国军队已经高度网络化，其战斗小组甚至可以通过平板电脑控制无人机的飞行。由于美国是互联网技术的发源地，本身是世界网络最为发达的国家，掌握了绝大部分网络核心技术，当前世界通用的网络协议和网络标准大多由美国制定，而世界一半以上的网络服务器也被美国控制，这就使美国发展网络战能力占据了极大的优势。与此同时，美国自己的军事力量也非常依赖网络，其每天要遭受来自世界各地的 600 多万次各种各样的刺探和攻击，这让美军头疼不已，发展网络作战也是主动防御的需要。因此，美军从 20 世纪 80 年代开始，就秘而不宣地进行网络战的研究与实践。经过 30 多年的发展，美军已发展成为世界上首屈一指的网络战力量。

美国全面备战网络战场。据当时的美国国防部长哈格尔 2014 年 5 月的说法，美国国防部将持续加大网络部队的规模，今后两年人员将扩大 3 倍；另一方面，一些美军军官和军事专家，还嫌美国当前的一些法律不利于美军快速应对网络战,要求立法者考虑就网络战争制定相应法规。此外,全美国民卫队也加紧演练,模拟黑客入侵,保卫军方和民用网站安全。美国国民卫队的54支"网络卫队(CNDT)"用来保护国民卫队主要网站 GUARDNet。据悉,这个网站遭到超过10万次攻击。GUARDNet 联系着全美(包括阿拉斯加、夏威夷、美属维尔京群岛、关岛和美属波多黎各)11个时区的3000座军械库。在紧急时刻,这个网站对指挥和控制国民卫队十分关键。美国国民卫队的"网络卫队"不仅保护国民卫队的网络,也为美国联邦政府和各州政府提供网络安全评估,帮助保护网络安全。就像国民卫队可以被州长们召唤去应对自然灾害一样,每个"网络卫队"成员都时刻准备着随叫随到。例如,2014年3月,新墨西哥州陆军国民卫队就在该州阿尔布开克市应对了一场网络攻击。美国政府从20世纪90年代后期开始关注关键基础设施来自网络空间的威胁,逐步发展出成熟的网络空间安全战略,并全方位地构建网络空间安全体系,开展网络战等与网络空间有关的军事行动。

美军不仅是网络战最强的国家,也是发动网络侵略最多的国家。2001年9月11日到2007年1月,国家安全局(NSA)秘密执行一项所谓恐怖分子监听项目(简称 TSP),TSP 正是"棱镜计划"的前身。"恐怖分子监听项目"在2007年正式由"棱镜计划"取代。2004年,美国发起网络攻击,导致利比亚国家顶级域名瘫痪;2010年,美国的"震网"病毒攻击伊朗核设施,导致伊朗1000台离心机报废,致使伊朗核计划几乎"停滞",也很难重启;仅2013年,美国就进行了超过61000项入侵全球各地电脑的行动;2016年,美国前国防部长卡特首次承认,美国使用网络手段攻击了叙利亚 ISIS 组织,等等。

美国网军进入韩国保护"萨德"。2017年3月,美国以朝鲜试射导弹引起半岛紧张为由,迅速将"萨德"系统部署到韩国,遭到中俄的强烈反对。为发挥正常功能,"萨德"系统需要依靠多种网络来迅速传输包括目标信息在内的各种数据。由于许多国家都反对在韩国部署"萨德"系统,所以"萨德"系统使用的网络有可能遭到外国黑客渗透和干扰。为此，2017年5月，美国表示已将国内的网络保护小组中的一支派往韩国，负责保卫先期抵达韩国并于4月宣布启用的"萨德"反导系统。

2. 国安部与国防部共管网络安全

美国政府的网络安全事务主要由国土安全部和国防部负责。美国国土安全部主要从保护（与国防无关的）联邦政府网络和民用重要基础设施、确保国土安全的角度出发，全盘负责联邦政府的网络安全事务。换言之，国土安全部全权负责与国防无关的联邦政府机关及其重要基础设施的网络安全工作。美国国防部则从国防安全的角度，通过网络司令部负责处置与国防相关的网络安全事务。2009年12月，美国政府还新设网络安全官一职，以便在国防部和国土安全部之上对整个政府的网络安全事务进行协调。

加强网络安全与情报网络安全。与情报密切相关，最明显的例子莫过于美国国家安全局（NSA）与网络司令部的密切联系，这两个机构不但处在同一基地，且两个部门的长官也都由一人兼任。国家安全局与网络司令部在执行任务上是伙伴关系，国家安全局主要负责在网络空间对外国的威胁情报进行收集和分析。在国家安全局前雇员斯诺登造成泄密事件之后，美国开始考虑对国家安全局进行改革，并对国家安全局局长和网络司令部司令由同一个人兼任的利弊进行了讨论。在强化网络安全与情报的最新举措方面，奥巴马总统于2015年2月指示国家情报总监詹姆斯·克拉珀，要他创建一个新的网络威胁情报整合中心。该中心不仅自身实施情报收集，还对国土安全部、联邦调查局、国防部、国家安全局、中央情报局等情报部门收集的网络威胁情报进行整合，并通过确定攻击者身份和实施相关分析，来实现对网络攻击的快速反应。

3. 网络空间成美军第五大"行动领域"

2011 年 7 月 14 日，美国国防部发表了《网络空间行动战略》。报告称，网络空间的发展正重新定义国家安全概念，网络空间成为与陆海空天并列的美军"行动领域"。网络战略突出"主动防御"，旨在保护美军及关键基础设施网络的安全，"保留"以军事力量回应网络攻击的权利。种种迹象表明，美军已经将网络空间的威慑和攻击能力提升到战略位置。

美军在网络空间采取五大战略举措。从《网络空间行动战略》可以看出，美军在网络空间采取五大战略举措：一是将网络空间列为与陆海空天并列的"行动领域"，国防部以此为基础对美军进行组织、培训和装备。二是变被动防御为主动防御，包括应用"传感器、软件和网络签名"，在网络尚未受到影响前发现并阻止恶意代码攻击。三是加强国防部与其他政府部门及私人部门的合作，在保护军事网络安全的同时，加强电网、运输系统等重要基础设施的网络安全防护。四是加强与美国的盟友及伙伴在网络空间领域的国际合作。五是重视高科技人才队伍建设并提升技术创新能力。时任美国国防部副部长的林恩表示，目前美国的基础设施、物流网络和商业系统拥有15000 个网络系统和超过 700 万计算机设备，安全访问网络空间对美国国家安全、公共安全和经济安全至关重要。目前，超过 60000 个新的恶意软件程序威胁着美国的安全及经济。因此，国防部将继续把打击网络空间恶意活动作为主要目标。林恩表示，根据国防部评估认定，网络攻击将是未来任何冲突的主要组成部分，正如美军会抵御来自海、陆、空等领域的攻击，美军必须同样准备好回击来自网络空间的敌对行为。

按照林恩的解释，主动防御战略"压倒一切的重点"是威慑，即让袭击者认识到，网络攻击不会给他们带来"任何好处"。然而，这份公开版的国防部战略报告通篇几乎没有提及美军在网络空间的威慑和攻击能力。那么，这份耗时两年出炉的新战略是否真的只重防御？白宫要求斟酌和修改一些重要措辞，以免引起其他国家对美国军事化网络空间、谋求"网络霸权"的担忧。国防部最终同意把网络空间界定为防御性"行动领域"，而非"战场"。但实际上，多年以前美国就已经开始着手打造一支规模庞大、技术先进的网络部队。

（二）美国已将网络战引入当代战争

人类战争的历史表明，随着人类利益空间的拓展，其争夺的领域也随之拓展到相应的空间。经过 40 多年发展，互联网改变世界的力量越来越强大，愈来愈成为绝佳的武器和角力的战场。随着网络时代的到来，为赢得信息化战争的"制网权"，美国将网络战引入当代战争，使网络战争登上人类战争舞台。进入 21 世纪后，网络战更加频繁，网络攻击与传统军事行动同步进行。

1. 海湾战争网络空间对抗初露锋芒

其实，早在 1988 年爆发的"莫里斯蠕虫病毒"就已表明网络空间的破坏性。在这一事件中，造成全球 6000 多所大学和军事机构的计算机受到感染而瘫痪，而美国遭受的损失最为惨重。该病毒使得美军共约 8500 台军用计算机出现各种异常情况，其中 6000 部计算机无法正常运行。这次事件向人们展示了网络战的基本方式和巨大威力。

在 1991 年的海湾战争中，美军就将网络战引入战争。在对伊实施空袭前，美国利用网络战致使伊拉克防空指挥中心主计算机系统程序错乱，导致伊军整个防空系统发生错乱，无法发挥其应有的防空作用，多国部队的空军如入无人之境。[①] 而在海湾战争"沙漠盾牌"行动中，美军上千台 PC 感染了"犹太人""大麻"等病毒，并影响到作战指挥系统的正常工作，美国迅

---

① 木生：《网络战，未来战争的重要战场》，《解放军报》2009 年 8 月 10 日。

速从国内派出计算机安全专家小组，及时消除了病毒，才避免了灾难性的后果。

这是世界上首次将计算机病毒用于实战并取得较好效果的战例，从而也使网络空间战初现端倪。当然，这时的网络战争还不是现代模式的网络攻击，而只是通过病毒进行间接攻击的模式，只能将其看作网络战争的雏形。但这次网络空间的作战行动让世人开了眼界，世界各国特别是网络强国开始重视网络战的开发与利用。

2. 科索沃战争为全球"第一次网络战争"

1999 年的科索沃战争，北约除了对南联盟实施空中硬打击外，还对南联盟军队的网络指挥控制系统进行软攻击。同时，南联盟黑客也对北约进行了网络攻击，一度使尼米兹号航空母舰的指挥控制系统停止运行 3 个多小时，因此时任美国国防部副部长哈默称其为全球"第一次网络战争"。

在对南联盟实施的 70 多天高烈度的军事空袭中，巴尔干成为北约高技术武器的试验场。与此同时，网络战争犹如潜伏的幽灵，悄悄登上现代高技术战争舞台，以计算机病毒攻击为重要手段的网络攻击则更为激烈，大有主宰未来战场之势。战争中南联盟第一次使用多种计算机病毒和组织黑客实施网络攻击，使北约军队的一些网站被垃圾信息阻塞，一些计算机网络系统曾一度瘫痪。北约一方面强化网络防护措施，另一方面实施网络反击战，将大量病毒和欺骗性信息送到南联盟军队计算机网络和通信系统进行干扰。

南联盟在网络空间实施一场有效的反击战。如果说在空袭与反空袭交战中，南联盟一直处于守势的话，那么在网络战上却是处于攻势。互联网不仅成为宣传和发布新闻的主要场所，而且成为攻击和骚扰敌人的主要场所。塞尔维亚新闻部网站把西方军队称为"北约罪犯"。饱受战争折磨的南联盟人直接将电子邮件发到美国众多媒体的信箱中，向世界发出呼吁，希望阻止野蛮行径。包括美国 CNN、美联社、国家公众广播和《华盛顿邮报》在内的美国新闻机构，每天都收到来自南联盟的数十封电子邮件，内容包含呼吁和平到以及战争造成破坏的描述等。自3月24日北约开始轰炸，CNN电子邮件信箱中的信件数量就多了十倍，来自波黑、马其顿、斯洛文尼亚的信件呈不断上升之势。许多信件抗议北约、抗议美国，另有一大部分则是反映南联盟人民生活如何受到战争影响。有的信件愤怒地写道："请记住，你们投下的炸弹下面还有人！"随着塞尔维亚军队地面战和北约空战的继续，南联盟政府和平民纷纷上互联网发动宣传战。

在战争中，南联盟使用多种计算机病毒，组织"黑客"实施网络攻击，使北约军队的一些网站被垃圾信息阻塞，北约的一些计算机网络系统曾一度瘫痪。3月29日，南联盟及俄罗斯计算机高手成功地侵入美国白宫网站，使该网站当天无法工作。美国海军陆战队带有作战信息的邮件服务器也几乎全被"梅丽莎"病毒阻塞。4月4日，贝尔格莱德黑客使用"宏"病毒对北约进行攻击，使其通信一度陷入瘫痪，而无法获取前线信息导致指挥中断。南联盟黑客使用"爸爸""梅利莎""疯牛"等病毒进攻北约的指挥通信网络，致使北约通信陷入瘫痪。北约在贝尔格莱德的B-92无线电广播网，以及在布鲁塞尔北约总部的网络服务器和电子邮件服务器，均连续受到计算机病毒的破坏。同时，南联盟官方、军方、新闻媒体网站则同仇敌忾，揭露美国及北约的谎言，坚持国家主权不容侵犯，争取国际社会同情。

在整个空袭期间，北约除了对南联盟实施空中"硬"打击外，同样还对南联盟军队网络指挥控制系统进行"软"攻击。互联网战争最厉害的方面不在于它能够使重要计算机系统陷入瘫痪，而在于它能够控制消息传播。北约为了表达战争的正义性，拉拢世界人民给予支持，在网上散布大量有关反南联盟政府的材料，并将大量病毒和欺骗性信息送到南联盟军队计算机网络和通信系统进行干扰，对达成空袭目的起到了极为重要的作用。美国、英国及北约国家官方网站、新闻媒体网站，大力渲染科索沃阿族难民遭到种族灭绝的悲剧，鼓吹"人权高于主权"及打击南联盟的必要性。就连北约扶植的科索沃解放军也开设了宣传网站，极力抨击南联盟政府，宣扬自己的正义性。

3. 阿富汗战争中联军的网络运用

2001 年 10 月，美国发动的阿富汗战争更是全面展示了网络战的强大威力，在这场战争中，美军充分发挥各种作战手段的系统效应，实现了信息获取系统与作战指挥系统的高度一体化和信息的实时传输，大大提高了作战效能，从发现一个机动目标到发动袭击仅需要 10 分钟，这在科索沃战争中需要一个小时，在海湾战争中则需要一天的时间。

在阿富汗战争中，美军在阿运行的网络多达 30 多个。这一数字随着每天的实际任务组织而波动。这些网络大多数属于美国各军事部门和情报机构，其他的则属于北约和各联军，其中较重要的有英国、加拿大和意大利的网络。但没有一个指挥官可以访问或控制所有的网络。解决问题的办法就是建立阿富汗任务网，该网具有处理秘密信息的能力。阿富汗任务网直接解决了任务到连的军事作战需求，使指挥官在任务组织中拥有更大的灵活性并使联军真正联合起来，从而提升作战效能。这 30 多个网络为阿富汗任务网提供信息或从阿富汗任务网获取信息，使得地区指挥官可以更好地控制战场信息和更灵活地调用他所指挥的部队。以前的联军网络行为模式是提供美国和联军战场之间的通信，但是阿富汗任务网可以实现在真正意义的联盟战场上打一场名副其实的联盟战斗。可见，美军在阿富汗战争实施的网络战除了具有传统游击战的组织结构扁平化、作战主体小型化，以及由此而来的灵活性与较强的应变能力之外，在现代信息网络和空中打击力量的支持下，提高了作战指挥和相互协调能力。

4. 伊拉克战争美军拓展网络攻击

2003 年的伊拉克战争中，美军更为广泛地使用网络战手段。美军实施的网络战，虽看不见硝烟，却跌宕起伏，并对美军的快速取胜发挥了重要作用。战前，美军的网络战先于空袭就打响了，数千名伊拉克军政要员在他们的电子邮件信箱中收到美军发来的"劝降信"，造成很大的心理影响。开战后不到4个小时，持中立立场的半岛电视台英语网站便被美军"封杀"，此后也一直不能正常运作。

2003年3月20日美英联军对伊拉克实施的大规模空中突袭，常被用作界定伊拉克战争开始的一个标志。但早在伊拉克战争开打之前，美国时任总统小布什就于2002年7月签署了一份《国家安全第16号总统令》。该总统令不仅要求相关部门制定网络攻击的战略，而且就向伊拉克这样的"敌对国家"展开网络攻击提出了指导性的原则。随后，美国的决策当局与军方均加紧了伊拉克战争另一个战场——网络空间的实战行动筹划。其中，白宫于2003年年初专门在麻省理工学院召集了一个"专家咨询会"，并成立了一个"网络战研究联合会"，以讨论制定网络战的作战理论框架。国防部则就网络战的力量组成、行动和任务等开始进行具体准备，并委派戴维·布莱恩将军负责该网络战部队的指挥。当时美军的网络部队主要有三项任务：试验各种现有网络武器的效果；制定美国使用网络武器的详细条例；培训出实战型的网上攻击队伍。这支部队在布莱恩将军的率领下，根据上述总统令的要求和国防部的计划，精心策划了一场"倒萨达姆行动"的网络战。

美国政府及军方的网络攻击力量，利用各种网络攻击手段，对伊拉克不宣而战，伊拉克政府及军方各重要部门的计算机网络均遭到了大规模、长时间的攻击。伊拉克方面因技术落后加上无预先防范措施，计算机网络不是瘫痪，就是遭到"接管"。于是，伊拉克依赖网络的各重要部门，包括军队的指挥与通信系统，均陷入了混乱。这种在网络空间实施的"先期作战"，效果远胜于传统的"火力准备"，它为美军随后展开的军事打击赢得了主动。它的特殊功效也昭示着信息化战争背景下作战方式的一种新变化。

从网络空间发送的电子邮件成为摧垮萨达姆政权的秘密武器。在对伊拉克战争的研究中，发现广大网民几乎天天都在发送与接收的电子邮件，网民在伊拉克战争中真正扮演了导致萨达姆政权快速倒台的秘密武器角色。美军的国防部总结材料中曾提到，虽然自第一次海湾战争之后，美国就通过"石油禁运""防武器扩散""大规模杀伤性武器核查"和建立"禁飞区"等措施，来遏制伊拉克恢复元气，但其仍对摧毁拥有庞大执政资源和精锐"共和国卫队"的萨达姆政权心中无底。于是，在伊拉克战争爆发前，美国就对伊拉克发动了无形的网络战，通过黑客技术手段将大量揭露萨达姆家族弊端（列数了萨达姆执政 20 年的种种"罪状"）的邮件和"劝降信"发送到了许多伊政府官员、军队指挥官以及广大使用网络的普通民众电子信箱中。这些邮件引起了伊拉克高层及军队指挥人员的恐慌，还导致了民众对萨达姆家族的猜疑，极大地削弱了他们的抵抗意志，无形中动摇了伊拉克民众的抗美决心。美国军事专家、曾任五角大楼战略家的安德鲁·克莱皮纳维奇曾认为，这种先期展开的网络战对美英联军顺利推倒萨达姆政权产生了巨大的作用，其在促成伊拉克军队迅速瓦解方面，威力甚至超过了大规模的空袭。

网络空间作战行动贯穿于伊拉克战争始终。网络战并非只在联军对伊实施军事打击之前进行，而是贯穿于整个伊战之中。2003 年 3 月 14 日，美国曾利用网络黑客秘密攻击巴格达的电脑网络并使之瘫痪，造成伊拉克国家电视台一度无法正常工作，给伊拉克军民的士气造成沉重打击。3 月 20 日，美英联军对萨达姆实施"斩首"式空袭后，美军的网络战人员就通过网络大量散播萨达姆及其两个儿子被"铲除"的消息，以动摇伊拉克的民心，直到后来萨达姆露面后谣言才被揭穿。而随着美军的推进，一些肩负有网络战任务的特种部队，即先于作战部队潜入到巴格达市区，借助便携式电脑快速入侵伊拉克的一些指挥与通信系统，切断了萨达姆与其他高级指挥官以及伊拉克指挥中枢与各作战区域的联系，使伊军陷入一种被割裂的无指挥状态。美军第 4 机械化步兵师作为首个数字化师，在伊战中一路突进，其先头部队携带各种网络战装备，于 2003 年 4 月 13 日到达萨达姆的家乡提克里特，为美军全面控制伊拉克的网络空间，顺利结束 20 余天的军事行动发挥了重要作用。

伊拉克战争开启了网络空间作战的新模式。在战争中，除美国所实施的一些网络攻击行动外，无论是在战争之前，还是在交战之中，一些来自伊拉克、各类"亲伊组织"和世界其他国家"反战组织"的"网络勇士"们，也对美国、英国、澳大利亚和以色列的商业、政府和军方网络实施了大量的攻击。就在美国对伊拉克进行空袭之后不久，一个名为"Unix 保安卫队"的亲伊斯兰黑客组织立即对将近 400 家美国网站进行了攻击，在这些网站的主页上留下了用阿拉伯语和英语写的反战标语，而且还宣称"好戏在后头"，此后被黑的网站越来越多，包括美国农产品应用国家中心和美国海军在内的 1000 多家网站被黑。这也反映了另一种现象：网络战是双向实施且战线十分模糊的，即使网络技术十分发达的国家，其也将面临网络安全的巨大挑战。

美国在伊拉克战争中实施的网络攻击行为，无疑为今后在各种国家间对峙中的网络攻击开了先河。随着网络的日益普及，如今不仅是国家，就是较小的"非国家行为体"，乃至个体都会成为网络安全的制约因素。因此，英国的某位科学家在描绘信息战时曾称："每块芯片都是一个武器，就像插入敌人心脏的匕首。"

（三）攫取网络空间战略利益

以计算机、通信技术的发展为基础的全球互联空间成为一种普遍存在的社会基本力量，它重新塑造了人类生产、生活场景，重新分配了话语权力，对工业社会权力结构的再生产提出了巨大挑战。从技术、话语与社会权力相关联的视角审视网络空间，攫取网络空间战略利益成为世界各国尤其是网络强国的必然追求。特别是美国，利用拥有的网络空间优势，在全球展开网络博弈，全面攫取网络空间利益。

1. 美伊网络空间大博弈

中东地区是世界热点地区，各国之间的民族矛盾、宗教矛盾、领土争端和资源争夺非常激烈，虽然暂时没有爆发大规模的常规战争，但在网络空间的斗争却一刻也没有停止，中东地区也就成了网络战新武器的试验场。其中，美国与伊朗在网络空间展开的较量，就如同好莱坞大片一样，精彩纷呈，令人眼花缭乱。

（1）美国"奥运会"网络攻击计划。20世纪50年代，伊朗开始了核能源开发活动，并在当时得到美国及其他西方国家的支持。1980年美伊断交后，美国曾多次指责伊朗以"和平利用核能"为掩护秘密发展核武器，并对其采取"遏制"政策。伊朗核问题在2006年初成为美国和伊朗关系的核心问题，伊朗核问题一直是华盛顿与特拉维夫的心头大患，并成为美国伊朗网络战争的潜在导火线。

从小布什时期开始，美国就开始有计划、有步骤地对伊朗核电站实施网络战计划。2006年，时任美国总统小布什被告知，用网络武器阻滞伊朗铀浓缩进程，比普通的破坏活动更有效。随即，白宫便批准了代号为"奥运会"的计划，美国国家安全局、中央情报局和以色列军方参与其中。行动的第一个步骤是，由美方研发网络战道具并收集情报，确认攻击目标。经过大约两年密谋，"奥运会"计划悄然进入执行阶段。奥巴马上任后下令加速实施"奥运会"计划。2009年1月，在宣誓就职的几天前，奥巴马与小布什交接，并希望保留绝密的"奥运会"计划，继续对伊朗核设施展开网络攻击。奥巴马从任职开始，就密令加快对伊朗主要铀浓缩设施计算机系统进行网络攻击，使美国首次使用网络战武器行动的规模不断扩大。

2010年9月，一种名为"超级工厂蠕虫病毒"（Stuxnet蠕虫，即"震网"病毒）渗透进伊朗核工厂前首先感染了相关企业。中情局派间谍将病毒植入伊朗核技术人员的电脑中，借后者之手，成功让病毒混进伊朗纳坦兹（Natanz）核电站的计算机系统。"震网"病毒的奇特之处在于，它能潜伏数周再发起攻击，其间还可以发送伪造的监控信号，让伊朗人误以为一切如常。"震网"病毒侵入由德国西门子公司为伊朗核设施设计的计算机控制系统后，获得控制系统数据，进而指挥离心机高速运转，最终导致离心机瘫痪。种种异状也曾引起伊朗方面的困惑，但他们始终没想到计算机系统已被攻陷，反而归咎于机器零件质量差、操作失当。在接下来数周内，伊朗纳坦兹核电站被一波又一波的"震网"病毒击中。在这次连环攻击的末期，造成伊朗近 1000 个离心机一度瘫痪，当时伊朗有 5000 个用于铀浓缩的离心机。对这次破坏行动在拖延伊朗制造出核武器的进程上取得多大成果，奥巴马政府内部官员估计，美国网络战将伊朗制造出核武器的日期延后了 18 个月到2 年。

2010 年 11 月 30 日，伊朗总统内贾德证实了国内的核电站被"震网"病毒攻击一事，正如数周之前安全分析人员估计的那样，位于纳坦兹的伊朗核设施铀浓缩离心机被病毒破坏。该病毒被设计为专门感染西门子工业控制系统，而伊朗核电站使用的方案恰恰是这套系统，它可以改变变频器的运作频率范围，甚至可以直接损坏硬件本身。"震网"病毒有着明确的战略目标：用网络攻击来取代预防性军事打击，而目的就是阻止伊朗发展核武器。

"震网"病毒也给全球互联网用户带来危害。由于一个程序错误，美国与以色列专家研制的"震网"病毒意外脱离伊朗纳坦兹核电站，而散播到全世界的互联网系统。仅仅在伊朗纳坦兹核电站遭到攻击过去 7 天后，全球就已经有 4.4 万台电脑被"震网"病毒感染，其中 60% 的攻击事件发生在伊朗境内。美国反病毒专家在经过研究后宣称，这种病毒程序可在接受"适当调整后"，转向攻击全球各地的工业控制系统，遏制这种病毒传播将成为各国计算机安全专家面临的最大挑战。因此，美国五角大楼就"破坏性"网络攻击发出警告，袭击伊朗的"震网"病毒正向全球蔓延。随着各国工业系统为了提高运营效率而加强电脑系统的整合与联系，"震网"病毒的传播渠道大大增加。除了接管系统控制权外，这种病毒还可能盗窃其中储藏的机密情报。

"震网"病毒是全球第一种投入实战的"网络武器"。病毒采取了多种先进技术，具有极强的隐身和破坏力。只要电脑操作员将被病毒感染的U盘插入USB接口，这种病毒就会在不需要任何操作的情况下，取得工业电脑系统控制权。与传统电脑病毒相比，"震网"病毒不通过窃取个人隐私信息牟利。由于它打击的是全球各地重要目标，且无须借助网络连接进行传播，因此被一些专家定性为全球首个投入实战的"网络武器"。"震网"病毒的出现使得过去仅限于间谍行为的网络攻击出现了大的转折。美国中央情报局前任局长迈克尔·海登证实，"震网"病毒的运用是"第一次造成大规模硬件设施瘫痪的网络攻击"。

（2）"火焰"病毒开启网战新阶段。2012年5月28日，一种名为"火焰"的计算机病毒作为"超级网络武器"攻击了伊朗等国的许多计算机。这是迄今为止最为强大的网络炸弹，威力胜过"震网"病毒20倍。伊朗称其全国范围内的电脑都遭受感染，大量数据遭到窃取，甚至包括一些高级别官员电脑中的数据。"火焰"传播迅速，并现身于美国网络空间，攻破了微软公司的安全系统。微软公司称，"火焰"病毒利用了微软一个较早的加密算法的漏洞，使用安全系统来伪造安全证书，绕过了病毒防火墙。据微软官方公告显示，"火焰"病毒主要被用于进行高度复杂且极具针对性的攻击。这是一种定向精确的高级病毒，针对"政府、军队、教育、科研"等机构的电脑系统搜集情报。

作为一种新型电脑病毒，"火焰"病毒入侵了伊朗、黎巴嫩、叙利亚等中东国家的大量电脑。"火焰"病毒程序极其复杂，其程序代码量达到65万行，是"震网"病毒的20倍、普通商业信息盗窃病毒的100倍，代码打印出来的纸张长度达到2400米。国际电信联盟网络安全协调员欧比索称，这是目前为止该组织发出的最严重的警告，"火焰"病毒比"震网"病毒要严重得多，这有可能会引发新一轮的网络战争。

"火焰"病毒的确不是等闲之辈，它集"后门""木马"和"蠕虫"病毒等诸多恶意程序的优点于一身，这种新型病毒最重要的应用是它的间谍功能。一旦电脑系统被其感染，病毒便开始全方位地收集敏感信息，包括监测网络流量、记录用户浏览网页、获取截屏画面、开启录音设备、截获键盘输入、读取硬盘文件等，这些信息将会被统统发送到指定的服务器。如果不是病毒预定的攻击目标，或者一旦完成搜集数据任务，它还可自行毁灭，不留痕迹。火焰病毒还能够通过蓝牙信号传递指令，这也是此前病毒罕见的功能。研究人员发现即使关闭了向被感染电脑发送指令的服务器，攻击者依然可以通过蓝牙信号对被感染电脑进行近距离的控制。国际电信联盟之前已经向其191个成员发出网络安全警告，并称"火焰"病毒比之前任何网络威胁都精密复杂。伊朗媒体更是指出，"火焰"病毒可能在5年前甚至8年前即被激活，利用电脑病毒攻击伊朗关键行业及核设施系统是西方应对伊朗核计划的手段之一。卡巴斯基实验室创始人尤金·卡巴斯基警告说，"火焰"病毒开启了网络战的一个新阶段，而这样的网络武器可以轻易地用来对付任何国家。

（3）伊朗遂行网络空间保卫战。2010年7月伊朗布什尔核电站的部分离心机遭到了网络攻击。据专家分析，这是以色列研制的"震网"病毒发动的网络攻击行动。"震网"病毒专门针对离心机而设计，它能够自动寻找并攻击伊朗核电站所使用的工业控制软件系统，使离心机中的发动机转速突然发生改变，这种改变足以破坏离心机运转能力，造成无法修复的硬伤。"震网"病毒的出现，预示着网络战已经发展到以破坏硬件为目标的新阶段。

鉴于深受网络攻击之害，伊朗积极实施网络战。基于网络空间对于维护国家利益日益凸显，伊朗也投入了大量的精力制定了一个面向国内和国外的网络战略。就国内方面看，伊朗政权努力控制网络空间，把伊朗公民与西方影响隔离开来。对国外而言，伊朗政权已经在过去几年建立了网络防御。在很大程度上，这是伊朗对美国和以色列设计的旨在打击其核设施的"震网"病毒造成的损害做出的反应。伊朗寻求控制和审查网络空间，以控制国内的持不同政见者，监控反对政权的人士，并减少伊朗公民通过互联网接触西方文化的机会。以前的网络攻击包括对 Twitter 的拒绝服务式攻击，在反对派网站上发布威胁信息，干扰卫星转播的 BBC 波斯语频道的信号，并从荷兰网络安全公司 DigiNotar 获取信息。这些网络攻击的大部分行动都是由伊朗网军实施的，伊朗网军是一群高度专业的计算机和信息技术专家，他们与伊朗革命卫队或伊朗伊斯兰革命卫队（IRGC）关系紧密。Twitter 成为他们攻击的目标，可能是因为 2009 年 Twitter 在伊朗持不同政见者组织示威抗议活动中发挥的特殊作用，并告知世界各地有关抗议活动和暴力镇压的真相；对 BBC 波斯语频道的攻击是试图阻止西方批评政府的新闻，以免其影响伊朗公众；从 DigiNotar 获取的信息被用来创建一个欺骗性的 Google 证书，以便探取伊朗公民之间的私人通信。他们也对在伊朗的互联网服务进行了激烈的干扰，有时主要的电子邮件如 Gmail 和雅虎的网站被封锁，有时所有的国际网站被禁止访问。

在发现"震网"病毒攻击和它对伊朗的核设施产生的破坏后，伊朗开始投入巨资发展网络防御。2011 年，伊朗成立了网络司令部以保护伊朗的基础设施免受网络攻击，以及计算机紧急响应小组协调中心（MAHER）以便促进沟通、协调国家应对网络威胁的行动。此外，2012 年 3 月阿亚图拉·哈梅内伊（Ayatollah Khamenei）建立了网络空间高级理事会，负责与网络空间有关的高级政策。在伊朗所有涉及网络业务的组织或团体必须执行高级理事会的政策。伊朗还在德黑兰的伊玛目·侯赛因大学成立了一个网络防御项目；设置了研发中心，专门开发在国内应用的反恶意病毒软件，并且分析那些会破坏伊朗重要基础设施和带有外来恶意的软件；并进行了几次网络防御演习，以检测该政权正在使用的操作系统中存在的致命漏洞。作为既能够更好地保护自身免受网络攻击又能够威胁敌人不要再次发动攻击的战略的一部分，伊朗迅速扩大和提高了其网络能力。

鉴于网络空间易攻难守的特点，伊朗在网络战争中采取以攻为守的策略。在 2012 年 8 月和 9 月接连发生了对两个主要海湾能源公司和美国几大金融公司的网络攻击。2012 年 8 月，沙特政府国有石油公司——沙特阿美石油公司（Saudi Aramco）被名为 Shamoon 的病毒攻击，公司的 30000 台或相当于四分之三的电脑数据被破坏。Shamoon 病毒以燃烧着的美国国旗图片替换了沙特阿美公司的关键系统文件。一个自称为"正义利剑"的组织声称对这次攻击事件负责。紧接着，卡塔尔拉斯拉凡液化天然气公司（RasGas）遭到了类似网络攻击，这家公司是一家全球领先的液化天然气供应商。网络攻击关闭了该公司的网站和内部电子邮件服务器。2013 年 9 月，黑客针对美国的金融部门发动了攻击，这次则以"卡桑网络战士"之名。黑客攻击了美国大型金融机构，包括美国银行、JP 摩根大通、美国合众银行、匹兹堡金融服务集团、美国富国银行、美国第一资本投资国际集团、太阳信托银行公司和地区金融公司。拒阻服务式攻击使得这些机构网站运行速度减慢，其他金融机构的网站则出现了短暂的瘫痪。

负责这些攻击行动的黑客群体被认为由不到 100 名网络专家组成，他们来自伊朗的大学和网络安全公司。网络专家和安全官员说，进行这些攻击所需要的资源和技术人员很多很复杂，不可能是由不到 100 位彼此独立的伊朗黑客完成的。网络攻击的规模表明，一定有政府参与。攻击沙特阿美公司被认为是报复沙特政府，因为沙特对伊朗进行制裁和援助在叙利亚的反阿萨德反政府武装。沙特阿拉伯呼吁加强对伊朗的制裁，甚至私下主张采取更严厉的措施打击什叶派对手。为了弥补全球石油产量的下跌，沙特政权已增加了其石油产量，并销售给那些因为制裁不再购买伊朗石油的客户。伊朗对美国金融部门的报复，是因为美国政府对伊朗的石油和金融部门实施严厉的制裁，以及美国和以色列设计了"震网"病毒和其他病毒破坏或暗中监视伊朗的核计划。伊朗政权似乎认为网络攻击是对美国及其盟国利用"震网"病毒和严厉的制裁措施破坏伊朗经济的一个风险较小、更间接的报复方法。此外，伊朗政权希望美国知道它可以破坏美国的经济，期望这可能会阻止美国发动更多的网络攻击或针对伊朗的核设施采取军事行动。

由于石油设施的电脑网络屡遭病毒攻击，刺激了伊朗"国家电脑应急反应小组"采取反制措施。2012 年 5 月，伊朗革命卫队"反蓄意破坏部"负责人贾拉里将军表示，病毒侵入了伊朗的一些国家机关，其中包括石油部门。事实上，最先发现"火焰"病毒的，就是俄罗斯知名反病毒机构"卡巴斯基实验室"。该公司指出，"火焰"和"震网"部分代码相同，它们堪称"本世纪最危险的发明"，"火焰"则是"有史以来发现的最复杂、破坏力最强的攻击性软件"。证据之一是，这个间谍程序的大小达到 20MB，相当于"震网"病毒的 20 倍。卡巴斯基实验室老板尤金·卡巴斯基形象地打比方说，"如果说'震网'是一辆汽车，那么'火焰'就是航天飞机"。

继美国爆出与以色列开发"火焰"病毒肆虐伊朗后，伊朗似乎选择不再被动挨打，开始向美国发起反击，采取了进攻性的网络策略，他们认为这是一个进行报复、加强网络和战略威慑的有效方法和工具。2012 年 10 月，美国情报人员指责伊朗应对在中东和美国本土发生的多起电脑攻击事件负责，包括发生在 2012 年 8 月沙特阿美石油公司被黑两个星期后的卡塔尔拉斯拉凡液化天然气公司网络攻击，2012 年 9 月美国最大规模的网上银行间歇性离线事件，以及 Capital One 和 BB & T 两大美国网上支付系统的中断服务事件。美国智库战略与国际研究中心高级研究员詹姆斯·刘易斯表示，美国官方高度怀疑伊朗应对上述几起网络攻击事件负责。不过美国情报人员至今并未向外界提供伊朗参与其中的任何证据。

这一系列的网络攻击事件的发生，被认为其他国家具备对美国政府及私营企业发动网络攻击的技术和能力。美国前国家安全委员会反恐官员理查德·克拉克说，这些袭击给美国敲响了警钟。

2. 美国"棱镜计划"监测全球

正当美国以网络空间受害者的身份，到处散布自己的网络受到威胁之时，美国中央情报局雇员斯诺登向媒体披露"棱镜"计划，暴露出美国政府利用掌握的网络控制权秘密监视全球。

（1）斯诺登曝光美国"棱镜计划（PRISM）"。2013 年 6 月 6 日，美国中情局前雇员、国家安全局技术承包商斯诺登，在香港通过英国《卫报》和美国《华盛顿邮报》披露了美国的绝密网络情报手段"棱镜"项目。"棱镜门"事件暴露了美国政府的险恶用心，触痛了全球互联网的安全神经，意味着国家网络主权正在受到侵害，国家的网络安全形势不容乐观，折射出网络空间安全的隐忧。

"棱镜计划"是一项由美国国家安全局（NSA）自 2007 年起开始实施的绝密电子监听计划。该秘密项目的正式名号为"US-984XN"，内容是要求电信巨头威瑞森公司必须每天上交数百万用户的通话记录。美国国家安全局和联邦调查局于 2007 年启动"棱镜计划"秘密监控项目，直接进入美国网际网路公司的中心服务器里挖掘数据、收集情报，包括微软、雅虎、谷歌、苹果等在内的 9 家国际网络巨头皆参与其中，可以实时跟踪用户电邮、聊天记录、视频、音频、文件、照片等上网信息，全面监控特定目标及其联系人的一举一动。

"棱镜计划"一经曝光，美国国内反应强烈，国际社会为之哗然。斯诺登引爆的监控丑闻告诫国人：网络国防安全领域除了"传统"的木马病毒威胁，一些技术更为先进、行为更为诡秘的新兴威胁也开始显现。目前，国内政府部门和企业对外国品牌的电子产品、信息技术产品过分依赖。据报道，在涉及政府、海关、邮政、金融、铁路、民航、医疗、军警等国家关键信息基础设施的建设中，频频出现美国"八大金刚"（思科、IBM、谷歌、高通、英特尔、苹果、甲骨文、微软）的影子，特别是美国思科参与了中国几乎所有大型网络项目的建设——这种情形，无疑对我国信息安全构成了潜在威胁。2013年6月7日，在加州圣何塞视察的美国总统奥巴马公开承认该计划。他强调说，这一项目不针对美国公民或在美国的人，目的在于反恐和保障美国人安全，而且经过国会授权，并置于美国外国情报监视法庭的监管之下。6月9日，英国《卫报》抛出专访，应"告密者"本人要求公布其身份。现年29岁的爱德华·斯诺登是美国防务承包商博思艾伦咨询公司的一名雇员，过去4年内一直为美国国家安全局工作。

美国政府"棱镜计划"秘密监控互联网令国际社会担忧。美国政府垄断互联网管理权，侵犯人类基本隐私权，是对人类基本安全的直接威胁，让世界变得人人自危。在美国垄断的全球互联网面前，欧盟不仅向美国政府喊话，要求其有所节制，尊重别国人权和自由，同时也开始着手建立自己的信息网络。

（2）"棱镜计划"是电子监听计划。棱镜计划（PRISM）的正式名号为"US-984XN"。它是一项由美国国家安全局（NSA）自2007年起开始实施的绝密电子监听计划，能够对即时通信和既存资料进行深度的监听。许可的监听对象包括任何在美国以外地区使用参与计划公司服务的客户，或是任何与国外人士通信的美国公民。国家安全局在PRISM计划中可以获得的数据包括电子邮件、视频和语音交谈、影片、照片、VoIP交谈内容、档案传输、登入通知以及社交网络细节。

"棱镜计划"能够对搜索对象展开全方位、多角度的情报跟踪。当局通过接入微软、雅虎、谷歌、苹果等美国互联网公司中心服务器，对视频、图片、邮件等数据进行监控，以收集情报，监视民众的网络活动。当局还监视、监听民众电话的通话记录。一是主要攻击网络中枢，像大型互联网路由器，这样可以接触数以十万计电脑的通信数据，而不用入侵每一台电脑。二是受到美国国安局信息监视项目"棱镜"监控的主要有10类信息：电邮、即时消息、视频、照片、存储数据、语音聊天、文件传输、视频会议、登录时间和社交网络资料。通过"棱镜"项目，国安局甚至可以实时监控一个人正在进行的网络搜索内容。三是"棱镜"项目监视范围很广，包括美国人每天都在使用的网络服务。FBI 和 NSA 正在挖掘各大技术公司的数据。微软、雅虎、谷歌、Facebook、PalTalk、Youtube、AOL、苹果都在其中。根据斯诺登披露的文件，美国国家安全局可以接触到大量个人聊天日志、存储的数据、语音通信、文件传输、个人社交网络数据。美国政府证实，它确实要求美国公司威瑞森（Verizon）提供数百万私人电话记录，其中包括个人电话的时长、通话地点、通话双方的电话号码。

"棱镜"项目 2007 年启动。参议员范士丹证实，美国国安局的电话记录数据库至少已有 7 年。"棱镜"项目年度成本 2000 万美元，自奥巴马上任后日益受重视。2012 年，作为总统每日简报的一部分，"棱镜"项目数据被引用 1477 次，美国国安局至少有 1/7 的报告使用该项目数据。爱德华·斯诺登原本在夏威夷的国家安全局办公室工作，在 2013 年 5 月将文件复制后前往香港将文件公开。2015 年 6 月，美国大规模监听项目曝光者爱德华·斯诺登从美国获取的大批绝密文件遭到俄罗斯等国破解。

（3）"棱镜计划"监听中国。据斯诺登披露，自 2009 年以来，美国国家安全局一直尝试侵入中国内地和香港的电脑系统。2014 年 10 月 10 日，爱德华·斯诺登再度爆料，披露美国国家安全局（NSA）最高级别的"核心机密"行动，称 NSA 在中国、德国、韩国等多个国家派驻间谍，并通过"物理破坏"手段损毁、入侵网络设备。美国国安局全球范围内的网络攻击行动超过 6.1 万项，针对中国内地及香港的此类行动数以百计。

斯诺登爆料说，美国国安局曾对中国最高教育与科研学府之一清华大学的主干网络，发起大规模的黑客攻击，其中一次攻击发生在 2013 年 1 月，至少有 63 部电脑和伺服器被黑。中国六大骨干网之一的"中国教育和科研计算机网"就设在清华。斯诺登表示，他掌握有相关的证据，美国国安局入侵中国主要电信公司，窃取手机短信信息。在中国内地，短信是最受欢迎的通信工具之一，上至官员，下至普通百姓，都用它来交流信息和聊天。政府资料显示，2012 年，中国的短信发送量达到 9000 亿条。斯诺登在《卫报》网站发布的视频中说："不是所有分析人员都有这个权力。不过，我有权限坐在桌前窃听任何人，包括你、你的会计师或者是一名联邦法官。如果能获得（总统贝拉克·奥巴马的）一封私人电子邮件，我甚至可以窃听奥巴马。"

斯诺登披露，NSA 不仅通过网络远程监控，还通过"人力情报"（HUMINT）项目以"定点袭击"（TAREX, target exploitation）的方式挖取机密。NSA 把中国、韩国和德国列为"定点袭击"的主要目标，甚至在北京设置了"定点袭击前哨站"。"定点袭击"人员被安置在大使馆和其他"海外地点"，而"前哨站"的人究竟做了些什么，他们行动的频繁程度也不得而知。然而，有一点是可以确定的，中国、韩国和德国作为 3 个电子通信设备的生产大国，都是 NSA 监控的重点对象，其中中国"备受关照"。与此同时，不只美国国外，其境内夏威夷、得克萨斯和佐治亚等地也散布有"定点袭击"人员的身影。"定点袭击"已经持续了几十年，但直到现在，泄露出来的有关信息依然少之又少，没有外人知道"定点袭击"的规模究竟有多大。NSA 对中国的监控项目还获取了中央情报局（CIA）、联邦调查局（FBI）和国防情报局（DIA）的支持，这主要得益于"鱼鹰哨"项目带来的跨情报系统合作。

要问"鱼鹰哨"是什么，还得提起"老鹰哨兵"。"老鹰哨兵"只是代号，其真正含义是"保护美国网络空间"的机密项目。"老鹰哨兵"按照职能区别共分为 6 个项目，包括"鹰哨"（网络间谍）、"猎鹰哨"（网络防御）、"鱼鹰哨"（跨情报系统合作）、"乌鸦哨"（破解加密系统）、"秃鹫哨"（网络袭击）以及"猫头鹰哨"（私企合作）。NSA 的监控行动按照保密级别共分 6 种，最高级别为"核心机密"（Core Secrets），犹在"绝密""机密"和"保密"之上。即使是在美国政府内部，也只有极少数的个人才有权知晓"核心机密"。NSA 的间谍行为和网络袭击都在"核心机密"中榜上有名。间谍入侵全球通信系统，获取机密信息，连美国国内的公司都不放过。另外，美国发动的网络黑客袭击也记录在案，另外，NSA 每年还投入数亿美元削弱外国公司的加密系统，在外国政府不知情的情况下渗透其网络，获取机密信息。据中国国家互联网应急中心的数据显示，2014 年 3 月 19 日至 5 月 18 日，2077个位于美国的木马或僵尸网络控制服务器，直接控制了中国境内约 118 万台主机。该中心同期监测发现，135 台位于美国的主机承载了 563 个针对我国境内网站的钓鱼页面，造成网络欺诈侵害事件约 1.4 万次，主要是仿冒网站，诈骗个人位置信息、个人数据信息、口令密码信息等。此类行为既有商业窃密，也有网络欺诈，致使中国网民蒙受巨大损失。

"棱镜门"事件让人不由得猜想，美国在互联网上的各种优势是否将进一步增强美国的这些监控能力。互联网的发展由美国开始，美国一直保持着对全球根域名服务器的控制，这种局面早已引起各国的担忧。"棱镜门"事件刺痛了各国的安全神经，其持续发酵带来的影响让各国政府把网络安全放到了前所未有的高度去重视。各国政府进一步增强网络安全意识，纷纷重新检讨自身安全漏洞，并采取了各种措施，以增强各自的网络安保能力。

3. 美国对华实施网络威慑与遏制

为了寻求美国在网络空间的霸权地位，美国近年来加强在网络空间打压战略对手的力度。鉴于中国网络空间建设发展较快，美国把打压中国作为其维护网络空间霸权地位的首选目标，接连对华实施网络新威慑战略。

（1）2013 年 2 月 19 日，美国网络安全公司曼迪亚特公司（Mandiant）公布了所谓的安全研究报告，指责中国政府支持黑客窃取美国商业机密并转交中国公司的做法不仅损害了美国公司的商业利益，危害了美国国内的就业，而且从战略层面挑战了美国的国家安全。2013 年 2 月 20 日，白宫发布了一项打击窃取美国商业机密的新战略，建立了一个美国面临来自中国网络攻击威胁的叙事结构：中国政府使用国家力量，对美国私营公司发动网络攻击，窃取商业机密，然后转交给中国公司对美国展开不公平竞争，这一不公平竞争已经严重威胁美国的经济安全。

近年来，美国炒作"中国网络威胁"已经不是什么新奇之事了，然而，美国网络安全公司曼迪亚特发布的安全研究报告，却不能不令我们警惕。就曼迪亚特公司的报告一事而言，这绝非"有商业炒作之嫌、套取国会经费"那么简单。要知道，美国自第二次世界大战后历经几十年的演化过程，已形成较为完整的战略思维体系，但凡有战略对手出现，美国都会有规划、有评估、有步骤地进行应对。因此，我们对此必须要有所警惕，加强针对性跟踪研究并制定出相应的对策。

网络空间是主权国家在领土、领海、领空和太空之外的"第五战略空间"，成为主权国家赖以正常运转的"神经系统"。鉴于网络空间安全的重要性，美国除了加强其网军力量的建设外，还对中国进行了长达数年连续不断的"中国黑客攻击论"渲染，并大有愈演愈烈之势。从 2010 年奥巴马政府公布的《国家安全战略》、2011 年 2 月公布的《国家军事战略》到 2011 年 5 月公布的《网络空间国际战略》、2012 年公布的《维持美国的全球地位：21 世纪的防务重点》，始终贯穿着网络威慑理论。研究近几年来美国白宫、国防部发布的相关官方文件我们不难看出，美国政府在向世界传播一个信息：我们有能力确保美国的网络空间安全，并充分掌握来自包括中国在内的任何网络攻击行为的详细来源与技术手段，一旦美国政府要采取反击措施，后果将十分严重。美国通过发布报告来告诫人们，"当有必要时，美国将以'对待其他任何形式的国家威胁'那样应对网络空间敌对行动"。因为美国在网络空间方面拥有绝对的主导地位和优势，拥有一批 IT 巨头企业和主导产品，思科的交换机、英特尔的处理器、微软的操作系统、谷歌的搜索引擎等，都在全球占据垄断地位，13 台互联网根服务器中有 10 台在美国。这是美国在网络空间秉持"网络威慑"的基本立场。

这种网络新威慑战略是一场战略传播下的网络信息战。战略传播是指美国政府努力理解并接触关键受众，通过国家权力机构各部门协调一致的信息、主题、计划、项目和行动，来创造、强化或持续维持有利于美国国家利益和目标的整体环境的行动过程。表面上看，这场网络信息战台前的直接参与者是美国民间网络安全公司——曼迪亚特公司，但实际上幕后的直接指挥者是美国联邦政府与国防部负责网络安全政策的各个主管。美国借助战略传播手段，将"中国军队"与"盗取商业情报"捆绑在一起，企图造成中国政府特别是中国军方社会公信度的下降，阻碍中国军方网络空间力量正常发展。

（2）从较早的美国媒体周期性地指责中国军方参与网络黑客行为，到2012年3月7日美中经济与安全评估委员会发布的《中国计算机网络作战与网络间谍能力》报告，再到曼迪亚特公司发布所谓的安全研究报告，美国一直加强针对中国的网络跟踪与研究。美国通过网络安全公司曼迪亚特公司发布报告，将自己说成是一个网络安全的"受害者"，并以国际互联网安全的"网络卫道士"身份对其他国家特别是中国说三道四，渲染"中国黑客攻击论"，是一场经过精心策划的战略传播下的网络信息战。美国这样做就是想在网络空间领域打压中国，不外乎是要想达成以下一些目的：

一是提升美国网络力量体系在网络空间所有活动的可信度与合法性。美军从早期的全球网络作战联合特遣部队和空军负有网络作战职能的司令部到美国网络司令部的成立，再到如今美国整个网络力量体系的日益完善；从早期对网络空间的模糊认识，到如今成体系的网络作战理论和作战条令研究；从简单的病毒防御到美以合作研发旨在破坏伊朗核计划的超级工厂病毒；从1998年5月签署的《第63号总统决策指令》到2013年2月20日的战略文件……美国政府及国防部无不以"正面形象"展示在人们面前，似乎美军文件中所定义的计算机网络作战中"计算机网络刺探"的网络情报搜集行为是"正义之职能"，美国在网络空间的一切行为都是可信的，具有天然的合法性。

二是削弱包括中国在内的非盟友国家及敌视美国政府的网络集团的可信

度与合法性。此次报告事件，美方并未突出相关网络技术问题，而是纠缠于"中国军方"与"盗取商业情报"两点不放，其目的非常明确，即从道德与心理上实施打击，试图让广大受众群体产生"中国军队正在做一件极不道德的事情"的印象，这就达到了其战略传播的目的。而非一定要向中国政府或军队兴师问罪。其实，早在 2012 年 3 月，美国网络司令部司令亚历山大上将在参议院武装力量委员会作证词时早有定调。他说："第三威胁体现在网络犯罪领域……隐蔽性的黑客行为可能拥有国家或者有关国家情报部门支持的背景。"其实，国外媒体一开始就将网络空间此类进展持续威胁归结于国家背景支持，主要原因在于这类网络行为更为隐秘，更加难以防范，如果被敌对国家利用后果不堪设想。此外，美国对中国实施网络信息战，除了起到威慑中国的作用外，还要告诫其他国家或集团，美国可以采用同样的手段进行针对性打击。

三是在全时域推行美国的全方位霸权。从克林顿到小布什、再到奥巴马，在 20 多年的发展过程中，美国已经率先形成相对完整的国家网络空间战略理论。分析美国三届总统任职期间发布的国家战略、国家安全战略、国防战略、军事战略、网络空间安全战略、网络空间军事战略、网络空间国际战略、国防部网络空间作战条令等所有与网络空间相关的文件，可以清楚地看出，美国将网络空间与陆地、海洋、空中和太空四个领域并列为全球公共领域，旨在获得陆地、海洋、空中和太空领域主导权的基础之上，通过在网络空间中筹划战略发展、谋求绝对优势，保障国家安全战略意图顺利输出，以全面实现其全球战略目标。目前，美国拥有全球最强的网络军事力量，再加上曼迪亚特公司总裁曼迪亚特——这类从军界走出开办网络安全企业的人物，以及发明著名的"蠕虫"病毒的莫里斯等美国民间黑客。毋庸置疑，美国这个互联网起源地拥有全球最强大的网络攻击力量。

美国推出互联网新政，其锋芒直指主权国家政府。这一具有冷战色彩的行为将破坏国际互信，威胁网络安全，有损各国在网络安全领域的国际合作，甚至催生网络军备竞赛，引发网络空间的国家对抗。

（3）美国司法部起诉 5 名中国军人。2014 年 5 月，美国司法部发布消息，称因向美国企业实施网络攻击行为，将向 5 名中国军人提起诉讼。这标志着美国对华实施网络新威慑战略的进一步升级，美国此举不外乎有以下一些目的：

一是进一步抹黑中国政府和军队。美国对五名中国军人提出刑事指控，这是美国首次把此类犯罪行为明确归咎于某个外国政府。目的就是要从道德与心理上实施打击，试图让广大受众群体产生"中国军官正在做一件极不道德的事情"的印象，从而达到抹黑中国政府和军队的目的。

二是在网络空间领域遏制和打压中国。美国在网络空间领域打压中国的每次行动都经过了精心策划。自网络空间安全威胁存在以来，美国对中国进行了长达数年连续不断的"中国黑客攻击论"渲染，并大有愈演愈烈之势，出招也越来越狠。美国网络安全公司曼迪亚特公司发布的安全研究报告，将自己说成是一个网络安全的"受害者"，并以国际互联网安全的"网络卫道士"身份对其他国家特别是中国说三道四，渲染"中国黑客攻击论"。此次美国起诉中国军人无非是想通过此种行为进一步在网络空间领域打压中国。

三是阻碍中国军方在网络空间力量的正常发展。美方国内法律对中国 5 名军人提起网络黑客罪控告，旨在造成中国军方从事网络安全人员的信誉下降，促使中国军方人员在维护网络安全方面有所顾忌，从而制约中国军方网络空间力量建设的正常发展。

网络世界很美好，莫把互联网作战场。为此，全球各国需进一步提高网际空间的国际治理，而要实现良好治理首要任务是寻找共识。不论哪一国的政府、组织、公司或个人，如今都面临着严峻的网络安全挑战，在打击网络犯罪和网络恐怖主义等方面，各国亟待携手合作。与此同时，建立互信也很重要。只有相互信任，各方才能跨越差异，实现有效的国际合作，建设一个更加美好的网络新世界。

二、俄罗斯将网络攻防用于实战

俄军则认为在未来战争中，网络电子战将起到与火力突击效果相同的作用。早在 20 世纪 90 年代，俄罗斯就设立了专门负责网络信息安全的信息安全委员会，在 2002 年版的《俄联邦信息安全学说》中，将网络信息战称为"第六代战争"。2016 年新版《俄联邦信息安全学说》进一步强调要加强俄罗斯防御国外网络攻击的能力，并从战略层面防止和遏制与信息科技相关的军事冲突。

（一）俄爱冲突中在空间展开激烈较量

2007 年 4 月，爱沙尼亚爆发了移除第二次世界大战苏军纪念铜像事件，引发了两国之间严重的舆论和外交冲突。爱沙尼亚决定将位于首都塔林的苏军纪念铜像移到军人坟场，这一举动引起了居住在爱沙尼亚国内的俄罗斯人的大规模骚乱，同时也招致了俄政府的强烈抗议，同时一场规模空前的黑客攻击重创了爱沙尼亚互联网系统。此事被媒体称为"军事史上第一场国家层面的网络战争"。

自 4 月 27 日拆除苏军雕像和纪念碑后，爱沙尼亚就开始遭受来自互联网的攻击。不仅是政府部门的网站，包括新闻、金融、企业甚至个人网站都遭受了猛烈攻击，很多网站瘫痪。人口仅 140 万的爱沙尼亚，是欧洲电子化程度最高的国家之一，也是所谓"电子政府"的先驱，因此网络攻击使得该国受到重创。大量网站被迫关闭，一些网站的首页被换上俄国宣传口号及伪造的道歉声明，该国总统的网站同样倒下。在连串攻击浪潮中，最先是报纸和电视台受袭，之后到学校，最后蔓延至银行。爱沙尼亚国防部特种作战部门分析认为，对爱沙尼亚网络发起攻击的主要力量来自俄罗斯。爱沙尼亚国防部长阿维科索透露，可能有超过 100 万台的电脑参与网络攻击。

由于爱沙尼亚当时正在推动电子政府，高度倚赖电子网络支持日常运作，因此当攻击爆发后，在当地引起巨大震动。攻击的第一次高峰出现在2007年5月3日，当天莫斯科爆发最激烈的示威抗议。另一次高峰是5月8日和9日，欧洲各国纪念战胜纳粹德国，攻击同步升级，最少有六个爱沙尼亚政府网站被迫停站，当中包括外交和司法部网站。最后一次攻击高峰是15日，该国最大的几家银行被迫暂停国外连线。三轮网络攻击的焦点目标包括爱沙尼亚总统和议会网站、政府各部门、各政党、六大新闻机构中的三家、最大两家银行以及通信公司。爱沙尼亚官员认为他们已变成首场网络战争的受害国。爱沙尼亚两大报之一的《邮政时报》的编辑直指："毫无疑问，网攻源自俄罗斯，这是一次政治攻击。"该报网站受到攻击后，已经关闭了国外用户通道有一周时间。

爱沙尼亚面对的袭击手法，主要是换面攻击、分散式拒绝服务。为应付庞大攻击，爱沙尼亚曾成立电脑紧急事件应对小组，他们追踪攻击者时，发现源头来自全球各地的电脑，怀疑黑客可能利用僵尸网络发动分散式拒绝服务攻击。爱沙尼亚曾大量关闭对外通信，抵抗外国黑客入侵；邻国瑞典亦将进入爱沙尼亚的异常流量预先封锁。这场大规模网络攻击一直持续到2007年5月18日才结束，爱沙尼亚政府、银行、报社、电台、电视台、公司的网站因遭大规模的进攻而瘫痪三周。这对网络依赖性极高的爱沙尼亚来说简直是灭顶之灾，爱沙尼亚整个国家的秩序陷入一片混乱，以至于爱沙尼亚外交部、国防部紧急向北约求助，希望它能够协助判定，这是人类有史以来第一场网络大战。

（二）俄格冲突中的"南奥塞梯网络战争"

2008年8月8日，俄罗斯与格鲁吉亚发生武装冲突，俄军在越过格鲁吉亚边境的同时，展开了全面的"蜂群"式网络阻瘫攻击行动。除了俄军之外，俄罗斯网民均可从网站下载黑客软件，安装后点击"开始攻击"按钮即可加入"蜂群"进行攻击，大大增加了网络攻击的规模。大规模网络攻击行动导致格方电视媒体、金融和交通等重要网络系统瘫痪，社会陷入混乱之中。急需的战争物资无法及时运抵指定位置，战争潜力受到严重削弱，直接影响到格军的前线作战能力。这是世界上第一次与传统军事行动同步的网络攻击。

在俄格冲突全面爆发前的 2008 年 7 月 20 日前后，大量标有"win+love+in+Russia"字样的数据包突然涌向格鲁吉亚政府网站并使其完全瘫痪。总统萨卡什维利的照片被换成了希特勒的，格总统府网站整整瘫痪了 24 小时。在军事行动前，俄控制了格鲁吉亚的网络系统，使格鲁吉亚的交通、通信、媒体和金融互联网服务瘫痪，从而为自己顺利展开军事行动打开了通道。8 月 5 日，也就是格军攻入寻求独立的南奥塞梯自治州之前 3 天，两家俄罗斯新闻网站被劫持，登录后直接跳转到一家格鲁吉亚电视台"Alania TV"的网站。随后格鲁吉亚方面遭遇强力报复，其议会和外交部网站被攻陷，登录后页面变成一幅格鲁吉亚总统萨卡什维利和希特勒的表情对比图。同时该国以及邻国阿塞拜疆的其他电脑和网站纷纷遭遇"洪水攻击"。俄罗斯用木马、病毒黑掉了格鲁吉亚的官方网站，格国的媒体、通信和交通运输系统也陷入瘫痪之中，直接影响到了格鲁吉亚的战争调度能力。

俄罗斯网络攻势与传统军事行动结合，巧妙地配合了军事行动计划，无疑对格鲁吉亚造成了更为沉重的打击。在俄罗斯与格鲁吉亚爆发的军事冲突中，可以说俄罗斯创造了一个网络战的经典案例。俄罗斯在出兵的同时对格鲁吉亚网络体系进行了大规模攻击，格鲁吉亚几乎所有的服务器都被完全冻结，这使得格鲁吉亚的交通、通信、媒体和金融等互联网服务陷入一片瘫痪，格鲁吉亚几乎无法与外界沟通。直接影响到了格鲁吉亚的战争动员与支援能力，加速了格鲁吉亚的军事失败。无奈之下，格鲁吉亚外交部只好把新闻发布在 Google 下的公共博客上。格军接收不到上级的指令，上级也无法获悉战况，从而为俄军军事行动的顺利开展开辟了道路。这场网络战不仅起到了心理上的恐吓和威慑作用，还对加速战争进程和打赢舆论战起到了积极的推动作用。

在实施网络作战中，每台电脑仅耗费 4 美分就可以实施进攻，整场战争的花费只是换一条坦克履带的钱。网络战争一举改变几十年来防御对进攻的成本优势，造成进攻对防御的 1 比 100 甚至更高的成本优势。有人形象地比喻说，"每一次敲击键盘，就等于击发一颗子弹；每一块 CPU，就是一架战略轰炸机。"

俄格网络大战，最后以俄罗斯黑客的压倒性优势告终。从军事角度看，格鲁吉亚遭遇的网络战，作为全球第一场与传统军事行动同步的网络攻击，不仅起到了一种心理上的恐吓和威慑作用，还为加速战争进程和打赢舆论战产生了推动作用。

（三）乌克兰危机发生在网络空间的较量

乌克兰政局演变越来越清晰地向世人表明，这是一场以美国为首的西方国家在现实世界和虚拟空间精心策划、蓄谋已久的战略行动。西方国家的这一战略图谋，既是美俄之间的政治较量，也是美、俄、乌在网络空间的战略博弈。

2013 年 12 月 5 日，国际选举制度基金会在其官方网站公布了一项调查报告。该报告公布了对乌克兰政治、经济等相关领域的调查问卷结果，宣称乌克兰有 87% 的民众对国内经济形势不满，有 79% 的民众对国内政治现状不满。此报告的幕后操控者其实是美国，一方面美看中了基辅是俄罗斯民族文化和宗教的发源地，如果俄罗斯失去乌克兰，就失去了文化的源头和崛起的基石。另一方面，在斯诺登"棱镜门"事件后，俄罗斯接受了斯诺登的政治庇护申请，此举导致美国在世界范围内陷入空前的信誉危机，其网络活动也遭受了沉重打击。因此，美国此次利用乌克兰的国内矛盾，在网络空间长期培育发酵，在现实空间择机引爆。美国抓住俄罗斯举办索契冬奥会而无暇东顾乌克兰的有利时机，在虚拟和现实空间周密协调、精心布局，将俄罗斯"打"了个措手不及。

在持续的乌克兰危机中，除了看得见的暴力冲突和相互制裁外，另一场隐藏的战争也在进行着。西方的网络战在乌克兰政局危机中推波助澜，俄罗斯网络空间助力俄军行动，乌克兰网络部队也让人刮目相看。自乌克兰暂停"联系国协定"的各项准备工作后，欧美国家对此极度不满，随即加大了对乌克兰当局进行网络监督和控制的力度。一是引导并操控社会舆论。这次乌克兰剧变，欧美国家重视运用网络手段制造和传播政治谣言，采取了窃取、拦截和攻击等多种技术方式，使乌克兰主流网站舆论几乎一边倒，充满对政府的批评和攻击，使国民不满情绪迅速蔓延。二是实施网络监控和信息攻击。欧美国家强化监控乌克兰政府和军队网站，进行了多次大规模病毒攻击。三是利用网络支持乌克兰反对派。欧美国家对乌克兰反对派提供了大量资金支持和相关网络信息，使反对派对当局的动向和软肋了如指掌，最终导致官方网站彻底瘫痪，为颠覆政权奠定了基础。

2014年3月，俄罗斯与乌克兰两国间的网络攻击已此起彼伏。攻击自3月13日开始，当时一家乌克兰网站被俄罗斯的黑客攻击。次日，乌克兰黑客进行了反击，攻击了俄罗斯政府、中央银行及外交部的网站，而俄方称此次攻击和乌克兰危机无关。3月16日，在克里米亚公投期间，乌克兰政府网站遭到了一波共计42次的连续攻击，且全部是分布式拒绝服务攻击（DDoS），与俄罗斯曾对格鲁吉亚使用的攻击方式一致。而3月17日对俄网站攻击的数据量达到了每秒124千兆字节，共持续了18分钟。之后，俄乌两国黑客之间的激战达到高峰，俄罗斯网站迎来了最猛烈的攻击，132次攻击致使俄大量网站瘫痪，其中的一次攻击威力巨大，是俄黑客攻击格鲁吉亚网站力度的148倍，也比3月13日俄黑客的攻击力度大4倍，俄罗斯多家网站惨遭攻击，无法正常运行。

在俄乌黑客互掐的同时，欧洲其他国家的网站也受到牵连。克里米亚就脱离乌克兰举行全民公决那天，一个俄罗斯黑客组织对北约国家的网站实施攻击，试图使网页断开连接。这些攻击通过僵尸网络进行，世界各地被病毒感染的电脑都有可能参与了攻击。俄乌两国均有较强的网络攻击能力，虽然总体上俄罗斯技高一筹，但乌克兰网络部队也让人刮目相看。乌克兰网络部队在网络战中广泛使用一种经过试验的、攻击危害最大的工具，即分布式拒绝服务攻击（DDoS）。

三、中东冲突网络空间燃战火

在世界各地的电视画面中，都在播放中东地区冲突的血腥镜头。与此同时，中东地区的冲突也延伸到互联网空间。

（一）黎以冲突互联网上燃战火

在 2006 年发生的黎以战争中，黎巴嫩真主党与以色列展开了一场网络宣传战。黎巴嫩真主党电视台遭到以色列国防军情报部门黑客的攻击，直播节目被迫中断，真主党领导人纳斯鲁拉的漫画像出现在电视屏幕上，并伴随着这样的文字："纳斯鲁拉，你灭亡的时间提前了""你的末日来临了"。事件发生后，黎巴嫩国民因此而人心惶惶。

8 月，在以色列即将扩大地面行动之时，以色列当局还操纵一支网络大军，利用海外犹太人的力量，在互联网上发动一场支持政府对黎作战的宣传攻势。以色列政府竭尽全力，利用支持者的努力，反击它所称的"负面的偏见和亲阿拉伯宣传的潮流"。为了掌握宣传战的主导权，以军黑客还瘫痪了黎巴嫩真主党电视台网站 6 小时。在以色列几次未能摧毁真主党电视台后，以军决定派遣黑客入侵为真主党电视台服务的 ITX 公司网站，造成该网站瘫痪 6 个小时，经过 ITX 公司的紧急处理后才恢复正常服务。在真主党的电视节目中，以色列黑客为黎巴嫩和阿拉伯观众准备了他们无法预料的节目：真主党的实况转播被中断，真主党领导人纳斯鲁拉的漫画像出现在屏幕上，下面打着的字幕写着："你的末日来临了""纳斯鲁拉，你灭亡的时间提前了，你很快就完蛋了"。由于真主党电视台经常播出针对以色列的宣传片，其中包括宣传真主党的一些政策、真主党武装人员成功打击以色列特种部队的英雄事迹，使以色列一直将真主党电视台视为眼中钉，必欲拔之而后快。由 ITX 公司提供的图片显示，网站在遭到黑客破坏时，网页上有很大的标语写着"被摩萨德关闭"。该公司的经理说，黑客是通过以色列的网络服务商 NetVision 登录进行破坏活动的，同时黑客似乎很愿意让该公司知道他们来自以色列，因为他们没有像其他黑客那样掩盖自己的足迹。ITX 之所以成为被黑的目标是因为它为黎巴嫩真主党电视台服务。

网络上展开对黎作战攻势宣传。以色列外交部命令外交官实习生：严密跟踪网站和聊天室。一个名为"美国和欧洲团体"的网站大量发布支持以色列政府的信息，该组织名下拥有几十万名犹太活跃分子。同时，世界犹太学生协会的 5000 名成员已下载了一种名称为"扩音器"的软件，该软件可协助他们跟踪反以倾向的聊天室或者互联网的民意调查，使他们能够发表相反的观点。在黎以冲突中，正当以色列在现实世界中打压黎巴嫩真主党时，美国也在虚拟的网络空间中与真主党展开了较量，美国一些活跃的网络反恐组织与真主党的黑客展开了一场猫捉老鼠的游戏。而黎巴嫩真主党也利用网络展开反击。在黎巴嫩以冲突爆发后，黎真主党为了同外界联络以及筹款招兵，在互联网上寻找突破口，安排一支专业黑客队伍劫持美国一些网站服务器的通信端口"借腹怀胎"，与自己的目标人群进行通信。

（二）巴以冲突网络空间开辟第二战场

中东巴以冲突由来已久，但以往冲突的战火都是在传统战场，从 2008

年以来，巴以冲突又在网络空间开辟第二战场，并且以黑客攻击、病毒和垃圾邮件取代了坦克、火炮和石块。

在 2008 年 12 月发生的巴以加沙冲突中，除了传统战场上硝烟不断外，在网络新战场上巴以又掀起了一场新式网络宣传战。在冲突不断升级的局势下，巴以双方都开始动用网络这一武器，包括黑客、视频网站 YouTube、即时信息传播工具 Twitter 和博客等，发起了一场 21 世纪的新式网络宣传战。这些活跃在网络战场上的"士兵"不断地进攻敌方的电脑服务器、散布病毒、入侵网站、发动电子邮件炸弹攻击。这场网络战争残酷无比，无论是规模还是激烈程度都在不断升级。以色列 2008 年 12 月 27 日向加沙地带发动空袭后不久，黑客侵入以色列网站的数量出现了明显的提升。在接下去的 48 小时内，位于土耳其、伊朗等地的反以色列黑客攻占了超过 300 个网站，将这些网站原有的内容替换为了他们自己的文字和图片，数以千计的以色列和美国网站遭到了由激进分子组成的黑客团体的攻击。遭到袭击的网站范围十分广泛，包括小商业公司的网站、还有一个媒体机构和一个航空货运公司的网站。黑客们侵入这些网站后，在网站上大肆添加反对以色列和美国的信息。以色列人也不甘落后，同样动用网络的力量，不过是将草根方式换成了官方行为。12 月 29 日，即对加沙发动空袭后的第三天，以色列国防部在 YouTube 网站上开辟了自己的频道，公开了许多以军空袭加沙地带的视频，试图借此宣传以军空袭哈马斯目标的精确性。以色列军方上传的第一批视频包括以空军轰炸加沙内部一处火箭弹发射装置的黑白视频，以及运送世界粮食计划署援助物资进入加沙的车队的彩色视频。

2012 年，在以色列发动的代号为"防务支柱"大规模军事行动中，巴以更是首次在网络战场上出现正面交锋的场景。2012 年 11 月 14 日，以色列启动了"防务支柱"行动。除了在物理空间投入武器与军力之外，此次巴以冲突还呈现出鲜明的特点：冲突双方都在努力开辟第二战场，即网络战场。在现实武装冲突持续进行的同时，同步利用社交网络在全球网络空间展开积极而密集的行动。以色列国防军新闻发言人官方账号11月14日在推特上分3次发文，详细介绍行动过程，随后在视频社交媒体网站上发布了行动的视频以及一条警告性的推文，要求哈马斯任何层级的领导人立刻消失，不要在"防务支柱"行动的过程中露面。哈马斯方面也不甘示弱，通过官方账号发出了施行报复的威胁。以色列国防军新闻发言人列伊博维奇中校表示，自从四年前以色列与哈马斯冲突之后，网络空间就已经成为巴以冲突的一个全新战场，以色列国防军的新闻办公室已经为此在包括YouTube、Facebook、Flickr相册、Twitter等主要社交媒体上开设了账号，同步发布信息。同时，此次冲突中新媒体已经不再是"媒体"，而是成为与火箭炮等常规武器一样的作战工具。

以色列国防军在"防务支柱"行动中展现出的是战术层次对网络空间的有效运用，凸显网络世界与现实世界之间彼此深刻嵌套、渗透以及相互影响的复杂关系，展示了在诸如加沙冲突这样的具体危机中，运用新媒体发布信息、塑造舆论、影响国际社会对国家形象认知所具有的重要战略价值。当然，这样一场新媒体战争的爆发，也意味着网络空间越来越无法成为相对独立于现实世界的乐土，各种现象、因素、事件之间的互动联系也因此变得更加密集、快速和立体。

（三）叙利亚内战之火蔓延至网络空间

在叙利亚内乱中，政府与反政府在网络空间开辟第二战场，各方黑客在网上不断发布假信息，以欺骗或攻击对方。亲政府派涉嫌将计算机病毒携带至反对派，这个恶意软件的名字是AntiHacker。它以"自动防护及自动检测，安全、快速地进行扫描和分析"作为幌子，一旦被安装在计算机中，就开始窥探用户资料。而反对派在网络战战场则必须依靠国际组织的支持来实施其战术。2012年，反对派网军获得的来自国际方面最大的支持无疑是 Anonymous 组织。这个组织发起了针对叙利亚阿萨德政权的网络攻击行动——OpSyria，数个叙利亚政府机构的电子邮件被入侵，包括阿萨德总统自己的邮件也没有幸免。

在叙利亚网络战场上，反对派网军遭到了叙利亚政府网络战部队和忠于阿萨德的黑客组织的绞杀。叙利亚政府网军开展了若干成功的战役，包括夺取了多个具有国际影响力的新闻机构和非营利组织的社交媒体账号。政府网军称，他们之所以这么做是因为这些西方新闻媒体和机构事实上已经成为反对派的喉舌。叙利亚政府网军越战越勇，拿下英国BBC的多个Twitter账号。单单在 2012 年，叙利亚政府网军已连克人权观察组织、卡塔尔基金会、法国电台、德国之声、法新社和天空新闻等多个机构 / 组织的系统，获得系统管理员账号或社交媒体账号。

四、反恐战场在网络空间展开

在国际社会加大对恐怖主义打击力度后，处境越来越不利的恐怖分子更是将互联网视为他们与正义对抗的重要手段。2001 年以来，"基地"等恐怖组织建立的网站数量直线上升，几乎每天都有两家新网站诞生，现在恐怖主义网站数量已达 5000 多家。恐怖分子欲利用网络阵地发动虚拟恐怖战争，并策划在现实世界发动袭击。

（一）网络空间的恐怖活动泛滥成灾

随着全球反恐战争的深入推进，恐怖势力一改传统的恐怖活动方式，将恐怖活动渗入网络空间，利用网络空间的虚拟性隐蔽自己的恐怖活动，从而使网络空间的恐怖活动泛滥成灾。

1.网络使反恐斗争变得更加复杂

互联网在向世人和社会提供信息传递途径的同时，也成为恐怖组织进行毁灭性破坏活动的一个重要渠道。不少恐怖组织以互联网为联系工具，散布消息、筹集资金、筹划攻击活动，使本来就十分复杂的国际反恐又增添了新的不确定因素。

如今，互联网已经取代冷战时期间谍经常用来传送机密消息的报纸分类专栏，成为各恐怖集团相互传送机密信息的媒介。美国的一项研究表明，遍布于全球各角落的恐怖分子使用加密信息，借用正当网站传播活动信息。这种加密技术可以将资料隐藏在图像、声音等类型文件中。包括本·拉登在内的恐怖集团都在使用互联网向下属发送机密指令。恐怖分子们相互约定，在某些特定体育网站的聊天室以及色情网站 BBS 中张贴看似普通的图像文件及声音文件。"9·11"事件中的恐怖分子就利用信息隐藏技术将含有密谋信息和情报的图片，利用互联网实现了恐怖活动信息的隐蔽传输。

美国电脑知识产权专家本·温兹克认为，恐怖分子最青睐的就是包含大量色情、体育信息的互联网公告板，任何流量较大的公告板和公共论坛都有可能被利用，进行跟踪的难度相当大。他们像间谍一样，可以在分类广告中隐藏机密信息，在互联网上传播的图像中也可以隐藏机密信息。只有恐怖分子才知道使用什么软件进行解压缩，使用什么样的加密软件才能解密，从而知道其中的信息。本·拉登在"9·11"恐怖袭击的前 5 年就开始使用互联网传送秘密信息，在美国宣布正在监听他从阿富汗打出来的卫星电话后，他就开始更多地利用互联网传送信息。安全专家指出，恐怖分子有时使用免费的加密软件传送信息，但他们使用了只有收发双方知道的密码。美国 CIA 负责信息技术的官员约翰·斯拉卡称，包括哈马斯、本·拉登在内的中东地区的恐怖集团都使用计算机文件、电子邮件、加密技术来协调集团内部的运转。尽管美国执法机构早已意识到这些，却找不到有效对策。一是恐怖分子太狡猾，针对打击行动制定严密防范措施。一些恐怖分子懂得从网上下载免费的加密程序。他们还购买了功能强大的反间谍软件。二是执法机构对恐怖分子的网络打击行动遭受阻碍。受法律、国家文化和地理等条件限制，执法机关不可能对所有网站监视，即使发现某些网站被恐怖分子用作活动的基地，也不能对这个网站进行封杀，因为这个网站没有错，那些内容属于自由言论，受国家法律的保护。即使是发现了非法网站，有时也不能将其取缔，因为这个网站可能位于地球的另一端。执法机构还很难在短时间内查明恐怖信息的来源及其目的。

2. 网络恐怖主义威胁世界和平

随着全球信息网络化的发展，破坏力惊人的网络恐怖主义正在成为世界的新威胁。网络恐怖主义一词最早由美国加州安全与智能研究所的资深研究员巴里·科林博士提出，用于描述网络空间与恐怖主义相结合的现象。"9·11"恐怖袭击事件发生6周年后，美国国会通过了反恐"2001法案"，将网络恐怖主义列为新的法律术语。

所谓网络恐怖主义，就是非政府组织或个人有预谋地利用网络并以网络为攻击目标，以破坏目标所属国的政治稳定、经济安全，扰乱社会秩序，制造轰动效应为目的的恐怖活动，是恐怖主义向信息技术领域扩张的产物。当今世界存在于网络空间的五大威胁中，网络恐怖主义带来的现实威胁位居首位。借助网络，恐怖分子不仅将信息技术用作武器来进行破坏或扰乱，而且还利用信息技术在网上招兵买马，并且通过网络来实现管理、指挥和联络。为此，在反恐斗争中，防范网络恐怖主义已成为维护国家安全的重要课题。

网络恐怖主义不同于传统恐怖主义和黑客。网络恐怖主义与传统恐怖主义、黑客之间既有联系，又存在着本质和程度上的不同。网络恐怖主义首先是一种恐怖活动，本质上是企图通过制造能引起社会足够关注的伤亡来实现其政治或宗教目的。与传统的恐怖活动相比，它并不会造成直接的人员伤亡，而且它使用的科技手段更为高明、隐蔽——借助散布病毒、猜测口令进而攻入系统，置入木马程序进行后门攻击、截取程序等黑客攻击方法扰乱和摧毁信息接收和传递机制，即网络恐怖分子利用黑客技术实现其政治目的，但它又不像普通的黑客攻击那样，只是出于个人喜好或想成名的愿望，造成一般的拒绝服务和麻烦。它出于政治目的，想引起物理侵害或造成巨大的经济损失，其可能的入侵目标包括语音通话系统、金融行业、电力设施、供水系统、油气能源、机场指挥中心、铁路调度、军事装备等国家基础设施，因此它也是一种危害大众的暴力行为。

以信息和信息技术为基础的网络世界在给人们带来方便、快捷的新生活的同时，也为恐怖分子提供了可乘之机。近年来特别是"9·11"恐怖袭击事件发生后，以侵扰电脑网络、破坏国家关键设施、危害人们生命财产安全为特征的网络恐怖主义正受到越来越多的关注。美国一直在防范"网络'9·11'"，其前国家情报总监、海军上将迈克·迈康奈尔认为，"恐怖组织迟早会掌握复杂的网络技术，就像核扩散一样，只是它容易落实得多"。2013年3月12日，美国国家情报总监克拉珀在国会宣称，网络威胁已经取代恐怖主义成为美国最大的威胁。位居后面的依次是网络霸权主义带来的全面威胁、网络军国主义存在的潜在威胁、"网络自由主义"的特殊威胁和网络犯罪的普遍威胁。

"网络心理战""黑客战""网络袭击战"是网络恐怖主义实施网络恐怖活动的三种主要样式。"网络心理战"是指恐怖分子充分利用互联网的开放性和方便性，通过网络进行联络、在网上散布有关言论，达到影响人们思想的目的。目前，互联网上有很多宣传犯罪理念的网站。恐怖分子利用它们交流犯罪经验、协调犯罪行动，进行网络心理战。"黑客战"通常与"网络心理战"密切配合，是指利用各种技术对特定的目标站点发起攻击，有目的地破坏网络的正常运行，但不会引起严重的破坏，主要包括让网络站点停止工作、虚拟阻塞、传送 E-mail 炸弹以及进行计算机病毒攻击等。近年来，此类恐怖活动已引起了人们的高度关注。"网络袭击战"是恐怖活动在网络空间的现实表现。这类活动通常具有某种政治目的，其目标是造成致命的伤害或重大经济损失，其表现形式多种多样。如果说"恐怖心理战"和"黑客战"强调的是"软"杀伤，那么"网络袭击战"的目标则是"硬"摧毁。

3. 反网络恐怖需要国际合作

网络恐怖主义是一个非传统安全领域的、新的全球性问题，是对公共信息安全的野蛮挑战。当前网络恐怖主义已成为信息时代恐怖主义手段和方式发展的新领域，成为非传统安全领域挑战国家安全、国际政治与国际关系的新的全球性问题。其主要是利用计算机和电信实施的犯罪行为，具有成本低廉、活动隐蔽、手段多样、目标多种、危害严重等主要特征。

应加强国际社会的合作，建立国际合作体系来共同对付网络恐怖威胁。各个网络所组成的全球性网络延伸到整个地球，使某个大洲上怀有恶意的人能够从数千里之外攻击网络系统。伴随着网络的发展，借助于网络复杂性、多变性、虚拟性、隐蔽性以及系统安全的脆弱性等特征，网络恐怖主义呈现出跨国性、隐蔽性、成本低、破坏大、结合性等特点，并在表现形态上呈现多样化态势。跨国界网络攻击特别迅速，使追查和发现这种恶毒的行为也变得非常困难。因此，一个国家要想具有确保其至关重要的系统和网络安全的防御保护能力，就需要建立国际合作体系。2001年5月，法国和日本共同主持了题为"政府机构和私营部门关于网络空间安全与信任对话"的八国集团会议，这是世界上首次以打击网络犯罪为主要议题的国际性会议；2001年10月，西方七国集团财长会议制定《打击资助恐怖主义活动的行动计划》，呼吁加强反恐信息共享、切断恐怖分子的金融网络以及确保金融部门不为恐怖分子所利用；2001年11月，欧洲委员会43个成员以及美国、日本、南非正式签署《打击网络犯罪条约》，这是第一份有关打击网络犯罪的国际公约；此外，美国网络反恐专家正在倡议制定一项国际性的网络武器控制条约。

（二）在网络空间打击 ISIS 组织

ISIS 是 "Islamic State in Iraq and al-Sham（即伊拉克和沙姆伊斯兰国）" 的简称，沙姆伊斯兰指的是大叙利亚。利用 Twitter、Facebook 等社交网站，ISIS 建立起了一个拥有广泛的官方账户和高调的支持者的庞大新媒体阵营，巧妙地利用互联网来传播其致命的想法。因此，与恐怖组织的斗争，已经不仅仅是在战场、在街头，也在无处不在的网络上。

1.恐怖组织 ISIS 转入暗网

与 ISIS 的战争无处不在，尤其在虚拟世界中。据 2015 年反恐新书《耶稣和圣战者：回应 ISIS 的愤怒》中披露，ISIS 恐怖组织每天释放约 90000 条消息。他们熟练利用 Twitter、Google、Facebook 和 Instagram 等社交媒体散播消息招募成员，再转入 Kik、SnapChat、Signal、Wickr 和 WhatSAPp 等加密的社交通信软件信息进一步沟通，通过 Google Drive、Dropbox、Soundcloud 和 Youtube 等分享网站存储数据，利用 CKeditor 和 Justpaste 等在线文本编辑平台编辑恐怖袭击实时战况，恐怖分子甚至开发出自己的 APP："圣战者的秘密 2（Mujahideen Secrets 2）"。

如今，一些非传统网络通信方式也正在被 ISIS 利用，一切连接人类的虚拟联网方式都有可能被渗透。比利时内政部长让邦在巴黎袭击前曾向媒体警告，索尼 PlayStation4 游戏主机（PS4）可能会被恐怖分子利用进行秘密通信。事实上，根据英国《每日邮报》（Daily Mail）报道，比利时布鲁塞尔警方在搜捕流窜恐怖案嫌疑人的过程中至少发现了一个 PS4 主机等证物。善于运用网络工具是 ISIS 宣传和组织成功的秘诀。

此外，一些网络游戏等也都被确信存在网络安全隐患，据《福布斯》报道，2013 年爱德华·斯诺登披露的文件显示，美情报机构国家安全局（NSA）和中央情报局（CIA）确实潜入了网游监听恐怖分子的虚拟会议。

据业内游戏开发者介绍，凡是带组团、公会、语音聊天功能的网游都有漏洞，且各网游的通信协议都不一样，大多数都使用私有协议，这对政府监控是一大难点。人们从美剧《纸牌屋》中熟知了深不可测的暗网（Darknet），它恐怕也已经成为恐怖分子的避风港。所谓"暗网"，并不是真正的"不可见"，对于知道如何访问这些内容的人来说，它们是可见的。暗网使用非常规协议、端口和可信节点进行匿名数据传输。暗网中存在大量非法网站，甚至存在毒品、武器弹药和杀人交易。

2. 民间黑客组织向 ISIS 宣战

巴黎恐袭事件刺激了民间黑客的反恐行动。2015 年 11 月 16 日，全球最大民间黑客组织"Anonymous"（匿名者）通过社交媒体 Twitter 宣布对 ISIS 宣战，誓言把 ISIS 从互联网上清理掉。同时，这个黑客组织宣称，两天里，他们已经瘫痪了超过 2000 个 ISIS 相关的 Twitter 账号。11 月 21 日，"匿名者"发声明表示发现了极端组织 ISIS 22 日在法国、美国、印尼、意大利和黎巴嫩发动攻击的计划，并已将证据交给各国情报机构。"匿名者"公开了可能的遇袭地点和活动名单，让 ISIS 知道全球已掌握他们的计划，希望借此让他们取消恐袭行动。

事实上，巴黎恐袭案发第二天，Anonymous 就立即在社交媒体 Twitter 上线 #OpParis 标签活动，展开一场旨在限制和打击 ISIS 恐怖组织使用互联网应用的行动。17 日，#OpParis 行动 Twitter 账号宣布，他们已经让 5500 多个支持 ISIS 的 Twitter 账户瘫痪。其实，在浩瀚的网络反恐战场上，民间反恐"游击队"们早已壮大并战功赫赫。据英国媒体 The Daily Dot 爆料，过去一年来，民间组织幽灵保安集团 GhostSec 已删除了 10000 个有关 ISIS 的 Twitter 账户和 1000 多个非法网站。此外，据《观察者网》报道，法国《查理周刊》事件之后成立的民间反恐网络团队"控制部门"（Controlling Section），目前已清除了 72881 个 ISIS 的 Twitter 账户。

2016 年 3 月 22 日，ISIS 恐怖分子又残忍地袭击了比利时首都布鲁塞尔。"匿名者"黑客组织在比利时首都布鲁塞尔发生了恐怖袭击事件之后便发布了一段视频，并在视频中表示他们将会对极端组织 ISIS 展开报复性的网络攻击行动，ISIS 组织应该为此恐怖袭击事件付出代价。该黑客组织的一名发言人发誓要对极端组织进行报复性的网络攻击，并且哪怕是要"掘地三尺"，也要将极端组织的恐怖分子找出来。目前，匿名者黑客组织正在网上收集 ISIS 极端组织成员的相关信息，当黑客们找到了恐怖分子的身份信息之后，便会立刻将这些信息全部公布在互联网上。而且，他们还入侵了 ISIS 组织的比特币账户，并从账户中窃取了大量的比特币。除此之外，黑客还入侵了恐怖分子的网站和社交媒体账号，并以此来破坏恐怖分子想要通过网络进行宣传的目的。

匿名者黑客组织发誓要对伊斯兰国家进行网络打击，他们声称只要这些恐怖分子还存活在这个世界上一天，他们就不会停止这些网络攻击行动。匿名者黑客组织表示，极端组织 ISIS 利用如此残忍的行为杀害了无数的平民，他们对这样的懦夫行径深恶痛绝。匿名者呼吁全球的黑客组织一起对恐怖主义和极端组织进行网络打击。匿名者黑客组织已经成功地入侵了几个属于 ISIS 极端组织的推特账号，并将有关极端组织的信息公布在了网上，而且还成功地破坏了多个由 ISIS 控制的宣传网站。

民间组织针对 ISIS 的网络行动自然引起了西方安全部门的注意，各国情报部门已根据其提供的线索对部分恐怖组织的招募和捐献网站展开监控。此类民间组织和政府或科技企业合作，或许将成为网络反恐的一种新途径，对有限的政府资源有所补益。相比之下，国家间的网络反恐合作则更为任重道远。

3. 美国网络司令部攻击指向 ISIS

作为对抗恐怖组织 ISIS 的全新战线，美国军方首次指导辖下网络司令部对 ISIS 计算机与网络发动黑客攻击。尽管美国国家安全局的黑客们多年来一直在针对 ISIS 成员进行打击，但其军方组织网络司令部此前一直没有对该恐怖组织进行过任何实质性攻击。

2016 年 2 月美国成立了一个新的网络反恐机构——网络威胁情报整合中心（CTIIC）。CTIIC 结合多个政府部门，将反恐可疑数据集聚，以促进网络反恐工作协同成效。此外，奥巴马总统还曾许诺将与国会合作推进更为严格的网络安全立法。2016 年 2 月 23 日美国司法部邀请 Apple、Twitter、Snapchat、Facebook、MTV 和 Buzzfeed 公司的高管进行了会谈。美国国家反恐中心主任尼古拉斯·拉斯姆森向他们转告了政府将加强在社交网站打击 ISIS。这项新举措的目标在于破坏 ISIS 传播信息、招募新的追随者、由指挥人员向下级下达命令以及向作战人员支付薪酬等日常运作的能力。目前已经有美国政府官员极为罕见地公开讨论此类举措的收益，其表示这将打击 ISIS 指挥人员，而后者亦开始意识到自身数据正在受到高精度黑客活动的篡改。潜在的 ISIS 支持者也可能由于担心与激进组织间的沟通会影响个人安全而选择放弃加入。

2016 年 4 月，美国国防部网络部门对 ISIS 这个恐怖组织发起网络攻击。该网络攻击是美国针对 ISIS 进行的最新一系列军事任务之一，其目的是阻止 ISIS 在互联网上进行宣传、招募新成员和通过互联网发布命令。美国国防部网络部门已经在 ISIS 网络中植入木马等工具，以研究 ISIS 成员的行为，进行模仿他们的行为改变命令内容，在某种程度上这将会重新定向 ISIS 武装分子，使他们暴露在美国地面行动或无人驾驶飞机面前。这些网络攻击标志着美国军方采用新方法来打击 ISIS。美国国防部副部长罗伯特告诉 CNN：我们正在向 ISIS 投下互联网炸弹，这是前所未有的。

美国网络司令部成员计划模仿敌对指挥人员的行为习惯修改其发送的信息。其目标在于将武装分子诱导至更易受到美国无人机或地面部队攻击的区域。除此之外，美国军方官员表示，美军黑客还可能利用攻击活动阻止对方的电子转账及支付行为。这项计划的揭幕代表着过去几年中一直否认自身开发进攻性黑客武器的美国军方,在网络战态度层面迎来了戏剧性的大转弯。军方官员希望借此降低 ISIS 成员间的彼此信任,并通过其通信平台破坏或阻止恐怖主义行动。

第九章　全面推进网络强国建设

以互联网的普及为标志，人类已经进入了信息化时代。党的十八大以来，以习近平同志为核心的党中央坚持从发展中国特色社会主义实现中华民族伟大复兴中国梦的战略高度，系统部署和全面推进网络安全和信息化工作。我国互联网发展和治理不断开创新局面，网络空间日渐清朗，信息化成果惠及亿万群众，网络安全保障能力不断增强，网络空间命运共同体的主张获得国际社会广泛认同。然而，由于技术手段所限，特别是网络霸权充斥网络空间，中国还不能称为网络强国，构建网络强国仍然任重而道远。

一、网络空间国家主权受到侵害

如今，人类社会已经进入信息时代的网络社会，网络空间已经成为战争的第五空间。在这样一个信息化的时代里，网络主权不再是一个抽象的概念，而是民族国家的基本构成要件之一。

（一）网络主权概述

国家主权的覆盖范围总是随着人类活动空间的拓展而拓展，从最初的陆地逐渐向海洋、天空延伸，并得到了国际社会的普遍认可和尊重。网络空间出现后，国家主权自然向网络空间延伸。网络主权是国家主权的全新内容和重要组成部分，世界各国特别是主要网络大国都已经意识到网络主权的重要性，以实际行动将维护本国网络主权上升为国家战略。

1. 网络主权概念

网络主权概念的提出有其法理上的依据。由于主权具有不可转让、不可分割和不可侵犯的神圣地位，具有排他性，当信息逐渐成为一种重要资源，当打击一国的网络所产生的破坏力不亚于对其领土进行轰炸时，国家有权利也有义务对网络空间进行保护和规范，捍卫本国的网络主权和安全。一些西方国家为维护网络空间主权，很早就制定了法律法规，并将维护网络安全纳入国家安全战略，成为国家治理体系的重要内容之一。

因此，网络空间主权应该受到尊重，我国也同样尊重其他国家在网络空间的主权。《中华人民共和国国家安全法》中明确提出"维护国家网络空间主权"，正是适应当前中国互联网发展的现实需要，为依法管理在中国领土上的网络活动、抵御危害中国网络安全的活动奠定了法律基础。同时也是与国际社会同步，优化互联网治理体系，确保国家利益、国民利益不受侵害。因此，《国家网络空间安全战略》明确提出，我国将采取包括经济、政治、科技、军事等一切措施，坚定不移地维护我国网络空间主权。这是国家网络空间安全战略首次明确提出"我国网络空间主权"概念。网络主权是一个新概念，虽然目前国内外学界对其尚未形成一致的看法，但随着互联网全球治理的不断深化，世界各国将在这一概念上不断达成共识。

所谓网络主权，是指国家在自己主权范围内独立自主地发展、监督和管理所属网络空间内事务，掌管网络资源及所有软硬件设备，独立处理涉网事务的权力。具体应该包括对内的最高权、对外的独立权和防止侵略的自卫权三个方面。其中，对内最高权是指国家行使最高统治权，国家范围内的一切涉网部门、信息和设备都必须服从国家的管理；对外独立权是指参照国际法有关原则，独立地、不受外力干涉地处理国内一切涉网事务，如国家有权按照自身的意愿制定涉网政策法规、成立组织机构和确定运行模式；自卫权是指国家为了防止所属网络空间被侵略而进行国防建设，并在网络空间受到侵略时进行自卫的权力。

网络主权是国家主权在网络空间中的自然延伸和表现，也是现实主权在网络虚拟空间符合逻辑的投射。它的核心就是各国自主选择网络发展道路、网络管理模式、互联网公共政策和平等参与国际网络空间治理的权力，而其民意则是反对网络霸权，主张不干涉他国内政，不从事、纵容或支持危害他国国家安全的网络活动。这完全符合《联合国宪章》确立的主权平等原则这一当代国际关系的基本准则，因而有着坚实的法理基础。中国对网络主权的主张，一方面是从维护自身网络安全的角度，捍卫本国互联网的有序发展和繁荣；另一方面则从国际互联网的全球治理角度，维护广大发展中国家的安全、发展和利益。

网络主权作为国家对网络及涉网事务行使的独立管辖权，包括国家对网络上的政治、经济、文化、科技等领域活动的独立管辖权，是国家主权在信息时代的新发展。如今，全球有超过一半人口在使用互联网，还有数十亿人接受着网络提供的各种服务。谁掌握了网络权力，谁就掌握了网络空间的主导权；谁失去了网络权力，谁就失去了网络疆域的国家主权。网络权力有很多，比如，根域名的控制权、IP 地址的分配权、国际标准的制定权、网上舆论的话语权，如同制海权、制空权一样，都是体现国家主权的基本权力。美国把互联网作为继陆海空天之后的一个新的战略空间，作为外交箭囊中的一支新箭，牢牢占据着网络权力的绝对优势。因此，美国有最严格的网络审查制度，依据其《爱国者法案》，国家可以随意查看任何人的电子邮件、进入个人网址。若进入其"网络领土"，必须向其"申请护照"，遵循其"游戏规则"。

网络主权正成为国家主权的新内涵，易遭侵犯，亟须捍卫。在当代社会，互联网创造了人类交往和生活的新空间，必然拓展国家治理新领域。随着信息技术革命的日新月异，互联网真正让世界变成了地球村，继陆海空天之后，网络空间已经成为人类生存的第二空间。在互联网时代，国家主权的很多职能和权力必然表现在网络空间中。联合国曾于 2004 年到 2013 年三度成立信息安全政府专家组，持续研究信息安全领域的现存威胁和潜在威胁以及为应对这些威胁可能采取的合作措施，达成了和平利用网络空间、网络空间国家主权原则等重要共识。

中国提出并坚持使用的"网络主权"概念，不仅创新了国家主权观念，而且已经成为国家使命，并逐渐被越来越多的国家所接受。习总书记在写给首届乌镇世界互联网大会的贺信中指出，"中国愿意同世界各国携手努力，本着相互尊重、相互信任的原则，深化国际合作，尊重网络主权，维护网络安全，共同构建和平、安全、开放、合作的网络空间，建立多边、民主、透明的国际互联网治理体系。"对此，我们的视野自然应该更进一步，将如何诠释、维护网络主权，作为维护国家网络空间安全建设的首要关切，以"数字立国"的战略魄力，拓展中华民族崛起的全新战略空间。

2. 网络主权构成国家主权新内涵

在信息化时代，网络主权不再是一个抽象的概念，而是民族国家的基本构成要件之一，网络主权也是国家主权的组成部分。像捍卫国家陆地、海洋、天空主权那样捍卫国家网络主权，已经成为国家主权在信息时代的新要求。

在现实的国际生活中，有形空间国家主权受到挑战，往往会引起举国关注——一架飞机入侵，两国舰船对峙，都会激起国人强烈愤慨，而对无形空间国家主权受到的挑战，则不容易引起关注。实际上，它导致的后果可能更严重。2004 年 4 月，个别大国利用对根服务器的控制权，断掉了域名（.LY）的解析，导致利比亚在互联网上消失了 3 天。伊拉克战争期间，伊拉克域名（.IQ）的申请和注册工作被终止，相关后缀的网站全部从网络中消失。2009年，微软宣布"依美国政府禁令，切断古巴、伊朗、叙利亚、苏丹和朝鲜五国的 MSN 即时通信服务端 121"，导致这五个国家的用户不能正常登录 MSN 服务。谷歌承认，根据美国《爱国者法案》规定，把欧洲资料中心的信息交给了国家情报机构。2010 年 7 月，伊朗核电站大量关键设备（离心机）遭到疑似来自敌国的"震网"病毒攻击，损失惨重。这次攻击开了通过网络战术软手段摧毁国家战略硬设施的先例，其背后的意义似乎仍没有受到足够的重视。

当网络战是针对目标国的整个政府、动力和金融网络空间系统的情况时，国家级的网络战就有可能比得上核战争了。这样的攻击可能针对、破坏甚至摧毁国家级的经济、社会基础设施和军事行动，冲击国家主权。网络空间的冲突和战争是极度危险的，因为一瞬之间几乎无限多的目标就会受到攻击，一瞬之间一个国家就会发现自己处在网络战争的深渊而毫无预兆。例如，2003 年 1 月 25 日，"蠕虫"病毒在大约 20 分钟的时间内实际上攻击了世界范围内的所有目标，而其残余影响、发现和清除则花费了几个月的时间。此类事件的发生往往没有什么预兆。

事实上，通过网络攻击一个主权国家，与通过陆海空天实体空间攻击一个主权国家，在本质上是一样的，都是侵略行为。我国互联网每天生产 300 亿条信息，没有严格的治理，就没有网络空间的清朗。2015 年，中国公安机关侦办网络违法犯罪案件 173 万起，抓获违法犯罪嫌疑人 29.8 万人；破获黑客攻击案件 947 起，抓获各类黑客违法犯罪人员 2703 人。这些显然都属于维护中国网络主权的范围。

3. 网络主权的国际社会实践

网络空间出现后，国家主权向网络空间延伸应该是顺理成章、非常自然的结果。谈网络主权，先要从国家主权谈起。国家主权作为国家固有的独立处理内外事务的权力，主要包括对内的最高权、对外的独立权和防止侵略的自卫权。它是国家最主要、最基本的权力，不可分割，不可让予。任何一个国家的主权，都应是神圣和不可侵犯的。

国家主权的覆盖范围并非一成不变，而是随着人类活动空间的拓展而拓展，从最初的陆地逐渐向海洋、天空延伸。进入 21 世纪以来，信息网络如同人体神经般地渗透到了人类生活的各个角落，承载了经济、政治、军事、文化、交通和社交等大量活动，成为国际社会高效运转和加速进步的新空间。这一变化，得到了国际社会的普遍认可和尊重。中国于 2010 年 6 月公布的《中国互联网状况》白皮书指出，中国政府认为，互联网是国家重要基础设施，中华人民共和国境内的互联网属于中国主权管辖范围，中国的互联网主权应受到尊重和维护。2015 年 12 月 16 日，在出席第二届世界互联网大会发表主旨演讲时，国家主席习近平提出了以"四项原则"和"五点主张"为框架的互联网全球治理中国方案，其核心就在于尊重网络主权。

反对别国捍卫网络主权的美国，在维护自身网络主权上却毫不含糊。美国有着世界上最为健全和完善的互联网安全立法。"9·11"事件之后，美国 2002 年通过的《国土安全法》涉及对包括通信设施在内的重要基础设施的保障，《关键基础设施信息保护法》则建立了一套完整详细的关键基础设施信息保护程序。其他如《爱国者法》《保护美国法》等，规定严密监控互联网，确保网络主权安全。随着网络安全形势的日益严峻，美国网络安全立法议案的数量明显增加，如 2014 年 12 月，一个月内就签署了《网络安全人员评估法案》《2014 网络安全加强法案》《2014 国家网络安全保护法》和《2014 联邦信息安全现代化法案》等数项涉及网络安全的法案。在实践中，尽管在 2010 年的第一次演说中，时任美国国务卿希拉里强调网络自由不受国家主权约束，倡导信息的所谓"自由流动"；但在 2012 年的第二次演说中，同一个希拉里却抨击"维基解密"披露美国政府秘密文件的行为，视其为对美国国家利益的"风险和挑战"；2013 年，披露美国非法全球监听监视的斯诺登，更是被美国政府界定为"叛国"。而这正是网络主权对于各国安全和网民合法权益重要意义的生动体现。

正是在这个背景下，2013年6月24日，第六次联合国大会发布了A/68/98文件，通过了联合国"从国际安全的角度来看信息和电信领域发展政府专家组"所形成的决议。决议第20条内容是："国家主权和源自主权的国际规范和原则适用于国家进行的信息通信技术活动，以及国家在其领土内对信息通信技术基础设施的管辖权。"这一条款的本质就是承认国家的"网络主权"。2015年7月，中国、俄罗斯、美国、英国、法国、日本、巴西、韩国等20个国家代表组成的联合国信息安全问题政府专家组（UNGGE）向联合国秘书长提交报告，各国首次同意约束自身在网络空间中的活动。显然，不承认网络主权，各国政府就对内无法依法治网，对外无法通力协作，既无法保障国内网络的安全，也无法实现国际互联网的和平发展。

（二）我国网络空间主权受到侵害

中国已是全球遭受网络攻击最严重的国家之一。网络空间以其"超领土""超空间"的业态存在，全面渗透到世界的各个角落。由于西方发达国家掌握着网络核心技术，占据着互联网空间的主要话语权，并在网络空间大力宣扬西方价值观，导致处于网络空间弱势地位的中国在网络空间意识形态领域存在较突出的安全问题，网络空间面临着严峻的安全威胁。

1. 网络主权面临的责难与困境

在国际社会中，网络主权是一个颇具争议的概念，引来了很多责难。这些责难主要来自世界上少数网络科技发达的国家。由于这些国家在网络空间占据绝对优势，他们可以凭借网络技术的优势来攻击别国，获取别国机密，干涉别国内政，宣传他们的价值观。网络主权的形成阻碍了一些国家对他国进行攻击和干扰的权力，于是纷纷进行责难。

实际上，在网络主权的讨论中，更多的国家还是主张各国应该坚持网络主权原则。因为各国都有自己的国情，各国建立的经济制度、政权体制和文化体制都是立足本国实际的产物。网络虽然无国界，但是网络基础设施、网民、网络公司等实体都是有国籍的，并且都是所在国重要的战略资源，理所应当受到所在国的管辖，而不应该是法外之地。因此，坚持网络主权是非常有必要的。

互联网创造了人类生活新空间，自然也拓展了国家治理新领域。但是，这块"新疆域"不是"法外之地"，同样要讲法治。国际社会如果没有健全的法制和严格的治理，网络空间就会成为违法犯罪的肆虐之地。个别发达国家大谈网络无国界，网络空间属于"全球公域"，不应受任何单个国家所管辖和支配，显然是有着自己的目的。2013 年，"棱镜"计划曝光，美国利用自身技术优势对他国民众甚至盟国领导人实施监视和监听，引起世界震惊。目前，以美国为代表的网络发达国家以网络无国界为借口，无视网络黑客、网络攻击、网络侵权、网络窃密以及形形色色的跨国网络犯罪，使各国网络安全处于高度不确定的境地。在这种情况下，强调并维护网络主权就成为维护国家安全的重要方面。但由于美国控制着核心网络技术资源和掌握着通信编码协议等现行标准，对广大的发展中国家来说，网络主权面临着极大的威胁。

2. 中国是网络攻击的受害国

当前，美国几乎垄断了域名、IP 地址等国际互联网基础资源的分配权，在全球 13 台根服务器中，唯一的主根服务器在美国，12 台辅根服务器也有 9 台在美国，只有英国、日本和瑞典各拥有一台辅根服务器。2014 年 3 月，迫于国际社会的压力，美国宣布将国际互联网名称和编号分配公司（ICANN）的管理权移交给非政府组织，但换汤不换药。这使得除少数国家外，包括中国在内的其他国家都处于高度风险之中。

在互联网上，美国的全球网络监听活动是按照美国国家安全局制订的一项代号名为"US-984XN"的绝密电子监听计划，即斯诺登披露的所谓"棱镜计划"实施的。美国彭博社 2013 年 6 月 14 日报道披露，美国国家安全局、中央情报局和联邦调查局等情报机构与美国数千家私营企业保持着紧密的合作关系，它们会从这些企业获得敏感情报，同时也会向合作企业提供机密信息。根据中国国家互联网应急中心的数据显示，2014 年 3 月 19 日至 5 月 18 日，2077 个位于美国的木马或僵尸网络控制服务器，直接控制了我国境内约 118 万台主机；135 台位于美国的主机承载了 563 个针对我国境内网站的钓鱼页面，造成网络欺诈侵害事件约 1.4 万次；2016 个位于美国的 IP 对我国境内 1754 个网站植入后门，涉及后门攻击事件约 5.7 万次。[①] 美国还把英国、加拿大、澳大利亚和新西兰拉在一起，组成所谓"5 只眼"国际情报联盟。美国编织如此大规模的全球监控网是史无前例的，它已成为贯彻美国全球战略的重要组成部分，进一步在世人面前赤裸裸地暴露了美国称霸全球的野心和霸权主义行径。

在网络安全问题上，美国还经常玩贼喊捉贼的把戏，将自己打扮成被害者，妄图博取同情，争夺道义上的正当性。同时，美国假借国家安全为由对我国网络企业百般刁难，而背后却侵入我国企业信息系统。不但窃取我国信息，还留下后门，借我国出口海外的设备监听其他国家。"棱镜门"事件让世人知道了美国对全球各国的监视，中国也是美方的重点目标之一。分析美国的系列行为，可以看出其用心：一是"冷战"思维左右互联网。互联网是"冷战"背景下的产物，一直到现在，"冷战"思维仍在左右美国互联网事务，强行划分两个阵营，制定双重标准，长期对抗是其谋略。二是网络霸权主导互联网。诞生于美国的互联网一开始就被其主导着管理权，直到现在仍然占据着绝对的控制权和话语权，全球成为美国广域网，网络殖民地油然而生，长期控制是其目标。三是网络战成核心战略。美在保持制地、制海、制

---

① 《美国攻击中国网络数据曝光：直接控制 118 万台主机》，新华网，见 http://www.guangyu-anol.cn/news/quyu/2014/0521/203144.html。

空、制外太空的绝对优势后，将网络空间的绝对威慑力提升为核心战略，网络战已硝烟弥漫，持续攻击已成常态。

3. "棱镜门"折射中国网络主权受侵

美国的"棱镜计划"还只是信息窃取事件，之前伊朗核设施被"震网"病毒破坏，这已经不是窃密，而是毁坏基础设施。美国宣称建立了强大的"网络武器库"，这些被逐渐披露的事件对各种动机的网络攻击势力都具有启发作用，使我们正在面临着不同于过去的严重风险。

有鉴于此，我们必须重视网络空间的信息安全。我国各级政府采购过大量的国外 IT 设备，这其中，一方面软件类产品可能被预置"后门"程序，本身也可能带有容易被攻击的漏洞；另一方面，计算机、路由器等硬件产品所携带的操作系统、芯片等也存在安全风险。"棱镜门"事件充分暴露了中国网络空间的软肋，为了消除这个软肋，从根本上提升中国网络空间的防护能力，一个关键举措就是用自主可控的国产软硬件和服务来替代进口。"棱镜门"事件凸显出我们对国家级攻击的应对能力不足，因此未来要努力改进的不只是某个点上的技术措施，还有综合安全能力的提升。应尽快出台国家整体战略，通过政策法规、技术建设、产业发展、外交战略等各方面的明确与配合，才有可能从根本性上使问题有所改善。

美国和西方利用网络优势，打着"网络自由"的旗号，对中国发动政治和意识形态攻势，包括散布虚假信息，甚至公然纵容和支持那些企图颠覆中国政府的政治势力。在和平时期，借助于网络的独特作用，意识形态斗争覆盖更加广泛、手段更加多元、形式更加丰富、进程更加隐蔽、效果更加明显，为网络空间意识形态安全带来极大挑战。首先，网络技术革新打破了意识形态斗争的边界。信息流通瞬息万变，能够快速覆盖广泛的目标对象，而网络的开放性也使信息得到广泛的关注，多元利益介入也更加方便，意识形态斗争不再局限于一城一域或简单的利益双方。其次，网络为公众提供了开放的信息窗口，多元社会思潮也随即进入公众视野，一些裹挟着意识形态攻击性质的错误思想对公众施加干扰和迷惑，冲击主流意识形态的公信力和影响力。此外，作为公众接触信息的渠道，网络信息媒介的发展也使意识形态斗争更加复杂。媒介技术的发展丰富了意识形态呈现的形式，多媒体手段使这些信息更加引人注目，而同时网络空间角色复杂，传统的传受关系被改变，信息传播者的目的意图难以预测，网络空间意识形态斗争力量构成也就难以有效区分。

(三) 保卫国家网络空间主权刻不容缓

网络作为陆海空天之外的"第五类疆域"，国家必然要实施网络空间的管辖权，维护网络空间主权。在移动互联是"新渠道"、大数据是"新石油"、智慧城市是"新要地"、云计算是"新能力"、物联网是"新未来"的网络时代，要实现中华民族的伟大复兴，就必须维护网络空间主权、安全和发展利益，始终把自己的命运掌握在自己手中。

首先，要全面理解国家网络主权的新内涵。2010 年 6 月中国政府公布的《中国互联网状况》白皮书指出，互联网是国家重要基础设施，中华人民共和国境内的互联网属于中国主权管辖范围，中国的互联网主权应受到尊重和维护。中国网络主权的主要组成部分是对"中华人民共和国境内的互联网"的管辖，还包括我国互联网域名及相关公共服务不受侵犯。同时，"网络主权"应是由边疆、主权、国防等内容构成的完整体系。网络空间存在是"网络主权"的逻辑起点，"网络边疆"是"网络主权"的基础支撑，"网络国防"是"网络主权"的权力捍卫。

其次，要把网络空间防卫提升到与边防、海防、空防同等重要的战略地位，在注重维护网络安全的同时，加强网络空间作战准备，时刻保持安全防范意识，建立和完善军民一体、平战结合、统一指挥、协调运用的网防网控机构。要加强组织协调，成立权威高效的领导机构，建立国家、军队和地方多级国防动员体系、技术标准体系、安全评估体系等，完善联合行动协调机制，形成多元化、整体性、互补性的使用模式，把网络空间作战与常规作战有机结合起来，构建多维一体、要素齐全的网络空间作战力量。要统筹网络资源，充分发挥人民战争的优势，以国家信息基础设施为依托，统筹国家、军队网络资源，制定平时、战时资源联合使用预案，将军民网络系统有机融合，形成高效联动体系，采取多种方法手段，力争夺取和保持网络空间斗争的主动权。要开展常态化演练，参照发达国家做法，建设国家级网络靶场、普及网络安全意识、熟悉安全事件响应流程、检验网络攻防技术、打造专业化人才队伍，以常态化方式开展国家、军队、地方部门、企事业单位、科研院所和民营机构等参与的网络攻防对抗演练。

再次，要坚决遏制对我国网络主权的任何侵犯行为。当今世界，互联网发展对国家主权、安全、发展利益提出了新的挑战。虽然互联网具有高度全球化的特征，但每一个国家在信息领域的主权都不应受到侵犯，互联网技术再发展也不能侵犯他国的信息主权。要在立法的基础上，规范清晰网络空间的国家与个人行为准则，对于侵犯我国网络主权的行为，坚决予以抵制和反击，必要时打出政治、经济、外交、军事等"组合拳"予以还击。2010年"谷歌"风波中，中国政府断然拒绝"谷歌"关于超越中国法律管理的自由的要求，就是对网络主权的坚决捍卫。

此外，要激发民众捍卫网络主权的积极性。适时开展关于网络空间安全的群众性大讨论，使民众认识到，必须像捍卫国家陆地、海洋、空中主权那样捍卫国家网络主权，维护网络秩序和国家稳定，打一场信息时代的全民网络主权捍卫战。

最后，要继续旗帜鲜明地在国际上宣传我网络主权观。强调主权主要是对外而言，对外宣示网络主权，可统一语境，清晰内涵，使网络主权的正义性为世界所接受，并自然带出网络空间的独立自主权、权益平等权、国家自卫权三项权力，以促进国际网络空间各项法规的正确建立。

加快提升我国对网络空间的国际话语权和规则制定权，必须理直气壮维护我国网络空间主权。目前，大国网络安全博弈，不单是技术博弈，还是理念博弈、话语权博弈、规则博弈。我们要向国际社会宣示中国主张，推动互联网全球治理体系变革。在第二届世界互联网大会上，习近平主席提出了全球互联网发展治理的"四项原则"和"五点主张"，特别是中国倡导尊重网络主权、构建网络空间命运共同体的主张，赢得了世界绝大多数国家赞同。

二、中国网络边疆安全不容乐观

现代国家的边疆经历了从陆疆到海疆再到空疆乃至天疆的建构过程，从一维的平面概念变为了多维的立体范畴。网络空间作为重要的人造跨域空间，在极大地推进人类社会文明进程的同时，网络边疆也随之应运而生，对其进行有效治理，已经成为维护国家政治安全的新场域。

（一）网络边疆概述

在信息时代的网络社会，网络空间作为陆海空天之外的第五维空间，日益成为世界各国尤其网络大国和强国角逐的新领域。因此，网络边疆也随之应运而生，对其进行有效治理，已经成为维护国家政治安全的新维域。

1. 网络边疆概念

如今，整个世界被这个叫作 Internet 的东西缠绕在一根网线上。随着虚拟世界对现实世界的强烈冲击和影响，网络空间已毋庸置疑地成为国家的无形疆域。网络边疆成为发达国家特别是网络强国优先构筑和捍卫的新型疆域。可见，加强我国网络空间国防安全具有现实的紧迫性。

网络边疆并不按传统地缘概念进行划分。全国科学技术名词审定委员会给出的"边疆"定义是：两国之间的政治分界线或一国之内定居区和无人定居区之间宽度不等的地带。而所谓的网络边疆，可描述为"一国网络主权范围内所有的网络设施及关联服务"①。根据网络空间的物理建构可知，网络边疆是由两部分组成：一部分是国家的网络基础设施，应是国家网络边疆的显形部分，不容许任何国家采取任何方式进行攻击。另一部分是国家专属的互联网域名及其域内金融、电信、交通、能源等关乎国计民生的国家核心网络系统，是国家网络边疆的隐形部分，同样不允许别国随意屏蔽或进行各种违法破坏活动。

现代国家的领域经历了从领地、领海到领空的构建过程，因而国家边疆的形成也是一个从陆疆到海疆再到空疆的建构过程，使国家领域从一维的平面概念变为多维的立体范畴。随着人类"第二类空间"——网络空间的形成，国家的边疆亦从实体的物理空间扩展到了无形的电磁空间，但这一虚拟空间的内涵已经发生了革命性的变化，由传统意义上主权国家管辖的地理空间的边缘部分拓展为国家安全和国家利益所涉及的电磁空间领域。与传统自然空间相比，网络空间虽然具有虚拟性、无形性、联通性，但网络主权的存在决定了网络边疆的现实性和捍卫网络边疆安全的严肃性。

网络虽然是世界公域，但也有国家领域，不能任由拥有技术优势的网络强权势力和国家任意入侵。因此，网络空间安全就需要维护，需要专业力量进行值守。网络边疆的值守过程，其实是一种授权关系，即必须符合要求、得到允许，才能进入，否则不能进入。例如，从大的方面讲，国家金融、电力、交通、能源、军事等系统的防护措施、防火墙等，就是网络边疆的组成部分；从小的方面讲，银行卡密码系统、网上交易系统、网站密码系统等也属于网络边疆的组成部分。如果别有用心的人采取不法手段突破防火墙和密码限制，将会引起严重后果。网络边疆虽似无形，但与国家安全和我们的生

---

① 郭世泽：《网络空间及相关概念辨析》，《军事学术》2013 年第 3 期。

活息息相关。这与传统边疆仅仅依靠军队守护不同，它需要军民专业技术力量联防共守，举国合力进行维护。

如今，网络空间的竞争已达到与人类生存、国家命运和军事斗争成败休戚相关的程度。随着全球网络一体化进程的加快，我国信息网络与国外网络普遍互联，互联网已经成为中国人生活和开展各项活动不可或缺的平台。在这个背景下，建造巩固的网络边疆，远远超过历史上建造万里长城的意义。

2. 网络边疆的区划及其特征

网络边疆正成为国家安全的新边界，这种新边界虚实结合。陆权、海权、空权等均以有形边界显示，网络主权同样需要边疆显示。那么，网络边疆究竟在哪里呢？

北约网络防御卓越中心合作组织于 2013 年 3 月推出的《塔林手册》认为：一国有权对其主权领土内的网络基础设施和活动行使控制权；在不违背相应国际义务的情况下，一国对在其属地内从事网络活动的人员、位于其属地内的网络基础设施、根据国际法在属地范围以外享有管辖权的人员或基础设施行使管辖权；位于国际空域、公海或者外层空间的飞机、船只或其他平台上的网络基础设施，其管辖权属船旗国和注册国；对于享有主权豁免的平台，无论其位于何处，一国对该平台上的网络基础设施的任何干扰都构成主权侵犯。《塔林手册》对国家网络利益范围划分进行了初步探索，但其仍是从地理意义上对网络基础设施和人员等网络实体部分划分了网络边界，没有充分考虑到网络的互通性特点，也没有对网络的虚拟部分进行划界。

根据国际社会对网络空间内涵和主权行使范畴的界定，是完全可以将网络边疆进行区划的。首先，一个国家的网络基础设施，应是国家网络边疆的有形部分，主要指位于本国领土的各种网络设备和端口。其次，国家专属的互联网域名及其域内，应是国家网络边疆的无形部分。另外，政务、金融、电信、交通、能源等关系到国计民生领域的国家核心网络系统，都应视为国家网络边疆的重要组成部分。国家有权在网络边疆建设国家的网络信息边防，并对输出和输入的信息进行审查。[1] 可见，信息时代国家的边疆已从实体的物理空间扩展到了无形的虚拟空间，由传统意义上的主权国家管辖的地理空间边缘部分拓展为国家安全和国家利益所涉及的电磁空间领域。相较于国家的传统边疆，网络边疆的内涵也发生了革命性的变化，并表现出许多新特征。

一是网络边疆界域的模糊性。进入网络空间的门槛很低，带来了网络空间的海量行为体，并由此产生了网络空间的巨大模糊性：无论是政府机构、大型企业、军事单位，还是具体个人，在网络空间所对应的都是一个个网站和 IP 地址。网络空间的匿名特性使得这些 IP 地址背后行为体的真实身份扑朔迷离。边界无形，空间范围不明确，打破了传统的国家防卫理念与格局。国家网络边疆防护的主要目标是防范敌人对本国网络信息系统的技术性入侵和借助网络进行现实的颠覆和破坏活动。国家网络边疆的防卫力量不是按照地理空间范围来部署，而是按照电子信息传输和网络系统构建的技术性环节来配置。

二是网络边疆攻防的不对称性。进入网络空间后，有谁知道站在每个 IP 地址背后的，究竟是政府、军队、组织，还是个人？每个网络用户除了知道自己是谁外，也许还知道另外一些 IP 地址的背后是谁，但谁能把整个网络空间的行为体都说清楚？如果能把网络空间每个网站节点每个 IP 地址弄清楚，网络空间安全态势也就出来了。坐在某个 IP 地址背后的，可能是个网络新手，也可能是个在网络空间"飞檐走壁"的高水平黑客，其作用空间天壤之别。网络攻击无处不在，防不胜防，加剧了攻与守的不对称性。在虚拟的、以数字为链接的网络空间中，任何主体在任何时间、任何地点都可能利用数据链条上的微小漏洞发动攻击，利用各式各样的信息平台随时传

---

[1]　叶征、邱和兴、张祥林：《网络空间与安全策略》，《军事学术》2013 年第 8 期。

输、散播危害国家安全的言论和信息。这些攻击看不见、摸不着，毁坏于无形，攻心于无声，可谓防不胜防。

三是网络边疆构成的高科技性。以高科技为支撑，凸显了科技水平在网络边疆防卫中的决定性作用。与守护传统边疆相同的是，守护网络边疆同样是国家行为；不同的是，守护网络边疆必须以强大的技术手段为支撑。网络边疆的值守已不再是传统意义上自然环境下的巡逻与放哨，而是在一台台计算机前的信息甄别与技术对抗。各种防火墙、密码系统等相当于在网络边疆上竖起了粗线条的篱笆，但这不足以抵御外来"入侵"，还需要"巡逻哨兵"和"边防部队"及时检测"入侵"行为。只有不断进行科技创新，才能抢占网络国防的制高点。网络空间的国家安全离不开技术支撑，但最关键的核心要素还是人。从这个意义上说，国际网络空间安全斗争，实际上还是高技术网络人才之争。

四是网络边疆入侵者的多元化。敌方多元化，要求提高网络边疆防卫的官民一体化水平。网络边疆的侵犯者除了组织化的侵略者之外，还可能是大量的个体化网民；除了蓄意破坏、训练有素的专业人员之外，还可能是漫无目的、图一时之快的普通黑客。单纯依靠政府和军队的网防策略很难应对这种敌方多元化和攻击方式多样化的挑战，必须充分发动社会力量，全民皆兵，官民一体，才能有效应对。

总之，在网络边疆问题上，目前还存在着大量的不确定性，需要研究的问题很多。可以肯定的是，谁能找到好的工具，先把态势弄清楚，谁就会在网络空间占据主动，谁的网络边疆就相对牢固。

（二）网络边疆安全形势不容乐观

互联网在世界范围日益普及，催生了网络虚拟社会。统计显示，全球网民总数超过20亿，占世界总人口的近1/3。互联网已经融入了人们生活的方方面面，对各个领域都产生了深远的影响，我国网民数量居世界第一，成了名副其实的网络大国，但距网络强国还有较大差距。

1. 名副其实的网络大国

我国是毫无疑问的网络大国。"十二五"期间，中国固定宽带接入端口数达 4.07 亿个，覆盖了全国所有城市、乡镇和 93.5％的行政村。8M 以上接入速率宽带用户占比达到 53.4％，20M 及以上接入速率用户占比达到 19.6％。国际通信更强，国际出口带宽已达 4118663 Mbps，同比增长 22.75 倍。然而，基数上的优势，要转化为政治、经济、文化竞争的优势，绝非朝夕之功，更非吹弹之力。① 另外，中国互联网络信息中心（CNNIC）2016 年 1 月 22 日发布的第 37 次《中国互联网络发展状况统计报告》显示，中国域名总数为 3102 万个，其中".CN"域名总数为 1636 万个，占中国域名总数比例为 52.8％，".中国"域名总数为 35 万个；中国网站总数为 423 万个，其中".CN"下网站数为 213 万个，② 高于世界平均水平。中国国内域名数量、境内网站数量以及互联网企业等也处于世界前列。目前全球 20 大门户网站中，我国的百度、腾讯、阿里巴巴、新浪、搜狐位列其中；全球 10 大 IT 企业中，我国有华为、中兴、联想 3 家。

2018 年 1 月 31 日，中国互联网络信息中心（CNNIC）在京发布第 41 次《中国互联网络发展状况统计报告》。截至 2017 年 12 月，我国网民规模达 7.72 亿，普及率达到 55.8％，超过全球平均水平（51.7％）4.1 个百分点，超过亚洲平均水平（46.7％）9.1 个百分点。我国网民规模继续保持平稳增长，互联网模式不断创新、线上线下服务融合加速以及公共服务线上化步伐加快，成为网民规模增长推动力。报告从 11 个方面向社会进行了公布：一是基础资源保有量稳步增长，资源应用水平显著提升。截至 2017 年 12 月，

① 邓海建：《"网络强国"，从战略照进现实》，光明网 2015 年 11 月 1 日。

② 中国互联网信息中心（CNNIC）：《中国互联网络发展状况统计报告》，中华网，见 http://mobile.it168.com/a2016/0201/1986/000001986469.shtml。

中国域名总数同比减少 9.0%，但 ".CN" 域名总数实现了 1.2% 的增长，达到 2085 万个，在域名总数中占比从 2016 年底的 48.7% 提升至 54.2%；国际出口带宽实现 10.2% 的增长，达 7320180Mbps；此外，光缆、互联网接入端口、移动电话基站和互联网数据中心等基础设施建设稳步推进。二是中国网民规模达 7.72 亿，互联网惠及全民取得新进展。截至 2017 年 12 月，我国网民规模达 7.72 亿，普及率达到 55.8%，超过全球平均水平（51.7%） 4.1 个百分点，超过亚洲平均水平（46.7%） 9.1 个百分点。全年共计新增网民 4074 万人，增长率为 5.6%，我国网民规模继续保持平稳增长。三是手机网民占比达 97.5%，移动网络促进 "万物互联"。截至 2017 年 12 月，我国手机网民规模达 7.53 亿，网民中使用手机上网人群的占比由 2016 年的 95.1% 提升至 97.5%；与此同时，使用电视上网的网民比例也提高 3.2 个百分点，达 28.2%；台式电脑、笔记本电脑、平板电脑的使用率均出现下降，手机不断挤占其他个人上网设备的使用。四是移动支付使用不断深入，互联网理财用户规模增长明显。我国移动支付用户规模持续扩大，用户使用习惯进一步巩固，网民在线下消费使用手机网上支付比例由 2016 年底的 50.3% 提升至 65.5%，线下支付加速向农村地区网民渗透，农村地区网民使用线下支付的比例已由 2016 年底的 31.7% 提升至 47.1%；我国购买互联网理财产品的网民规模达到 1.29 亿，同比增长 30.2%，货币基金在线理财规模保持高速增长，同时，P2P 行业政策密集出台与强监管举措推动着行业走向规范化发展。五是网络娱乐用户规模持续高速增长，文化娱乐产业进入全面繁荣期。六是共享单车用户规模突破 2 亿，网约车监管政策逐步落地。以第三方信息平台为基础，整合社会资源为用户提供服务的共享经济业务在 2017 年得到蓬勃发展。数据显示，在提升出行效率方面，"共享单车 + 地铁" 较全程私家车提升效率约 17.9%；在节能减排方面，共享单车用户骑行超过 299.47 亿公里，减少碳排放量超过 699 万吨；在拉动就业方面，共享单车行业创造超过 3 万个线下运维岗位。七是六成网民使用线上政务服务，政务新媒体助力政务服务智能化。2017 年，我国在线政务服务用户规模达到 4.85 亿，占总体网民的 62.9%，通过支付宝或微信城市服务平台获得政务服务的使用率为 44.0%。我国政务服务线上化速度明显加快，网民线上办事使用率显著提升，大数据、人工智能技术与政务服务不断融合，服务走向智能化、精准化和科学化。八是数字经济繁荣发展，电子商务持续快速增长。2017 年电子商务、网络游戏、网络广告收入水平增速均在 20% 以上，发展势头良好。其中，1—11 月电子商务平台收入 2188 亿元，同比增长高达 43.4%。九是中国上市互联网企业超百家，市值接近九万亿元。截至 2017 年 12 月，我国境内外上市互联网企业数量达到 102 家，总体市值为 8.97 万亿人民币。十是中国网信独角兽企业 77 家，人工智能领域取得重要进展。截至 2017 年 12 月，中国网信独角兽企业总数为 77 家。北京的独角兽企业数占比为 41.6%；上海的独角兽企业占比为 23.4%；其他分布在杭州、深圳、珠海、广州等地。十一是网络安全相关法规逐步完善，用户安全体验明显提升。2017 年《中华人民共和国网络安全法》的正式实施，以及相关配套法规的陆续出台，为此后开展的网络安全工作提供了切实的法律保障。①

2018 年 2 月 12 日，中国互联网络信息中心（CNNIC）在京召开 2017 互联网基础资源技术发布会，发布了《E 级计算发展态势》《全球域名运行态势和技术发展趋势报告（2017）》《中国域名服务安全状况与态势分析报告》《互联网基础资源大数据技术发展研究报告（2017）》《2017IPV6 地址资源分配及应用情况报告》《互联网滥用信息检测技术研究报告（2017）》《基于区块链的互联网基础资源管理技术研究报告》《中国人工智能创新发展蓝皮书》八份报告，内容涉及 E 级计算与核心技术产业生态、全球及中国域名运行安全、IPv6 分配与应用、互联网滥用、区块链技术研究、人工智能、基础资

---

① 中国互联网络信息中心（CNNIC）：第 41 次《中国互联网络发展状况统计报告》，见 http://www.cnnic.net.cn/hlwfzyj/hlwxzbg/hlwtjbg/201803/t20180305_70249.html。

源大数据等互联网基础资源多个热点领域。《E 级计算发展态势》认为，尽管当前发展 E 级计算尚存在诸多技术挑战，但 E 级计算已成为各国战略争夺高地，提升其应用水平是产业发展的关键。《全球域名运行态势和技术发展趋势报告（2017）》引用数据表明，当前全球域名注册总量约计 3.319 亿，全球域名体系的注册量、查询量及系统部署规模持续增长。《中国域名服务安全状况与态势分析报告》显示，2017 年内全球新增 323 个根服务器镜像，根服务器及服务器镜像总数达到 956 个，我国境内根镜像数量仍为 9 个，我国的根域名服务安全存在很大的提升空间。与此同时，我国二级及以下权威域名服务在 IPv6、DNSSEC、TCP 等网络协议支持方面进展缓慢且相对滞后（其中 IPv6 支持率仅为 1.4%），整体对外服务能力参差不齐，同时在运维管理水平、安全保障能力等方面存在较大差异。《互联网基础资源大数据技术发展研究报告（2017）》的研究对象为全球总数约 3.319 亿的域名数据和解析过程中产生的更大体量的数据，已分配的 IP 地址数据和自治系统（AS）数据，以及与互联网应用层和物理层上下融合的相关数据。《2017IPv6 地址资源分配及应用情况报告》表明，近五年来全球 IPv6 流量增长了近 20 倍，截至 2017 年 12 月 31 日，我国 IPv6 地址分配总数：23430 块（/32），在全球排名居于第二位。IPv6 在全球已经进入实质规模应用阶段，移动网络正在大举迁移到 IPv6，美国移动运营商 T-Mobile、Verizon Wireless 超过 70% 的移动流量来自于 IPv6。值得重视的是，我国实际网站应用 IPv6 支持度较低。与此同时，印度已超过美国，成为全球拥有 IPv6 用户最多的国家，IPv6 用户占比达到 46%。《互联网滥用信息检测技术研究报告（2017）》对网络钓鱼、网络色情和暗链这三种典型互联网滥用的检测技术的研究现状、CNNIC 技术解决方案及实际应用情况等进行了论述。2017 年全年 CNNIC 域名滥用信息检测系统累计主动发现并认定、处置色情和赌博域名应用超过四十五万个，是国家域名不良应用发现的最重要渠道，与此同时，报告还公布了 CNNIC 基础技术实验室在主动勘探钓鱼网站、打击暗链方面的关键技术和实践。《基于区块链的互联网基础资源管理技术研究报告》分析了区块链在数字货币、数字资产管理、物联网等领域的应用前景。[①]

2. 中国网络边疆并不安宁

互联网广泛应用于政治、经济、社会、文化等各个领域，以及人们生产生活的各个方面，正在发挥着越来越重要的作用。网络正广泛而深刻地影响和改变着现实社会，并对社会稳定产生了现实和潜在的影响。因而中国网络边疆面临着巨大的挑战和压力，网络边疆总体安全形势并不乐观，突出表现在以下几个方面：

一是中国处于网络空间博弈弱势一方。在与西方国家的互联网竞争中，我国目前处于相对弱势一方。互联网技术最早是由西方发达国家发明及应用，并以西方国家为中心向全球扩张的，西方国家占据着网络建设和发展的明显技术优势。到目前为止，全球大部分互联网资源和关键基础设施都由美国等西方国家掌控。不仅如此，西方国家还具有互联网信息的强大话语优势。当今互联网信息内容的90%以上为英语信息，主要是美英等西方信息，世界知名网站多为西方国家所设，而用于网络信息搜索、图像传输、视频演示的网站大都来自西方国家。西方国家利用这样的优势，以互联网为平台，在全世界范围内大肆推销其价值理念、意识形态、生活方式等，肆意围攻所谓的"问题国家"。我国从1994年才开始接入国际互联网，作为后来者，在很多时候不得不接受和遵守由西方国家制定和主导的互联网游戏规则。再加上技术上客观存在的巨大差距，目前在与西方国家的互联网竞争中处于相对弱势的地位。这对于我国网络边疆安全的维护是极为不利的。

二是国民的网络安全意识不强。缺乏网络主权和网络防护意识，网上泄

---

① 中国互联网络信息中心（CNNIC）：CNNIC2017互联网基础资源技术发布会在京召开，见 http://cnnic.cn/gywm/xwzx/rdxw/20172017_7047/201802/t20180212_70239.html。

密事件屡屡发生。民众严重缺乏网络防护意识，一些人或在网络上随意谈论国家机密，或在计算机资料库存放涉密文件，导致我国网上泄密事件屡屡发生。很多系统的防火墙形同虚设，网络安全问题频出，网络犯罪日益增加。在现实生活中，传统有形空间的国家主权和边疆受到挑战和侵犯，往往会引起举国关注，而无形网络空间的主权和边疆受到挑战，却不容易受到重视。这一方面是因为网络空间的虚拟性使人们无法直观、及时地感知到其发生的变化和出现的事端，更重要的还是因为网络主权和网络防护意识的缺乏。从已发生的网络窃密、泄密案件看，主要的安全漏洞有四种：计算机网络定位不准；违规使用涉密计算机信息系统；涉密计算机信息系统违规连接互联网；交叉使用 U 盘。我国目前的网络安全技术水平还有待提升，而这些人为的漏洞更为网络窃密提供了可乘之机。

三是缺乏自主创新的网络核心技术产品。我国现在虽是网络大国，但不是网络强国，缺乏自主创新的核心技术。网络安全产品和关键领域安全设备主要依赖进口，主流防火墙技术和杀毒技术大都来自国外，自主可控的、有高技术含量的网络安全产品十分匮乏。目前，中国的金融、电信、电商、航空、政府、军工等高安全强度单位所使用的基础技术，均毫无疑问源自美国。而且，不管是个人还是机构所使用的成千上万的电脑、专业机构的网络系统和智能终端的操作系统等，无一不是采用美国的核心技术，从而为中国网络安全留下了巨大隐患。特别是在 IT 领域，美国的微软、英特尔、思科、IBM、谷歌、高通、苹果、甲骨文等科技巨头几乎无孔不入，在全球占有惊人的市场份额和决定性的话语权，世界上几乎所有的个人电脑或智能终端系统都是使用着它们提供的服务。中国政府部门、重要行业的服务器、存储设备、操作系统、数据库大多都是美国产品。美国的互联网企业几乎渗透到我国网络空间的每一个节点，覆盖了信息技术的所有领域。这些进口的计算机、交换机、路由器、操作系统等，其密钥芯片和程序上均可能被故意预留控制端口，存在着被非法"入侵"和"窃听"的可能。而一些包括军工在内的中国企业在引进国外的技术设备后，技术升级、维修保养等售后服务还严重依赖外方，实际上设备运转和生产情况时时处于外方的监控之下，甚至还存在被外方远程遥控随时停止工作的可能性。这不仅使我国的网络安全存在很大隐患，而且网络边疆的防御体系较为脆弱，防御能力比较有限。

四是网络边疆处于开放状态。随着中国日益与世界接轨，引进技术设备的网络远程服务增加，包括核心军工企业引进技术设备的网络远程服务十分普及，大型电力机组、高精尖的数控设备以及生产线等，都与国外企业技术联网，在进行网上远程诊断、技术升级、维修保养等售后服务的同时，外方也能时时监控着设备的运转和生产情况，不仅令我方自身"门户洞开"，关键时候还可能接受指令而停止工作，从而对中国经济命脉造成致命打击。中国金融系统使用的是国际维萨系统，定期向国际金融机构自动报告业务流量，极可能受到恶意控制。同时在进行网上交易和业务服务时，也极易被渗透入侵。据中国人民银行统计，目前中国已经有几十家银行的几百个分支机构拥有网址和主页，其中开展实质性网络银行业务的分支机构近百家，金融信息资料被网上窃取、篡改的情况严重。另外，在实际网络运营上，西方网络大国垄断着大量网络资源，全球大多数网上信息发自或经过美国。目前，中国至少有几百家大型进出口企业，在通过网络向全球发布信息时受到了各种限制。[①]从以上例证中可以看出，中国核心信息网络存在着严重的安全隐患，而且网络面临的威胁状况还在恶化，网络边疆安全形势亟待改观。

综合比较可以发现，中国与网络强国相比还有较大差距。其突出表现是：中国在全球信息化排名中处于70名之后；作为网络强国重要标志的宽带基础设施建设明显滞后，人均宽带与国际先进水平差距较大；关键技术受制

---

① 叶征、赵宝献：《关于网络主权、网络边疆、网络国防的思考》，《中国信息安全》2014年第7期。

于人，自主创新能力不强，网络安全面临严峻挑战。另外，中国城乡和区域之间"数字鸿沟"问题突出，以信息化驱动新型工业化、新型城镇化、农业现代化和国家治理现代化的任务十分繁重。①

3. 国家利益在网络边疆受到危害

历史表明，每一种新空间的拓展总是以一定国家利益的拓展为先导，随之而来的则是基于实力的竞争引发的国家主权的变化。与历次人类活动空间拓展相类似，网络空间的出现已经使国家利益在政治、经济、军事和文化等方面发生了新的变迁，维护网络边疆安全意义重大。

一是国家政治主权受网络安全影响日益增大。在网络全球化时代，政府控制信息扩散的能力逐渐弱化，一国政府随时置于大众和其他国家政府、非政府组织的监督之下，其内政和外交的透明度越来越高，受到的牵制和约束也越来越大，国家主权出现了"隐性散失"现象。因此，一些国家和组织常常利用互联网传播速度快、范围广、信息量大、介入门槛低的特点，有意识地对他国进行政治文化渗透。客观上讲，互联网推动了全球化一体化进程，增强了各国间的相互渗透和相互依存，使国家与国家之间、国家与国际组织之间形成了纵横交错的紧密关系，国家政治主权逐渐向内部和外部扩散。如今，中国接入国际互联网已经 20 多年了，然而，中国的网络边疆安全却令人担忧，安全隐患随时可能导致国家利益的损失。中国的手机操作系统几乎都由苹果、谷歌、微软等公司垄断，存在着极大安全隐患。国家信息中心等部门相关报告显示，2013 年中国 7.6 万多个网站被境外公司通过植入后门实施控制，其中政府网站 2452 个。中国境内 1.5 万台主机被 APT 木马控制，关键基础设施和重要信息系统安全遭受严重威胁。2014 年年初，爆出美国

---

① 汪玉凯：《网络强国战略助推发展转型实施网络强国战略势在必行　大力推动以"互联网+"行动计划为代表的互联网应用》，《人民日报》2016 年 2 月 17 日。

大规模入侵华为服务器的消息，针对无线路由器等上网设备所造成的重大安全漏洞，可导致用户被"终身监视"的严重后果。

二是国家经济在网络空间的控制力逐渐下降。信息网络渗入经济领域对于经济的深远影响足以同工业革命带来的社会变化相匹敌，促使经济关系发生了革命性的变革。金融机构、保险公司、银行、股票交易所通过信息网络系统连接起来，资本在数量和价值上得到指数级扩展，互联网开始逐步渗入国民经济的更深层次和更宽领域。有关资料表明，现代经济的发展与增长，40%来源于信息产业。例如，美国信息产业对经济增长的贡献率为33%以上，比钢铁、汽车、建筑三大支柱产业的总和还要多。西方发达国家信息业产值已占国民生产总值的45%～60%，而发展中国家仅占1%左右。高度发达的信息网络将成为国家经济发展的重要推动力，国家经济安全越来越依赖于信息化基础设施的安全程度，因此信息化产业相对落后国家的经济发展将越来越受制于信息化发达国家。

三是网络空间安全直接影响军事领域安全。进入21世纪，信息网络技术已经成为现代军队指挥控制（C4ISR）系统的基础。信息网络如同人的神经系统一样延伸到军队各级作战单位，这使得围绕制网权的网络对抗在军队作战行动中的重要性大大增加。当前，一些国家和组织的网络作战力量部署已经凸显出你中有我、我中有你，超越地理国界的态势。平时"休眠"潜伏，战时对他国军队网络指挥、管理、通信、情报系统网络实施可控范围的"破袭"，大量瘫痪其军事信息网络系统。如何有效防护、控制和构建利于己方的网络空间已经成为各国军队维护网络安全必须面对的严峻问题。

近年来，我国被一些国家、地区列为主要的假想攻击对象，成为世界上遭受黑客攻击最多的国家之一，针对我国网络空间的恶意活动和犯罪行为一直呈上升趋势。据不完全统计，2009年我国被境外控制的计算机IP地址超过百万，被黑客篡改的网站多达数万，被各种网络病毒感染的计算机每月超过 1000 万台，约占全球感染主机数量的 30%。鉴于目前网络安全形势，强化网络边疆的治理可谓迫在眉睫、刻不容缓，构建维护国家安全的网络边疆异常重要。

（三）网络边疆安全迫切需要维护

在激烈的网络竞争和较量中，只有夯实了网络国防的基础，拥有了强大防御和反制敌人的能力，才能真正有效地治理网络边疆，维护国家的安全。鉴于目前的形势，强化网络边疆的治理可谓迫在眉睫、刻不容缓。为此，我们需要更新观念，提高认识，搞好顶层设计与战略谋划，软硬并举，内外兼修，切实提高我国的网络边疆治理能力，改善国际网络生存环境，保证对本国网络空间的控制权。

一方面，锤炼内功，切实提高网络边疆的治理能力，保证对本国网络空间的控制权。在激烈的网络竞争和较量中，只有夯实了网络国防的基础，拥有了强大的防御和反制敌人的能力，才能真正有效地治理网络边疆，维护国家的安全。"内功"的锤炼最为关键的是以下三个方面：一是核心技术的研发、创新与使用。要整合各方力量，重点联合攻关操作系统、CPU、网络加密认证、防病毒、防攻击入侵检测、区域隔离安全系统等维护网络安全的关键技术；要重点研发若干独创的网络武器，增强网络战中的反制能力，以非对称性方式寻求破敌之策；要大力实施自主研发的国产技术和产品的替代战略。二是高素质的网络技术人才培养。不仅要培养高水平的技术研发人员，还要着力提高那些从事网络监控、网络执法、网络对抗等工作的专门人员的专业素质和业务技术水平，提高"网络哨兵""网络警察""网络卫士"们的实战能力，建立起以专业部队为核心、外围力量多元互补的强大网络国防力量。三是网络边疆治理的制度建设。必须要坚持利用制度的规范性、强制性、普遍性、稳定性来有效维护网络秩序，使得网络边疆的治理能够真正建立在制度保障的基础之上。

另一方面，积极参与国际网络合作，努力改善国际网络环境，争夺国际网络空间的话语权。互联网时代，各国的网络空间实际上是不可分割的整体，一国网络边疆的有效治理还有赖于良好的国际网络环境。面对目前对我国不利的国际网络环境，消极地躲避退让肯定于事无补，任由其发酵恶化也不可行，唯有积极主动地参与国际合作，在参与中趋利避害的同时，寻求国际网络环境的逐步改善。为此，我们要积极参与国际合作，治理世界各国共同面临的网络问题，塑造负责任的大国形象；要积极开展网络外交，充分宣传我国的网络政策主张及其正当性与合理性，坚决抵制某些国家在网络领域的双重政治标准；要积极参与制定、修改现行国际网络空间行为规则，不断扩大我国在国际网络治理中的影响力和话语权；要以联合国等国际组织为舞台，加强与有关国家的对话与磋商，积极促成《国际互联网公约》《打击计算机犯罪公约》等一系列相关国际性公约的制定和国际网络领域反恐等合作机制的建立，坚定不移地继续推动以联合国为核心构建公正、合理的国际网络新秩序。

三、网络空间需要构筑牢固国防

有网络边疆必然有网络国防。网络国防为网络社会国防增添新的内容，使信息时代国防呈现出鲜明的时代特征和独特属性。深度剖析网络国防，明确其目标任务，树立国家大安全观，既是党的十八届三中全会成立国家安全委员会的战略目标，也是应对党的十九大提出的"恐怖主义、网络安全等非传统安全威胁是人类面临许多共同挑战"的内在要求，更是军队信息化转型的主要任务和战斗力提升的重要途径，成为新时期维护国家社会平稳发展，谋求网络空间利益的重要手段，是不断拓展和深化军事斗争准备、积极运筹和平时期军事力量运用的必然选择。

（一）网络国防概述

人类在无数次主权被践踏、边疆被入侵、生活被毁坏的切肤之痛中认识到，没有武装保护的主权是脆弱的主权，没有国防捍卫的边疆是形同虚设的边疆。因此，人们产生了强烈的边防、海防、空防意识。在网络社会，网络可以兴国，也可以误国，甚至还可以败国。随着网络空间捍卫国家利益的需要，网络国防又成为世界各国关注的新内容，牢固树立网络国防意识成为时代发展的内在要求。

1. 网络国防概念

有权则有疆，有疆则需防。国防是指"国家为防备和抵抗侵略，制止武装颠覆，保卫国家的主权、统一、领土完整和安全所进行的军事及与军事有关的政治、经济、外交、科技、文化、教育等方面的活动。是国家生存与发展的安全保障"。[①] 在信息时代，虚拟的网络空间成为人类社会生存的"第二类空间"，防卫人类社会生存的"第二类空间"的国防随之产生，因此就必然产生网络国防的概念。

在网络主权和网络边疆的概念明确后，就需要在传统国防的基础上对网络国防进行探讨。综合国防、网络空间、网络主权和网络边疆的概念，所谓网络国防是指：国家为防备和抵御网络侵略，守卫网络边疆，打击网络恐怖主义，制止网络意识形态颠覆，捍卫国家网络主权和网络空间安全所进行的军事及与军事有关的政治、经济、外交、科技、文化、教育等方面的活动。[②]

网络国防的概念虽然是基于传统国防概念提出的，但并不是简单地将传

---

① 全军军事术语管理委员会，军事科学院：《中国人民解放军军语》（全本），军事科学出版社 2011 年版，第 17 页。

② 郭世泽：《网络空间及相关概念辨析》，《军事学术》2013 年第 3 期。

统国防改为网络国防，而是根据网络国防的构成要素而提出的。一是网络国防提出了网络边疆、网络主权等概念。随着网络空间成为人类社会的"第二生存空间"，网络边疆已客观存在，成为国家安全必要的"警戒线"，网络主权随之产生，成为国家主权在网络空间的自然延伸。网络边疆和网络主权概念成为研究网络国防战略相关问题的逻辑起点。二是明确了打击恐怖主义的任务。随着互联网的普及，国际恐怖组织越来越多地利用其开放性与隐蔽性，募集资金、征召人员、进行恫吓威胁和组织跨国犯罪，成为国家安全和世界信息安全的隐患。因此打击恐怖主义应成为网络国防的明确任务。三是增加了制止网络意识形态颠覆的要求。网络时代的到来，把国家安全的视野从单纯的物理疆域扩充至数字化空间，社交网络新媒体成为意识形态斗争的主战场。针对网络空间现实和潜在威胁，应加紧防范网络政治颠覆行为，既打政治仗，又打军事仗，获取制网权和信息流动权，捍卫国家主权、安全和发展利益。

如今，迅猛发展的互联网络正悄无声息地穿越传统国界，将地球上相距万里的信息节点铰链为一体，通过网络可以轻而易举从一国进入另一国腹地直至心脏部位。但发生在边防、海防、空防上的风吹草动都会引起轩然大波，而发生在网络世界里的"惊天大事"却还没有引起足够重视。事实上，在信息时代，相对于有形实体空间，无形网络空间更容易遭到入侵和破坏。对无形网络空间多渠道、多形式的入侵和破坏，通常看不见、摸不着，但这种入侵毁坏于无形、攻心于无声，导致的后果有时无法估量。这个变化，打破了原有的国家防卫格局，给传统国防观念以巨大的冲击。

网络国防正成为国家防卫的新盾牌，作用凸显，亟待加强。网络国防是网络边疆的主要守护者，具有国家主体、军队主导、军民融合的突出特点。从世界范围看，以美国为首的发达国家，已成为网络安全防护的先行者，并可为其他国家提供借鉴。英、日、韩、俄、印、以等国家军队，也纷纷建立了网络安全防护力量和指挥机构。

2. 网络国防的时代内涵

从历史的维度看，网络国防成为最具时代特色的国防，是技术发展和生产力方式转变的必然产物。计算机和网络技术的发明，推动人类历史进入了一个信息涌动的新时代，人们开始面对信息浪潮冲击，并最终生存在信息海洋中。尤其是互联网的出现和普及，使人类社会的生产方式发生了质的变化，网络空间迅速成为国家政治、经济、外交、科技、文化的承载体，成为国家战略利益的制高点，成为国家防卫的新边疆。同时，技术的推陈出新、日新月异也在不断改变着网络边疆。云计算、物联网、三网融合等技术的应用和逐渐普及，将使网络进一步把触角伸向人类社会的各个角落，呈现为"通联万物、更新万象"的人类活动新空间。网络国防的内涵和外延的深度和广度将在技术更新驱动下不断拓展，成为最贴近时代变化，最具备时代特色的国家防务。

一是网络国防守卫的是国家的"电磁领土"。从空间的属性看，网络国防面对的是一个动态变化的新质虚拟空间，其"边境线"根据网络建设能力、利用能力和控制能力大小而划分，即"网络疆域＝已建网络＋控制网络－被控网络"，它是变化的，非线性的，在实时对抗中此消彼长，特别是当互联网成为超过世界上三分之一的人使用的工具时，网络空间其实已经开始发生了实质性的改变，从完全的虚拟世界转变成我们赖以生存的这个星球不可或缺的一部分，是国家的"电磁领土"，成为国家领土的组成部分。网络空间作为承载在实体空间之上的虚拟的"新质空间"，已经是人类社会生产、生活的客观环境。在陆海空天等实体空间解决了物质需求后，人们开始利用虚拟空间实现信息交流，满足精神需求。网络空间承载着人类社会最具时代特色的社会交往方式和思想交流模式，已成为人类社会的精神家园。国家防务也自然从陆海空天实体空间延展到虚拟的网络空间。

二是网络国防防范的内容、范畴更加广泛。从主权的视角看，网络国防成为捍卫主权的新内容，既要管辖规范行为，更要防范思想颠覆。在网络环境中，由于一国公民的行为空间有了新的扩展，与此相应，国家主权概念也有了新的内涵。网络主权是国家主权在网络空间的自然延伸，其主要内容就是国家在网络空间的所有权、管辖权和自主权不容侵犯。在网络时代，国际政治已经从地域空间、外太空扩展到网络空间，网络已成为新的国际政治角力场之一，网络渗透和信息入侵日益激烈，捍卫国家网络主权对内表现为对公民在网络空间行为的管辖规范，对外表现为防备和抵御网络侵略，制止网络意识形态颠覆。捍卫国家网络主权和网络空间安全，既要打击网络恐怖主义，维护社会稳定，又要防备和抵御网络侵略，守卫网络边疆，更要制止网络意识形态颠覆，防范思想殖民。

三是网络国防是常态化军事与政治"融合仗"。从博弈的角度看，网络国防是应对对手挑战的必然选择，既要准备硬战争，更要打胜软战争。具有"网络总统"之誉的奥巴马执掌美利坚合众国大权后，互联网及其衍生物社交网络就不仅仅是个人化的工具，而且成了美国拥有的一件新武器。特别是商人出身的特朗普总统，更是将从网上发布推文作为其治国理政的重要内容和手段之一。美国利用社交网络等网络空间的"飞船巨舰"进行的互联网世界"圈地运动"，描绘出其"网络新边疆"，将其抢占网络空间制高点的霸权做法暴露无遗。在国际互联网这个虚拟世界，有其自己的语言、交往与行为方式，是开放、无边界的空间。它的出现不单单是传送手段的变化，更重要的是代表一个新时代的来临，促使战争形态发生了新的变化，网络国防要准备"养兵千日、用兵千日"的常态化军事与政治"融合仗"。

四是网络国防的全域化使其表现出控制性特征。传统的国防观是建立在地缘政治基础上，看到的是物理存在的边境，直接表现为地域的争夺和实体利益的获取。而网络国防将陆海空天物理域、电磁空间信息域，以及网络空间所特有的认知域、社会域特征融合在一起，形成了具有全域化特征的全新国防观念。网络空间以软件为核心、以信息为主导、以心理为表征，导致网络国防表现出明显的控制性特征。一方面，其基础理论是信息论和反馈论，它们是控制论的重要组成部分；另一方面，其行为体现出明显的控制特征——网络的硬件核心是"芯片"，软件核心是"程序"，行为方式通过控制"信息流"实现。这种控制论特征使生产模式和生存概念发生了颠覆性变化，影响各种人类行为、设施设备运行和武器平台动作。

五是从哲学的观念看，网络国防是个性和共性的统一，既要把握国防发展的一般规律，又要凸显其特殊性。网络国防既涵盖具体网络基础设施和信息系统，也包括人们从实体空间中分解和抽象出来的信息和认知，网络国防面对的是虚实结合的全新范畴，既包括传统国防的打击、瘫痪和摧毁，又形成虚拟空间的驱动与控制、文化角力与思想殖民。尤其是网络国防呈现为信息运动和信息力量的整体表现形式，体现出程序驱动的信息流承载的国防力量，使网络国防从原来维护国家利益的军队对抗，扩展为国家、军队及各种目的性组织和个人之间的混合复杂对抗。

3. 网络国防的时代特征

人类以什么方式生产，就会以什么方式作战。美国著名智库兰德公司曾断言：工业时代的战略战是核战争，信息时代的战略战主要是网络战。网络国防就是在虚拟的网络世界背景下，通过组建专业网络军队，用不断变革的高科技信息手段保卫国家利益和主权的防卫体系。因此，有别于陆海空天等实体空间，网络国防表现出信息时代特有的特征。

一是网络国防是国家综合国力的体现。相比于自然空间的传统国防，网络国防涉及更加复杂的因素和更多的内涵，包括国家实力、国家潜力，以及把潜力转化为实力的能力，是国家综合国力的集中体现。网络国防是多种斗争形式的多维度角逐，以军事斗争为主要形式，同时政治、经济、科技、外交等非军事斗争愈演愈烈。在如此复杂的斗争形式下，与传统国防概念的得失标准不同，网络国防具有多层次目标。最低目标是安全自卫，中级目标是区域控制，最高目标是全球影响。三个不同层次目标的制定依赖于国家网络信息建设基础，也最终决定了国家战略层次和在国际格局中的地位。

二是网络国防表现出活动的软性化和边境的弹性化。网络空间融入陆海空天四个传统战场，不仅是联合作战的血脉和纽带，也成为人们进行社会交往和思想交流的平台。这些特性决定了网络国防活动的软性特征，既可毁伤于无形，也可攻心于无声。传统国防的范畴主要集中在陆海空天等实体空间，聚焦点在实体领域。网络国防的范畴则有了极大的拓展，既包括实体领域，也包括信息、认知、社会等全息范畴。而网络空间的互联互通，多路由、多节点特性为人们带来了一条"无形但有界"的复杂"疆界"，网络空间融入实体空间，并随着技术发展时期、斗争对抗阶段的不同而发生相应的变化。

三是网络国防手段的多样化和力量的多元化。由于网络空间融入陆海空天战场，其武器和手段多样化趋势明显。网络国防的武器既包括能量武器等硬杀伤，也包括病毒、木马等软手段，同时其作战手段也突破了传统范畴，具备网络情报战、网络阻瘫战、网络心理战等独特样式。传统国防的核心和主体力量都是军队。但在网络国防中，主权国家、经济竞争者、各种罪犯、黑客、恐怖主义者等都可能成为网络国防的对象。另一方面，网络国防的力量也拓展成军政联合、军民融合的复合力量。

四是网络国防的不对称性。网络国防是人类文明数字化和战争行为混沌化相结合的产物，突出表现为极大的不对称特征，这可以用三种效应来进行形象说明。首先是"灌丛效应"。即在参天大树下只能生长见不到阳光的矮树和灌木。美国拥有网络世界里诸如根服务器等的控制权，信息不够发达国家的网络国防建设则必须在这种垄断格局下发展，受制是在起跑线上决定的。其次是"蝴蝶效应"，即一只蝴蝶翅膀扇动的气流有可能通过连锁反应而形成巨大海啸。病毒程序经过网络的感染、传播和裂变能够成为信息核弹，如"红色代码"病毒；恶意信息经过网络平台的定制、传播和聚合能够导致"洪水溃堤",如西亚北非的"推特革命"。此外是"木桶效应",即木桶的最短一块木板决定了木桶的最大容积。根据复杂科学理论,体系越庞大则脆弱性节点越多。随着多网融合、全球一网、云计算、特联网和大数据的数字地球逐渐形成,人类对网络的依赖日益增强,可接入脆弱节点日益增多,网络防御的成本和难度无疑将越来越大。

(二) 网络国防存在明显软肋

目前,我国虽然已经发展成为一个网络大国,但网络安全防护方面还很薄弱,网络国防存在着明显的软肋。由于不同国家之间巨大的信息鸿沟,导致有些掌握压倒性互联网科技优势的国家几乎无法无天,为所欲为,极力推行网络空间霸权。斯诺登所披露的全球大规模监听监视计划震动全球,"五眼联盟"、"震网"病毒、软件后门、网络木马,都是全球互联网安全的重大威胁。

一是中国存在网络空间被封杀的风险。当今世界,每四个网民中,就有一个是中国网民。但令人担心的是,与网络大国地位不相称的是,中国不仅是遭受网络攻击最严重的国家之一,而且还存在网络空间被封杀的风险。具体表现为如下两种:一种是"一国互联网体系被从国际互联网社会抹掉的风险",只要在原根域名解析服务器中删除一国的顶级域名注册记录,即可让世界各国都无法访问这个国家域名下的网站。据报道,伊拉克、利比亚的顶级域名曾经先后被从原根域名解析服务器中抹掉了数天。另一种是无法接入国际互联网的风险,即只要原根域名解析服务器及其所有从服务器、镜像服务器拒绝为一个国家的所有递归解析服务器的 IP 地址提供根域名解析服务,依赖这个国家递归解析服务器的网络用户就会因无法获得域名解析服务而无法上网。

二是关键核心技术受制于人,严重威胁网络国防。我国在网络领域的核心技术上对发达国家的依赖度很高,存在着严重的安全隐患。以美国为首的西方国家在实际控制和垄断网络空间基础资源、核心技术和关键产品的同时，大力推动云计算、物联网、量子通信和生物计算机等新技术的发展应用，企图主导未来竞争格局。据统计，我国操作系统、芯片等软硬件产品，以及通用协议和标准90%以上依赖进口。这些技术和产品的漏洞难以预防，使得网络和系统更易受到攻击，我国互联网存在着敏感信息泄露、系统停运等重大安全风险。国际上针对关键技术信息基础设施的网络攻击持续增多，这类攻击目标性强，持续时间长，一旦成功可能导致基础网络、重要信息系统和工业控制系统等瘫痪。据中国反钓鱼网站联盟2012年12月5日发布的数据显示，全球范围内，中国被恶意软件感染的电脑达54.1%，是唯一一个感染率超过50%的国家。据中国国家互联网应急中心报告显示，仅2012年，就有7.3万个境外IP地址参与了控制中国境内1400余万台主机的网络攻击事件；有3.2万个境外IP地址通过植入后门程序参与了对中国境内近3.8万个网站的远程控制事件。有资料显示，在中国100多万个网站或物理隔离内部网络中，65%左右有漏洞，近30%是高危漏洞，"基本上你只要下功夫，这个站或网络就能被拿下"。根据美国中央情报局前雇员斯诺登公布的秘密材料，美国掌握了100多种方法可攻破物理隔离的内部网络系统，寻常网站就更不用说了。所以，由于中国现在的互联网用户位居全球第一，大量的关键网络又十分依赖美国的核心技术，因此从本质上来讲中国网络安全的风险特别大。中国关键信息基础设施核心技术受制于人的局面在短期内难以改变，在未来几年中将成为我国国家安全面临的严峻挑战。

三是网络空间作战尚未掌握制网权。当前，网络空间已经上升为与陆海空天并列的"第五空间"，世界各国都高度重视网络空间作战能力建设。加快组建网络部队。美国、俄罗斯、以色列、伊朗、韩国等40多个国家已经成立了网络部队，并逐步扩大网络部队规模。美国网络部队总人数超过8万人，俄罗斯达7000人，日本防卫省宣布于2013年年底前组建一支规模约百人的网络部队，印度政府于2012年10月份开始计划和私营部门联手实施培训 50 万 "网络战士"。各国不断增加网络武器、网络安全人才等方面的投入。美国国防部 2012 年在网络安全和网络技术方面的预算达 34 亿美元，主要用于新一代网络武器研发；北约咨询、指挥与控制局于 2012 年 3 月份签署了合同价值约 5800 万欧元的网络防御投资计划；韩国于 2012 年投入 19 亿韩元启动 "白色黑客" 计划以培养网络安全人员。一些国家不断加强网络演习与实战运用。目前，美国已经联合英、法、德、日等国多次举行 "网络风暴""网络防御" 和 "黑色魔鬼" 等网络安全演习。此外，美国早已将网络攻击投入实战。在海湾战争、科索沃战争和伊拉克战争中，美国都曾发动网络攻击配合正面作战行动。而我国目前在网络空间的军事战略部署还很薄弱，网络空间作战力量建设和网络武器研发方面也落后于西方国家。一旦未来战争爆发，我军在网络空间控制权的争夺上将面临巨大压力。

四是网络国防面临的威胁日益凸显。在技术优势的带动下，中国海量的信息数据单向流向美国，带来的直接后果就是让美国获得运用大数据分析中国政治、经济、社会的最新动态和趋势的能力。通俗点描述，就是美国的情报单位比中国有关部门还了解中国人在干什么。利用强悍的大数据分析，美国甚至可以比中国政府更清楚更早地知道，某地或某个中国群体在做什么、下一步的动向是什么、未来的想法是什么等。这种信息失衡后的大数据大规模挖掘和分析结果，具有战略级的政治、军事、商业、社会信息情报价值，由此可让美国获得大幅超过中国的信息技术优势，因而可造成十分可怕的局面。特别是随着 "棱镜门" 事件的曝光，以及美国在全球率先组建网络战部队，并且在最近宣布要针对中国，这让 "网络战" 的最后一块遮羞布被扯掉，从而揭开了一场新战争样式的序幕。在军事安全领域，网络空间被视为继陆海空天之后的 "第五空间"，如何应对来自少数国家的网络安全威胁，保卫 "第五空间" 的安全，已成为许多国家的共同目标。随着中国国力的大幅提高，自 "冷战" 结束后一直享有全球霸权的美国视中国为最大 "假想敌"。但一个很有意思的现象是，美国一方面指责中国进行网络攻击，另一方面自己却长久以来大力发展"网络战"能力。据最新报道，美国"网络战"部队不但规模庞大，而且其已在中国计算机网络内"数千个节点"成功植入软件或硬件后门，这等于在中国"第五空间"内埋入了大量的可随时爆炸的"炸弹"，可以在美国的操控下在最关键的时候爆炸。而且，美军网络司令部预算已从 2010 年的 1.2 亿美元增加到了 2015 年的 5 亿多美元，并且正与一直监视整个世界的国家安全局一起构建未来的网络司令部联合作战指挥中心，从而统一指挥协调美国的"网络战争"。

五是网络意识形态建设正遭遇空前的挑战。当代中国已经进入了"微时代""移动互联时代""信息网络化时代""自媒体时代""新媒体时代"。多年来，我们面临史无前例的网络治理难题以及认识不到位、应对相对乏力，致使当代中国主流意识形态领导权、管理权和话语权不够稳固，甚至在某些领域或某种程度上存在旁落的危险。当今时代已然步入"人人拥有麦克风""人人皆为记者"的具有交互性、自主性的自媒体时代、新媒体时代，由此，网络意识形态建设成为提升我国意识形态功能、加强意识形态建设的突出重点，同时也是我党意识形态工作的"重中之重"，关乎国家安全、政权稳定和社会和谐。习近平指出："过不了互联网这一关，就过不了长期执政这一关。"这句话，足以表明我国网络意识形态建设之于中共执政、之于国家安全的极端重要性。当前加强我国网络意识形态建设，需要清醒地认识到网络意识形态建设面临的形势，破除并拒斥对网络意识形态建设的误读，并提出我国网络意识形态建设破局突围的基本进路。

中国已经面临着相当严重的网络安全威胁，而且可能是世界上最为严重的。在这一严峻形势下，新一届中央领导集体高瞻远瞩，要求在加快推进信息化的基础上，深入抓好网络安全建设，从而进一步保障国家安全。并且，对于网络安全的重视已上升到国家战略的高度，为此习总书记还亲自担任中央网络安全和信息化委员会主任，从史无前例的高度重视和抓好国家意义上的网络安全。

（三）积极构筑维护网络国防

网络国防是国家防御的重要内容。为了保障网络国防的安全稳定，我们必须加强网络国防建设，必须努力构建牢固的网络国防，必须加快网络空间作战技术和装备建设，着手建立"网防"机制，强化"网防"力量，推进我国"网防"建设，全面提高我军保卫"网络边疆"的能力，牢牢掌握网络空间安全的话语权、主动权。

第一，强化网络国防意识，加强顶层设计，做好战略谋划。对于网络边疆治理这样事关国家安宁与稳定乃至前途和命运的重大工作，首先必须要从国家战略的高度加以重视和谋划。其在制订过程中应当强调以下几个原则：一是要把网络国防作为国家整体国防战略的一个有机组成部分，并与其他国防战略形成有效的配合与支持；二是要着重建设和健全网络安全与网络边疆治理的领导体制，建立和完善各部门之间统一行动、资源共享、情况通报、技术交流等协调与运行机制；三是要实现治理主体的多元化，充分利用好国家、军队、企业乃至个人的各自优势与特长，形成合力，共筑保卫国家网络边疆的信息长城；四是要注重平战结合，既要考量战时的应对措施，更要抓平时的常态化演练；既要突出短期效应，更应重视长效机制的建设。

第二，加强网络安全力量建设，提高国家网络防卫能力。在"全球一网"的时代，面对网络强国大幅扩充网络战部队，网络空间明显军事化的趋势，我们既需要国际层面的文化实力、国家层面的法制效力，更需要军队层面的军事实力。因此，当前特别需要加强"四统"：一是要统筹规划，以国家网络空间安全战略为统领，制定和完善网络空间安全法规，把网防提升到与边防、海防、空防和天防同等重要的战略地位，从顶层指导我网络国防建设和准备的方向。二是要统一领导，尽快建立军地融合的网络空间安全机制，研究建立统管国家网防工作的机构，制定网络空间突发事件有效的监测、预警和管控行动方案，形成高效、可行的网络空间安全应急处理响应机制。三是统建力量，尽快形成一体化的网络防御体系，把网络空间作战力量作为新生力量纳入军事力量体系，军民融合发展非对称网络空间作战手段和具有我军特色的网络空间作战装备，完善网络国防安全体系。四是统宣立场，积极参与国际网络空间合作和对话，主张和平利用网络，反对任何形式的网络恐怖、网络犯罪、网络霸权，积极参与网络安全问题国际研讨和对话磋商，深化国际网络技术合作，全面参与网络空间国际法律法规的制定工作，树立负责任的网络大国形象。

第三，守住网络国防安全的"警戒线"，构建网络安全防护体系。"谁掌握了信息，控制了网络，谁就将拥有整个世界。"这样的论断并非危言耸听。网络空间有主权属性，是国家主权的重要组成部分，神圣不可侵犯。因此，我们必须守住网络国防安全的"警戒线"。现阶段，中国网络国防安全形势不容乐观，各种形式的网络泄密、网络犯罪、网络渗透等事件时有发生，日益增加。当前，网络国防教育研究所存在的认识滞后、投入不够、宣传力度不足等现实问题亟待解决。为此，应加大投入力度，积极构建网络空间防御体系。在我军大力推进国防信息化建设的今天，网络世界"谍影重重"不得不引起我们的高度戒备。事实上，我国的网络国防安全形势总体并不乐观，一方面受技术限制，另一方面网络国防安全意识还亟待增强。网络国防安全必须以强大的技术手段为支撑，建立专门的"网络安全哨兵""网络安防部队"等，加大对网络边疆的守护。目前，我国虽然已经发展成为一个网络大国，但我国先进的网络安全产品和关键领域安全设备主要依赖进口，主流防火墙技术和杀毒技术大都来自国外，网络国防安全技术仍然受制于人，网络国防安全防护方面还很薄弱。为此，我们必须在高度重视网络国防安全战略意义的同时，加大对网络国防安全技术和装备建设的投入力度，加快网络空间作战技术和装备的研制攻关，建立享有自主知识产权、国际领先、满足自身需求的网络国防安全技术产品，形成具有中国特点的"网络国防安全体系"，全面提升我军守护网络边疆的实战能力，牢牢掌握网络国防安全的话语权、主动权和控制力。

第四，积极推动网络空间安全的国际合作。积极参与国际网络合作，努力改善国际网络环境，争夺国际网络空间的话语权。互联网时代，各国的网络空间实际上是不可分割的整体，一国网络边疆的有效治理还有赖于良好的国际网络环境。面对目前对我国不利的国际网络环境，消极地躲避退让肯定于事无补，任由其发酵恶化也不可行，唯有积极主动地参与国际合作，在参与中趋利避害的同时，寻求国际网络环境的逐步改善。当今，全球网络空间安全管理格局正处于重构和整合之中，通过加强与其他国家和国际组织在网络空间安全标准、技术等方面的合作交流，共同推动网络空间国际法制定、网络空间国际监督机制和全球制裁方案的形成，最终推动全球化时代网络空间安全机制的建立和实施。一方面，积极参与全球信息安全的共同治理，共同应对跨国信息安全等互联网议题的讨论与研究；另一方面，积极参与国际互联网标准与规则的建构，改变我国在国际互联网标准制定方面的被动局面，更好地捍卫我国网络主权，维护国家的现实和长远利益。网络空间国际合作形式主要有三种，即网络人文交流、网络技术合作、网络空间治理。在实施过程中，应注意发挥网络人文交流的宣传作用，推进"民心相通"，增强共识与认同感；加强网络技术合作，主要包括网络基础设施建设、网络规制构建、网络技术提升以及双边网络安全维护；网络空间治理应平衡国内、国际两方面需求，注意主体的多元性，形成政府、企业以及普通民众协同推进的局面。

近年来，中国基于自身的网络主权，在国内加强了依法治网、依法管网，取得了显著成效。同时，积极参与全球互联网治理，倡导和推动互联网领域的国际交流与合作，共同维护全球互联网安全和发展，共同分享全球互联网机遇和成果。针对当前互联网治理不公平、不合理、不可持续的现状，站在人类未来的制高点上所提出的重塑互联网国际治理秩序的中国方案，以互联网为切入点重塑国际公正合理新秩序的中国努力，尤其是反映了广大发展中国家的利益和心声，体现了中国作为负责任网络大国的胸怀和担当。

四、努力打造网络强大的国家

当前，网络空间已成为陆海空天之外的第五大国家主权空间，保卫网络空间安全就是保卫国家主权。习近平于 2018 年 4 月 20 日在全国网络安全和信息化工作会议上强调指出，敏锐抓住信息化发展历史机遇，自主创新推进网络强国建设。习近平还指出，核心技术是国之重器。要下定决心、保持恒心、找准重心，加速推动信息领域核心技术突破。可见，如何及早解决受制于人的问题，建设世界一流网络强国，已成为我国当前面临的重要任务之一。

（一）实施网络强国战略

经过几十年发展，中国已经从一个后发国家迈入信息化时代。如今，中国互联网和信息化工作取得了显著发展成就，网络走入千家万户，网民数量世界第一，中国已成为网络大国，但还不是网络强国。为此，习近平主席提出：把中国从网络大国建设成为网络强国。① 党的十八大以来，党中央高度重视网信事业的发展进步，党的十八届五中全会提出了"实施网络强国战略"。这标志着将中国从"网络大国"发展成"网络强国"上升为一种国家战略，中国网信事业深化改革的大幕由此拉开。

1. 建设网络强国的战略目标

"网络强国"已经上升为一种国家战略。2014 年 2 月 27 日习近平总书

---

① 习近平：《把我国从网络大国建设成为网络强国》，新华网 2014 年 2 月 27 日。

记在中央网络安全和信息化领导小组第一次会议上强调，网络安全和信息化是事关国家安全和国家发展、事关广大人民群众工作生活的重大战略问题，要从国际国内大势出发，总体布局，统筹各方，创新发展，努力把中国建设成为网络强国。由此，建设网络强国已经上升为一种国家战略。

为了推进网络强国战略，中共中央办公厅和国务院办公厅于 2016 年 7 月 27 日发布了《国家信息化发展战略纲要》，明确了网络强国建设的"三步走"战略。即到 2020 年的目标，日益巩固网络强国地位；到 2025 年的目标，在引领全球信息化发展方面有更大作为；到本世纪中叶，根本改变核心关键技术受制于人的局面，核心关键技术部分领域达到国际先进水平。根据"三步走"战略，国家制定了建设网络强国的战略目标。这就是：以总体国家安全观为指导，贯彻落实创新、协调、绿色、开放、共享的发展理念，增强风险意识和危机意识，统筹国内国际两个大局，统筹发展安全两件大事，积极防御、有效应对，推进网络空间和平、安全、开放、合作、有序，维护国家主权、安全、发展利益，实现建设网络强国的战略目标。和平：即信息技术滥用得到有效遏制，网络空间军备竞赛等威胁国际和平的活动得到有效控制，网络空间冲突得到有效防范。安全：即网络安全风险得到有效控制，国家网络安全保障体系健全完善，核心技术装备安全可控，网络和信息系统运行稳定可靠。开放：即信息技术标准、政策和市场开放、透明，产品流通和信息传播更加顺畅，数字鸿沟日益弥合。合作：即世界各国在技术交流、打击网络恐怖和网络犯罪等领域的合作更加密切，多边、民主、透明的国际互联网治理体系健全完善，以合作共赢为核心的网络空间命运共同体逐步形成。有序：即公众在网络空间的知情权、参与权、表达权、监督权等合法权益得到充分保障，网络空间个人隐私获得有效保护，人权受到充分尊重。

2. 具有迈向网络强国的坚实基础

中国互联网和信息化工作取得了显著发展成就，网络走入千家万户，网民数量世界第一，中国已成为网络大国。近年来，网络信息化建设突飞猛进：互联网基础环境全面优化，网络空间法治化快速推进，网络空间日渐清朗，互联网企业突飞猛进，网络文化全面繁荣，互联网成为国家经济发展的重要驱动力，中国具备了由网络大国迈向网络强国的坚实物质基础。

一是中国是一个名副其实的网络大国。1994年中国第一次全功能接入国际互联网，20多年过去，中国网民数量迅猛增长、网络基础设施建设成就斐然，中国成为名副其实的网络大国。中国网民数量早在2008年就跃居全球第一，目前仍在不断增长之中。2014年2月27日，中央网络安全和信息化领导小组宣告成立，从组织上建立了国家统一领导机构。截至2017年6月，我国网民规模达7.51亿，半年共计新增网民1992万人。互联网普及率为54.3%，较2016年年底提升1.1个百分点。截至2017年6月，我国手机网民规模达7.24亿。[1] 如今，网络深度融入我国经济社会发展、融入人民群众生活。中国网页数量首次突破2000亿。中国企业越来越广泛地使用互联网工具开展交流沟通、信息获取与发布、内部管理等方面的工作，为企业"互联网+"应用奠定了良好基础。[2] 然而，尽管中国已成为名副其实的网络大国，但"网络大国"还不是"网络强国"。

二是顶层设计描绘网络强国宏伟蓝图。"没有网络安全就没有国家安全，没有信息化就没有现代化""建设网络强国的战略部署要与'两个一百年'奋斗目标同步推进"……党的十八大以来，习近平总书记多次对我国网信事业发展作出重要指示，提出一系列新理念新思想新战略，为新时期我国互联网发展和治理提供了根本遵循。党的十八届三中全会围绕创新社会治理体制，提出"坚持积极利用、科学发展、依法管理、确保安全的方针，加大

---

① 中国互联网信息中心（CNNIC）:《中国互联网络发展状况统计报告》，见 http://www.sohu.com/a/124969581_114731。

② 中国互联网络信息中心（CNNIC）:《中国互联网络发展状况统计报告》，中国网信网2016年1月22日，见 http://www.cac.gov.cn/2016-01/22/c_1117860830.htm。

依法管理网络力度，加快完善互联网管理领导体制，确保国家网络和信息安全"。党的十八届四中全会提出，"加强互联网领域立法，完善网络信息服务、网络安全保护、网络社会管理等方面的法律法规，依法规范网络行为"。将"依法治网"纳入全面推进依法治国的整体部署。十八届五中全会、"十三五"规划纲要，对实施网络强国战略、"互联网＋"行动计划、大数据战略等作了周密部署，着力推动互联网和实体经济深度融合发展。2016 年 4 月 19 日，习近平总书记主持召开网络安全和信息化工作座谈会，深刻指出要正确处理"网络安全和信息化"中"安全和发展"的关系；要争取尽快在核心技术上取得突破，实现"弯道超车"；互联网不是法外之地，要建设网络良好生态；要让人民在共享互联网发展成果上有更多"获得感"；要提高我们在全球配置人才资源的能力。一系列深刻精辟的论断，一整套高瞻远瞩的布局，描绘了中央关于网络强国战略的顶层设计图，为深入推进我国网信事业发展指明了方向。

三是网络空间法治化全面推进。网络安全和信息化对一个国家很多领域都是牵一发而动全身的。习近平总书记指出，网络安全和信息化是一体之两翼、驱动之双轮，必须统一谋划、统一部署、统一推进、统一实施。做好网络安全和信息化工作，要处理好安全和发展的关系，做到协调一致、齐头并进，以安全保发展、以发展促安全，努力建久安之势、成长治之业。习近平总书记多次强调指出，要抓紧制定立法规划，完善互联网信息内容管理、关键信息基础设施保护等法律法规，依法治理网络空间，维护公民合法权益。党的十八届四中全会《中共中央关于全面推进依法治国若干重大问题的决定》提出，"加强互联网领域立法，完善网络信息服务、网络安全保护、网络社会管理等方面的法律法规，依法规范网络行为"。党的十八大以来，我国网络空间法律体系进入基本形成并飞速发展的新阶段，网络立法进程明显提速，网络内容管理执法卓有成效。一方面全局性、根本性的立法开始启动，将《网络安全法》《电信法》《电子商务法》统筹考虑并积极推进立法进程。另一方面相关法律、法规、规章和司法解释加快出台，如《刑法修正案（九)》《中华人民共和国电信条例》《计算机软件保护条例》《信息网络传播权保护条例》等。

四是中国互联网企业进入世界前列。"十二五"期间，中国互联网企业市值规模迅速扩大。互联网相关上市企业325家，其中在美国上市61家，沪深上市209家，香港上市55家，市值规模达7.85万亿元，相当于中国股市总市值的25.6%。互联网经济在中国GDP中占比持续攀升，2014年达到7%，占比超过美国。中国互联网企业突飞猛进，进入世界前列：全球互联网公司10强，阿里巴巴、腾讯、百度、京东4家中国公司入围。电子商务改变了绝大多数中国人的生活，网购规模年年创新高。仅2015年天猫"双11"一天就创下交易额912亿元人民币，而美国的"黑五"当天网购的销售额仅相当于174亿元人民币，为天猫的19%。中国的互联网产品和品牌不仅在国内家喻户晓，在世界上也小有名气。支付宝早在2013年就成为全球最大移动支付公司，微信全球月活跃账户已达到6.5亿，百度旗下移动产品已在海外收获7亿用户，猎豹74%的移动端月度活跃用户来自欧美为主的海外市场。

五是网络文化进一步繁荣。近些年来，民营文化工作室、民营文化经纪机构、网络文艺社群等新的文艺组织大量涌现，网络作家、签约作家、自由撰稿人、独立制片人、独立演员歌手、自由美术工作者等新的文艺群体十分活跃。另外，一批形态多样、手段先进、具有竞争力的新型主流媒体应运而生。习近平总书记指出，推动传统媒体和新兴媒体融合发展，要遵循新闻传播规律和新兴媒体发展规律，强化互联网思维，坚持传统媒体和新兴媒体优势互补、一体发展，坚持以先进技术为支撑、内容建设为根本，推动传统媒体和新兴媒体在内容、渠道、平台、经营、管理等方面的深度融合。

六是互联网基础环境整体优化。经过近几年的建设，我国已初步建成快速便捷的网络环境。网络覆盖更广，网络基础资源更加丰富，资源质量明显提升。据中国报告网统计整理，2016 年我国互联网宽带接入端口数量同比增长 19.8%，互联网宽带接入端口数量达到 6.9 亿个，比上年净增 1.14 亿个。[①] 网络速度更快，8M 以上接入速率宽带用户占比达到 53.4%，20M 及以上接入速率用户占比达到 19.6%。

3. 提升网络强国建设加速度

2016 年 10 月 9 日，中共中央政治局就实施网络强国战略进行第三十六次集体学习。习近平总书记在主持学习时强调，加快推进网络信息技术自主创新，加快数字经济对经济发展的推动，加快提高网络管理水平，加快增强网络空间安全防御能力，加快用网络信息技术推进社会治理，加快提升我国对网络空间的国际话语权和规则制定权，朝着建设网络强国目标不懈努力。这是继网络安全和信息化工作座谈会重要讲话之后，习近平总书记对我国网络事业发展作出的又一重要部署，为推动我国从网络大国走向网络强国指明了工作重点和努力方向。

当今世界，网络信息技术日新月异，全面融入社会生产生活，深刻改变着全球经济格局、利益格局、安全格局。习总书记的讲话抓住了网络强国建设的核心问题和根本方法，兼顾国际国内两个大局，提出了顺应大趋势、谋求新优势的战略决策。为了提升网络强国的建设速度，必须把握如下一些基本问题：

一是认准一个方向。世界主要国家都把互联网作为经济发展、技术创新的重点，把互联网作为谋求竞争新优势的战略方向。我们要以发展的眼光、包容的胸怀，既看到引人瞩目的成绩，也看到足以致命的隐患，善于在现有的基础上把自己发展起来。

---

① 中国报告网：《2016 年我国互联网宽带接入端口数量同比增长 19.8%》，中国报告网，2017 年 2 月 7 日。

二是占领一个高地。网络信息技术是全球研发投入最集中、创新最活跃、应用最广泛、辐射带动作用最大的技术创新领域，是全球技术创新的竞争高地。在这场综合性竞争中，核心技术是关键，我们必须也只能牵住核心技术自主创新这个"牛鼻子"，抓紧突破网络发展的前沿技术和具有国际竞争力的关键核心技术，启动"国产自主可控替代计划"是抓手，加强关键信息基础设施安全保障是紧要。

三是拓展一个空间。网络经济空间已经成为中国乃至世界经济的新引擎。中国正在加强信息基础设施建设，推动互联网和实体经济深度融合，加快传统产业数字化、智能化，做大做强数字经济，拓展经济发展新空间。与此同时，我们要看到，这个新空间是生存新空间、经济新沃土、精神新家园、治理新领域，必须综合施策，切实提升网络治理能力。这也是实现网络强国目标的趋势性要求。当今中国，网络经济发展繁荣世界，全面推动网络治理变革，切实改变着全球网络治理理念、治理模式、治理水平。所以，我们必须谋求网络新优势。

四是聚焦一个战略。始终朝着建设网络强国目标不懈努力，这点至关重要。我们强调战略清晰，就是要认清网络强国是网络安全和信息化工作的最高战略。我们既要处理好网络强国和大数据战略、"互联网＋"行动计划的关系，也要把握好与军民融合战略的共振点，与"一带一路"建设的融合点，切忌炒空概念，推虚战略，切切实实让网络强国战略落地生根。

五是提高一个能力。当前，提高维护网络空间安全能力是网络强国战略的最紧迫任务。尽管我们早就强调"没有网络安全就没有国家安全""网络安全和信息化是一体之两翼、驱动之双轮"，但网络空间安全能力依然是我们的薄弱环节，正如习总书记强调，虽然我国网络信息技术和网络安全保障取得了不小成绩，但同世界先进水平相比还有很大差距。我们只有统一思想、提高认识，加强战略规划和统筹，夜以继日地不懈努力，才能加快推进网络强国建设的各项工作。

六是维护一个主权。理直气壮维护我国网络空间主权，明确宣示我们的主张，必须认识到，网络主权的维护是国家治理和国际博弈的复杂工程。一方面，领导干部学网、懂网、用网，就必须对实施网络空间管辖权认识到位，才能手段到位，最终落实到位。尤其要认识到，网络强国建设的加速度与各级领导干部特别是高级干部的认识水平密切相关，懂互联网、善用互联网才能更行之有效地开展工作。另一方面，提升我国对网络空间的国际话语权和规则制定权刻不容缓，这也是构建网络空间命运共同体的有效方法和重要途径。

（二）走向网络强国的路径选择

当今世界，信息技术革命日新月异，对国际政治、经济、文化、社会、军事等领域发展产生了深刻影响。习近平总书记指出，建设网络强国的战略部署要与"两个一百年"奋斗目标同步推进，向着网络基础设施基本普及、自主创新能力显著增强、信息经济全面发展、网络安全保障有力的目标不断前进。未来中国如何由网络大国走向网络强国？至少可以考虑以下途径：

1. 健全优化网络空间安全的组织管理体系

制定国家网络强国战略，加强顶层设计和组织领导。要从组织领导层面，加强对未来网络安全和信息化的决策和领导，为中国走向网络强国提供强有力的组织保障。美国已将互联网安全工作领导和协调的层级提升到总统层级，并与情报收集、军队、民事等工作结合起来，形成了综合性的互联网安全协调体制。我国也要从国家层面建立领导和监督互联网的"中央责任制"，同时要处理好中央与部门、部门与部门之间的关系，加强彼此间的协调与合作。设立国家网络空间安全的主管部门，从国家战略高度整合国家网络空间安全管理的领导体制，构建中央决策统一、各部门分工明确的管理结构。军队、国安、公安等国家信息安全相关职能部门，须进一步明确管理职责、整合管理资源、健全信息共享机制，全面优化国家网络空间安全的组织体系。

党的十八大后设立的以习近平同志为组长的中央网络安全和信息化领导小组，为实施网络强国战略提供了强有力的组织保障。制定和实施网络强国战略，要站在世界互联网发展的前沿，把握互联网未来发展趋势，紧密结合我国实际，对指导思想、战略目标、重点领域应用推进策略以及保障条件等作出明确规定，以此统一思想和行动。中央网络安全和信息化领导小组的成立，标志着中国信息网络安全组织架构初具雏形。中央网络安全和信息化领导小组由国家最高领导层直接指挥，是国家级别安全保障问题委员会。由中国最高领导人习近平出任领导小组组长，国务院总理及主管意识形态工作的中共中央政治局常委担任副组长，可以兼顾到国防军事、国务院系统及意识形态三个安全战略规划。设定这一领导小组的意义不仅在于加强对国内互联网活动的管理乃至监控，也包含了国际性的意图，并以此推进国家网络空间现代化治理，维护网络空间安全。网络空间安全涉及政治安全、国防安全以及社会安定问题，世界主权国家都非常重视这一战略问题。

2. 以基础设施牢筑网络强国战略

建设和普及信息基础设施是从网络大国迈向网络强国的基本前提，只有建好信息基础设施，才能形成实力雄厚的信息经济。正如习近平所说："要有良好的信息基础设施，形成实力雄厚的信息经济。"目前，无论是基础设施、自主技术、产业市场，还是网络安全和网络话语权，中国与发达国家相比，差距依然明显。因此，加强网络基础设施建设是实施网络强国战略的必然选择。

当今，人类已经深度融入信息社会，信息网络和服务已逐步渗入经济、社会与生活的各个领域，成为全社会快捷高效运行的坚强支撑。对于进入全面建成小康社会决定性阶段的中国而言，信息基础设施已成为加快经济发展方式转变、促进经济结构战略性调整的关键要素和重要支撑。加大与网络强国相适应的基础设施建设，特别是宽带建设，包括大数据、云计算、移动互联网、物联网等新技术的基础设施建设和广泛应用等。国务院办公厅印发的《关于加快高速宽带网络建设推进网络提速降费的指导意见》指出：宽带网络是国家战略性公共技术设施，建设高速畅通、覆盖城乡、质优价廉、服务便捷的宽带网络基础设施和服务体系一举多得。

网络强国建设，必须深入推进"宽带中国"建设，只有修好了"网络高速公路"，网络经济才能得到快速发展，只有筑好了网络根基，网络强国才能更加牢固。为此，中央已经全面部署实施"宽带中国"战略，提出加快网络、通信基础设施建设和升级，全面推进三网融合。这些重大举措，意味着百兆宽带进入寻常百姓家已为时不远。可以设想，云、网、端等互联网基础设施水平的大幅度提升，必将为互联网产业发展、应用奠定坚实基础。

3. 完善和建立与网络强国相适应的法律体系和制度框架

由网络大国走向网络强国，如果没有制度和法治体系来保障是非常困难的，因此，不管从立法还是制度建设等方面，都要系统考虑如何由网络大国走向网络强国的问题。

"依法治网"构建良好网络秩序。目前，中国已出台了一批法律、法规、司法解释等规范性文件，形成了国家层面立法、国务院行政法规、部门规章和地方性法规三个层次，覆盖网络安全、电子商务、个人信息保护、网络知识产权等领域的网络法律体系。有关网络管理法律法规超过300份。中央网络安全和信息化领导小组成立以来，颁布实施了47部互联网相关法律法规，占"十二五"期间立法总量的62%。2014年3月1日，《中华人民共和国保守国家秘密法实施条例》正式施行；2015年相继通过《中华人民共和国国家安全法》《中华人民共和国反恐怖主义法》；2015年11月1日，《刑法修正案（九）》生效实施；2016年11月7日，全国人大常委会表决通过《中华人民共和国网络安全法》，这是网络安全管理的基础性"保障法"……这些法律法规共同组成了我国网络安全管理的法律体系。一部部法律法规、规章制度、管理条例出台，从各自领域规范互联网的发展，保护了我国公民合法安全上网的权利，标志着我国网络空间法制化进程的实质性展开。然而，还应看到，网络法律治理体系尚有不健全之处，依法治网的运作模式和实现方式上也有不尽如人意的地方。比如，法律法规还难以涵盖网络违法犯罪行为类型，对网络运营商责任缺乏细化规定等。鉴于此，应结合网络发展趋势加快完善网络法制管理。改变以个别化的条文应对信息网络安全的立法模式，探索出台专门法律，明确虚拟社会治理框架体系和运作模式；加强对现有法律法规的"速立频修"，完善《刑法》中关于"网络安全"秩序和责任义务等的法律规定；细化重大国家安全领域的立法工作、弥补法律监管缺漏；建立健全网络安全监测预警体系，提升信息安全事件的及时应对能力；依法明确网络运营主体的安全责任，严厉打击和整治网络安全违法犯罪活动，实现网络空间良法与善治的有机结合。

依法加强互联网企业安全监管。网络安全管理局近期将研究加强对重点互联网企业的监管，明确监管重点、监管方式，积极推进信息公示、随机抽查、信用监管等举措，切实强化对互联网企业的安全管理；突出抓好互联网新技术新业务安全管理，加强工业互联网、车联网、5G等新技术新应用的网络安全问题跟踪研究；健全完善网络安全标准体系，推动建立基于标准的第三方网络安全认证机制，通过行业协会和市场机制，促进企业落实网络安全标准要求。从中长期看，探索建立互联网企业网络安全责任管理体系，推动实施互联网企业安全责任强化工程，加强机构、人员、技术、制度的监督管理，建立互联网企业安全信用管理制度，强化企业责任落实。

此外，还要加强大数据安全依法管理和政策引导。加紧制定出台电信和互联网行业网络数据安全保护指导意见；研究加强电信和互联网行业大数据共享安全监管；组织开展用户个人信息保护和数据安全专项检查行动。从中长期看，为有效适应当前用户个人信息违规出售、泄露、窃取等安全事件突发、多发的态势，迫切需要加强数据安全保护执法队伍建设，开展行政执法工作。

4. 以网络安全和信息化护航强国战略

中国的网络强国战略是"网络安全"与"信息化"两翼齐飞战略。网络强国犹如时代之"列车"，网络安全和信息化便是其"驱动之双轮"。正如习近平总书记强调的："网络安全和信息化是一体之两翼、驱动之双轮，必须统一谋划、统一部署、统一推进、统一实施。"建设网络强国，既要解决网络安全问题，也要加快发展信息化，让这"双轮"协调一致，同步前进，为"网络强国"这辆列车保驾护航。

"以安全保发展、以发展促安全"，发展是硬道理，安全也是硬道理。习近平总书记指出："网络安全和信息化是事关国家安全和国家发展、事关广大人民群众工作生活的重大战略问题，要从国际国内大势出发，总体布局，统筹各方，创新发展，努力把我国建设成为网络强国。"习近平总书记强调："没有信息安全，就没有国家安全。"在全球信息化步伐不断加快的关键时刻，保证网络安全是国家稳定、社会和谐的现实要求。"做好网络安全和信息化工作，要处理好安全和发展的关系，做到协调一致、齐头并进，以安全保发展、以发展促安全，努力建久安之势、成长治之业。"中国实施的网络强国战略是以网络安全和信息化兼顾安全与发展，在保障国家网络安全的前提下实现发展，以数字经济的蓬勃发展谋求国家安全。

5. 建立互联网国际新秩序

以国际合作提升强国战略。互联网具有高度全球化的特征，推进网络强国建设，需要统筹国内、国际两个大局，团结一切可以团结的力量，深化网络合作意识，通过网络空间联通中国梦和世界梦，走出合作共赢强国之路。"十三五"规划建议提出，"积极参与网络、深海、极地、空天等新领域国际规则制定""建立便利跨境电子商务等新型贸易方式的体制"。

网络信息是跨国界流动的，建设网络强国，要积极开展双边、多边的互联网国际交流合作。在出席第二届世界互联网大会时，习近平主席结合全球互联网治理的形势，提出要打造网络空间命运共同体，为"命运共同体"的内涵再添浓墨重彩的一笔。习主席指出："中国愿意同世界各国携手努力，本着互相尊重、互相信任的原则，深化国际合作交流，尊重网络主权，维护网络安全，共同构建和平、安全、开放、合作的网络空间，建立多边、民主、透明的国际互联网治理体系。"习主席指出，中国倡导和平安全开放合作的网络空间，主张各国制定符合自身国情的网络公共政策，重视发挥互联网对经济建设的推动作用，实施"互联网＋"政策，鼓励更多产业利用互联网实现更好发展。国际社会要本着相互尊重和相互信任的原则，通过积极有效的国际合作，共同构建和平、安全、开放、合作的网络空间，建立多边、民主、透明的国际互联网治理体系。

（三）打造网络强国的战略措施

国家政治利益在网络空间的拓展，直接关系到国家管辖网络空间权益的拓展；国家经济利益在网络空间的拓展，直接关系到国家经济的可持续发展；国家军事利益在网络空间的拓展，则直接关系到未来信息化战争的胜败。所有这些，都要求我们必须进一步提升网络国防能力，维护网络空间中的国家利益。

1.维护网络意识形态安全

如何应对无孔不入而又具有致命性的网络意识形态攻击，是建设网络强国需要重点关注的问题。与信息窃取、系统破坏等网络攻击方式不同，网上意识形态的攻防战斗因为其潜伏性、隐蔽性和巨大的破坏性而愈演愈烈。近年来，中国处于网上意识形态斗争的风口浪尖，一些国家大肆渲染并炒作"中国网络威胁论"，横加指责中国限制网络自由，一再施压中国加大网络开放度，并鼓励开发专门针对中国的网络"翻墙"技术。鉴于当前复杂严峻的网络意识形态论争形势，建议从以下几个方面进一步改进工作：

一是提高对于意识形态论争的科学认识能力。意识形态论争是一个复杂的理论问题。对于意识形态论争概念的理解不当，会导致我们是非判断的标准模糊，进而导致一些部门在面对意识形态论争时难以积极、有效地作为。为了更好地认识意识形态论争问题，建议综合考虑社会各利益主体的需要，以及社会普通民众认识问题的能力水平等实际因素，从阶层利益差异、认识方法差别等角度进行综合考察，严格划分人民内部矛盾和敌我矛盾之间的界限，对于意识形态论争的具体问题进行具体分析，进而明确区分不同类型意识形态论争的性质。在此基础上，掌握网络意识形态论争的主动权，进而有针对性地开展舆论引导。

二是积极打造一支网络意识形态工作队伍。网络作为意识形态论争的主战场，需要有英勇善战的工作队伍。对此，我们不仅需要专门组织一支网络意识形态工作队伍，还要扶持一批爱国民间网站，积极培植一批忠于党和国家的意见领袖，特别是要培养专家学者型的网络意见领袖。为此，应该在宣传部门的领导组织下，通过建立广泛的网络爱国统一战线，让网络爱国力量勇于善于积极发声，使各种反党反社会主义的言论没有市场、无人喝彩。

三是实现政治话语、学术话语和大众话语的有机统一。在网络舆论中，学术话语与政治话语往往相互混淆，这造成了在舆论引导上的困难。例如，在发端于"民主"之争的一系列网络意识形态论争中，一些别有用心之人故意利用这些抽象的政治概念大做文章，误导网民混淆中国和西方对于"民主"概念的理解和认知。此外，还有一些挑战社会主义意识形态的声音利用"民主"学术话语搞双重政治标准，假"自由"的学术讨论之名对中国共产党和社会主义进行大肆攻击，在"人权"的话语幌子下策划组织政治事件。对于这些情况，根据从认识的抽象上升到认识的具体这一辩证唯物主义认识论的基本原理，应该对"自由""民主""人权"的政治话语内涵进行严格的界定。

四是化被动应付为主动出击。在网络意识形态主战场上，有关部门不愿意主动在网络上设置公共讨论的议题议程，把话语权、引导权拱手相让出去。当陷入意识形态论争旋涡中之后，又缺乏主动应对的勇气和智慧。对此，应该树立起网络意识形态论争中不作为就相当于渎职，就等同于战场上不战而逃的理念，各级党委在网络意识形态论争事件中应主动表态，并调动党员干部主动积极参与网络意识形态论争的热情和信心。

五是发动和依靠群众，做好网络意识形态工作。维护网络意识形态安全实质上是事关民心向背的重大问题，是事关扩大我们党的群众基础问题。应该在网上网下共同配合，在现实社会中给予群众更多的实惠，使他们更多地感受社会主义制度的优越性，进而主动自觉地认同社会主义意识形态；在网络世界里，做好正面引导和批评错误的工作，在破立结合的过程中，提高网民群众自我教育、自我防卫的意识，使这些沉默的大多数在各种诋毁社会主义的思潮面前明辨是非，自觉维护社会主义意识形态。

2. 发展网络空间国防力量

未来战争是信息化战争，信息战、网络战是信息化战争的主要作战样式。为了赢得信息化战争，必须抢占网络空间战略制高点，才能有效维护国家主权、安全和领土完整。因此，建设网络强国，发展网络空间国防力量刻不容缓，要努力提高对网络空间安全保障的积极防御能力。

一是制定网络空间发展规划，构建全域化战略布势。要着眼网络空间特点，站在国家安全和发展战略全局的高度，加快研究符合我国国情军情的网络空间战略，尽快出台国家网络空间发展和安全战略，制定网络空间建设的整体发展规划，明确网络空间发展的指导思想和基本原则，以及国家、军队不同层面的建设重点。在国家层面，着眼降低网络空间风险，通过政府部门、有关机构及相关单位协调合作来应对网络空间安全的挑战，在利用好网络空间的同时，减少网络空间的易受攻击性，降低国家网络空间风险，使网络空间安全成为国家繁荣与发展的重要支撑。在军队层面，以夺取制网权为核心，变革军事思想和作战观念，调整武装力量结构，发展网络空间武器并采用新战法，提高对强敌的有效制衡能力、对主要对手的有效控制能力、对我军信息网络的有效防护能力、对民用关键网络的有效支持能力。充分发挥网络空间信息系统的监控、监测和监视功能，在所有作战领域进行全面部署，对配置在各领域的计算机网络作战力量实施有效协调和控制，立足形成全局性战略威慑能力和复杂网络电磁大环境掌控能力，加强多领域、多类型、多层次的力量建设，构建优势互补、联合一体的战略布势。

二是建立一支与网络强国地位相适应的网络空间军事力量。坚持国家利益至上的原则积极作为，建立网络应急响应合作机制，共同维护周边国家网络空间的信息运行安全，保障国家生存与发展所需的网络资源尤其是数据存储量、网络流量、核心网站数量等份额。在国家军事战略布局上，应根据国家利益在网络空间拓展的需求，进一步加强对网络空间的关注，充分认识国家网络空间利益发展的必然性、合法性与复杂性，建设一支与国家网络空间发展利益相适应的网络军事力量，适当调整网络作战力量建设的方向和目标。大力培养专业化作战力量，以"网络蓝军"为基础，提高对网络意识形态斗争严肃性和重要性的认识，不断扩大人员层次、类别、规模，提高作战水平，尤其是加强理论素养和专业技能的训练，以专业的网络技术水平应对。另外，还要发挥民间力量如 BAT（百度 Baidu、阿里巴巴 Alibaba、腾讯 Tencent）等网络公司的作用，发挥其在大数据收集、分析和运用上的能力及在网络空间的运作力和影响力，为战略决策和运行提供支撑。

三是加强网络理论与运用研究。要根据网络作战力量具有战略性、综合性和跨国性的特点，进一步丰富军队网络作战的战法与谋略。不仅要继续高度重视战时行动，还应特别关注非战时行动。例如，通过网络侦察、网络布控、网络防护等活动显示网络军事力量存在；利用网络作战力量机动迅速、聚合重组能力强和对抗强度大等特点，有效保卫网络信息节点等。积极参与非军方网络安全保障交流与合作，为维护国家网络空间利益增加"硬实力"与"软实力"，积极塑造网络空间内军队的国际形象，尤其要维护国家发展利益所需要的网络空间行动自由。应改变传统的"维护使用，保障运行"时域观念，进行全时域防卫，注重全时域运用。在网络军事力量的运用上，应根据战略形势，重点研究网络动态防御、网络战局控制等问题。在有信息网络支持的其他空间作战，客观上要求具备网络空间安全的持续有效维持能力，以实现陆海空天和电磁空间内作战行动跨军种、跨机构的同步和一体化。军队信息化转型面临如何在信息领域、网络空间完成守土有责的使命重托，既要准备"养兵千日、用兵一时"的"硬战争"，也需准备并打赢"养兵千日、用兵千日"的"软战争"，加速核心军事能力向新的作战领域拓展，向战略博弈的制高点聚焦。

四是打造我军网络空间国防安全"撒手锏"。21世纪，互联网成为改变世界的巨大力量，成为经济社会发展的战略制高点，主宰着未来世界变迁。互联网带来的最大改变，是改变了权力分配。在以信息技术为核心的网络时代，信息知识已经毫无争议地成为决定甚至是界定权力的最重要因素。源于信息占有差异的不平等将与源于暴力和财富的占有差异的不平等一样，成为权力差异的原因。信息和权力逐渐交织在一起，成为各国综合国力的基础。在政治、经济和军事领域中，相对于传统的硬权力，信息化的软权力变得越来越重要。为此，应积极打造我军网络空间国防安全的"撒手锏"。

总之，在当今信息化时代，各国对于"第五空间"的争夺已日趋激烈，中国要想粉碎某些国家的网络战，关键必须建立自己的核心竞争力，把经济增长优势转化为话语权。同时，在国家将网络安全提升到战略高度的情况下，在与国际社会共同呼吁并制定网络空间新规则的基础上，各级网络用户要在观念、法律、政策、技术、产业等方面，升级自己的治理和发展思路，配合有关部门大力确保国家的网络安全，而这也是保障国家安全的重要部分！

3. 以技术创新助推网络强国战略

科学技术是第一生产力，而网络技术已经成为人类社会发展最前沿的科学技术。习近平主席在2016年11月第三届世界互联网大会开幕式上的视频讲话中指出："中国愿同国际社会一道，坚持以人类共同福祉为根本，坚持网络主权理念，推动全球互联网治理朝着更加公正合理的方向迈进，推进网络空间实现平等尊重、创新发展、开放共享、安全有序的目标。"[①]

一是建立配套完善的技术发展战略。中国是典型的后发国家，是网络大国，但国际互联网发展至今，众多核心的技术基本都掌握在西方国家特别是美国手中。我们要成为网络强国，必须拥有自己的网络核心技术，而要拥有核心技术就必须开展网络技术创新。习近平主席指出："要准确把握重点领域科技发展的战略机遇，选准关系全局和长远发展的战略必争领域和优先方向，通过高效合理配置，深入推进协同创新和开放创新，构建高效强大的共性关键技术供给体系，努力实现关键技术重大突破，把关键技术掌握在自己手里。"[②]建设"网络强国"，还必须加强网络技术提升，掌握核心技术，不断研发拥有自主知识产权的互联网产品，才能不受制于其他国家。在此过程中，"创新"是实现网络技术突破的灵魂。习近平主席指出："要大幅提高自主创新能力，努力掌握关键核心技术。当务之急是要健全激励机制、完善政

---

① 新华社记者：《为推进全球互联网治理贡献中国智慧——习近平主席在第三届世界互联网大会开幕式上的视频讲话引起热烈反响》，新华网，2016年11月16日。

② 《习近平在中国科学院第十七次院士大会、中国工程院第十二次院士大会上的讲话》，新华网，2014年6月9日，见 http://news.xinhuanet.com/politics/2014-06/09/c_1111056694.htm。

策环境，从物质和精神两个方面激发科技创新的积极性和主动性，坚持科技面向经济社会发展的导向，围绕产业链部署创新链，围绕创新链完善资金链，消除科技创新中的'孤岛现象'，破除制约科技成果转移扩散的障碍，提升国家创新体系整体效能。"企业是技术创新的主体，必须在体制机制上大力鼓励企业创新，对不适应创新的体制机制要大胆改革。习近平主席指出："要制定全面的信息技术、网络技术研究发展战略，下大气力解决科研成果转化问题。要出台支持企业发展的政策，让他们成为技术创新主体，成为信息产业发展主体。"[1]企业带动创新，创新服务企业，未来企业应更好利用互联网技术，改造提升传统产业，培育发展新产业、新业态，推动经济提质增效升级、迈向中高端水平。未来的中国应更好利用互联网技术，提高科技创新能力，助推网络强国战略。

二是以科技创新驱动建设网络强国。加快各领域科技创新，掌握全球科技竞争先机，以科技创新促进民族的伟大复兴，其中尤其应以互联网科技创新带动网络强国建设。在 2016 年 4 月 19 日举行的网络安全和信息化工作座谈会上，习近平总书记谈到互联网发展问题时明确要求"尽快在核心技术上取得突破"。自主创新是指创新主体以我为主，通过原始创新、集成创新和引进消化吸收再创新等多种创新手段的组合，获得核心领域、战略产业的重大核心技术和关键产品上的自主知识产权，获得创新收益并能形成长期竞争优势的创新活动。自主创新适合于三个领域：基础技术、通用技术；非对称技术、"撒手锏"技术；前沿技术、颠覆性技术。在这些关乎国家安全，并且有较好基础的核心技术领域实现自主创新，既是网络安全和信息化发展的需要，也是国家信息安全的需要。美国是自主创新的典范，其核心是以"自主创新"为主导的发展模式，这一模式起点高、投资巨、难度大又颇具风险，但形成的长期优势明显。与先进国家相比，我国自主创新能力仍然存在

---

[1] 《中央网络安全和信息化领导小组第一次会议召开》，中央政府门户网站，2014 年 2 月 27 日。

着巨大的不足和差距，大量的企业仍然缺乏核心技术。事实证明，市场是换不来核心技术和自主创新能力的。当然，自主创新是一项艰巨的任务，在这个过程中要明晰正确的大方向，避免走入狭隘的误区。

三是发展网络空间前沿科技，提升网络对抗技术水平。我国应着眼提高自主创新能力，超前部署和重点发展信息技术和信息产业，着力突破具有自主知识产权的关键核心技术。加速军队关键核心技术的国产化进程，推动国产计算机关键软硬件在军队规模应用，研发新一代具有自主知识产权的操作系统、路由器和高性能存储与处理芯片等核心软硬件。加强安全测试和主动预警手段建设，全力打造一体化的防火墙、入侵检测、防病毒、信道和信息加密、区域隔离等安全系统。研发基于战略网络战和战场网络战的攻击渗透技术，重视网络攻防武器的开发应用，建立以隐蔽渗透、控制利用和攻击破坏为重点的网络作战系统，以干扰卫星、数据链等为重点的陆、海、空、天、电、网相结合的电子战系统。紧跟网络空间技术发展前沿领域，加大对量子科技、物联网和云计算等新技术的研发力度。按照"系统设计，突出重点，逐步完善"的思路，以网络空间整体攻防能力为核心，规划安全防护和攻击策略，使用先进成果，优化部署策略，实现网络信息安全、共享和融合，安全预警、监控、保护、响应和恢复一体化，以独创技术筑牢网络空间信息安全屏障，以前沿科技促进网络空间攻防能力全面提升。

四是提高技术革新运用能力。建强网络国防，要有自己的技术，要有过硬的技术。当前，我国网络核心技术能力与西方国家差距较大，随着国家经济、政治和社会生活对网络依赖程度的不断加深，一旦这种依赖被切断或被利用，国家安全将面临严峻挑战。因此，建强网络国防，要不断提高核心技术开发运用水平，并将其提高到国家安全战略层次中来。要重点强化政府、军队和民间力量的融合，通过国家投资和市场引导，以全面的信息网络战略布局，支持和指导形成联合一体的信息安全网络，并利用政策和市场合力为其发展完善提供源源不断的动力支撑。

4. 加强网络安全人才队伍建设

人才是夺取网络空间战略优势的关键，应大力培养网络安全方面的专业性人才。科学引导网络空间安全人力资源的建设，积极构建多层次、多学科、多来源的国家信息安全专业人才队伍。除了网络信息安全的院校专业人才培养，国家相关部门应大力加强网络空间人才培养力度和投入力度，加大宣传和教育投入，培育全社会公众网络空间信息安全素养和能力。从而改善我国国家安全整体环境，打牢"积极防御"网络空间战略实现的人力资源基础。

"千军易得，一将难求"，要培养造就世界水平的科学家、网络科技领军人才、卓越工程师、高水平创新团队。一是加强网络安全人才顶层设计。从国家战略高度统一部署，组织多方力量加强国家网络安全人才顶层设计，建立我国网络安全人才岗位框架体系，制定网络安全人才战略，协同各部门共同推进网络安全人才队伍建设工作。二是强化高校对网络安全人才的培养。加强我国网络安全学科建设，扩大网络安全专业招生数量，逐步实现我国网络安全人才体系化、规模化培养。引导和支持高等院校设置相关专业、完善课程体系、转变教学模式。加强高校网络安全实验室建设，提升高校实验课程设置和指导能力，为学生提供实践环境。鼓励用人单位和高校联合培养，大力推动产学研相结合的培养模式。三是重视网络安全职业培训。建立网络安全职业认证制度和考培分离制度，完善网络安全培训体系制度环境。大力支持职业培训机构发展，建设网络安全培训课程体系和学习资源中心，不断更新课程体系，加强培训相关基础设施建设，壮大网络安全培训机构力量，建立以市场为主导的网络安全培训模式。

(四) 从"网络大国"迈向"网络强国"

维护中国网络安全是协调推进全面建成小康社会、全面深化改革、全面依法治国、全面从严治党战略布局的重要举措，是实现"两个一百年"奋斗目标、实现中华民族伟大复兴中国梦的重要保障。从"网络大国"走向"网络强国"，必须加强自主创新技术、坚持法治治网、强化网上舆论引导、提升网民素质、注重协调发展。为此，必须树立以下一些建设网络强国新理念：

第一，创新发展是迈向网络强国的先导力量。创新技术是互联网发展的不竭动力。习近平指出，当前，世界经济复苏艰难曲折，中国经济也面临着一定下行压力。解决这些问题，关键在于坚持创新驱动发展，开拓发展新境界。不可否认，中国自接入互联网20多年来，凭借世界最大的互联网大国条件，凭借中国人的创新精神，当前我国信息化水平基本上已达到中等发达国家水平，但我国CPU芯片、操作系统等核心信息技术严重依赖受制于国外的局面仍没有改变。比如，超过90％的通用计算机CPU和基础软件仍然严重依赖国外进口。我国芯片和软件企业小而弱，势单力薄，高端和领军人才不足，政府政策和资金支持力度不够，缺乏拥有自主知识产权的核心技术和关键产品等，国家基础通信网络设施、党政军机关和关系国计民生命脉的领域等重要信息系统大多基于国外的关键基础软硬件，被入侵、被渗透、被控制的安全风险严峻，国家安全受到严重威胁。因此，我们要抓住全球技术和产业格局加速变革的历史机遇，积极谋划部署云计算、大数据、下一代网络等新架构、新技术、新模式、新应用，力争谋取产业发展的主动权、主导权。立足于全面突破核心关键技术，为信息安全提供坚强的基础保障。一要发挥国家战略引领作用，从国家层面统筹部署信息产业核心技术装备的创新发展，强化政府引导，推动机制创新；二要充分发挥市场配置资源的决定性作用，突出企业市场主体地位，广泛调动行业用户积极性，推动产学研用协同创新，快速突破核心关键技术；三要加大研发投入，统筹政府资源，集中力量突破核心技术。

第二，法治是治网根本之道和保障网络空间清朗的利器。习近平在演讲中强调，网络空间不是"法外之地"。要坚持依法治网、依法办网、依法上网，让互联网在法治轨道上健康运行。有的人在网络上侵犯个人隐私、损害公民合法权益；有的人利用网络造谣生事，唯恐天下不乱；有的人为一己之私利，在网上损害他人甚至国家利益；有的人为赢得更多眼球，以网民代表自居，呼风唤雨，总是与党和政府唱反调，导致舆论场走向偏离，激化了一些社会矛盾；等等。对此，不论是盗取钱财，还是对政府网络发起黑客攻击，都应该根据相关法律和国际公约予以坚决打击。中国历来高度重视依法治网，全面推进网络空间法治化进程。特别是党的十八大以来，习近平总书记多次强调指出，要抓紧制定立法规划，完善互联网信息内容管理、关键信息基础设施保护等法律法规，依法治理网络空间，维护公民合法权益。我国网络空间法律体系由此进入基本形成并飞速发展的新阶段，有关部门严格按照相关法律严惩了一批不法之徒，有效遏制了网络违法犯罪行为，营造了正义、公平、和谐的绿色网络空间。由此可见，只有用强有力的法律武器来治理网络"雾霾"，规范网络信息传播秩序，惩治网络违法犯罪，才能使网络空间清朗起来。

第三，强化网上舆论引导是顺应社会转型发展的迫切需要。习近平总书记指出，要加强网络伦理、网络文明建设，发挥道德教化引导作用，用人类文明优秀成果滋养网络空间、修复网络生态。作为国家公职人员，很重要的一点就是要站在时代的潮头，恪尽职守，不断优化网络舆论环境，弘扬主旋律，传播真善美，抨击假丑恶，切实做好舆情监测与引导工作，以正确的舆论引导网民，让网络真正成为群众发扬民主、舆论监督、畅所欲言、传播正能量、实现中国梦的平台。思想是行动的先导，也是力量的源泉。当前，我国已进入改革发展的攻坚期和深水区，人们的情绪、社会心理需要调节，网络成了人们表达诉求、参政议政、发泄情绪、调节心理的缓冲器和调节阀。网民在网站、贴吧、论坛、微博、微信等媒体上发帖子，或对某个事件质疑、关注、围观、热议等，在一定程度上反映了社情民意和网民的参政议政、民主监督意识，我们要引导网民文明上网、理性发言、善意跟帖，并要求相关单位及时正面回应、妥善解决问题，切不可找人盲目删帖，更不能激化矛盾。网络舆情宜疏不宜堵。一些重大突发事件应对表明，避而不答、视而不见、久拖不决只会火上浇油，导致事态进一步扩大化；措辞强硬、自说自话、答非所问只会激化网民对立情绪，陷入更大被动。因此，正确引导舆论、认真倾听网上声音、及时回应网民质疑、虚心接受社会监督才是明智之举。

第四，大力提升网民素质是保障网络空间清朗的重要手段。习近平总书记指出，"互联网让世界变成了'鸡犬之声相闻'的地球村，相隔万里的人们不再'老死不相往来'。可以说，世界因互联网而更多彩，生活因互联网而更丰富。"这就要求我们必须把互联网管好治好，大力提升自身素质，人人都要为净化网络环境出力。据统计，截至 2015 年 7 月，中国网民数量达 6.68 亿，网民规模全球第一，网站总数达 413.7 万余个，域名总数超过 2230 万个，".CN"域名数量约 1225 万个，在全球国家顶级域名中排名第二，中国已经成为举世瞩目的网络大国。尽管大多数网民的素质是比较高的，但还有一部分人的素质亟待提高。尤其在社会转型时期的人心浮躁，大众的跟风特性和猎奇心理，一些人贪图富贵又想不劳而获等丑恶心理，为网络谣言的滋生、传播和犯罪提供了条件。网络的开放性决定了网民的自由，但这种自由是相对的，受道德和法律的限制与约束。这就需要网民提升自身的道德辨别能力和遵纪守法意识，提高对网络信息的获取认知和分析能力、提高对自己的言行举止所造成的负面影响的认识、提高在网络环境中的道德修养和社会责任感。

第五，协调发展是迈向网络强国的内在要求。习近平指出，中国正在实施"宽带中国"战略，预计到 2020 年，中国宽带网络将基本覆盖所有行政村，打通网络基础设施"最后一公里"，让更多人用上互联网。这就意味着中国正在着力解决网络安全和信息化发展不平衡、不协调的问题，消除数字鸿沟，缩小城乡差异、地区差异，保障信息安全，实现均衡发展、全面发展、安全发展，为建设网络强国而不懈努力奋斗。

　　总之，建设网络强国是一个复杂的系统工程。面对日益严峻的国际网络空间形势，我们要立足国情，创新驱动，解决受制于人的问题。要坚持总体国家安全观，全面推进网络强国建设，构建牢固的网络安全保障体系，为把我国建设成为网络强国而努力奋斗！

参 考 文 献

[1] 《国家网络空间安全战略》，新华网 2016 年 12 月 27 日。

[2] 全军军事术语管理委员会、军事科学院：《中国人民解放军军语》，军事科学出版社 2011 年版。

[3] 沈昌祥：《网络空间安全战略思考与启示》，中国网信网 2015 年 6 月 1 日。

[4] 郭世泽：《网络空间及相关概念辨析》，《军事学术》2013 年第 3 期。

[5] 叶征、邱和兴、张祥林：《网络空间与安全策略》，《军事学术》2013 年第 8 期。

[6] 杨燕南：《美国网络空间作战走向实战化》，《外国军事学术》2013 年第 7 期。

[7] 闫晓丽：《保障我国网络空间的经济信息安全》，见 http://sec.chinabyte.com/83/12579083.shtml。

[8] 秦安：《习近平六个"加快"要求提升网络强国建设加速度》，《中国信息安全》2016 年第 10 期。

[9] 李大光、李万顺：《基于信息系统的网络作战》，《解放军出版社》2010 年版。

[10] [美] 小沃尔特·加里·夏普：《网络空间与武力使用》，吕德宏译，国际文化出版公司，北方妇女儿童出版社 2001 年版。

[11] [美] 马丁·C. 比利基：《美国如何打赢网络战争》，薄建禄译，东方出版社 2013 年版。

[12] 严美、王有为：《网络空间战略威慑的实践与应用》，辽宁大学出版社 2010 年版。

[13] 叶征、赵宝献：《网络战作为信息时代战略战已成为顶级作战形式》，《中国青年报》2011 年 6 月 3 日。

[14] 蔡文之：《网络：21 世纪的权力与挑战》，上海人民出版社 2007 年版。

[15] [美] 丹·希勒：《数字资本主义》，杨立平译，江西人民出版社 2001 年版。

[16] 沈逸：《美国国家网络安全战略的演进及实践》，《美国研究》2013 年第 3 期。

[17] 左晓栋：《谱写信息时代国际关系新篇章》，《人民日报》2017 年 3 月 3 日。

[18] 程群、何奇松：《美国网络威慑战略浅析》，《国际论坛》2012 年第 5 期。

[19] 赵秋梧：《论网络空间战争的特征及其本质》，《南京政治学院学报》2015 年第 2 期。

[20] 倪良：《论网络安全对国家安全的颠覆性影响》，《中国信息安全》2016 年第 9 期。

[21] 程群：《美国网络安全战略分析》，《太平洋学报》2010 年第 7 期。

[22] 张岩：《电子政务的信息安全管理研究》，《产业与科技论坛》2009 年第 1 期。

[23] 崔光耀：《信息安全的经济视角》，《信息安全与通信保密》2004 年第 4 期。

[24] 陈文玲：《互联网引发全面深刻产业变革》，《人民日报》2017 年 3 月 9 日。

[25] 朱启超：《各国网军争雄第五维空间》新华网 2015 年 12 月 18 日。

[26] 毕庆生：《经济全球化与信息化过程中的信息安全》，《河南广播电视大学学报》
2003 年第 2 期。

[27] ［美］帕特里克·艾仑：《信息作战计划》，夏文成等译，军事科学出版社 2007
年版。

[28] 廖东升、石海明、郭勤、杨芳：《全球视阈下的网络空间国家安全战略》，《湖
南社会科学》2013 年第 6 期。

[29] 王传军：《美国发布网络战争新战略》，《光明日报》2015 年 4 月 25 日。

[30] 袁艺：《建设网络强国必须谋划打赢网络战争》，《中国信息安全》2015 年第 3 期。

[31] 王吉伟：《"互联网 +"未来发展十大趋势》，网易科技报道 2015 年 4 月 3 日。

[32] 郝叶力：《对网络国防问题的认识与思考》，《信息对抗学术》2011 年第 1 期。

[33] 崔文波：《自议网络空间主权》，《江南社会学院学报》2017 年 3 月。

[34] 邓小丰、张明、田楠：《奥巴马政府网络空间安全战略主要发展脉络与实践活
动介绍》，《电磁频谱管理》2012 年第 1 期。

[35] 檀有志：《安全困境逃逸与中美网络空间竞合》，《理论视野》2015 年第 2 期。

[36] 金伟新：《刍议网络空间安全与网络空间安全战略》，《国防大学学报》2012 年
第 3 期。

[37] 张志丹：《我国网络意识形态建设正遭遇空前的挑战》，《河海大学学报》2017
年第 5 期。

后　记

　　20 世纪末以来，随着互联网在全球的普及，网络成为各国不可或缺的重要基础设施。与此同时，网络技术的发展和应用使网络安全问题日益突出，给国家安全带来了新威胁和新挑战。进入 21 世纪以来，发生在国际互联网上的几起重大网络对抗事件表明，随着各国军队对网络战的重视程度不断增强，各国军队的网络战能力也不同程度地得到增强。提高对网络安全重要性的认识，加强对网络安全战略的研究刻不容缓。

　　近年来，随着网络技术的日新月异，网络安全日益成为国际社会共同面临的挑战。2006 年的移动通信，2010 年的电子商务和物联网，2014 年的信息消费、大数据、互联网金融等时髦用语，是当年被写入《政府工作报告》的科技词汇。被写入《政府工作报告》，就意味着相关领域已经上升到国家战略层面。2015 年的全国两会上，"互联网 +"这一词语在《政府工作报告》中出现，引起大众强烈关注，正持续成为市场的风口、舆论的焦点。在互联网与传统行业的交融中，新时代的巨浪正滚滚而来，用新一代信息技术改造传统产业，一个更加激动人心的时代——网络时代到来了！

　　习近平总书记"没有网络安全就没有国家安全、没有信息化就没有现代化"的忧患意识，激发了从网络大国走向网络强国的全民认识，形成了构建网络空间命运共同体的世界共识。人类社会文明发展的历程雄辩地证明，居安思危的意识、高瞻远瞩的认识、向心凝聚的共识是国家民族繁荣、人类社会昌盛的内在推动力。网络世界，人们的价值追求多元多样多变，各种思想文化交流交融交锋。但只要我们坚持蕴含中华文明的中国主张，以包容的发展观、正确的安全观，兼顾国际国内两个大局，既为中国谋，更为世界谋，构建创新、活力、联动、包容的网络经济，就一定可以续写中华文明推动人类社会进步的华丽篇章。

正是在这一思想指导下，我们选择了当前国人关心的"网络空间安全战略问题"这一项目，就网络空间安全战略问题进行了全面系统的研究。现在奉献给大家的成果，正是我们相关研究人员共同研究的成果，是集体智慧的结晶。在研究过程中，我们参阅了大量相关专家学者的研究成果，在此一并感谢。然而，由于我们的能力所限，本研究难免有偏颇甚至错误之处，敬请相关领域的专家学者批评指正。

作　者

2018 年 5 月 20 日

责任编辑：陈晶晶

责任校对：秦　婵

装帧设计：林芝玉

图书在版编目（CIP）数据

网络空间安全战略问题研究 / 翟贤军，杨燕南，李大光　著 . —
　　北京：人民出版社，2018.9
ISBN 978 – 7 – 01 – 019356 – 4

I.①网… 　 II.①翟…②杨…③李… 　 III.①计算机网络 – 网络安全
　 – 研究 　 IV.① TP393.08

中国版本图书馆 CIP 数据核字（2018）第 084385 号

网络空间安全战略问题研究

WANGLUO KONGJIAN ANQUAN ZHANLÜE WENTI YANJIU

翟贤军　杨燕南　李大光　著

人民出版社 出版发行

（100706　北京市东城区隆福寺街 99 号）

中煤（北京）印务有限公司印刷　新华书店经销

2018 年 9 月第 1 版　2018 年 9 月北京第 1 次印刷
开本：710 毫米 ×1000 毫米 1/16
字数：380 千字　印张：27.5

ISBN 978 – 7 – 01 – 019356 – 4　定价：68.00 元

邮购地址 100706　北京市东城区隆福寺街 99 号
人民东方图书销售中心　电话（010）65250042　65289539

版权所有·侵权必究
凡购买本社图书，如有印制质量问题，我社负责调换。
服务电话：（010）65250042